材料基因工程丛书

基于机器学习的材料设计

陆文聪　李敏杰　纪晓波　卢　天　张爱敏　著

科学出版社
北　京

内 容 简 介

本书综述了基于机器学习的材料设计的最新研究进展，介绍了材料机器学习算法、开源软件和自主研发的材料数据挖掘在线计算平台在合金材料、钙钛矿材料和太阳能电池材料设计上的成功应用案例。本书的特色是“机器学习算法深入浅出，上机练习案例学以致用”，附录中的计算平台和算法代码具有智能机器学习建模、虚拟材料的高通量筛选和需求驱动的材料逆向设计等功能，为机器学习加快新材料设计和优化提供了行之有效的工具。

本书可作为材料设计方向的研究生课程参考书，也适合材料科学和工程领域的工作者参考阅读。

图书在版编目（CIP）数据

基于机器学习的材料设计 / 陆文聪等著. —北京：科学出版社，2024.8

（材料基因工程丛书）

ISBN 978-7-03-077424-8

Ⅰ. ①基… Ⅱ. ①陆… Ⅲ. ①机器学习－应用－材料－设计 Ⅳ. ①TB3-39

中国国家版本馆 CIP 数据核字（2024）第 005611 号

责任编辑：张淑晓　高　微 / 责任校对：杜子昂
责任印制：赵　博 / 封面设计：东方人华

科学出版社 出版
北京东黄城根北街 16 号
邮政编码：100717
http://www.sciencep.com
北京市金木堂数码科技有限公司印刷
科学出版社发行　各地新华书店经销

*

2024 年 8 月第　一　版　开本：720 × 1000　1/16
2025 年 3 月第四次印刷　印张：18 1/2
字数：370 000

定价：118.00 元

（如有印装质量问题，我社负责调换）

丛书序

从2011年香山科学会议算起，“材料基因组”在中国已经发展了十余个春秋。十多年来，材料基因组理念在促进材料、物理、化学、数学、信息、力学和计算科学等学科的深度交叉，在深度融合材料理论-高通量实验-高通量计算-数据/数据库，系统寻找材料组分-工艺-组织结构-性能的定量关系，在材料从研发到工业应用的全链条创新，在变革材料研究范式等诸多方面取得了有目共睹的成就。材料基因组工程、人工智能/机器学习和材料/力学的深度交叉和融合催生了材料/力学信息学等新兴学科的出现，为材料、物理、化学、力学等学科的发展与教育改革注入了新动力。我国教育部也设立了“材料设计科学与工程”等材料基因组本科新专业。

高通量实验、高通量计算和材料数据库是材料基因工程的三大核心技术。包含从微观、介观到宏观等多尺度的集成计算材料工程，经由高通量计算模拟进行目标材料的高效筛选，逐步发展为人工智能与计算技术相结合的智能计算材料方法。在实验手段上强调高通量的全新模式，以“扩散多元节”“组合材料芯片”等技术为代表的高通量制备与快速表征系统，在材料开发和数据库建立上发挥着重要作用。通过对海量实验和计算数据的收集整理，运用材料信息学方法建立化学组分、晶体和微观组织结构以及各种物理性质、材料性能的多源异构数据库。在此基础上，发挥人工智能数据科学和材料领域知识的双驱动优势，运用机器学习和数据挖掘技术探寻材料组织结构和性能之间的关系。材料基因工程三大核心技术相辅相成，将大大提高材料的研发效率，加速材料的应用和产业化。同时，作为第四范式的数据驱动贯穿其中，在材料科学和技术中的引领作用越来越得到科学家们的普遍认可。

材料基因工程实施以来，经过诸多科技工作者的潜心研究和不懈努力，已经形成了初步的系统理论和方法体系，也涌现出诸多需要系统总结和推广的成果。为此，中国材料研究学会材料基因组分会组织本领域的一线专家学者，精心编写了本丛书。丛书将涵盖材料信息学、高通量实验制备与表征、高通量集成计算、功能和结构材料基因工程应用等多个方面。丛书旨在总结材料基因工程研究中业已形成的初步系统理论和方法体系，并将这一宝贵财富流传于世，为有志于将材料基因组理念和方法运用于材料科学研究与工程应用的学者提供一套有价值的参考资料，同时为材料科学与工程及相关专业的大学生和研究生准备一套教材。

材料基因工程还在快速发展中，本丛书只是抛砖引玉，如有不当之处，恳请同行指正，不胜感激！

“材料基因工程丛书”编委会

2022年8月

前　言

材料设计是新材料创新的源头，也是材料科学研究的热点。新材料研发的“实验试错法”需要消耗大量资源，包括时间、材料、设备和人力等。目前，材料实验数据日积月累，材料表征技术手段越来越多，依靠人力的传统实验分析手段有时无法挖掘出材料特征与性能的深层联系。材料计算模拟方法，如密度泛函理论（density functional theory，DFT）、蒙特卡罗模拟和分子动力学，可以对材料的结构以及性能进行不同尺度的计算预测。实验和计算模拟的结合大大减少了材料设计的时间和成本，在一定程度上加速了新材料开发的过程。然而，大多数计算模拟方法只针对特定体系，对复杂体系往往存在难以承受的计算量。大量的计算模拟需要较高的计算成本，所以从各种元素组合中大规模筛选新材料仍然非常耗时。这些问题都滞缓了新材料研发的步伐。

近年来，由于计算机科学和数据科学的发展，被称为“科学的第四范式”的人工智能（artificial intelligence，AI）引起了全世界的关注。自 20 世纪 80 年代以来，作为独立学科的机器学习（machine learning，ML）一直是人工智能的核心。机器学习具有强大的学习能力，可以重组现有的知识结构并挖掘隐式关系。即使是失败的实验数据，机器学习也可以从中提取有价值的信息。

所谓“基于机器学习的材料设计”，就是利用已有的材料数据（包括材料的结构组成或配方、工艺条件和性能等）构建材料性能预测的机器学习模型，进而利用所建模型高通量筛选未知样本，期望获得性能更好的新材料候选样本（正向设计，即从材料特征变量输入到模型输出性能的估算）；或者指定新材料的性能，利用机器学习模型以指定性能为优化设计导向，在庞大的新材料搜索空间，快速逆向设计出符合性能要求的新材料的组成配方和工艺条件（逆向设计，即从材料指定性能到特征变量的推算）。基于机器学习的材料设计的应用研究内容涉及材料理性设计、可控制备、精确表征和性能优化的全研究链，对于低成本快速研发新材料具有特别重要的意义。

利用材料机器学习方法和技术，可以总结新材料的物理和化学性质与其组成元素的原子参数、化学配方、制备工艺等参数之间的定性或定量关系，用于加快新材料研制和新产品开发，达到“事半功倍”的效果。材料机器学习方法和技术的应用成本低，却可能在材料研发过程中节省人力和物力，因此在材料科学和工程领域有广阔的应用前景。

近年来，机器学习在新材料探寻和性能优化过程中发挥了重要作用，已经在光伏材料、超导体、有机发光二极管材料、合金材料、钙钛矿材料、高分子材料等方面取得了一系列成果。我们课题组也在基于机器学习的材料设计方面开展了从算法、软件到具体材料设计和性能优化的研究工作，本书从材料科学工作者易于理解的角度介绍常用机器学习的算法、基于机器学习的材料设计原理和成功应用案例。

本书有关科研工作得到了国家科学技术部、国家自然科学基金委员会、上海市科学技术委员会等的资助。有关学术研究和技术开发工作得到了我的研究生们的大力配合，有关应用研究案例主要取自我和李敏杰、纪晓波联合指导的研究生（包括卢天、卢凯亮、杨晨、陈慧敏、刘秀娟、王向东、李龙、陶秋伶、杨雪、张诗琳等）的工作（见第 4～6 章），特别是畅东平博士在材料机器学习的智能化建模方面作了有益尝试（见附录 1）。本书的出版得到了上海高水平地方高校建设计划 2022 年度上海大学一流研究生教育培养质量提升项目的资助。有关研究工作得到了本书合著者张爱敏研究员负责的云南贵金属实验室有限公司重大专项“基于机器学习模型的材料设计方法及应用软件开发”的支持，在此一并致谢！

基于机器学习的材料设计的研究成果层出不穷，本书只是介绍了作者课题组的部分研究工作，受作者的学识水平和工作内容所限，书中可能存在疏漏和不足之处，欢迎各位读者和研究同行提出宝贵意见。

陆文聪

2024 年 6 月于上海大学

目 录

第1章

基于机器学习的材料设计综述

1.1 基于机器学习的材料设计研究背景

材料科学技术领域积累了大量的科学实验和理论计算数据，通过机器学习技术总结这些数据中的统计规律，用于指导今后的科学实验和新材料探索，进而加快新材料的发现和材料服役性能的优化，这项意义重大的工作的实施需要机器学习技术与材料设计知识和科学实践的结合，开展基于机器学习的材料设计的创新研究。所谓“基于机器学习的材料设计”，就是通过机器学习方法总结材料的性能与其影响因素（配方、结构、工艺参数等）之间的统计关系（机器学习模型），进而利用所得模型高通量筛选性能更好的新材料，或者指定新材料的性能通过机器学习模型逆向设计出符合性能要求的新材料，即通过机器学习模型及其应用技术来“定做”具有更好性能的新材料。利用基于机器学习的材料设计方法，旨在减少新材料探索的盲目性，“多快好省”地研发新材料。利用材料大数据的机器学习、人工智能技术在新材料设计中大有可为，有关应用研究包括新材料形成性、稳定性、服役性能等的建模预测，将成为创新材料研发的重要发展方向。

新材料研发是一门以实践为主的学科，其理论的发展往往落后于实践。在化学、物理学等传统学科基础上发展起来的材料科学与工程，主要研究材料成分、结构、加工工艺及其性能和应用，这是一个涉及多学科交叉的非常复杂而又极其实用的专业领域。长期以来，人类致力于认识和探索新材料，进而改造或创制新材料，通过提升材料应用的性能、降低材料产业化制备和应用的成本，达到造福人类的目的。

在长期的材料科学与工程实践中，人类积累了大量的材料数据和信息，它们散布在浩如烟海的各类科学技术文献中，虽然这些材料数据和信息为人们探索和创制新材料提供了基础，但数据量的迅猛增加造成了使用上的困难，常规的人工采集数据的手段已无法满足材料科技工作者的需要，因此众多的材料数据库应运而生。近年来，人们在利用材料数据库对材料科学技术问题进行研究时，逐渐认识到海量数据的处理十分困难，有价值的规律性信息和知识还隐藏在数据内部。如何从材料科学技术相关数据中发现更多、更有价值的科学技术规律正逐步成为材料专家关注的焦点。2011 年 12 月 21 日，中国科学院、中国工程院组织专家召开了以“材料科学系统工程”为主题的第 S14 届香山科学会议，讨论了材料基因组计划（Materials Genome Initiative，MGI）的研究内涵[1]，徐匡迪院士在会上指出：“建立材料的成分-结构-性能之间的定量关系是实现材料设计和制备从传统经验式的试错法（Trial and Error）向科学化方法转变的关键”。从错综复杂的材料科学数据中建立成分-结构-性能之间的定量关系，需要数据驱动的建模方法，即材料机器学习方法。

近年来，随着计算机软硬件技术突飞猛进的发展，以及网络传播技术和人工智能技术的突破进展，很多专家学者和企业家感到“大数据时代”真的来临了。大数据的基本特征通常用“5V”（Volume，Variety，Velocity，Veracity，Value）来表示，材料大数据的“5V”特征可以概括如下：

（1）Volume（容量）：材料的“大样本集”（样本数成千上万）可以通过高通量实验和高通量测试获取，材料（特别是高分子材料）的特征变量数也可能成千上万。目前对材料数据的容量究竟多大才能算得上“大数据”尚无定论，我们认为材料机器学习所需数据的容量与材料研究对象和研究方法有关，材料大数据的容量与材料样本数和特征数都有关系。

（2）Variety（种类）：材料数据的种类也是多样性的，包括结构化数据和非结构化数据、实验测试数据和理论计算数据等。目前材料机器学习对于结构化数据研究较多，对于非结构化数据研究相对较少，随着深度学习等适用于非结构化数据的方法的发展，未来材料非结构化数据的机器学习技术具有广阔的应用前景。

（3）Velocity（速度）：新材料的创新竞争异常严酷，我国某些高科技急需的新材料已成为控制新材料制备技术的发达国家制约我国快速发展的“卡脖子材料”。因此，抢占新材料创新的先机和制高点，尽快研发出高新技术领域急需的新材料已迫在眉睫。目前新材料研发过程中的集成创新和团队协作也非常重要，5G 网络技术的应用将进一步加快材料数据库的网络化应用和材料信息与数据的快速传播。

（4）Veracity（真实性）：材料科学与工程领域的数据必须是真实的，真实数据蕴含真实规律。因此，材料机器学习必须重视数据来源的真实可靠性，对于不可靠的数据必须经过数据预处理之后再建模，材料机器学习过程也是去伪存真、由表及里、发现材料统计规律的过程。

（5）Value（价值）：新材料研发具有极高的经济价值，“一代材料”决定“一代器件”和“一代装置”，高端装置的研发关键是高端材料的迭代研发，在材料基因组工程理念和方法指导下有望达到“时间减半、成本减半”的材料研发目标。

一方面材料大数据和人工智能技术在迅猛发展，另一方面很多材料制备和测试的成本较高，导致新材料研发过程中往往“缺少数据”。例如，铝、镁合金新材料在飞机、高铁、汽车等领域有广泛应用，用合金新材料制造新器件时需要获得新材料的抗疲劳性能，而材料疲劳性能的测试成本较高。因此，如何利用有限样本甚至“小样本集”（仅有数十个样本）建立行之有效的数据挖掘模型也是机器学习和人工智能应用的热点问题。另外，计算材料学的发展已经可以运用第一性原理计算获得不少满足工程应用需求的材料性能数据，这时也可以利用第一性原理计算所得材料性能作为材料机器学习建模的目标变量，进而利用机器学习模型大批量预测第一性原理计算结果，达到节约计算资源和成本、加快新材料研发的目的。

材料机器学习技术的应用领域非常广泛，下面结合材料设计、材料信息学、材料基因组计划等方面的工作，分别探讨材料机器学习的研究背景及其目的和意义。

1.1.1　材料机器学习与材料设计

新材料创新的源头在于材料设计，即通过理论与计算来预报新材料的组分、结构与性能，旨在通过理论计算和设计来“定做”具有特定性能的新材料[2]。

材料设计可按研究对象的空间尺度不同而划分为三个层次：①微观设计层次，空间尺度约在 1nm 量级，属于原子、电子层次的设计；②连续模型层次，典型尺度约在 1μm 量级，这时材料被看成连续介质，不考虑其中单个原子、分子的行为；③工程设计层次，尺度对应于宏观材料，涉及大块材料的加工和使用性能的设计研究。这三个层次的研究对象、方法和任务是不同的。

材料设计的方法可以用基于“第一性原理”的演绎法，也可以用基于机器学习的归纳法。材料设计的研究对象多为由众多原子组成的复杂体系，原子间的作用复杂多样，虽然原则上可以通过“第一性原理”（量子力学、统计力学、统计热力学和分子动力学方程等）计算求解材料的结构和性能，但“第一性原理”对于复杂材料（特别是宏观的工程应用材料）的计算过程往往过于复杂，导致计算量太大难以承受，或引入近似计算后所得结果误差太大不能实际应用，因此，基于“第一性原理”计算的材料设计至今依然是极其困难的课题。与此同时，伴随着人类对新材料的开发和研制，积累了大量有关材料配方、结构、工艺、性能的数据，特别是近几十年来，随着信息技术的发展，各种有关材料计算和实验结果的数据库应运而生，互联网技术使得这些数据的获得也更为方便快捷。在这些海量的数据中隐藏着可用于材料设计的统计规律，即材料的配方、结构、工艺和性能的关系。基于机器学习的材料设计，可以利用机器学习方法总结出材料的性能与其影响因素（配方、结构和工艺参数等）的关系，为材料设计提供有用线索，达到减少工作量、减少盲目性、解决实际问题的目的。基于机器学习的材料设计工作有助于加快新材料的发现、提高新材料的研发效率，从而降低新材料的研发成本、缩短研发周期。

基于机器学习的材料设计的重点工作是要建立材料的定量结构-性质关系（quantitative structure property relationship，QSPR），这也是数据驱动的材料设计研究的核心内容。研究者从材料的组成、结构特征和加工条件入手，利用机器学习方法可以建立 QSPR 模型，用于预测未知新材料的具体性能。在实际应用中，QSPR 模型可以为新材料开发全研究链（包括材料设计、材料制备、材料表征、材料性能优化等）提供理论指导。

在材料设计过程中，利用 QSPR 模型可以宽范围、高通量地筛选新材料并优化材料的性能，在此基础上可以辅助新材料研制和新产品开发，达到新材料设计和创制事半功倍的目的[3]。因此，基于机器学习的材料设计有助于加快新材料的创新研究。

1.1.2　材料机器学习与材料信息学

2003 年，Rodgers[4]最早在学术界提出了材料信息学概念，而材料机器学习作为数据驱动的材料设计和优化的建模方法，从 20 世纪 80 年代起得到材料设计研究者的青睐，并一直伴随新材料研发的需求在不断发展[5-17]。材料机器学习结合材料数据库加快新材料研发，应该成为材料信息学的主要研究方向。

材料信息学作为新兴交叉学科，近年来已引起材料学、物理、化学、计算机等领域专家的广泛兴趣，应用和探讨材料信息学的论文逐年增多，虽然不同论文的侧重点有所不同，对材料信息学尚未形成系统和统一的定义，但如何将材料数据库和机器学习技术更好地应用于材料研发过程则是材料信息学的核心共识内容。

我们认为，材料信息学是信息科学与材料学的交叉学科，它以材料数据库的研究、开发和应用为基础，以数学、统计学、计算机科学、信息学及人工智能的理论、方法和工具为手段，研究材料计量学、材料信息运筹学、材料机器学习和数据挖掘方法学等，旨在共享材料实验和计算数据及其研究工具，推进基于材料信息学的新材料设计和研发，特别是利用机器学习和数据挖掘方法建立材料的服役性能与其影响因素（包括其组分、配方、结构、工艺等）的内秉关系模型，结合高通量计算、高通量筛选和实验验证，加快新材料的设计、制备、表征和应用及其过程优化。

材料信息学作为新兴交叉学科，其分支研究领域至少应包括材料数据库、材料计量学、材料运筹学、材料机器学习方法学等，有关研究工作还有待深入展开并不断完善。

材料数据库（materials database）是按照材料的数据结构来组织、存储和管理材料数据的仓库，随着计算机信息处理技术的发展，材料数据库能够满足用户材料研发过程中所需要的各种材料数据的表示、整理、解析、存储、选择和管理。材料数据库不仅可以存取材料信息和性能数据，提供常用的数据库查询、检索功能，还可与人工智能技术相结合，构成材料性能预测或材料设计专家系统，在现代工业的材料工程和机械制造中发挥着重要的作用。美国是世界上材料数据科学和工程应用最为发达的国家，其国家标准与技术研究院（National Institute of Standards and Technology，NIST）拥有材料力学性能数据库、金属弹性性能数据中心、材料腐蚀数据库、材料摩擦及磨损数据库等（http://webbook.nist.gov/chemistry/name-ser.html）。日本国立材料研究所（National Institute for Materials Science，NIMS）的数据库内容也非常丰富，包括高分子聚合物、金属等材料的基础性能（蠕变、导热、疲劳等）和工程应用数据库等（http://mits.nims.go.jp/index_en.html）。瑞士科学家 V. Pierre 四十多年来主持开发世界上最大的无机晶体材料数据库（Materials Platform for Data Science，MPDS，在线访问主页为 https://mpds.io/），该数据库已含有 40 万个晶体结构数据、6 万个相图数据和 80 万条物理性质数据。我国的材料数据库建设起步较晚，北京科技大学曾负责完成了“国家材料环境腐蚀平台”和“国家材料科学数据共享网”建设项目。在“十三五”国家重点研发计划“材料基因工程关键技术与支撑平台”专项支持下，我国启动了一批材料数据库方面的重点研发计划项目，包括北京科技大学宿彦京教授负责承担的“材料基因工程专用数据库和材料大数据技术”、上海大学钱权教授负责承担的“材料基因工程专用数据库平台建设与示范应用”等项目。

材料计量学是材料信息学的重要组成部分，它是一门通过统计学或数学方法将材料体系的测量值与体系的状态之间建立联系的学科。它研究材料的物理、化学、力学等性质的快速精准的量测和表征方法与选择，实验或计算数据的处理方法，以求最大限度地获取材料体系的高质量信息。

材料信息运筹学也是材料信息学的重要组成部分，它研究材料数据信息（包括结构化数据和非结构化数据信息）的采集、筛选、鉴定、评价、分类、检索、存储、压缩、解压、传输、交流和显示等方法，从而建立各种材料信息库；进而分析材料数据信息的内涵，总结出规律，最大限度地挖掘、开发和应用材料信息宝库，使它们作为材料信息归纳法和演绎法的桥梁，推动材料科学和工程学科的发展，为国民经济服务。

材料机器学习需要利用材料学知识定义材料性能及其可能的影响因素，将材料性能作为机器学习的输出变量，将其影响因素作为输入变量，利用计算机和机器学习算法构建材料性能与其影响因素之间的定性模型或定量模型。定性模型可用作材料属性的分类预测，进而发现新材料；定量模型可用作材料性能的回归预测，进而优化材料的性能。

材料机器学习从方法学角度可分为监督学习、无监督学习、半监督学习等方法；从应用的角度可以分为定性分类、定量预测，以及降维和自组织聚类。利用材料机器学习模型，既能根据输入的特征变量正向预测材料性能，也能根据材料性能的应用需求逆向设计材料特征变量的控制范围。材料机器学习研究工作既要关注材料大数据，也应重视材料“小样本”的处理方法；既要关注材料结构化数据，也应重视非结构化数据的应用课题。

1.1.3 材料机器学习与材料基因组计划

材料是经济建设、社会进步和国家安全的物质基础和先导。自20世纪80年代起，技术的革新和经济的发展越来越依赖新材料的进步。材料服务于国民经济、社会发展、国防建设和人民生活的各个领域。目前，从新材料的最初发现到最终工业化应用一般需要10～20年，新材料的研发步伐严重滞后于产品的设计。面对制造业的激烈竞争和科技发展的需求，2011年6月24日，美国政府率先启动了旨在加速新材料开发应用、保持全球竞争力的“材料基因组计划”（MGI）[1]，希望将材料从发现、制造到应用的速度提高一倍，成本降低一半（half time，half cost）。MGI计划将发展一个集成高效的计算工具（Computational Tools，包括高通量材料计算等）、实验工具（Experimental Tools，包括高通量材料实验等）和材料数据库（Digital Data，包括材料实验和计算等数据）为一体的材料创新基础平台，图1-1为MGI交叉集成创新平台的示意图。MGI倡导了材料研发的新模式，希望材料研发所需各方面的专家（包括利用计算工具、实验工具、材料数据库等方面的专家）联合起来、相互配合、相互促进，加快新材料的研发进程。

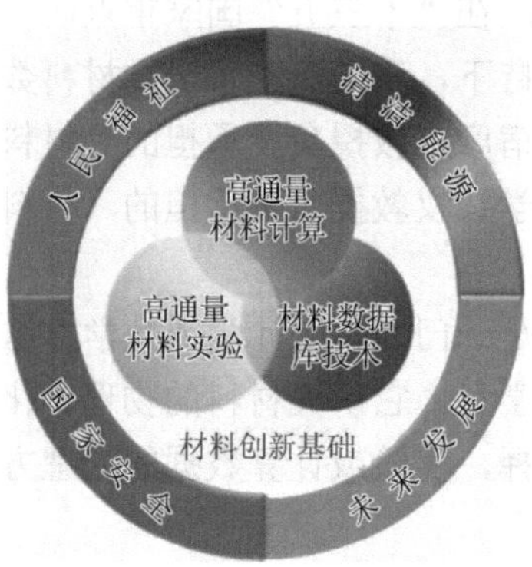

图1-1 MGI交叉集成创新平台[1]*

材料机器学习在MGI创新过程中将发挥重要的桥梁作用，通过材料机器学习和数据挖掘研究，可以联合材料实验和数据技术方面的专家精诚合作，建立材料

* 扫描封底二维码可见全书彩图。

的成分-结构-工艺-性能之间的定量关系，这是加快新材料研发工作的核心内容。MGI 方法上强调通过材料计算-理论-快速实验-数据库-机器学习的集成和融合，结合已知的、可靠的实验数据，用理论和计算模拟去尝试发现新的未知材料，并建立其化学组分、晶体结构和各种物性的数据库，利用科学的实验工具和方法，通过数据挖掘探寻材料结构和性能之间的关系模式，为材料设计师提供更多的信息，加速材料研发和产业化。世界各国科学界和产业界普遍预期材料基因组工程将引起材料科学研究模式的革新，导致材料科学、物理学、化学、信息科学、力学、计算科学等学科的深度融合和新学科的产生。美国 MGI 引起我国材料、物理、化学、计算机科学等领域专家的高度重视，被视作材料物理与化学、计算机、信息学等学科交叉领域的最新发展趋势。经中国科学院、中国工程院组织专家讨论和调研，对 MGI 应该重点研究的内容达成以下两点共识：

（1）通过高通量的第一性原理计算，结合已知的可靠实验数据，用理论模拟去尝试尽可能多的真实或未知材料，建立其化学组分、晶体结构和各种物性的数据库。

（2）利用信息学、统计学方法，通过数据挖掘探寻材料结构和性能之间的关系模式，为材料设计师提供更多的信息，拓宽材料筛选范围，集中筛选目标，减少筛选尝试次数，预知材料各项性能，缩短性质优化和测试周期，从而加速材料研究的创新。

2014 年 12 月，美国政府颁布“材料基因组计划战略规划”（Materials Genome Initiative Strategic Plan）[18]，进一步促进重要新材料的快速研发和材料基因工程人才培养。

2016 年，国家科学技术部启动了“材料基因工程关键技术与支撑平台”国家重点研发计划，大力推进我国的材料基因工程研究。近年来，有关材料基因组工程的学术交流活动吸引了一大批专家学者的积极参与，特别是 2017 年以来中国工程院化工、冶金与材料工程学部等主办（谢建新院士主持）的“材料基因组工程高层论坛”，论坛主题包括材料高效计算与设计、材料高通量制备与表征、材料服役与失效行为高效评价、材料数据库与大数据技术、材料基因工程技术应用等，该论坛已成为中国工程院“国际工程科技发展战略高端论坛”品牌会议，在国内外产生了深刻影响，该论坛极大地促进了材料基因组工程基础理论、前沿技术和关键装备的交流，推动了材料基因组工程技术在我国新材料研发过程中的应用。

材料基因组工程的新思想、新理念、新方法、新应用促进了新材料领域的顶级科学家和高端人才的协同创新研究，并有助于国内外创新资源的融合和创新人才的培养，从而真正加快我国新材料的研发速度，突破“卡脖子材料”对我国科技发展和产业升级的制约，早日赶超世界先进水平。

1.2 基于机器学习的材料设计方法

机器学习模型是利用“黑箱方法”建立的输入与输出变量之间的函数（或映射）关系。材料机器学习强调的是数据驱动的建模方法（“黑箱方法”）和智能的模型更新方法，用于探寻复杂材料体系的函数（或映射）关系。在材料数据挖掘过程中，机器学习技术都可以发挥作用，下面首先阐述材料机器学习问题的数学表达，然后概括常用的材料机器学习方法的优点和局限性，进而结合数据驱动的材料设计方法讨论材料机器学习的基本流程和关键环节，包括数据来源、特征工程、模型构建、模型优化、模型评价和模型应用。

1.2.1 材料机器学习问题的数学表达

材料机器学习在材料设计研究工作中所需要解决的数学问题主要是求解目标变量 $\boldsymbol{y}$ 的定性问题（材料形成与否、材料质量好坏、材料是否可用等的定性结论）或定量问题（性能指标的定量数据）：

$$\boldsymbol{y}=f(\boldsymbol{X})=f(\boldsymbol{x}_1,\boldsymbol{x}_2,\boldsymbol{x}_3,\cdots,\boldsymbol{x}_m)$$

式中，$\boldsymbol{x}_1,\boldsymbol{x}_2,\boldsymbol{x}_3,\cdots,\boldsymbol{x}_m$ 是材料特征变量（feature）或描述符（descriptor），它们可以是实验获取的参数，也可以是理论计算的参数。

材料机器学习的复杂性在于 $\boldsymbol{x}_1,\boldsymbol{x}_2,\boldsymbol{x}_3,\cdots,\boldsymbol{x}_m$ 自变量中可能有冗余的变量（或者噪声较大的变量），也可能存在自变量之间的强相关性；材料目标变量（应变量）$\boldsymbol{y}$ 与自变量之间的关系可能是线性的，也可能是非线性的；材料样本在多维空间的分布可能既不满足正态分布，也不满足均匀分布；材料样本的搜索空间很大（自变量的维数很大），而已知样本很少。

建立 $\boldsymbol{y}=f(\boldsymbol{X})$ 关系（若机器学习方法为人工神经网络，则获得的关系不是显式的表达式，而是一种输入与输出之间的映射关系）之后，如何应用这种函数（或映射）关系是材料机器学习模型应用的关键问题。材料机器学习模型的应用问题包括正向材料设计和逆向材料设计（或优化）问题。正向材料设计问题就是根据用户设计的特征变量 $\boldsymbol{X}$ 来预测目标变量 y（材料性能）。通常输入一个样本的 $\boldsymbol{X}$ 就可以根据 $\boldsymbol{y}=f(\boldsymbol{X})$ 关系得到一个相应的 y。所谓基于机器学习模型的材料高通量筛选，就是一次性大批量产生成千上万乃至数百万的虚拟样本 $\boldsymbol{X}$，然后利用 $\boldsymbol{y}=f(\boldsymbol{X})$ 关系得到所有虚拟样本相应的 y，从中挑选出符合用户需求的样本。逆向材料设计问题就是要根据用户设定的材料性能 $\boldsymbol{y}$，利用 $\boldsymbol{y}=f(\boldsymbol{X})$ 关系反推出相应的特征变量 $\boldsymbol{X}$。显然，逆向材料设计问题的解（$\boldsymbol{y}$ 的预测值）不是唯一的，这时就需要用户在求解的过程中设置限定条件才能求得唯一的解 y。

1.2.2　材料机器学习的常用方法

材料设计的基础研究工作是建立材料性能与其影响因素之间的关系，即机器学习模型，用于改进材料的组成配方和加工工艺。为此，需要运用各种机器学习算法探索材料的机器学习模型。20 世纪 90 年代中后期，材料机器学习的应用需求日益增多，各种机器学习方法开始广泛应用于材料机器学习研究领域，并取得了良好的结果[19-25]。

最常用的机器学习方法是传统的数理统计方法[26]，特别是多元线性回归（multiple linear regression，MLR）或逐步多元线性回归（stepwise multiple linear regression，SMLR）方法，利用最小二乘法即可求得多元线性回归表达式中的待定系数，再结合显著性检验即可获得逐步多元线性回归表达式，传统的 MLR 或 SMLR 方法在计算机发明以前就得到了成功应用，至今仍然是科学工程领域应用最广的线性建模方法。MLR 或 SMLR 方法的优点是理论完整，计算过程简单，所得统计分析表达式容易理解，所以该方法是应用最广泛的定量建模方法。该方法的局限性是假定应变量与自变量的关系是线性关系，且自变量之间是相互独立的，而实际情况不一定能满足线性建模的条件。计算机和人工智能的发展极大地促进了机器学习方法和应用的发展，材料数据的积累导致数据挖掘的需求激增，这种需求促进了机器学习方法的应用和改进，例如偏最小二乘（partial least square，PLS）和非线性偏最小二乘（nonlinear partial least square，NPLS）方法就是传统多元线性回归方法的改进[27]。除了基于数理统计理论的回归分析方法外，其他常用的机器学习方法包括模式识别、人工神经网络、支持向量机、相关向量机、决策树及其衍生算法、集成学习、贝叶斯网络、K 均值聚类和遗传算法等。

模式识别（pattern recognition）方法可分为统计模式识别和句法模式识别方法。本书讨论的材料数据主要是离散的关系型数据，因此建模方法采用统计模式识别[28]。句法模式识别虽然可应用于图像处理、汉字识别等研究领域，但本书不作讨论。模式识别的基本原理是“物以类聚”，它以样本的特征参数为变量，主要通过样本集的投影（映射）图建立统计分类模型。该方法能将在多维空间中难以理解的“高维图像”经模式识别投影方法转换为二维图像，利用二维图像包含的丰富信息以及二维图像与原始的“高维图像”的映射关系，可以得到多维数据变量间的复杂关系和内在规律，因而该方法可广泛应用于材料数据挖掘。材料模式识别方法有文献报道的最常用的经典方法，如主成分分析、偏最小二乘法、多重判别矢量法、费希尔（Fisher）判别矢量法、最近邻法、非线性映照等。本书也将介绍我们结合材料机器学习的需求所开发的模式识别实用技术，如模式识别最佳投影识别法、逐级投影法、超多面体模型、最佳投影回归法、逆投影方法等。

模式识别方法的优点是所得模式识别投影图形象直观，特别适用于处理定性或半定量的数据关系。该方法的局限性是所得分类规律属于定性或半定量的，并非定量函数关系。

人工神经网络（artificial neural network，ANN）方法和应用的发展与计算机的发展密切相关，在 20 世纪 80 年代各种人工神经网络算法相继得到成功应用，其中最著名和最成功的就是反向传播人工神经网络（back propagation artificial neural network，BP-ANN）方法[29]。数学家证明了任意的多元非线性函数关系可以用一个三层的 BP-ANN 来拟合，所以大量“黑箱”问题的机器学习方法采用了 BP-ANN 方法，该方法是近三十多年以来在数据挖掘领域应用广泛的重要方法。该方法的优点是非线性拟合能力强；局限性是神经网络的训练次数较难控制（太多了往往“过拟合”，太少了往往“欠拟合”），外推结果不够可靠（特别是在有噪声样本干扰的情况下）。

支持向量机（support vector machine，SVM）是数学家 Vladimir N. Vapnik 等建立在统计学习理论（statistical learning theory，SLT）基础上的机器学习新方法，包括支持向量分类（support vector classification，SVC）算法和支持向量回归（support vector regression，SVR）算法[30]。该方法有坚实的理论基础，较好地分析了“过拟合”和“欠拟合”问题，并提出了相应的解决方法。SVM 方法提供了丰富的核函数方法，特别适用于小样本集情况下的数据建模，能最大限度地提高预报可靠性。由于目前材料数据挖掘建模的样本集多半是“小样本集”，而 SVM 方法特别适用于“小样本集”建模，因此我们认为 Vapnik 提出的 SVM 方法有望在材料基因组工程研究领域得到更加广泛的应用。该方法的优点是模型求解基于全局最优算法，巧妙运用核函数解决了“高维”和“非线性”数据处理问题，变量数可以大于样本数，定性分类和定量回归均可用。局限性是核函数及其参数的选取工作计算量较大，非线性问题的变量解释困难。

相关向量机（relevance vector machine，RVM）方法是 M. E. Tipping 提出的一种基于贝叶斯网络框架的解决分类和回归任务的建模方法[31]。尽管 RVM 具有与 SVM 相似的函数形式，但 RVM 计算过程中构建了一个概率性的贝叶斯学习网络，使用少量的基础函数获得较好的定量或定性模型，同时在变量部分引入核函数方法对变量集进行变化，解决了数据非线性建模问题。RVM 中参数为自动赋值，模型计算不需要设置惩罚因子，减少了过学习的发生。

决策树（decision tree，DT）算法是一种逼近离散函数值的方法[32]。它是一种典型的分类方法，通过一系列规则对数据进行分类。决策树的典型算法有 ID3、C4.5 等。ID3 算法以信息熵和信息增益度为衡量标准，从而实现对数据的归纳分类。C4.5 算法是从大量事例中提取分类规则的自上而下的决策树。决策树方法的优点是所建模型通过“If…then”的逻辑关系限定了特征变量的范围，易于解释模型的物理意义；局限性是模型属于弱分类器，个别样本的特征变量也可能影响建模结果。在决策树算法基础上衍生的一些算法也有广泛的应用，如分类回归树（classification and regression tree，CART）算法，这是一种既可进行回归也可进行分类的决策树[33]。随机森林方法也是在决策树上衍生的机器学习算法，它的优点是有很强的非线性建模能力，且建模后能得到自变量对于预测模型的贡献度，可以作为变量重要性分析的依据。局限性是模型复杂度高，容易造成模型过拟合。

集成学习（ensemble learning，EL）是一种新的机器学习范式，它使用多个（通常是同质的）学习器来解决同一个问题[33]。由于集成学习可以有效地提高学习系统的泛化能力，因此它成为国际机器学习界的研究热点。集成学习可分为 AdaBoost 算法和 Bagging 算法。AdaBoost 算法侧重建模过程中错分点，通过加强错分点的学习来提高模型的泛化能力；Bagging 算法侧重模型预测结果的平均化，可以提高模型的鲁棒性。该方法的优点是模型个体可以用弱学习器，避免过拟合，且集成模型更加精确，稳定性更好；局限性是可选模型及其排列组合太多，模型个体的选取尚无理论指导。陈天奇提出的 XGBoost（extreme gradient boosting，极限梯度提升）算法是基于决策树提升（boosting）的集成学习算法[34]，在损失函数中加入了正则项，用于控制模型的复杂度。XGBoost 算法计算过程中采取了并行计算，模型收敛速度快。该算法能够处理回归和分类学习任务，在材料机器学习研究领域得到较广泛的应用。

贝叶斯网络（Bayesian network，BN）是一种概率网络，它是基于概率推理的图形化网络，而贝叶斯公式则是这个概率网络（基于概率推理的数学模型）的基础[35]。该方法的优点是所得模型可用于解释变量之间的因果关系及条件相关关系，具有强大的不确定性问题处理能力，能有效地进行多源信息表达与融合。局限性是贝叶斯网络的训练过程比较复杂，模型结果的解释需要结合较强的专业背景知识。

K 均值（K-means）聚类算法是一个无人监督的聚类算法，将 n 个对象根据它们的特征变量属性分为 K 个类别（$K<n$）[33]。同一聚类中对象相似度较高，而不同聚类中对象相似度较低，一般相似度采用欧氏距离进行评判。该算法简单，能实现样本的自动聚类；局限性是聚类的标准需要人为设定，聚类的结果与样本集的大小密切相关。

遗传算法（genetic algorithm，GA）是一种模拟自然选择的启发式搜索算法[36]。它借助对经过编码的字符串进行选择、杂交和变异等操作解决复杂的全局寻优问题。该方法的优点是总能找到全局最优解；局限性是计算量大，适应函数由求解的问题决定，需要编译程序。

近年来，随着人工智能应用的迅猛发展，一些新的机器学习算法，即前沿机器学习算法如深度学习、增强学习、迁移学习等获得成功应用和广泛关注。特别是 2006 年 G. Hinton 等提出的深度学习（deep learning，DL）方法，又称深度神经网络（deep neural network，DNN）方法，已在图像识别研究领域获得突破性进展[37]。深度学习是机器学习中一种基于对数据进行表征学习的方法。它模仿人脑的机制来解释数据，特别适用于图像、声音和文本的数据挖掘建模，有望在材料图像识别等研究领域推广应用[38]。

如上所述，已有的各种机器学习算法各有其特有的长处和短处，根据它们的特点适合于处理不同类型的数据。我们应该结合材料数据具体问题研究机器学习算法的适用范围，使不同算法适合于处理不同数据结构的材料数据。材料机器学习方法没有最好的方法，应该针对特定材料的数据特点探索最合适的机器学习建模方法。因此，材料数据挖掘过程中选择合适的机器学习算法非常重要。

1.2.3 材料机器学习的基本流程

材料研究对象千变万化，材料机器学习也要“具体问题具体分析”。我们认为，不同的机器学习算法各有优点和局限性，没有最好的算法，只有针对特定材料数据的最合适的算法。从材料数据到机器学习模型的基本流程框图如图 1-2 所示。

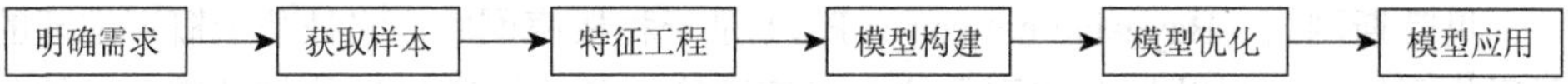

图 1-2　材料机器学习的基本流程框图

图 1-2 中有关功能模块涉及材料机器学习技术应用的关键环节，分别说明如下。

1. 明确需求

材料机器学习的首要工作是明确数据挖掘任务需求，即需要解决的核心问题，如是否需要探索某类新材料的形成条件？是否需要从庞大的候选材料中快速找到指定性能的材料？是否需要突破已有材料的应用性能？是否需要优化材料的制备条件从而获取性能更好的材料？材料性能优化的目标变量是单个还是多个，如何表征？建模所需的特征变量是否可控，如何获取？

2. 获取样本

“巧妇难为无米之炊”，必须根据材料机器学习的具体需求获取建模所需的样本数据。材料样本数据可以来自免费共享的或商用的数据库，包括长期积累的实验样本数据和计算样本数据。数据库的实验样本数据应包括材料的性能、成分、配方、结构和制备工艺等。数据库的计算样本数据应包括计算样本的定义及其性能的计算方法。目前公开可用的数据库还不多，很多材料样本还需要我们从大量公开发表的文献资料中获取，经过人工整理形成材料机器学习的样本集。数据库或人工收集的材料数据量也许不够多，但机器学习建模的样本数与特征变量数之比大于 5 时所得模型就有统计意义。数据库是支撑材料数据挖掘的基础，数据库与数据挖掘技术的无缝对接是材料数据挖掘的必然发展趋势。

3. 特征工程

材料机器学习的特征工程（feature engineering）是一个复杂过程，通常指从获取样本的原始数据到建模所需特征变量选择的过程。特征工程是将原始变量转化成更好的表达问题本质特征的过程，使得将这些特征运用到预测模型中能提高模型预测精度。特征工程的目的就是发现建模所需的重要特征变量，即对目标变量（因变量）有明显影响作用的影响因素（自变量）。

特征工程基本决定了机器学习模型的优劣，好的特征工程所得关键特征变量对不同建模算法的结果都不差，反之特征工程所用方法不当，未能发现关键特征变量，则使用任何机器学习算法建模的效果都不会好。特征工程往往占用整个机器学习过程大部分的时间。材料数据挖掘过程中做好特征工程能够大大提升模型的精度和可解释性，特别是在样本数据量较少而候选特征变量较多时，需要行之有效的特征工程来提高机器学习模型的性能。

材料数据来源复杂，需要将不同来源及格式的数据在逻辑上有机汇总，集成为材料机器学习建模时需要输入的关系型数据表。材料机器学习的候选特征变量有原子描述符、分子描述符、晶体描述符、第一性原理描述符以及可能的工艺参数。在数据整理过程中需要考虑如下问题：数据文件中是否有不完整的（缺少属性值）或噪声大的样本（包含错误的属性值）？是否有不同来源的材料数据彼此矛盾的数据？特征工程是确保机器学习模型客观公正的基础，因此不能随意取舍建模的样本，也不能任意删除建模的自变量（描述符）。若在数据文件噪声较大、分类不清或离群点（outliers）较多时，可以用机器学习方法甄别不可靠的样本，如试用 KNN 或 SVR 等算法将留一法误报或误差特别大的样本剔除，以利于建模，这是不得已而为之。如果删除离群点的依据并不充分，则最好对离群点作深入查证甚至实验验证其正伪。变量筛选是随后的机器学习建模成败的关键。传统的自变量筛选以模型训练结果为判据，我们的程序改用各自变量对样本集的交叉验证结果为判据。常用的特征变量搜索策略有前进法、后退法、遗传算法、最大相关最小冗余（max-relevance and min-redundancy，mRMR）法等。总之，特征工程需要依赖领域知识与算法相结合，其中关键的变量筛选方法在本书第 3 章 3.1 节进行系统阐述和讨论。

4. 模型构建

机器学习方法有很多，通常需要尝试不同的算法考察机器学习模型的交叉验证结果，或者对多次抽样的测试样本集的预测结果选择建模的算法。模型过于复杂容易导致“过拟合”，模型过于简单容易导致“欠拟合”，通常需要比较三个以上的机器学习模型对特定数据集的建模效果，从中选择结果较好的算法。候选模型中至少有一个线性模型，线性模型简单直观，容易解释。若样本集目标变量与影响因素之间符合线性关系，就没有必要使用非线性模型。建模之前对样本集进行数据信息量的评估有助于快速建模，评估内容包括样本集是否有足够的信息量进行建模（定性或定量建模的可能性），若可建模是否可用线性模型等。

根据我们以往建模的经验，对于小样本集建模，大多数情况下支持向量机建模的结果较好，所以非线性模型优先选择径向基核函数的支持向量机算法。若仅选择三个算法，我们建议候选算法为多元（逐步）线性回归（或岭回归）、支持向量机和人工神经网络；若在上述三个算法上再增加其他算法，建议从材料机器学习的常用方法中选择，如 C4.5、AdaBoost、PLS、KNN、主成分分析（PCA）、CART、XGBoost、ANN 等。我们的工作经验表明，在机器学习建模之前对样本集进行数理统计分析有助于选择合适的机器学习算法，利用统计分析方法得到变量的均值、方差、变量相关性和变化趋势等重要信息。通过统计分析建立对样本集的感性认识和初步了解，为选择合适的建模算法提供参考。通过目标值与各自变量的相关分析，以及自变量之间的投影图和相关性分析等，求得对数据集结构的初步了解，为选择合适的建模算法提供参考。

5. 模型优化

通过不同的机器学习方法建模结果的初步比较，得到了交叉验证或对独立测试集预报结果较好的模型，若所得模型中含有超参数（如支持向量机算法的惩罚因子、人工神经网络的学习效率等），则通过超参数的优化有望进一步提升所选模型的预测性能。常用的超参数优化方法有网格搜索、遗传算法和贝叶斯优化等（详见本书第 3 章 3.2 节）。

6. 模型评价

模型评价是指在机器模型建立后，使用合适的测试方法对模型的误差和性能进行评估测试，得到模型在实际应用过程中的误差（性能）估计。模型评价贯穿于机器学习建模过程的始终。模型评价的原则是避免模型过拟合或欠拟合，即选择对材料未知性能预测结果最好的模型。同一个模型在外推和内插上的预报误差可能相差很大，因此模型评价的测试集尽可能模拟未来的使用场景，以获得准确的误差估计。常用交叉验证和独立测试集验证结果来考察机器学习模型的效果。交叉验证是将数据集划分为互斥的 K 个集合，用 K–1 个集合做训练获得模型，然后预测剩下的一个集合；重复交叉 K 次，每个样本在测试中出现一次，由此可得分类问题的准确率或回归问题的均方根误差等。当 K 等于训练样本总数时则为“留一法交叉验证”。独立测试集验证是将原始数据随机分为两组（常见比例 4∶1），一组作为训练集，另一组作为独立测试集，利用训练集训练模型，然后利用独立测试集验证模型。机器学习的目标是得到具有泛化能力的模型。泛化能力可以用模型在独立测试集上的准确率或误差来估计。

对于机器学习分类任务，最常用的模型评价指标是精确度［也称准确率（accuracy）］，计算公式如下：

$$P_{\mathrm{c}}=\frac{\mathrm{TP}+\mathrm{TN}}{\mathrm{total}} \tag{1-1}$$

式中，TP 是真阳性；TN 是真阴性；total 是样本总数；精确度是分类正确的样本占样本总数的比例。准确率在正负样本数目相差悬殊的情况下会失效，此时需要查准率和查全率作为评价指标。查准率（也称命中率）是预测为正例的样本中实际是正样本的比例。查全率是全部真实正样本中被预测正确的比例。

对于机器学习回归任务，最常用的模型评价指标是平均绝对百分比误差（mean absolute percentage error，MAPE）和均方根误差（root mean square error，RMSE），计算公式如下：

$$\mathrm{MAPE}=\frac{100\%}{n}\sum_{i=1}^{n}\left|\frac{\hat{y}_i-y_i}{y_i}\right| \tag{1-2}$$

$$\mathrm{RMSE}=\sqrt{\frac{1}{n}\sum_{i=1}^{n}(\hat{y}_i-y_i)^2} \tag{1-3}$$

式中，$\hat{y}_i$ 和 y_i 分别是材料性能的预测值和真实值；n 是样本总数。

总之，机器学习模型的某一评估指标只能反映模型在某一方面的性能，评价模型需要根据不同的需求进行选择或组合使用不同的评估指标，以获取对模型误差更全面的评估。另外，需要根据数据集大小和模型的应用场景选择使用不同的方式划分训练集和测试集，从而得到模型误差的合理估计。

7. 模型应用

材料机器学习模型应用就是所得材料性能与其特征变量之间函数关系或映射关系的应用，包括模型变量的可视化、材料正向设计和逆向设计指定性能的材料配方和加工条件等。

敏感性分析是模型预测材料性能的可视化方法，即在固定其他特征变量的条件下通过模型的输入-输出关系考察某一个特征变量对材料性能的影响。Shapley加权解释（SHAP）方法可用来解释训练好的材料性能预测模型中各个特征变量对模型预测结果的贡献度[39]。

材料正向设计是利用机器学习模型进行高通量虚拟筛选，将各种可能的特征变量组合输入模型，从大量的模型输出结果中试图发现满足性能需求的新材料。材料各种可能的特征变量组合往往达到万亿数量级，在此情形下利用机器学习模型进行高通量虚拟筛选的计算量也是难以承受的。

材料逆向设计是根据材料性能的优化方向或指定材料的性能，利用机器学习模型结合特定的边界条件或搜索策略，逆向设计出材料配方和加工条件等。我们结合材料设计的具体问题，分别开发了定性和定量的逆向设计方法。

材料机器学习建模的目的是解决材料设计问题，一个训练好的模型的真正价值在于能有效预测尚未实验的结果，模型应用需要解决他人能方便使用我们构建的模型的问题，为此我们利用 Web 服务器开发了模型在线共享的功能，方便他人直接利用网络应用我们构建的模型。“实践是检验真理的唯一标准”，因此，材料数据挖掘模型的成败归根到底要看它是否解决了材料研发过程中迫切需要解决的问题。如数据挖掘模型预报的新材料的性能被实验证实达到了预期目标值，则可对新材料作进一步的结果分析和测试应用，乃至实现新材料的稳定量产。若实验结果没有达到预期目标值，则不要舍弃，应将最新的宝贵实验数据存入数据库，更新数据挖掘建模的样本集，并在新的样本集的基础上继续开展机器学习建模研究并加以实践应用。

总之，在材料机器学习过程中需要综合运用多种算法，针对复杂材料数据变量筛选和模型构建的不同特点，将各种算法组织成从材料数据到模型应用的合理的信息处理流程，通过机器学习模型真正解决材料设计的实际问题，这是我们构建预报能力强的机器学习模型的关键。

1.3 基于机器学习的材料设计的应用软件和开源工具

“工欲善其事，必先利其器”，在机器学习技术长年发展的历史中，机器学习的应用软件以美国 MathWorks 公司开发的 MATLAB 与新西兰怀卡托大学开发的 Weka 软件为主。MATLAB 软件底层基于 C 语言开发，其编程语言自成体系，凭借着开发效率高、编程简单、扩展性强、界面优美、强大的数据分析与模拟仿真能力，在全球内占据了广袤的市场。MATLAB 具有算法开发、数据可视化、数据分析以及数值计算的高级技术计算语言和交互式环境。

Weka（Waikato environment for knowledge analysis）是一款免费的基于 JAVA

环境下开源的机器学习算法软件，该软件主要专注于数据分析、数据可视化以及模型预测等功能。Weka 借助使用免费、专业性强、无代码建模等优势，在数据分析、数据挖掘领域内独树一帜。其他较有名的软件还有 SPSS 公司商业数据挖掘产品 Clementine、卢布尔雅那大学开发的 Orange、KNIME 公司开发的 Konstanz Information Miner、IBM 公司开发的 SPSS Statistics 等。

随着人工智能应用场景越来越多，很多机器学习软件应用和开发者倾向于使用 Python 语言或 R 语言编程，这些开源软件因程序资源丰富共享而获得大家的青睐。相比于机器学习的应用软件，大量的机器学习的开源工具提供了更加灵活与更为广泛的应用功能。以机器学习社区最为活跃的 Python 语言为例，Scikit-Learn 是该语言中热度最高的工具之一，涵盖了种类与个数最多的机器学习算法，如线性回归、支持向量机、决策树、最近邻、集成学习、人工神经网络、高斯过程、聚类分析等。在集成学习算法方面，Scikit-Learn 含有基础的随机森林、梯度提升树等算法，而 XGBoost、CatBoost、LightGBM 分别提供了性能更为强大的极限梯度提升、类别特征提升、轻量级梯度提升机等算法。在最近邻算法方面，除了 Scikit-Learn 内的最近邻模块，也可以考虑使用最近邻算法种类更为丰富的 Annoy 工具。另外，样本的离群点检测可以直接使用 PyOD 工具，遗传算法与遗传编程可以借用 Deap 和 GPLearn 工具提供的代码框架，不平衡机器学习可以使用 Imbalanced-Learn 与 Imbalanced-Ensemble 工具内的各种采样方法，模型参数优化方面可以采用 HyperOpt、Optuna、Scikit-Opt 工具来加快参数搜索，常见的矩阵运算、科学计算、表格操作等一般使用 NumPy、SciPy、Pandas 工具，数据可视化方面比较出名的是 Matplotlib、Plotly、Seaborn 工具，图像数据处理可以采用 Scikit-Image 与 OpenCV 工具。

在人工智能与深度学习领域，目前主要流行的工具是 TensorFlow、Keras 以及 PyTorch。TensorFlow 是 Google 公司开发的深度学习框架，其特点是运行稳定，适合商业部署，但 TensorFlow 的设计复杂，开发接口经常变动，用户文档较为混乱。Keras 基于 TensorFlow 接口开发，旨在为 TensorFlow 用户提供稳定、简单的接口，但较高的封装度导致灵活性较差。PyTorch 是 FaceBook 公司开发的深度学习框架，其设计接口较为稳定，使用较为简单，拥有丰富的用户文档指南，是目前入门深度学习领域最合适的工具之一。除此以外，还有其他的一些深度学习工具，如蒙特利尔大学开发的 Theano、Apache 软件基金会旗下的 MXNet、微软研究院开发的 CNTK、伯克利视觉与学习中心开发的 Caffe2 等，但由于非开源、开发进度较慢或社区不活跃等种种原因，并不推荐读者入门使用。

机器学习的应用软件由于具备用户交互友好的可视化界面，能够极大地降低数据挖掘应用的门槛，但软件的封闭性、更新周期较慢等，经常会造成使用者自定义功能体验较差、只知其然而不知其所以然。另外，基于材料的机器学习流程往往比较复杂，需要使用者针对特定材料体系设计不同的数据处理流程，这些极具个性化的要求难以在通用的应用软件上得到完美的实现。最后，由于软件开发上的诸多限制，近年最新的机器学习算法、深度学习算法等也难以集成到应用软件中，造成软件算法偏少的局面。虽然大部分机器学习工具缺少图形交互界面，但使用者可以通过代码将这些工具耦合起来，总结出一套贴合自己材料体系的数据挖掘流程，为材料设计提供理论帮助。

为了方便读者快速上手使用机器学习开源工具，本书在附录 2 中提供 Python 安装指导，并为每一个本书介绍的机器学习算法提供了较为完整的示例代码介绍，希望能为读者更好地应用机器学习工具提供帮助。

1.4 基于机器学习的材料设计研究进展

材料科学实验中存在大量我们尚无法准确认识却可以进行观测的事物，如何从一些观测到的实验或生产数据（样本）出发得出目前尚不能通过第一性原理分析得到的统计规律，进而利用这些统计规律预测未知，用于指导下一步的科学实验，这是材料机器学习需要解决的问题。材料机器学习技术在新材料探寻和性能优化过程中发挥了重要作用，当我们面对材料数据而又缺乏材料机理模型时，最基本的也是唯一的研究手段就是材料机器学习方法。因此，从材料研究的方法学（研究范式）讲，机器学习是继“实验试错”（第一范式）、“理论推导”（第二范式）、“机理模拟”（第三范式）之后的第四范式，即“数据驱动”研究范式[40]。

近年来，特别是美国政府提出“材料基因组计划”以来，材料机器学习研究工作发展很快，很多研究者结合统计学、信息学、人工智能等方法，利用机器学习探寻材料结构和性能之间的关系模式，为材料设计师提供更多的信息，拓宽了材料筛选范围，提高了预期目标材料筛选的命中率，减少了实验试错的次数。通过材料数据挖掘模型预知材料各项性能，缩短了材料性质优化和测试周期，从而加速材料研究的创新。

材料机器学习建模与实验验证紧密结合，通过实践（获得建模样本）—认识（获得机器学习模型）—再实践（机器学习模型指导下的实验）—再认识（在补充新的实验数据的基础上重新建模，从而提升模型的精度）的过程，循环往复，螺旋式上升，从而加快新材料的研发速度，这方面的典型成功案例是薛德祯等探寻形状记忆合金新配方的工作，他们提出的“自适应设计”（adaptive design）策略的工作流程如图 1-3 所示[13, 14]。

尽管建模的初始样本集中的样本只有 22 个（属于小样本集），在样本组分的高维空间中搜索最佳配方的范围很大，薛德祯等采用多种机器学习和采样技术，利用“自适应设计”策略在经过图 1-3 所示的六轮循环之后，获得了形状记忆合金的最佳配方。

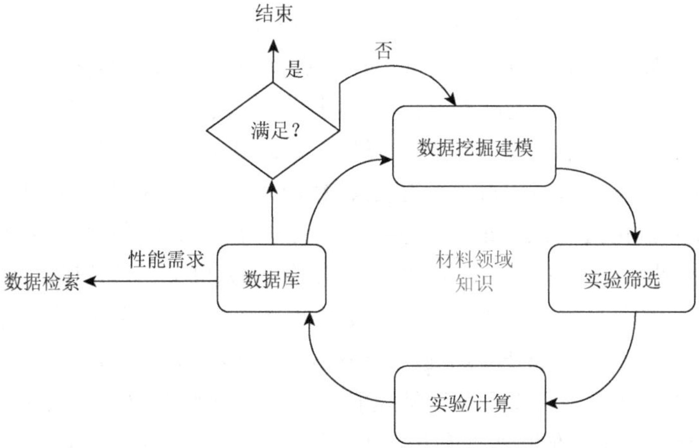

图 1-3　薛德祯、Lookman 等提出的数据驱动的“自适应设计”流程框图[13, 14]

近年来，材料机器学习和数据挖掘的应用成果层出不穷，下面是若干文献报道案例。David 教授[41]利用数据挖掘技术建立了多种材料（包括纳米材料、陶瓷材料、生物医用材料等）的定量结构-性质关系模型，Rajan 教授等[42]利用数据挖掘技术从原子探针数据中获取材料研发的基础信息，进而利用统计学习方法建立材料功能性质与其关键影响因素之间的定量关系[43]。Aspuru-Guzik 教授等[44]利用大数据和数据挖掘技术理性设计有机光伏材料分子。Park 等[45]利用密度泛函理论计算的数据，构建机器学习模型，用于预测有机-无机杂化钙钛矿材料的稳定性，为材料设计提供了高效的方法。尹万健等[46]通过高通量密度泛函理论计算获取卤化双钙钛矿分解能数据，在此基础上构建机器学习模型，用于预测该类化合物的热力学稳定性。Panapitiya 等[47]利用随机森林算法建立了硫醇化的金银合金纳米簇 Ag-alloyed $Au_{25}(SR)_{18}$ 对 CO 吸附能的回归模型，并衍生应用到 $Au_{36}(SR)_{24}$ 和 $Au_{133}(SR)_{52}$ 体系对 CO 吸附能的预测。Wu 等[48]利用迁移学习方法建立了高分子热导率的回归模型，进而用贝叶斯算法成功设计出 3 个高热导率的高分子并加以实验证实。Mannodi-Kanakkithodi 等[49]利用内核岭回归算法建立了高分子禁带宽度和介电常数的回归模型，并结合遗传算法进行高分子材料设计。Yildirim 等[50]利用决策树、随机森林等机器学习方法，建立了光催化剂在水分解过程中产氢量高低与实验影响因素之间的关系模型，为如何提高产氢量提供有益线索。王金兰等[51]利用机器学习（machine learning，ML）技术结合密度泛函理论（density functional theory，DFT）计算，通过机器学习模型成功预测了 5000 余种潜在有机-无机杂化钙钛矿（hybrid organic-inorganic perovskite，HOIP）材料的带隙，并且从中挑选出了多种环境稳定、带隙适中的无铅 HOIP 太阳能电池材料。王金兰等[52]还将高通量计算与机器学习技术相结合，分别建立分类和回归模型，基于多步筛选策略，成功从 19841 个候选分子中筛选出多个理想的铁电光伏钙钛矿分子，并提出了两个新的可以用于判断杂化钙钛矿稳定性的描述符。袁瑞豪等[53]利用 $BaTiO_3$ 基压电材料的第一性原理计算数据建立机器学习模型，用于指导较大电致应变的 $BaTiO_3$ 基压电材料的设计和合成，加速了新材料的发现。Choudhary 等[54]用快速梯度提升算法（light gradient boosting machine，LightGBM）筛选了 58 个光谱限制最大效率（spectroscopic limited maximum efficiency）超过 10%的太阳能电池中的二维金属材料。Li 等[55]利用三层的人工神经网络优化了有机-无机杂化钙钛矿的成分比例，并实验合成了与模型对功率转换效率的预报结果高度吻合的钙钛矿材料。Davies 等[56]用梯度提升回归（gradient boosting regression，GBR）方法拟合了四元氧化物的理论带隙能模型，并筛选了 3 个理论带隙能大于 2eV 的候选材料。Dong 等[57]将无机晶体三维坐标作为三维矩阵，利用卷积网络对无机晶体的带隙能进行了预报。Maksov 等[58]利用卷积网络对 WS_2 晶体的 X 射线衍射（XRD）图进行训练，并用此来预报点缺陷的位置。Hundi 等[59]将简化的六方氮化硼和石墨烯结构图作为卷积网络的输入，建立了一个构效关系模型。

南京信息工程大学张磊教授等[60]利用高通量计算结合 XGBoost 建立了二维卤化物钙钛矿 A_2BX_4 与多种金属离子的吸附能。该工作建模后使用多种方法进行变量重要性排序，不同的排序方法一致表明离子吸附剂密度对杂化体系吸附能的重要性。通过高通量筛选和 DFT 验证从 11976 个虚拟设计空间中筛选出 5 个可应用于离子电池的候选材料。

阿拉巴马大学伯明翰分校物理系的 Chen 教授等[61]使用基于化学式产生的描述符作为输入，建立了随机森林模型来预测化合物的弹性和机械硬度，并使用模型实现了超硬和超级不可压缩材料的大规模预测，还进一步通过结构演化预测和第一性原理计算对机器学习结果进行了验证。他们提出了三种超硬化合物 BC10N、B4C5N3 和 B2C3N，都具有硬度值大于 40GPa 的动力学稳定结构。具有半导体特性的 BC10N 的硬度与金刚石较为接近（约 87GPa），且形成能低，有可能通过低温等离子体方法来合成，而无需高温高压条件，在极端条件下具有巨大的应用价值。

苏州大学尹万健教授等[62]利用符号回归（SR）设计了一个简单的描述符，用于描述并预测氧化物钙钛矿催化剂的析氧反应（oxygen evolution reaction，OER）活性，从而快速发现具有改进 OER 活性的新型氧化物钙钛矿催化剂。该工作采用实验合成的钙钛矿催化剂并在不同电流密度下测定可逆氢电极电压（V_{RHE}），以 8 个电子参数结合 SR 和超参数网格搜索产生了约 8640 个数学公式。在评估生成公式的准确性和复杂性后，描述符 μ/t 能够揭示氧化物钙钛矿催化剂的 OER 活性与催化剂的结构因素之间的规律。结合虚拟筛选对 3545 个氧化物钙钛矿进行筛选后选择 13 种最小 μ/t 值的样本进行实验验证。实验结果表明有 5 种新的纯氧化物钙钛矿具备 OER 活性，其中 $Cs_{0.4}La_{0.6}Mn_{0.25}Co_{0.75}O_3$、$Cs_{0.3}La_{0.7}NiO_3$、$SrNi_{0.75}Co_{0.25}O_3$ 和 $Sr_{0.25}Ba_{0.75}NiO_3$ 表现出的 OER 活性超过了文献中报道的氧化物钙钛矿催化剂。

上海大学刘轶教授[63]结合高通量实验与基于贝叶斯优化采样策略的主动学习方法，开发了有效的机器学习模型来描述 6061 铝合金元素组成与硬度之间的关系。该工作采用全流程高通量合金制备和表征系统制备了 32 个不同成分配比的 6061 铝合金并表征其硬度。具备多项式核函数的 SVR 算法被用于建立铝合金硬度预报模型。人工经验采样和贝叶斯优化采样被用于从候选物中筛选样本进行标记和后续实验。在 3 次主动学习迭代后，结果表明贝叶斯优化算法的自适应采样策略相比于人工经验采样可以更有效地指导实验，其中平均绝对误差（MAE）降低 63.03%、RMSE 降低 53.85%。最终模型硬度（HV）预测的 RMSE 为 4.49，与测试样品 4.05 的实验误差接近。

Yoshida 等[64]开发了一个名为 XenonPy.MDL 的预训练模型库用于不同材料及其性质之间的迁移学习。该模型库拥有超过 14 万个预训练模型，所涵盖的材料包括小分子、聚合物和无机晶体材料的各种性质。利用这些预训练模型成功跨越了不同材料及其性质间优越的可转移性，该工作利用迁移学习为小数据材料机器学习提供了成功的处理范式。

Li 等[65]在 Materials Project、OQMD 等数据库中收集了超过 2000 个钙钛矿材料与对应的带隙能数据，利用 Pymatgen 工具生成了 66 个描述符，构建了支持向量机、随机森林、Bagging、梯度提升回归等四个机器学习模型，用于预测钙钛矿材料与对应的带隙能。所建模型的测试集决定系数达到了 0.76～0.86。经模型分析发现，d 轨道的电子数、形成能、八面体畸变参数对带隙值有着重要的贡献。

深圳大学的沈军教授等[66]建立了反向传播神经网络（BPNN）机器学习分类模型，通过机器学习模型来判定合金是否形成非晶合金（MG），并最终设计出几个带状非晶合金。首先，他们从非平衡合金相图手册中收集了 3227 个合金数据，这些数据涉及 79 种三元合金体系，包含 31 种金属和 2 种类金属，其次，他们将这些数据分类为 MG 数据和非 MG 数据，用两步特征筛选法筛选出的 11 个特征后建立了 BPNN 分类模型。再次，他们将模型预测结果定义为非晶合金形成可能性（L），根据 L 图设计了几个带状非晶合金，最后，他们揭示了热力学参数和拓扑参数与玻璃形成能力（GFA）之间的关系。

上海大学张统一院士团队[67]预测了复杂浓缩合金（CCA）的相形成、硬度和极限抗拉强度（UTS）。他们首先构建了三个随机森林（RF）分类器，以令人满意的精度区分高熵合金的不同相位。然后，他们通过 SHAP 分别阐明了硬度、UTS 和特征之间的关系，最重要的发现是按绝对 SHAP 值排名的四个最重要特征中的每一个都有临界值将 SHAP 值分为正区域和负区域，这意味着正/负 SHAP 值区域中的特征值影响了 CCA 的机械性能，从而为高硬度和高 UTS 的 CCA 的设计提供了直接的评估。基于这种评估方法，他们设计了七种新的具有更大硬度和 UTS 的 CCA。这项工作证明了机器学习在 CCA 改进目标性能设计中的巨大潜力。

Rao 等[68]开发了具有普适性的主动学习框架，通过结合机器模型、物理原理和实验验证，展示了该框架在高熵因瓦合金的组分设计方面的应用，并基于非常少的实验数据证明了其在设计高熵合金方面的能力。在对数百万种可能的成分中的 17 种新合金进行表征后，作者确定了两种在 300K 时具有极低热膨胀系数的高熵合金。

Jang 等[69]通过 Materials Project 数据库收集到 124515 个晶体结构数据点，包括合成晶体和虚拟晶体，利用正样本无标签学习（PU learning）策略来解决晶体可合成与不可合成的区分问题。另外，使用半监督分类模型来预测晶体结构的合成概率，并提出类晶体分数（CLscore），以 CLscore = 0.5 作为合成性预测的决策边界，该工作的分类模型真阳率达 87.4%，为材料的合成性评价提供了一种定量预测参考。

西安交通大学任卫团队[70]采用集成学习建立了 Al-Co-Cr-Cu-Fe-Ni 高熵合金的硬度预测系统，平衡了机器学习模型泛化能力和可解释性。所建高熵合金硬度预测的机器学习模型的十折交叉验证的决定系数（R^2）达到 0.93。将该模型应用于 Cr-Fe-Ni 中不同类型的高熵合金，均获得了较好的硬度预测结果。最后采用 SHAP 和 PDP/ICE（部分依赖图/个体条件期望）方法对模型的关键特征变量进行了解释。

在机器学习模型加快超高硬度的高熵合金材料研发工作中，我们通过机器学习模型结合高通量筛选和模式识别逆投影技术设计了超高硬度的高熵合金 $Co_{18}Cr_7Fe_{35}Ni_5V_{35}$，实验验证了其硬度为 1148，比文献报道的硬度最高的高熵合金高出了 24.8%[17]。该工作筛选出了影响高熵合金硬度的五个关键特征（价电子浓度、加权平均熔点、合金成分中各元素原子质量的平均偏差、合金成分中各元素原子体积的平均偏差、合金成分中各元素原子族序数的平均偏差），为开发超高硬度的高熵合金提供了行之有效的机器学习辅助方法。

近年来，国内外有关机器学习加快新材料研发的成功案例层出不穷，我们综述了机器学习在钙钛矿材料[71]、聚合物材料[72]、合金材料设计[73]和太阳能光伏材料[74]的研究案例和进展，基于机器学习的材料设计研究充满挑战和机遇。

1.5　材料机器学习发展趋势

随着材料基因工程研究和大数据时代的到来，材料数据挖掘技术面临着巨大的机遇和挑战，未来材料数据挖掘技术应用需要紧密结合全球急需的关键新材料开展与材料基因工程全研究链（包括理性设计、可控制备、精确表征、性能优化等）密切相关的热点问题研究。材料基因工程研究的目的是低成本快速研发新材料，其基础核心工作是材料设计和性能优化，基于机器学习和数据挖掘的材料设计和性能优化技术在材料基因组工程研究中大有可为。未来在应用材料机器学习技术时有两个共性问题值得重点关注：

（1）如何针对材料数据特点，从宝贵的材料数据中快速挖掘出决定材料性质的关键特征参数？这个问题将决定材料机器学习模型是否真正反映材料的内秉规律性。

（2）如何综合运用材料科学实验和理论计算数据建立预报效果好的机器学习模型，用于新材料的快速探寻（高通量虚拟筛选或逆向设计）和性能优化？这个问题将决定材料机器学习模型的实际应用性。

因此，未来的材料数据挖掘研究的重点工作将在上述两个共性问题上深入展开，并有望在算法软件和具体材料研发上取得突破进展。众所周知，利用材料机器学习方法和技术，可以总结新材料的性能与其主要影响因素（如组成元素的原子参数或化学键参数、化学配方、制备工艺等参数）之间的定性或定量关系，在此基础上可以辅助新材料研制和新产品开发，达到“事半功倍”的效果。在材料基因工程和材料大数据研究背景下，如何针对材料数据“海量、高维、多源、异构”等特点，将机器学习技术更好地用于新材料的快速探寻和性能优化，则依然面临极大的挑战。结合材料机器学习和数据挖掘的国内外研究现状，我们认为，我国有必要研发具有自主知识产权的适合材料大数据挖掘和分析的新技术、新软件，特别是针对材料大数据的快速变量筛选和快速机器学习建模技术及其应用软件。

材料机器学习因材料基因组工程研究的兴起而得到普遍关注，下面围绕材料基因组工程研究背景，简要讨论未来材料机器学习技术应用的热点问题和发展趋势。

1.5.1　材料机器学习建模的关键特征变量筛选

变量筛选是材料机器学习模型成败的关键问题。由于使用不同的变量筛选方法可能获得不同的筛选结果，因此，有必要通过比较不同的变量筛选方法所得特征变量对模型预报能力的影响，选取合适的建模所需的特征变量集，同时需要关注留取特征变量的物理意义和对模型影响的解释性。变量筛选问题的最终解决方案是基于机器学习的智能筛选方法，从候选的自变量中自动筛选出建模的关键变量，这是机器学习人工智能技术发展的必然趋势。

1.5.2 机器学习模型的选择和优化

在统计学、机器学习、人工智能等技术的发展过程中积累了大量建模方法和模型优化方法。不同模型的比较不可能采用穷举法，常用的模型选择策略是比较若干常用且典型高效的建模方法，从中选取交叉验证或对独立测试集预报结果较好的模型。有的机器学习模型内部还有一些参数需要优化，如人工神经网络模型的学习效率和动量项、支持向量机模型的核函数参数和惩罚因子等，因此，选择这样的模型还必须同时优化模型中可调的参数［也称超参数（hyper-parameter）］。这个问题的最终解决方案也是智能选择建模方法并自动优化模型的超参数，从而通过人工智能技术自动解决模型选择和优化问题。

1.5.3 材料机器学习新技术的推广应用

材料机器学习新技术需要解决“学以致用”和推广应用的问题，有关问题包括但不限于下列值得思考的问题：如何将材料机器学习新技术（如深度学习、增强学习、迁移学习等）应用于新材料创新研究，突破技术应用难点和材料性能瓶颈；如何将材料机器学习新技术与材料基因组工程专用数据库无缝结合应用，加快“问题驱动＋数据驱动”的材料设计和性能优化研究进程；如何将材料机器学习新技术与材料高通量实验和高通量计算结合应用，加快新材料的发现和优化过程，多快好省地创制国民经济急需的新材料（尤其是“卡脖子材料”）。

1.5.4 材料机器学习应用软件的开发

迫切需要开发具有自主知识产权的材料机器学习和数据挖掘的智能化网络化软件应用平台，本书附录 1 提供的“OCPMDM——材料数据挖掘在线计算平台”是我们在国家科学技术部重点研发计划项目支持下的成果，该平台的主要功能和示范应用都是围绕“基于机器学习的材料设计”展开的，我们在钙钛矿材料和合金材料的智能化特征工程（自动获取候选的特征变量）和智能化建模（自动获取

6 个常用机器学习方法中的最佳建模结果）上作了有益的尝试，希望从事材料设计的用户在应用该平台的过程中提出宝贵意见，促进我们不断努力提升该平台应用和服务水平，支撑新材料的机器学习建模、模型应用和模型共享。通过机器学习建模和模型应用的软件二次开发，可以将机器学习和数据挖掘模型集成到新材料生产企业的优化控制系统中，实现材料制备和优化控制的自动建模、实时模式识别可视化监控、在线诊断和预测、材料智能加工等。

1.5.5　机器学习模型与第一性原理模型结合加快新材料研发

“实践是检验真理的唯一标准”，机器学习模型预测的新材料性能需要通过实验工作检验其正确性。但是，已有不少新材料可以通过第一性原理计算获得准确的性能数据，因此，可以利用第一性原理计算结果（并非高通量计算，每次仅计算一个结果）检验机器学习模型的预测结果，并将这个结果反馈至机器学习的训练样本集，在此基础上提升机器学习模型预测的准确率，从而多快好省地开发具有指定性能的新材料。由于使用了第一性原理计算方法作为机器学习模型预测结果的评价手段，因此可以实现机器学习模型的自动更新（或称之为“进化”），在获得的机器学习模型预测结果与可靠的第一性原理计算结果相一致且满足用户指定性能要求的条件下，最终只要做一个实验来验证机器学习模型预测结果。

1.5.6　材料智能制造

通过传感器和物联网采集材料制造过程中的配方、工艺条件和材料性能，利用机器学习技术实时、动态、快速建立机器学习模型，用于优化材料制造过程中的配方和工艺条件，旨在获得性能更好的新材料，利用机器学习模型可以不断迭代优化材料的性能，使材料制造产品满足客户需求的性能，进而利用机器学习模型控制产品质量，达到材料智能制造的目的。材料智能制造技术的应用可以在材料开发过程中尽早利用实验数据建立机器学习模型，用于控制产品质量或提高产品性能，对于新材料设计和中试过程优化、缩短产业化项目周期等具有特别重要的意义。

1.5.7　基于机器学习的材料设计愿景

基于材料数据类型的多样性（结构化、非结构化等）、机器学习方法的多样性（有人监督、无人监督、半监督等），目前的材料机器学习的建模和模型应用过程比较复杂，还离不开专家的知识和经验。最近，美国人工智能实验室 OpenAI 研发的聊天机器人程序 ChatGPT 引起大众和媒体的广泛关注，在科技界也掀起了新一轮人工智能的应用热潮。ChatGPT 除了具有强大的聊天功能，还能概括文件的要点、制作图表、设计图片、翻译、撰写代码、撰写邮件乃至科技论文。随着数据库技术、机器学习和数据挖掘技术、网络技术和人工智能技术的深入发展，未来的材料机器学习建模和模型应用也有可能不再依赖专家的知识和经验，而是凭借强大的数据库和数据搜索及其数据整合技术，再应用在线机器学习自动建模技术和人机交互技术，在人工智能的帮助下实现基于机器学习的材料设计的最佳结果。由于未来人工智能自动化建模的结果综合了更多的已知材料数据，比较了更多变量筛选和机器学习建模方法，推荐了更多的模型应用结果并结合第一性原理计算的验证结果，可能得到比机器学习建模和模型应用专家更好的材料设计结果。设想未来基于机器学习的材料设计愿景（可能的应用场景）如下：

用户开发一个新装置需要一个指定性能的材料，如居里温度为 400K 的无机钙钛矿材料，用户对计算机说："我需要居里温度为 400K 的无机钙钛矿材料，误差不能大于 1%"。计算机"听懂"（语音识别）了用户的需求，首先从已经建立的无机钙钛矿材料数据库中搜索居里温度介于 396～404K 的材料，若有则给出结果；若无则计算机通过网络技术搜索有没有无机钙钛矿材料居里温度的在线预测模型，若有则自动给出满足需求的预测结果（钙钛矿居里温度介于 396～404K 的候选样本的材料配方和合成工艺条件），若无则计算机利用数据库中已有的无机钙钛矿材料的居里温度自动构建预测钙钛矿材料居里温度的机器学习模型，建模过程包括自动建立训练样本集，其中钙钛矿材料居里温度也可以通过网络技术搜集和整合，有关分子描述符可以自动填充，建模的最佳分子描述符和机器学习方法可以通过遗传算法和评价函数等自动筛选，候选的分子描述符和机器学习方法取决于包含分子描述符的数据库和提供各种机器学习方法的支撑平台。根据机器学习模型正向筛选出用户所需的材料（可以通过虚拟样本的高通量筛选）或逆向设计出满足需求的材料样本。

总之，最近二十多年来，特别是 2011 年美国政府启动材料基因组计划以来，材料机器学习技术在加快新材料研发的过程中发挥了越来越重要的作用，有关材料机器学习方法、软件和应用研究不断取得新的进展。我们坚信材料机器学习方法的成功应用将形成一个良性循环，促进新材料实验创制和机器学习工作者的紧密合作，进一步研究和开发材料机器学习和数据挖掘新方法及其应用软件，真正加快解决新材料实验创制过程中有关效率和成本等实际问题。可以预计，将来在材料基因组工程全研究链各方面都有可能进一步开展材料机器学习和数据挖掘应用研究，并不断取得令人鼓舞的应用成果。

参 考 文 献

[1] Holdren J P. Materials Genome Initiative for Global Competitiveness. Washington：National Science and Technology Council，2011.

[2] 熊家炯. 材料设计. 天津：天津大学出版社，2000.

[3] 陆文聪，李国正，刘亮，等. 化学数据挖掘方法与应用. 北京：化学工业出版社，2012.

[4] Rodgers J R. Materials informatics：Knowledge acquisition for materials design. J Am Chem Soc，2003，226：302-303.

[5] Chen N Y，Xie L M，Shi T S，et al. Computerized pattern-recognition applied to chemical-bond research-model and methods of computation. Scientia Sinica，1981，24（11）：1528-1535.

[6] Fayyad U，Piatetsky-Shapiro G，Smith P，et al. Advances in Knowledge Discovery and Data Mining. Cambridge：AAAI/MIT Press，1996.

[7] Fayyad U，Stolorz P. Data mining and KDD：Promise and challenges. Future Gener Comput Syst，1997，13（2-3）：99-115.

[8] Chen N Y，Zhu D D，Wang W. Intelligent materials processing by hyperspace data mining. Eng Appl Artif Intel，2000，13（5）：527-532.

[9] Klösgen W，Zytkow J M. Handbook of Data Mining and Knowledge Discovery. Oxford：Oxford University Press，2002.

[10] Fischer C C，Tibbetts K J，Morgan D，et al. Predicting crystal structure by merging data mining with quantum mechanics. Nat Mater，2006，5（8）：641-646.

[11] Kalidindi S R，Brough D B，Li S，et al. Role of materials data science and informatics in accelerated materials innovation. MRS Bull，2016，41（8）：596-602.

[12] Raccuglia P，Elbert K C，Adler P D F，et al. Machine-learning-assisted materials discovery using failed experiments. Nature，2016，533（7601）：73-76.

[13] Lookman T，Balachandran P V，Xue D Z，et al. Statistical inference and adaptive design for materials discovery. Curr Opin Solid St M，2017，21（3）：121-128.

[14] Xue D Z，Xue D Q，Yuan R，et al. An informatics approach to transformation temperatures of NiTi-based shape memory alloys. Acta Mater，2017，125：532-541.

[15] 陆文聪，李敏杰，纪晓波. 材料数据挖掘方法与应用. 北京：化学工业出版社，2022.

[16] Lu T，Li M J，Lu W C，et al. Recent progress in the data-driven discovery of novel photovoltaic materials. J Mater Inf，2022，2（2）：7.

[17] Yang C，Ren C，Jia Y F，et al. A machine learning-based alloy design system to facilitate the rational design of high entropy alloys with enhanced hardness. Acta Mater，2022，222：117431.

[18] Wackler T. Materials Genome Initiative Strategic Plan. Washington：National Science and Technology Council，2014.

[19] 陈念贻，钦佩，陈瑞亮，等. 模式识别方法在化学化工中的应用. 北京：科学出版社，2000.

[20] Zaki M J，Meira W. Data Mining and Analysis：Fundamental Concepts and Algorithms. Cambridge：Cambridge University Press，2014.

[21] Lookman T，Alexander F J，Rajan K. Information Science for Materials Discovery and Design. Switzerland：Springer，2016.

[22] Morgan D，Ceder G. Data mining in materials development//Yip S. Handbook of Materials Modeling：Methods.

Dordrecht：Springer Netherlands，2005：395-421.

[23] Jain A，Hautier G，Ong S P，et al. New opportunities for materials informatics：Resources and data mining techniques for uncovering hidden relationships. J Mater Res，2016，31（8）：977-994.

[24] Ramakrishna S，Zhang T Y，Lu W C，et al. Materials informatics. J Intell Manuf，2019，30：2307-2326.

[25] Tehrani A M，Oliynyk A O，Parry M，et al. Machine learning directed search for ultraincompressible，superhard materials. J Am Chem Soc，2018，140（31）：9844-9853.

[26] 魏宗舒. 概率论与数理统计. 北京：高等教育出版社，1983.

[27] Wold S，Sjöström M，Eriksson L. PLS-regression：A basic tool of chemometrics. Chemometr Intell Lab，2001，58（2）：109-130.

[28] Fukunaga K. Introduction to Statistical Pattern Recognition. New York：Academic Press，1972.

[29] Rumelhard D，Mccelland J. Parallel distributed processing：Explorations in the microstructure of cognition. Vol. 1：Foundations. Cambridge：MIT Press，1986：547.

[30] Vapnik V N. The nature of Statistical Learning Theory. Berlin：Springer，1995.

[31] Tipping M E. Sparse Bayesian learning and the relevance vector machine. J Mach Learn Res，2001，1：211-244.

[32] Rokach L，Oded M. Data Mining with Decision Trees：Theory and Applications. Singapore：World Scientific，2008.

[33] 周志华. 机器学习. 北京：清华大学出版社，2016.

[34] Chen T，Guestrin C. XGBoost：A scalable tree boosting system. 22nd SIGKDD Conference on Knowledge Discovery and Data Mining，2016：785-794.

[35] Heckerman D. A tutorial on learning with Bayesian networks. Technical Report MSR-TR-95-06，Microsoft Research，1996.

[36] Golberg D E. Genetic Algorithms in Search，Optimization，and Machine Learning. Boston：Addison-Wesley，1989.

[37] LeCun Y，Bengio Y，Hinton G. Deep learning. Nature，2015，521（7553）：436-444.

[38] Krizhevsky A，Sutskever I，Hinton G E. Imagenet classification with deep convolutional neural networks. Adv Neural Inf Process Syst，2012，25（2）：1097-1105.

[39] Lundberg S M，Erion G，Chen H，et al. From local explanations to global understanding with explainable AI for trees. Nat Mach Intell，2020，2（1）：56-67.

[40] Agrawal A，Choudhary A. Perspective：Materials informatics and big data：Realization of the "fourth paradigm" of science in materials science. APL Mater，2016，4（5）：053208.

[41] Le T，Epa V C，Burden F R，et al. Quantitative structure-property relationship modeling of diverse materials properties. Chem Rev，2012，112（5）：2889-2919.

[42] Cairney J M，Rajan K，Haley D，et al. Mining information from atom probe data. Ultramicroscopy，2015，159：324-337.

[43] Rajan K. Materials informatics：The materials "gene" and big data. Annu Rev Mater Res，2015，45：153-169.

[44] Hachmann J，Olivares-Amaya R，Aspuru-Guzik A. Harvard clean energy project：From big data and cheminformatics to the rational design of molecular OPV materials. 246th American chemical Society National Meeting，Indianapolis，2013.

[45] Park H，Mall R，Alharbi F H，et al. Learn-and-match molecular cations for perovskites. J Phys Chem A，2019，123（33）：7323-7334.

[46] Li Z Z，Xu Q C，Sun Q D，et al. Thermodynamic stability landscape of halide double perovskites via high-throughput computing and machine learning. Adv Funct Mater，2019，29（9）：1807280.

[47] Panapitiya G，Avendaño-Franco G，Ren P，et al. Machine-learning prediction of CO adsorption in thiolated,

Ag-alloyed Au nanoclusters. J Am Chem Soc，2018，140（50）：17508-17514.

[48] Wu S，Kondo Y，Kakimoto M，et al. Machine-learning-assisted discovery of polymers with high thermal conductivity using a molecular design algorithm. Npj Comput Mater，2019，5：5.

[49] Mannodi-Kanakkithodi A，Pilania G，Huan T D，et al. Machine learning strategy for accelerated design of polymer dielectrics. Sci Rep，2016，6：20952.

[50] Can E，Yildirim R. Data mining in photocatalytic water splitting over perovskites literature for higher hydrogen production. Appl Catal B，2019，242：267-283.

[51] Lu S H，Zhou Q H，Ouyang Y X，et al. Accelerated discovery of stable lead-free hybrid organic-inorganic perovskites via machine learning. Nat Commun，2018，9：3405.

[52] Lu S H，Zhou Q H，Ma L，et al. Rapid discovery of ferroelectric photovoltaic perovskites and material descriptors via machine learning. Small Methods，2019，3（11）：1900360.

[53] Yuan R H，Liu Z，Balachandran P V，et al. Accelerated discovery of large electrostrains in $BaTiO_3$-based piezoelectrics using active learning. Adv Mater，2018，30（7）：1702884.

[54] Choudhary K，Bercx M，Jiang J，et al. Accelerated discovery of efficient solar cell materials using quantum and machine-learning methods. Chem Mater，2019，31（15）：5900-5908.

[55] Li J，Pradhan B，Gaur S，et al. Predictions and strategies learned from machine learning to develop high-performing perovskite solar cells. Adv Energy Mater，2019，9（46）：1901891.

[56] Davies D W，Butler K T，Walsh A. Data-driven discovery of photoactive quaternary oxides using first-principles machine learning. Chem Mater，2019，31（18）：7221-7230.

[57] Dong Y，Wu C H，Zhang C，et al. Bandgap prediction by deep learning in configurationally hybridized graphene and boron nitride. Npj Comput Mater，2019，5：26.

[58] Maksov A，Dyck O，Wang K，et al. Deep learning analysis of defect and phase evolution during electron beam-induced transformations in WS_2. Npj Comput Mater，2019，5：12.

[59] Hundi P，Shahsavari R. Deep learning to speed up the development of structure-property relations for hexagonal boron nitride and graphene. Small，2019，15（19）：1900656.

[60] Hu W G，Zhang L，Pan Z. Designing two-dimensional halide perovskites based on high-throughput calculations and machine learning. ACS Appl Mater Inter，2022，14（18）：21596-21604.

[61] Chen W C，Schmidt J N，Yan D，et al. Machine learning and evolutionary prediction of superhard B-C-N compounds. Npj Comput Mater，2021，7（1）：114.

[62] Weng B C，Song Z L，Zhu R L，et al. Simple descriptor derived from symbolic regression accelerating the discovery of new perovskite catalysts. Nat Commun，2020，11（1）：3513.

[63] 赵婉辰，郑晨，肖斌，等. 基于 Bayesian 采样主动机器学习模型的 6061 铝合金成分精细优化. 金属学报，2021，57（6）：797-810.

[64] Yamada H，Liu C，Wu S，et al. Predicting materials properties with little data using shotgun transfer learning. ACS Central Sci，2019，5（10）：1717-1730.

[65] Li C J，Hao H，Xu B，et al. A progressive learning method for predicting the band gap of ABO_3 perovskites using an instrumental variable. J Mater Chem C，2020，8（9）：3127-3136.

[66] Liu X D，Li X，He Q F. et al. Machine learning-based glass formation prediction in multicomponent alloys. Acta Mater，2020，201：182-190.

[67] Xiong J，Shi S Q，Zhang T Y. Machine learning of phases and mechanical properties in complex concentrated alloys. J Mater Sci Technol，2021，87，133-142.

[68] Rao Z Y，Tung P Y，Xie R W，et al. Machine learning-enabled high-entropy alloy discovery. Science，2022，378（6615）：78-84.

[69] Jang J，Gu G H，Noh J，et al. Structure-based synthesizability prediction of crystals using partially supervised learning. J Am Chem Soc，2020，142（44）：18836-18843.

[70] Zhang Y F，Ren W，Wang W L，et al. Interpretable hardness prediction of high-entropy alloys through ensemble learning. J Alloy Compd，2023，945：169329.

[71] Tao Q L，Xu P C，Li M J，et al. Machine learning for perovskite materials design and discovery. Npj Comput Mater，2021，7（1）：23.

[72] Xu P C，Chen H M，Li M J，et al. New opportunity：Machine learning for polymer materials design and discovery. Adv Theor Simul，2022，5（5）：2100565.

[73] Liu X J，Xu P C，Zhao J J，et al. Material machine learning for alloys：Applications，challenges and perspectives. J Alloy Compd，2022，921：165984.

[74] Lu T，Li M J，Lu W C，et al. Recent progress in the data-driven discovery of novel photovoltaic materials. J Mater Sci，2022，2（2）：7.

第2章

机器学习方法

2.1 回归分析

在统计学中，回归分析（regression analysis）指的是确定两种或两种以上变量间相互依赖的定量关系的一种统计分析方法。回归分析按照涉及的变量的多少，分为一元回归分析和多元回归分析；按照自变量和因变量之间的关系类型，可分为线性回归分析和非线性回归分析。

在大数据分析中，回归分析是一种预测性的建模技术，它研究的是多个特征（自变量）和目标值（因变量）之间的关系，被广泛应用于实际生产和研究中。一般情况下，对于给定的实际问题数据，可以利用普通最小二乘估计法拟合出线性回归模型，但由于材料数据的复杂性，大多数情况下线性回归在材料机器学习建模的效果不好，并且可能存在多重共线性、异方差等问题，导致模型泛化能力差、系数估计不稳定，这时可以考虑使用具有正则项的岭回归（ridge regression）或者套索算法（least absolute shrinkage and selection operator，LASSO）来建模。岭回归放弃了最小二乘法的无偏性优势，但回归系数更稳定且更符合客观实际。LASSO 不仅保留了岭回归的回归系数稳定的优点，还可用于变量筛选，筛选变量与建立模型合二为一，使用更为方便。偏最小二乘回归对数据量小、相关性大的问题有较好的效果，甚至优于主成分回归。当因变量为连续型变量时，线性回归总是可以应用，而当因变量为只有 0 和 1 的分类标签时，线性回归模型将不适应，这时可对目标值作适当的变换转化为线性问题，逻辑回归（logistic regression）便是一个例子。

2.1.1 一元线性回归

一元线性回归是描述两个变量之间统计关系的最简单的回归模型，该模型假设自变量 x 与一个因变量 y 间的关系为线性关系，可用于评估自变量在解释因变量变异时的显著性，以及给定自变量时预测因变量。

一元线性回归模型可表达如下：

$$y = \beta_0 + \beta_1 x + \varepsilon \tag{2-1}$$

式中，y 是因变量；x 是自变量；β_0 和 β_1 为未知参数，称 β_0 为回归常数，β_1 是回归系数；ε 表示其他随机因素的影响，ε 为随机误差，并满足

$$\begin{cases} E(\varepsilon) = 0 \\ \mathrm{var}(\varepsilon) = \sigma^2 \end{cases} \tag{2-2}$$

式中，$E(\varepsilon)$ 表示 ε 的数学期望；$\mathrm{var}(\varepsilon)$ 表示 ε 的方差。

在实际问题中，对于 n 组独立样本 $(x_1, y_1), (x_2, y_2), \cdots, (x_n, y_n)$，可以给出样本的回归预测值：

$$y_i = \beta_0 + \beta_1 x_i + \varepsilon_i \qquad i = 1, 2, \cdots, n \tag{2-3}$$

对上式样本回归模型两边分别求数学期望和方差，得

$$E(y_i) = \beta_0 + \beta_1 x_i, \mathrm{var}(y_i) = \sigma^2 \qquad i = 1, 2, \cdots, n$$

从而可知，随机变量 $y_1, y_2, \cdots, y_n$ 的期望不相等而方差相等，因而 $y_1, y_2, \cdots, y_n$ 是独立的随机变量，但分布不同。$E(y_i) = \beta_0 + \beta_1 x_i$ 从平均意义上表达了变量 y 和 x 的统计规律性，这也是在实际问题中关注的问题，即在给定自变量与因变量数据的基础上，研究自变量 x 取某个值时，y 的可能取值的平均值为多少。

为了达到上述的给定自变量 x 以预测因变量 y 的目的，主要任务就是对回归模型的未知参数 β_0 和 β_1 进行估计。参数 β_0 和 β_1 的估计效果可通过真实值 y 与预测值 $\hat{y}$ 的差值（即残差）反映，结合图 2-1 可以更好地理解。对每一个样本 (x_i, y_i)，都希望真实值 y_i 与其 $\hat{y}_i$ 预测值的残差最小，综合考虑 n 个样本，最直接的方式便是绝对残差和最小化，但因绝对残差和在数学上处理比较麻烦，且对绝对值做平方不改变变量的大小关系，所以可以使用残差平方和最小化，这就是最常使用的普通最小二乘估计（ordinary least square estimation，OLSE），因此残差平方和便是线性回归中的损失函数。

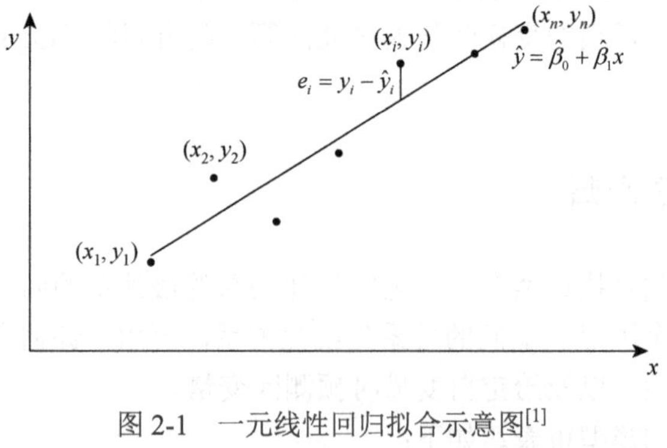

图 2-1　一元线性回归拟合示意图[1]

残差平方和最小化可表示如下：

$$\min Q = \min \sum \varepsilon_i^2 = \min \sum (y_i - \hat{y}_i)^2 \tag{2-4}$$

$$\min Q = \min_{\beta_0,\beta_1} \sum_{i=1}^{n} (y_i - \beta_0 - \beta_1 x_i)^2 \tag{2-5}$$

根据微积分中求极值的原理，对 Q 分别关于 β_0 和 β_1 求导，可解出估计值 $\hat{\beta}_0$、$\hat{\beta}_1$。

$$\begin{cases} \hat{\beta}_0 = \overline{y} - \hat{\beta}_1 \overline{x} \\ \hat{\beta}_1 = \dfrac{\sum_{i=1}^{n} (x_i - \overline{x})(y_i - \overline{y})}{\sum_{i=1}^{n} (x_i - \overline{x})^2} \end{cases} \tag{2-6}$$

除了上述的最小二乘估计，最大似然估计（maximum likelihood estimation，MLE）也可用于回归参数的估计，其利用总体的分布密度或概率分布的表达式以及样本提供的信息求未知参数估计量。在一元线性回归中，$\hat{\beta}_0$、$\hat{\beta}_1$ 的最大似然估计等价于最小二乘估计求得的 $\hat{\beta}_0$、$\hat{\beta}_1$，需要注意的是，不同于最小二乘估计对分布没有要求，上述的最大似然估计是在正态分布假设条件下求得的，但这些并不妨碍最大似然估计的应用。

2.1.2　多元线性回归

多元线性回归中包含两个或两个以上的自变量，设随机变量 y 与一般变量 $x_1, x_2, \cdots, x_p$ 的线性回归模型为

$$y = \beta_0 + \beta_1 x_1 + \beta_2 x_2 + \ldots + \beta_p x_p + \varepsilon \tag{2-7}$$

式中，$\beta_0, \beta_1, \beta_2, \cdots, \beta_p$ 是 p+1 个未知参数，β_0 称为回归常数，$\beta_1, \beta_2, \cdots, \beta_p$ 称为回归系数；y 是因变量，$x_1, x_2, \cdots, x_p$ 是自变量。很显然，$p = 1$ 时，上式的回归模型为一元线性模型；$p > 1$ 时，上式模型便可以称为多元线性模型。此外，ε 是随机误差，这里与一元线性回归相同，需假定 ε 的均值为 0，方差为 σ^2。

对于具有 n 组观测数据 $(x_{i1}, x_{i2}, \cdots, x_{ip}; y_i)(i = 1, 2, \cdots, n)$ 的实际问题，线性模型可用矩阵的形式表示为

$$\boldsymbol{y} = \boldsymbol{X\beta} + \boldsymbol{\varepsilon} \tag{2-8}$$

式中

$$\boldsymbol{y}=\begin{bmatrix} y_1 \\ y_2 \\ \vdots \\ y_n \end{bmatrix},\ \boldsymbol{X}=\begin{bmatrix} 1 & x_{11} & x_{12} & \dots & x_{1p} \\ 1 & x_{21} & x_{22} & \dots & x_{2p} \\ \vdots & \vdots & \vdots & & \vdots \\ 1 & x_{n1} & x_{n2} & \dots & x_{np} \end{bmatrix},\ \boldsymbol{\beta}=\begin{bmatrix} \beta_0 \\ \beta_1 \\ \vdots \\ \beta_p \end{bmatrix},\boldsymbol{\varepsilon}=\begin{bmatrix} \varepsilon_1 \\ \varepsilon_2 \\ \vdots \\ \varepsilon_n \end{bmatrix}$$

$\boldsymbol{X}$ 为一个 $n\times(p+1)$ 阶矩阵，称为回归设计矩阵或资料矩阵。

对于多元线性回归模型的参数估计，需对回归方程有如下一些基本假定。

（1）自变量 $x_1,x_2,\cdots,x_p$ 为确定性变量，且要求 $\mathrm{rank}(\boldsymbol{X})=p+1<n$，即要求设计矩阵 $\boldsymbol{X}$ 的各列之间不相关，并且自变量的个数应该少于样本数量。

（2）随机误差项的均值为 0，方差相等，即

$$\begin{cases} E(\varepsilon_i)=0 \qquad i=1,2,\cdots,n & (2\text{-}9) \\ \mathrm{cov}(\varepsilon_i,\varepsilon_j)=\begin{cases} \sigma^2, i=j \\ 0, i\neq j \end{cases} \quad i,j=1,2,\cdots,n & (2\text{-}10) \end{cases}$$

（3）随机误差项之间互相独立且服从均值为 0 而方差相等的统一正态分布。

多元线性回归模型的 $p+1$ 个未知参数 $\beta_0,\ \beta_1,\beta_2,\cdots,\beta_p$ 的估计原理同一元线性模型的参数估计相同，仍可以使用最小二乘估计。对于回归模型表达式 $\boldsymbol{y}=\boldsymbol{X\beta}+\boldsymbol{\varepsilon}$，残差平方和可表示为

$$\boldsymbol{Q}=(\boldsymbol{y}-\boldsymbol{X\beta})^{\mathrm{T}}(\boldsymbol{y}-\boldsymbol{X\beta}) \tag{2-11}$$

对 $\boldsymbol{Q}$ 关于 $\boldsymbol{\beta}$ 求导并令其为零，整理后可得

$$\boldsymbol{X}^{\mathrm{T}}\boldsymbol{X\beta}=\boldsymbol{X}^{\mathrm{T}}\boldsymbol{y} \tag{2-12}$$

当 $(\boldsymbol{X}^{\mathrm{T}}\boldsymbol{X})^{-1}$ 存在时，便可得回归参数的最小二乘估计（$\boldsymbol{\beta}$ 的数值解 $\hat{\boldsymbol{\beta}}$）如下：

$$\hat{\boldsymbol{\beta}}=(\boldsymbol{X}^{\mathrm{T}}\boldsymbol{X})^{-1}\boldsymbol{X}^{\mathrm{T}}\boldsymbol{y} \tag{2-13}$$

在实际的材料机器学习工作中，我们所使用的自变量的量纲大多不同，数量级也有很大的差距，如果直接使用原始数据建立模型，可能会产生很大的误差。因此，有必要对原始数据进行标准化，然后使用最小二乘估计出回归参数，从而得到标准化回归方程。

未标准化回归系数与标准化回归系数对实际问题解释的侧重面是不同的。对于未标准化回归方程 $\hat{y}=\hat{\beta}_0+\hat{\beta}_1x_1+\hat{\beta}_2x_2+\cdots+\hat{\beta}_px_p$，$\hat{\beta}_j$ 表示在其他变量不变的情况下，自变量 x_j 每变动一单位所引起的因变量均值的绝对变化量。对于标准化回归方程 $\hat{y}^*=\hat{\beta}_0^*+\hat{\beta}_1^*x_1^*+\hat{\beta}_2^*x_2^*+\cdots+\hat{\beta}_p^*x_p^*$，$\hat{\beta}_j^*$ 表示自变量 x_j^* 的 1%相对变化引起的因变量均值的相对变化百分数，因此，标准化回归系数可用于比较各自变量对因变量 y 的相对重要性。

2.1.3　岭回归

A. E. Hoerl 于 1962 年首次提出了用于改进最小二乘估计的方法，称为岭估计（ridge estimate）[2]，后来，A. E. Hoerl 和 R. W. Kennard 在此基础上做了详细讨论[3, 4]。岭回归通过放弃最小二乘法的无偏性优势，以损失部分信息、降低拟合精度为代价，换来回归系数的稳定性，回归系数更符合客观实际，更为有效可靠，对病态数据的拟合要优于最小二乘法。

对于线性回归模型 $\boldsymbol{y}=\boldsymbol{X\beta}+\boldsymbol{\varepsilon}$，若 $\left|\boldsymbol{X}^{\mathrm{T}}\boldsymbol{X}\right|=0$，回归模型将出现多重共线性问题，即使在 $\left|\boldsymbol{X}^{\mathrm{T}}\boldsymbol{X}\right|\approx 0$ 时可以求出回归系数，但估计值也会非常不稳定，那么往 $\boldsymbol{X}^{\mathrm{T}}\boldsymbol{X}$ 中加入非零误差项，使得 $\boldsymbol{X}^{\mathrm{T}}\boldsymbol{X}$ 的行列式值远离 0，便可以保证 $(\boldsymbol{X}^{\mathrm{T}}\boldsymbol{X})^{-1}$ 的存在，即 $\hat{\boldsymbol{\beta}}^{*}=(\boldsymbol{X}^{\mathrm{T}}\boldsymbol{X}+k\boldsymbol{I})^{-1}\boldsymbol{X}^{\mathrm{T}}\boldsymbol{y}$，这就是 β 的岭回归估计，其中，k 为大于 0 的常数，即岭参数，$\boldsymbol{I}$ 为单位矩阵。很显然，当 $k=0$ 时，岭回归估计 $\hat{\boldsymbol{\beta}}^{*}(0)$ 就是普通最小二乘估计。

另外，岭回归的损失函数是在线性回归的残差平方和的基础上添加了表示模型复杂度的正则化项（regularization）或称惩罚项（penalty term），即结构风险。相较于线性回归参数估计的经验风险最小化，岭回归参数估计的结构风险最小化可以防止过拟合，使得岭回归具有较好的泛化能力。

岭回归的损失函数可以表示如下：

$$Q=\left\|\hat{\boldsymbol{y}}-\boldsymbol{y}\right\|_2^2+\lambda\left\|\hat{\boldsymbol{\beta}}^{*}\right\|_2^2=(\boldsymbol{X}\hat{\boldsymbol{\beta}}^{*}-\boldsymbol{y})^{\mathrm{T}}(\boldsymbol{X}\hat{\boldsymbol{\beta}}^{*}-\boldsymbol{y})+\lambda\hat{\boldsymbol{\beta}}^{*^{\mathrm{T}}}\hat{\boldsymbol{\beta}}^{*} \tag{2-14}$$

其中，$\lambda\left\|\hat{\boldsymbol{\beta}}^{*}\right\|_2^2$ 为 L_2 正则化项，对 Q 关于 $\hat{\boldsymbol{\beta}}^{*}$ 求导可得

$$\frac{\partial Q}{\partial\hat{\boldsymbol{\beta}}^{*}}=2\boldsymbol{X}^{\mathrm{T}}X\hat{\boldsymbol{\beta}}^{*}-2\boldsymbol{X}^{\mathrm{T}}\boldsymbol{y}+2\lambda\hat{\boldsymbol{\beta}}^{*} \tag{2-15}$$

令 $\frac{\partial Q}{\partial\hat{\boldsymbol{\beta}}^{*}}=0$，从而 $\hat{\boldsymbol{\beta}}^{*}=(\boldsymbol{X}^{\mathrm{T}}\boldsymbol{X}+\lambda\boldsymbol{I})^{-1}\boldsymbol{X}^{\mathrm{T}}\boldsymbol{y}$。显然，该岭回归估计同上述的 $\hat{\boldsymbol{\beta}}^{*}=(\boldsymbol{X}^{\mathrm{T}}\boldsymbol{X}+k\boldsymbol{I})^{-1}\boldsymbol{X}^{\mathrm{T}}\boldsymbol{y}$ 是相同的，这便从两个方面得到回归系数 $\boldsymbol{\beta}$ 的岭回归估计。

因 k 是可调节的参数，所以 $\hat{\boldsymbol{\beta}}^{*}$ 是关于 k 的函数，记为 $\hat{\boldsymbol{\beta}}^{*}(k)$。$k$ 越大，$\hat{\boldsymbol{\beta}}^{*}(k)$ 的绝对值越小，相应地，$\hat{\boldsymbol{\beta}}^{*}(k)$ 与真实值的偏差便会越来越大；当 k 趋向于无穷大时，$\hat{\boldsymbol{\beta}}^{*}(k)$ 将趋近于 0；而当 k 非常小时，岭回归估计便与普通最小二乘估计无异。因此，k 的取值将影响模型的好坏。我们将 $\hat{\boldsymbol{\beta}}^{*}(k)$ 随着 k 变化而变化的轨迹称为岭迹。

A. E. Hoerl 和 R. W. Kennard 在讨论岭参数 k 时，使用了岭迹法来选择 k 值，

即选择使各回归系数估计值都相对稳定的k值，但该方法存在一定的主观性。我们还可以给定k值的范围，使用岭回归结合交叉验证以选取满足评估指标的k值。

在材料数据挖掘中，为了保证岭回归的正常应用，应首先对数据进行标准化，因此，我们可以根据上述岭回归估计得出标准化回归方程：

$$\hat{y}^* = \hat{\beta}_1^* x_1^* + \hat{\beta}_2^* x_2^* + \cdots + \hat{\beta}_p^* x_p^* + b \tag{2-16}$$

式中，$x_1^*, x_2^*, \cdots, x_p^*$是$x_1, x_2, \cdots, x_p$标准化后的数据。则未标准化回归方程如下：

$$Y = \sum_{i=1}^{p} \frac{\hat{\beta}_i^*}{\sigma_i} x_i - \sum_{i=1}^{p} \frac{\hat{\beta}_i^* \mu_i}{\sigma_i} + b \tag{2-17}$$

式中，μ_i和σ_i分别是x_i的均值与标准差，$i = 1, 2, \cdots, p$。该公式可供测试集直接使用并给出预测值。

2.1.4 套索算法

在实际问题中，使用最小二乘法估计参数的线性回归模型常会遇到两个问题，即预测精度与模型解释，这两个问题可以分别使用岭回归与子集选择解决，但单独使用某一算法不能兼顾这两个问题。1996 年，Robert 基于 Breiman 的非负绞杀（nonnegative garrote）算法[5]提出了一个新的套索算法（least absolute shrinkage and selection operator，LASSO），其集合了岭回归和子集选择的良好特点[6, 7]。

LASSO 算法在线性回归的损失函数中加入L_1范数作为惩罚项来对回归模型中的权重参数数量进行限制。假设x_{ij}为标准化后的自变量，y_i为因变量，其中$i = 1, 2, \cdots, n$，$j = 1, 2, \cdots, p$，从而，LASSO 估计可定义为

$$\hat{\beta} = \arg\min_{\beta} \sum_{i=1}^{N} \left(y_i - \beta_0 - \sum_{j} x_{ij} \beta_j \right)^2$$

$$\text{s.t.} \sum\nolimits_{j=1}^{p} |\beta_i| \leqslant t \tag{2-18}$$

等价于

$$\hat{\beta} = \arg\min \left\{ \sum_{i=1}^{N} \left(y_i - \sum_{j} x_{ij} \beta_j \right)^2 + \lambda \sum_{j=1}^{p} |\beta_j| \right\} \tag{2-19}$$

式中，$\lambda \sum_{j=1}^{p} |\beta_j|$是$L_1$正则化项，$t \geqslant 0$与$\lambda$对应，为可调节参数。设$\hat{\beta}_j^{\text{OLS}}$是最小二乘估计，$t_0 = \sum \left| \hat{\beta}_j^{\text{OLS}} \right|$，那么当$t < t_0$时，某些变量的系数会被压缩至 0，从而降低数据维度。例如，若$t = t_0 / 2$，模型中的非零系数个数将由d大约减小至$d / 2$，从而，t值控制着模型的复杂度，可类似于岭回归借助交叉验证确定t和λ的取值。

LASSO 估计为在 $\sum\left|\beta_j\right| \leqslant t$ 约束下的残差平方和最小化求解问题，这与岭回归的约束 $\sum\beta_j^2 \leqslant s$ 类似，但二者的性质有很大区别，下面将借助几何图形来说明。

以二维数据空间为例，图 2-2 中的等高线表示随着 λ 的变化得到的残差平方和 $\sum_{i=1}^{N}\left(\sum_j x_{ij}\beta_j - y_i\right)^2$ 的轨迹，椭圆的中心点 $\hat{\beta}$ 为对应普通线性回归模型的最小二乘估计。根据 LASSO 与岭回归的约束条件，可知它们的约束域分别如图 2-2（a）和（b）中的正方形与圆形，因此最优解应为等高线与约束域的切点，而 LASSO 切点更容易出现在正方形的顶点处，将导致某些回归系数为 0；岭回归的切点只存在于圆周上，但不会落到坐标轴上，因此岭回归的系数可能无限趋近于 0，但不会等于零。

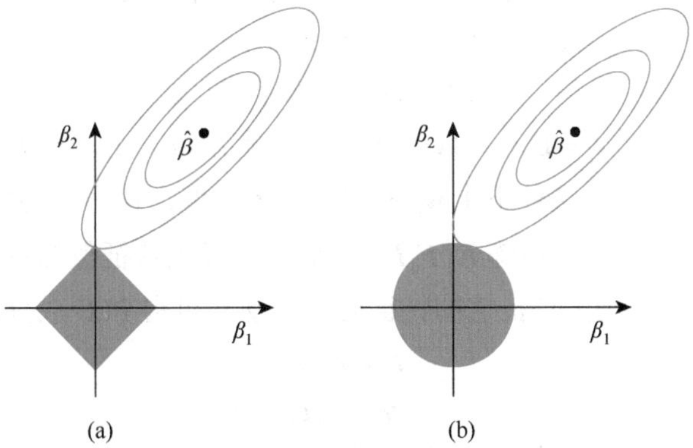

图 2-2　LASSO 的估计图（a）和岭回归的估计图（b）[1]

因此，LASSO 将不显著的变量系数压缩至 0，可以用于筛选变量；岭回归也会对原先的系数向 0 压缩，但任一个系数都不会压缩至 0，无法达到降维效果。

2.1.5　偏最小二乘回归

偏最小二乘回归（partial least squares regression，PLSR）[8]是 20 世纪 70 年代建立起来的回归方法，集成了主成分分析、典型相关分析、线性回归分析的优点，对解决多重共线性、小样本问题有很好的效果。偏最小二乘的算法是最小二乘，但其自适应于数据的性质，偏向与因变量有相关性的自变量，因此称为偏最小二乘（PLS）。大部分 PLS 方法被应用于回归建模，在很大程度上取代了一般的多元回归和主成分回归。PLS 是数据信息采掘的主要空间变换方法之一。PLS 有以下的优点：①和 PCA 相似，PLS 也能排除原始变量相关性；②既能过滤自变量的噪声，也能过滤因变量的噪声；③描述模型所需特征变量数目比 PCA 少，预报能力更强，更稳定。实践表明，在低维的 PLS 空间，进行模式识别和模式优化，包括

PLS 回归建模以及基于 PLS 的神经网络建模，对偏置型数据集有很好的效果[9-11]。

对于 n 个样本点，设自变量与因变量分别为 $\boldsymbol{x}=(x_1,x_2,\cdots,x_p)^{\mathrm{T}}$，$y=(y_1,y_2,\cdots,y_q)^{\mathrm{T}}$，相应的观测矩阵分别为 $\boldsymbol{X}=\{X_{ij}\}_{n\times p}$，$\boldsymbol{Y}=\{Y_{ij}\}_{n\times q}$。偏最小二乘回归分别在 $\boldsymbol{X}$ 与 $\boldsymbol{Y}$ 中提取出成分 $\boldsymbol{t}_1$ 和 $\boldsymbol{u}_1$，提取时为了回归分析的需要，有下列两个要求：

（1）$\boldsymbol{t}_1$ 和 $\boldsymbol{u}_1$ 应尽可能多地携带它们各自数据表中的变异信息，即尽可能代表 $\boldsymbol{X}$ 与 $\boldsymbol{Y}$；

（2）$\boldsymbol{t}_1$ 和 $\boldsymbol{u}_1$ 的相关程度能够达到最大，即自变量的成分 $\boldsymbol{t}_1$ 对因变量 $\boldsymbol{u}_1$ 有最优的解释能力。

设 $\boldsymbol{E}_0$ 和 $\boldsymbol{F}_0$ 分别为自变量 $\boldsymbol{X}$ 与因变量 Y 的标准化矩阵。第一步，在 $\boldsymbol{X}$ 与 $\boldsymbol{Y}$ 中提取出成分 $\boldsymbol{t}_1$ 和 $\boldsymbol{u}_1$，根据上述要求，便为下列求极值问题：

$$\max \mathrm{Cov}(\boldsymbol{t}_1,\boldsymbol{u}_1)=\max \mathrm{Cov}(\boldsymbol{E}_0\boldsymbol{w}_1,\boldsymbol{F}_0\boldsymbol{c}_1)$$
$$\mathrm{s.t.}\|\boldsymbol{w}_1\|=1,\quad \|\boldsymbol{c}_1\|=1 \tag{2-20}$$

其中，$\boldsymbol{w}_1$ 与 $\boldsymbol{c}_1$ 分别是 $\boldsymbol{t}_1=\boldsymbol{E}_0\boldsymbol{w}_1$ 和 $\boldsymbol{u}_1=\boldsymbol{F}_0\boldsymbol{c}_1$ 的权重系数。上述极值问题可具体化为在 $\|\boldsymbol{w}_1\|=1$ 和 $\|\boldsymbol{c}_1\|=1$ 约束条件下求 $\boldsymbol{w}_1^{\mathrm{T}}\boldsymbol{E}_0^{\mathrm{T}}\boldsymbol{F}_0\boldsymbol{c}_1$ 的最大值，使用拉格朗日（Lagrange）法求解问题，可知 $\boldsymbol{w}_1$ 就是矩阵 $\boldsymbol{E}_0^{\mathrm{T}}\boldsymbol{F}_0\boldsymbol{F}_0^{\mathrm{T}}\boldsymbol{E}_0$ 对应于最大特征值的特征向量，$\boldsymbol{c}_1$ 是矩阵 $\boldsymbol{F}_0^{\mathrm{T}}\boldsymbol{E}_0\boldsymbol{E}_0^{\mathrm{T}}\boldsymbol{F}_0$ 对应于最大特征值的特征向量，从而可得 PLS 成分：

$$\boldsymbol{t}_1=\boldsymbol{E}_0\boldsymbol{w}_1 \tag{2-21}$$

$$\boldsymbol{u}_1=\boldsymbol{F}_0\boldsymbol{c}_1 \tag{2-22}$$

然后，建立 $\boldsymbol{E}_0$、$\boldsymbol{F}_0$ 对 $\boldsymbol{t}_1$、$\boldsymbol{u}_1$ 的回归方程：

$$\boldsymbol{E}_0=\boldsymbol{t}_1\boldsymbol{p}_1+\boldsymbol{E}_1 \tag{2-23}$$

$$\boldsymbol{F}_0=\boldsymbol{u}_1\boldsymbol{q}_1+\boldsymbol{F}_1^* \tag{2-24}$$

由于 $\boldsymbol{t}_1$ 和 $\boldsymbol{u}_1$ 具有很高的相关性，因此 $\boldsymbol{F}_0$ 可直接用 $\boldsymbol{t}_1$ 表示，则有

$$\boldsymbol{F}_0=\boldsymbol{t}_1\boldsymbol{r}_1+\boldsymbol{F}_1 \tag{2-25}$$

式中，$\boldsymbol{E}_1$、$\boldsymbol{F}_1^*$ 及 $\boldsymbol{F}_1$ 分别是三个回归方程的残差矩阵，回归系数分别为

$$\boldsymbol{p}_1=\frac{\boldsymbol{E}_0\boldsymbol{t}_1}{\|\boldsymbol{t}_1\|^2} \tag{2-26}$$

$$\boldsymbol{q}_1=\frac{\boldsymbol{F}_0\boldsymbol{u}_1}{\|\boldsymbol{u}_1\|^2} \tag{2-27}$$

$$\boldsymbol{r}_1=\frac{\boldsymbol{F}_0\boldsymbol{t}_1}{\|\boldsymbol{t}_1\|^2} \tag{2-28}$$

第二步，用残差矩阵 $\boldsymbol{E}_1$ 和 $\boldsymbol{F}_1$ 取代 $\boldsymbol{E}_0$ 和 $\boldsymbol{F}_0$，用同样方法求 $\boldsymbol{w}_2$ 与 $\boldsymbol{c}_2$ 以及第二个 PLS 成分，直到完成所需要的成分。一般是计算全部自变量数目（p 个）的 PLS，然后利用交叉验证判别需要的成分个数进行特征变量抽取。在 PLS 成分抽取之后，

便可以利用 $\boldsymbol{Y}$ 对 $\boldsymbol{t}_1,\boldsymbol{t}_2,\cdots,\boldsymbol{t}_m$ 用普通最小二乘法做回归，再将变量进行转换，最终可得到 $\boldsymbol{Y}$ 对 $x_1,x_2,\cdots,x_p$ 的回归方程。

在上述迭代中，因为用残差矩阵 $\boldsymbol{E}_k$ 和 $\boldsymbol{F}_k$ 取代 $\boldsymbol{E}_{k-1}$ 和 $\boldsymbol{F}_{k-1}$，所以可使得每次求得的 $\boldsymbol{t}_k$ 之间相互正交。

PLS 方法不仅可以应用于多元线性回归，还可以作为模式识别方法进行应用。前者是将目标变量 Y 的迭代收敛值作为回归结果，PLS 回归的效果通常由其预报残差平方和（predicted residual error sum of square，PRESS）进行评价，潜变量的个数也是由其 PRESS 的拐点决定的。后者是将样本集用其任意两个 PLS 投影方向上的坐标值在二维平面上表示，根据投影图上不同类别的样本的分布情况或变化趋势进行模式识别研究。PLS 方法已经成为化学计量学最经典的定量回归方法，在变量压缩和多变量校正问题上得到广泛应用。

2.1.6　逻辑回归

在以上几节的回归模型中，因变量均为连续型变量，而当因变量取有限个离散值时，回归模型便成为分类模型。在统计学中，逻辑回归（logistic regression）模型是一个目标值为分类标签的回归模型，逻辑回归模型通常针对二分类问题，即目标值为 0 或 1。逻辑回归是由统计学家 C. David 于 1958 年提出的[12]。逻辑回归模型用于根据一个或多个特征来估计二分类中该样本属于各类别的概率，其具有直接给定某样本属于某类的概率的优点，可用于解决二分类问题[13]。

我们知道线性回归模型的预测区间为整个实数域，而对于只包含标签为 0 和 1 的分类问题，使用线性回归将超出值域范围，因此，我们希望使用一个单调可微的函数将线性回归的值域映射到[0, 1]区间内[14, 15]。常用的逻辑函数便可以达到这样的效果，其表达式为

$$y=\frac{1}{1+\mathrm{e}^{-z}} \tag{2-29}$$

如图 2-3 所示，可见逻辑函数为一种“Sigmoid 函数”，其将 z 值转化为 0～1 的 y 值，该曲线以 $\left(0,\dfrac{1}{2}\right)$ 为中心对称，在中心附近增长速度较快，在两端增长速度较慢。假设线性回归函数形式为 $Y=\boldsymbol{\beta}^{\mathrm{T}}\boldsymbol{X}+b$，则逻辑回归的函数形式为

$$y=\frac{1}{1+\mathrm{e}^{-(\boldsymbol{\beta}^{\mathrm{T}}\boldsymbol{X}+b)}} \tag{2-30}$$

上述回归方程可线性变换为

$$\ln\frac{y}{1-y}=\boldsymbol{\beta}^{\mathrm{T}}\boldsymbol{X}+b \tag{2-31}$$

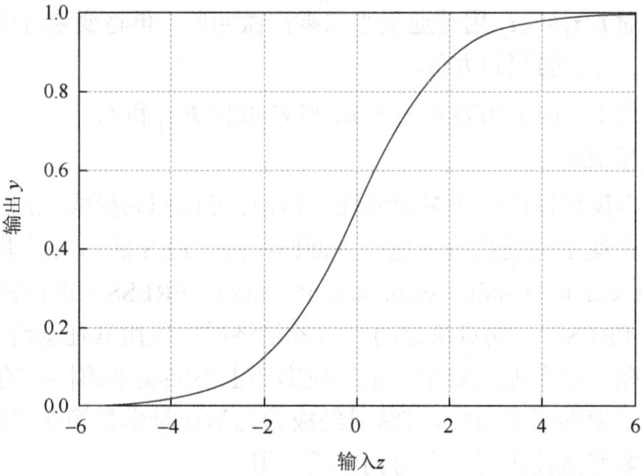

图 2-3　逻辑函数[1]

由 2.2.1 节可知，$E(y_1)=\pi_i=\beta_0+\beta_1 x_i$，表示在自变量为 x_i 的条件下 y_i 的平均值，而在因变量 y_i 只取 0、1 时，$E(y_1)=\pi_i$ 就是在自变量为 x_i 的条件下 y_i 等于 1 的比例。从而，我们可将 y 视作 x 为其正例的概率，则 $1-y$ 是 x 为其反例的概率。两者的比值称为概率（odds），指该事件发生与不发生的概率比值，反映 x 作为正例的相对可能性。将 y 视为类后验概率估计 $p(y=1|x)$，则有

$$\ln\frac{p(y=1|x)}{1-p(y=1|x)}=\boldsymbol{\beta}^{\mathrm{T}}\boldsymbol{X}+b \tag{2-32}$$

显然有

$$p(y=1|x)=\frac{\mathrm{e}^{(\boldsymbol{\beta}^{\mathrm{T}}\boldsymbol{X}+b)}}{1+\mathrm{e}^{(\boldsymbol{\beta}^{\mathrm{T}}\boldsymbol{X}+b)}} \tag{2-33}$$

$$p(y=0|x)=\frac{1}{1+\mathrm{e}^{(\boldsymbol{\beta}^{\mathrm{T}}\boldsymbol{X}+b)}} \tag{2-34}$$

这时，线性函数的值越接近正无穷，概率值就越接近 1；线性函数的值越接近负无穷，概率值就越接近 0。

对于给定的数据集 $\{(x_1,y_1),(x_2,y_2),\cdots,(x_n,y_n)\}$，我们可通过最大似然估计法估计模型参数 $\boldsymbol{\beta}$ 和 b。设

$$p(y=1|x)=p(x) \tag{2-35}$$

$$p(y=0|x)=1-p(x) \tag{2-36}$$

从而有似然函数：

$$\prod_{i=1}^{n}[p(x_i)^{y_i}[1-p(x_i)]^{1-y_i} \tag{2-37}$$

对上式取对数可得对数似然函数：

$$L(\boldsymbol{\beta},b)=\sum_{i=1}^{n}[y_i \ln p(x_i)+(1-y_i)\ln(1-p(x_i))] \tag{2-38}$$

取数据集上的平均似然函数作为损失函数，有

$$J(\boldsymbol{\beta},b)=-\frac{1}{n}\sum_{i=1}^{n}[y_i \ln p(x_i)+(1-y_i)\ln(1-p(x_i))] \tag{2-39}$$

从而最大化对数似然函数等价于最小化损失函数，可以使用梯度下降法和拟牛顿法解出 $\boldsymbol{\beta}$ 和 b，得到逻辑回归模型。

2.2 统计模式识别

所谓材料的统计“模式”，可以理解为材料的特征变量构成的“向量”，其中的分量就是特征变量的统计量。材料数据挖掘所用模式识别方法主要是统计模式识别，所有统计模式识别方法的原理都可归结为“多维空间图像识别”问题，即将特征变量的集合构成多维样本空间，将各类样本的代表点“记”在多维空间中，根据“物以类聚”的原理，同类或相似的样本间距离应较近，不同类的样本间距离应较远。这样，就可以用适当的计算机模式识别技术（通常为一次线性或非线性投影）去“识别”各类样本分布区的形状，试图得到描述各类样本在多维空间中分布范围的数学模型。例如，在有关材料性能的模式识别中，可将与材料性能有关的特征变量构成多维样本空间，将已知不同性能的材料样本的代表点“记”在该多维空间中，然后用适当的模式识别方法处理该样本集，试图得到描述各类样本在多维空间中分布范围的数学模型。

统计模式识别的首要目标，是样本及其代表点在多维空间中的分类。模式识别分类方式可以是“有人管理”或“无人管理”，通常采用的是“有人管理”的方式，即事先规定分类的标准和种类的数目，通过大批已知样本的信息处理（称为“训练”或“学习”）找出规律（数学模型），再利用建立的数学模型预报未知样本。

传统的模式识别方法是基于投影分类图的，但考虑到数据结构的复杂性，有时投影图不能得到满意的模式分类图。例如，试想某一类样本在多维空间完全被另一类样本所“包围”的情形，这时无论向哪个方向投影，投影图的中心区域总是分类不清的。因此，模式识别工作也需要基于不作投影图的方法。本章介绍的超多面体建模方法就是不作投影图的模式识别方法。

在学习常用模式识别方法以前，有必要了解下面的预备知识及其约定表示。

1. 样本（sample）

研究对象的性能 E 受 m 个因素 $x_1,x_2,\cdots,x_m$ 控制，由此而确定的一组同源离散

数据集 $\{P_i\}$ 称为该对象的一个描述样本集。其中 $P_i=\{x_{i1},x_{i2},\cdots,x_{im}\}$（$i=1,2,\cdots,N$）称为一个样本，$i$ 为样本的序号，N 为样本总数。

2. 样本的类别（class）

根据对性能 E 的评判赋予样本的一种属性，以 1、2、3 等表示，同一类别的样本有相近的性能，根据样本性能分布范围的不同可将样本分类。对样本分类的目的是便于对数据作定性或半定量分析。

样本的分类可以是两类或两类以上，研究方法相近。在本文中，除非特别指出，分类问题一般均指两类问题，即研究样本被分为优类（记为 1 类）和劣类（记为 2 类）。通常多类别问题可简化为各类别彼此区分或逐类区分的两类问题。

3. 样本空间（sample space）

决定样本性能的 M 个特征参数（因素）可构成一个 M 维空间，称为研究对象的特征空间（feature space），记为 R^M，每个样本可表示为该空间的一个点，包含样本集 $\{P_i\}$ 的特征空间称为研究对象的一个样本空间。

4. 映射（映照、投影）图（projection map）

投影图是模式识别分析（分类）结果的一种直观表示，样本空间中所有样本以适当方式（线性或非线性）投影到二维平面即成映射图，用于从全局上观察各类样本的分布情况。

5. 因素矩阵（matrix of factors）及其标准化

需做模式识别处理的样本集的因素矩阵 $\boldsymbol{X}$ 可表示如下：

$$\boldsymbol{X}=(x_{ij})_{N\times M}=\begin{bmatrix} x_{11} & x_{12} & \cdots & x_{1M} \\ x_{21} & x_{22} & \cdots & x_{2M} \\ \vdots & \vdots & & \vdots \\ x_{N1} & x_{N2} & \cdots & x_{NM} \end{bmatrix} \tag{2-40}$$

矩阵中每一行表示一个样本点对应的 M 个因素（也称特征变量或特征参数），N 为样本数，M 为特征变量数，故 $\boldsymbol{X}$ 为 $N\times M$ 阶矩阵，x_{ij} 为第 i 个样本的第 j 个特征参数。由于 M 个特征变量的量纲和变化幅度不同，其绝对值大小可能相差许多倍。为了消除量纲和变化幅度不同带来的影响，原始数据应做标准化处理，即

$$x'_{ij}=\frac{x_{ij}-\overline{x}_j}{\sqrt{s_j}} \qquad i=1,2,\cdots,N; j=1,2,\cdots,M \tag{2-41}$$

其中

$$\overline{x}_j=\frac{1}{N}\sum_{i=1}^{N}x_{ij}\text{ ，}\quad s_j=\frac{1}{N-1}\sum_{i=1}^{N}(x_{ij}-\overline{x}_j)^2$$

标准化因素矩阵 $\boldsymbol{X}'$ 即为

$$\boldsymbol{X}'=(x'_{ij})_{N\times M} \tag{2-42}$$

为简洁起见，以下在用到标准化因素矩阵时仍用 $\boldsymbol{X}$ 表示。

2.2.1　最近邻法

最近邻法（k-nearest neighbour，KNN）[16]是最常用的统计模式识别方法，该方法预报未知样本的类别由其 k 个（k 为单数整数）近邻的类别决定。若未知样本的近邻中某一类样本最多，则可将未知样本判为该类。在多维空间中，各点间的距离通常规定为欧氏距离。样本点 i 和样本点 j 间的欧氏距离 d_{ij} 可表示为

$$d_{ij}=\left[\sum_{k=1}^{M}(x_{ik}-x_{jk})^2\right]^{\frac{1}{2}} \tag{2-43}$$

KNN 的一种简化算法称为类重心法，即先将训练集中每类样本点的重心求出，然后计算未知样本点与各类重心的距离。未知样本与哪一类重心距离最近，即将未知样本判为哪一类。

与 KNN 法很接近的是势函数法，它将每一个已知样本的代表点看作一个势场的源，不同类的样本的代表点的势场可有不同的符号，势场场强 $Z(D)$ 是对源点距离 D 的某种函数，即

$$Z(D)=\frac{1}{D} \tag{2-44}$$

或

$$Z(D)=\frac{1}{1+qD^2} \tag{2-45}$$

式中，q 是可调参数。

所有已知样本点的场分布在整个空间并相互重叠，对于未知样本点，可判断它属于在该处造成最大势场的那一类，在两类分类时，可令两种样本的势场符号相反，势场差的符号即可作为未知点的归属判据，此时判别函数 V 为

$$V=\sum_{i=1}^{N}\frac{K_i}{D_i} \tag{2-46}$$

式中，K_i 取值为 1 或者−1，代表两类点的符号。

KNN 法通常可以作为研究对象（样本集）数据质量初步考察方法，例如一个样本集的 KNN 分类的准确率在 90%左右就可初步得出该样本集的类别预测情况较好的结论。我们在以往的工作中曾将 KNN 法应用到变量筛选方法上，即将一

个样本集的变量依次去除，分别考察去除某一变量之后的样本集的 KNN 分类的准确率 P_c，若去除某一变量之后的 P_c 上升，则该去除的变量为冗余变量，因此 P_c 下降最少的变量可以认为是最不重要的变量，反之则为较重要的变量，由此得到各变量的重要性排序，并将此作为变量筛选的依据。

2.2.2 主成分分析

主成分分析法（principal component analysis，PCA）[17, 18]是一种最古老的多元统计分析技术。Pearcon 于 1901 年首次引入主成分分析的概念，Hotelling 在 20 世纪 30 年代对主成分分析进行了发展，现在主成分分析法已在社会经济、企业管理以及地质、生化、医药等各个领域中得到广泛应用。主成分分析的目的是将数据降维，以排除众多化学信息共存中相互重叠的信息，把原来多个变量组合为少数几个互不相关的变量，但同时又尽可能多地表征原变量的数据结构特征而使丢失的信息尽可能少。

求主成分的方法与步骤可概括如下：

（1）计算标准化因素矩阵 $\boldsymbol{X}$ 及其协方差阵 $\boldsymbol{C}$：

$$\boldsymbol{C}=(\boldsymbol{X})^{\mathrm{T}}\boldsymbol{X} \tag{2-47}$$

$\boldsymbol{X}^{\mathrm{T}}$ 是 $\boldsymbol{X}$ 的转置矩阵。

（2）用 Jacobi 变换求出 $\boldsymbol{C}$ 的 $\boldsymbol{M}$ 个按大小顺序排列的非零特征根 λ_i（$i=1,2,\cdots,M$）及其相应的 M 个单位化特征向量，构成如下 $M\times M$ 阶特征向量集矩阵：

$$\boldsymbol{V}=(v_{ij})_{M\times M}=\begin{bmatrix} v_{11} & v_{12} & \cdots & v_{1M} \\ v_{21} & v_{22} & \cdots & v_{2M} \\ \vdots & \vdots & & \vdots \\ v_{M1} & v_{M2} & \cdots & v_{MM} \end{bmatrix} \tag{2-48}$$

其中每一列代表一个特征向量。

（3）计算主成分矩阵 $\boldsymbol{Y}$：

$$\boldsymbol{Y}=\boldsymbol{X}\boldsymbol{V}=\begin{bmatrix} y_{11} & y_{12} & \cdots & y_{1M} \\ y_{21} & y_{22} & \cdots & y_{2M} \\ \vdots & \vdots & & \vdots \\ y_{N1} & y_{N2} & \cdots & y_{NM} \end{bmatrix} \tag{2-49}$$

设第 i 个主成分的方差贡献率为 D_c，则

$$D_c=\frac{\lambda_i}{\sum_{j=1}^{k}\lambda_j} \tag{2-50}$$

设前 q 个 $(q\leqslant k)$ 主成分的累积方差贡献率为 D_{ac}，则

$$D_{ac} = \frac{\sum_{i=1}^{q} \lambda_i}{\sum_{j=1}^{k} \lambda_j} \tag{2-51}$$

在实际应用中可取前几个对信息量贡献较大（即 D_c 较大）的主成分便可达到空间维数下降而使信息量丢失尽可能少的目的。若取两个主成分构成投影平面即可在平面上剖析数据分布结构。

主成分分析的几何意义是一个线性的旋轴变换，使第一主成分指向样本散布最大的方向，第二主成分指向样本散布次大的方向，以此类推（图 2-4）。

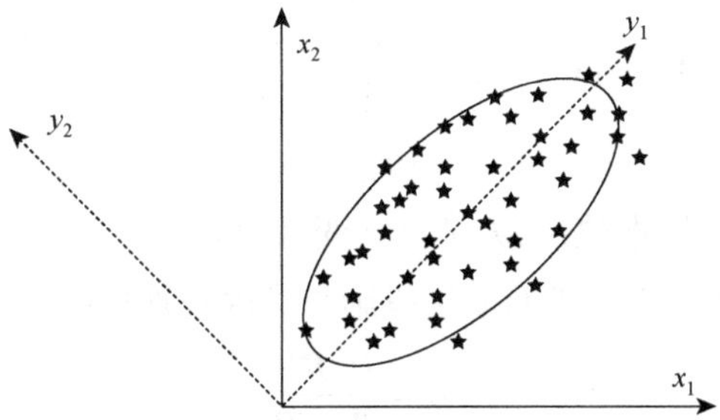

图 2-4 主成分分析的几何意义（示意图）[1]

主成分分析通常用于样本集的散布情况分析和变量降维分析。虽然主成分分析投影图上的样本散布坐标与样本集分类定义没有关系，但标识了类别的样本若在投影图上按类别相聚在一起，且不同类别间有明显的分界，则主成分投影图即可作为模式识别分类图。

取主成分矩阵 $\boldsymbol{Y}$ 中的任意两列投影值作为纵横坐标作图即得主成分投影图。投影图上任意一个主成分坐标值都是模式识别特征变量的线性组合，组合系数就是特征向量集矩阵 $\boldsymbol{V}$ 相应矢量（某一列）的组成分量。对于标准化的特征变量，相应矢量（某一列）的组成分量反映了相应变量在主成分投影值中的权重，该权重值可作为相应变量对于投影图上样本坐标值位移影响相对大小的度量，用直角坐标系表示投影权重值的图形称为载荷图。载荷图在工业优化工作中可用于指导如何调节变量，使得当前工况条件朝特定的方向变动。

样本集的主成分投影值可以作为某些算法的变量初值或预处理值，例如模式识别非线性映射方法常用样本集的主成分值作为映射初值进行迭代运算；将降维后的主成分作为多元回归的变量进行建模，即得主成分回归方法。降维后的主成分还可作为人工神经网络或支持向量回归的变量进行建模，所得结果多半优于用原始变量直接建模。

2.2.3 多重判别矢量和费希尔判别矢量

多重判别矢量法[19]是模式识别中使用较为广泛的一种线性映射，这种线性映射使数据中各类别间分离性加强。它是使用一组判别矢量来完成的。设数据中模式矢量有 C 个类别，对应有 C 个互相独立的标准化因素矩阵 $\boldsymbol{X}^k$，其中 $k=1,2,\cdots,C$。第 k 类中第 i 个样本矢量 $\boldsymbol{X}_i^k$（由 M 个特征变量构成）为

$$\boldsymbol{X}_i^k=[x_{i1},x_{i2},\cdots,x_{iM}] \tag{2-52}$$

由第 k 类样本构成的标准化因素矩阵为

$$\boldsymbol{X}^k=(x_{ij})_{N_k\times M}=\begin{bmatrix} x_{11} & x_{12} & \cdots & x_{1M} \\ x_{21} & x_{22} & \cdots & x_{2M} \\ \vdots & \vdots & & \vdots \\ x_{N_k1} & x_{N_k2} & \cdots & x_{N_kM} \end{bmatrix} \tag{2-53}$$

式中，N_k 是第 k 类的样本数；M 是特征变量数。

定义判别准则 R，它是类间差别投影与类内差别投影总和的比值，即

$$R=\frac{\boldsymbol{P}^{\mathrm{T}}\boldsymbol{BP}}{\boldsymbol{P}^{\mathrm{T}}\boldsymbol{WP}} \tag{2-54}$$

式中

$$\boldsymbol{P}=[p_1,p_2,\cdots,p_M]^{\mathrm{T}} \tag{2-55}$$

为所求的判别矢量，$\boldsymbol{B}$ 为类间散布矩阵之和，$\boldsymbol{W}$ 为类内散布矩阵之和。这些散布矩阵定义如下：

$$\boldsymbol{B}=\sum_{k=1}^{C}N_k[\boldsymbol{m}_k-\boldsymbol{m}]^{\mathrm{T}}[\boldsymbol{m}_k-\boldsymbol{m}] \tag{2-56}$$

$$\boldsymbol{W}_k=\sum_{i=1}^{N_k}[\boldsymbol{X}_i^k-\boldsymbol{m}_k]^{\mathrm{T}}[X_i^k-\boldsymbol{m}_k] \tag{2-57}$$

$$\boldsymbol{W}=\sum_{k=1}^{C}\boldsymbol{W}_k \tag{2-58}$$

式中，C 是类别数；N_k 是第 k 类的样本数；$\boldsymbol{m}_k=[m_{k1},m_{k2},\cdots,m_{kM}]$，是第 k 类的平均矢量；$\boldsymbol{m}=[m_1,m_2,\cdots,m_M]$，是全部数据集的平均矢量。$\boldsymbol{B}$ 和 $\boldsymbol{W}$ 都是 $M\times M$ 阶矩阵。

为求得判别矢量 $\boldsymbol{P}$ 的最佳值，R 应满足极值条件，即 R 对 $\boldsymbol{P}$ 求导并令结果为零。

$$\frac{\partial R}{\partial \boldsymbol{P}}=\frac{\partial}{\partial \boldsymbol{P}}\left(\frac{\boldsymbol{P}^{\mathrm{T}}\boldsymbol{BP}}{\boldsymbol{P}^{\mathrm{T}}\boldsymbol{WP}}\right)=\frac{2(\boldsymbol{P}^{\mathrm{T}}\boldsymbol{WP})\boldsymbol{BP}-2(\boldsymbol{P}^{\mathrm{T}}\boldsymbol{BP})\boldsymbol{WP}}{(\boldsymbol{P}^{\mathrm{T}}\boldsymbol{WP})^2}=0 \tag{2-59}$$

上式化简后并令

$$\lambda=\frac{\boldsymbol{P}^{\mathrm{T}}\boldsymbol{B}\boldsymbol{P}}{\boldsymbol{P}^{\mathrm{T}}\boldsymbol{W}\boldsymbol{P}} \tag{2-60}$$

可得一般本征值方程式

$$[\boldsymbol{B}-\lambda\boldsymbol{W}]\boldsymbol{P}=0 \tag{2-61}$$

上式的解又可通过求解下列一般特征方程式取得

$$|\boldsymbol{B}-\lambda\boldsymbol{W}|=0 \tag{2-62}$$

为求解上式可进行一些推导

$$\boldsymbol{B}-\lambda\boldsymbol{W}=\boldsymbol{W}\boldsymbol{W}^{-1}(\boldsymbol{B}-\lambda\boldsymbol{W})=\boldsymbol{W}(\boldsymbol{W}^{-1}\boldsymbol{B}-\lambda\boldsymbol{I}) \tag{2-63}$$

因为

$$|\boldsymbol{W}(\boldsymbol{W}^{-1}\boldsymbol{B}-\lambda\boldsymbol{I})|=|\boldsymbol{W}||\boldsymbol{W}^{-1}\boldsymbol{B}-\lambda\boldsymbol{I}| \tag{2-64}$$

假定$|\boldsymbol{W}|\neq 0$，则其判别矢量可通过求解下列方程而得

$$|\boldsymbol{W}^{-1}\boldsymbol{B}-\lambda\boldsymbol{I}|=0 \tag{2-65}$$

由此求出方程的根λ，它是$\boldsymbol{B}$相对于$\boldsymbol{W}$的本征值。相应于每一个非零的本征值λ_j，都有一个本征矢量$\boldsymbol{P}_j$使得

$$[\boldsymbol{B}-\lambda_j\boldsymbol{W}]\boldsymbol{P}_j=0 \tag{2-66}$$

$\boldsymbol{P}_j$可表示为

$$\boldsymbol{P}_j=[p_1,p_2,\cdots,p_{M_j}]^{\mathrm{T}} \tag{2-67}$$

由于$\boldsymbol{B}$为C个秩数最多为 1 的矩阵总和，这些矩阵只有$C-1$个是独立的，故$\boldsymbol{B}$的秩数最多为$C-1$。这样非零的本征值λ_j仅有$C-1$个。这些本征值称为判别值，与之对应的各本征矢量即为所求的判别矢量，设判别矢量按大小排列为

$$\lambda_1\geqslant\lambda_2\geqslant\cdots\geqslant\lambda_{C-1}>0 \tag{2-68}$$

其相应的判别矢量记为

$$\boldsymbol{P}_1,\boldsymbol{P}_2,\cdots,\boldsymbol{P}_{C-1}$$

通常选择前面两个具有最大判别值的判别矢量$\boldsymbol{P}_1$和$\boldsymbol{P}_2$形成一个判别平面，令

$$\boldsymbol{P}=[\boldsymbol{P}_1\quad\boldsymbol{P}_2]=\begin{bmatrix}p_{11} & p_{12}\\ p_{21} & p_{22}\\ \vdots & \vdots\\ p_{M1} & p_{M2}\end{bmatrix} \tag{2-69}$$

则样本集标准化因素矩阵$\boldsymbol{X}$的最佳映射$\boldsymbol{Y}$为

$$\boldsymbol{Y}=\boldsymbol{X}\boldsymbol{P} \tag{2-70}$$

即

$$\boldsymbol{Y}=(y_{ij})_{N\times 2}=\begin{bmatrix} y_{11} & y_{12} \\ y_{21} & y_{22} \\ \vdots & \vdots \\ y_{N1} & y_{N2} \end{bmatrix}=\begin{bmatrix} x_{11} & x_{12} & \cdots & x_{1M} \\ x_{21} & x_{22} & \cdots & x_{2M} \\ \vdots & \vdots & & \vdots \\ x_{N1} & x_{N2} & \cdots & x_{NM} \end{bmatrix}\begin{bmatrix} p_{11} & p_{12} \\ p_{21} & p_{22} \\ \vdots & \vdots \\ p_{M1} & p_{M2} \end{bmatrix} \tag{2-71}$$

多重判别矢量法可直接应用于多类别（两类别以上）的模式识别问题，对于两类的模式识别问题，需要应用费希尔（Fisher）判别矢量法[20]才能得到模式识别投影图。

若整个样本集中仅有两个类别，则多重判别矢量法只能产生一个判别矢量 $\boldsymbol{P}_1$，此即为有名的费希尔判别矢量。但是，欲将数据投影到判别平面上，必须另选择一个第二矢量。J. Sammon 提出了解决此问题的一种算法，现介绍如下：

首先用多重判别矢量法求出费希尔判别矢量 $\boldsymbol{P}_1$（由于此时 $\boldsymbol{B}$ 的秩数为 1，所以仅能得到一个非零的本征值，其相应的本征矢量即为费希尔判别矢量 $\boldsymbol{P}_1$）。

$$\boldsymbol{P}_1=\alpha\boldsymbol{W}^{-1}[m_1-m_2]=\alpha\boldsymbol{W}^{-1}\varDelta \tag{2-72}$$

式中

$$\varDelta=m_1-m_2 \tag{2-73}$$

α 是一个使 $\boldsymbol{P}_1$ 变成单位矢量的规范常数。为构成最优判别平面中的第二矢量 $\boldsymbol{P}_2$，可求取判别比值 R 的最大值

$$R=\frac{\boldsymbol{P}_2^{\mathrm{T}}\boldsymbol{B}\boldsymbol{P}_2}{\boldsymbol{P}_2^{\mathrm{T}}\boldsymbol{W}\boldsymbol{P}_2} \tag{2-74}$$

在 $\boldsymbol{P}_1$ 必须与 $\boldsymbol{P}_2$ 正交的约束条件下

$$\boldsymbol{P}_2^{\mathrm{T}}\boldsymbol{P}_1=0 \tag{2-75}$$

R 的最大化过程可通过使下列方程最大化而获得

$$\frac{\boldsymbol{P}_2^{\mathrm{T}}\boldsymbol{B}\boldsymbol{P}_2}{\boldsymbol{P}_2^{\mathrm{T}}\boldsymbol{W}\boldsymbol{P}_2}-\lambda\boldsymbol{P}_2^{\mathrm{T}}\boldsymbol{P}_1 \tag{2-76}$$

式中，λ 为拉格朗日（Lagrange）乘子。上式对 $\boldsymbol{P}_2$ 求导并解得

$$\boldsymbol{P}_2=\beta\left[\boldsymbol{W}^{-1}-\frac{\varDelta^{\mathrm{T}}(\boldsymbol{W}^{-1})^2\varDelta}{\varDelta^{\mathrm{T}}(\boldsymbol{W}^{-1})^3\varDelta}(\boldsymbol{W}^{-1})^2\right]\varDelta \tag{2-77}$$

式中，β 是一个使 $\boldsymbol{P}_2$ 为单位矢量的规范常数。

用这两个矢量 $\boldsymbol{P}_1$ 和 $\boldsymbol{P}_2$ 即可形成最优判别平面。这种判别平面之所以为最优，是因为这两个单位矢量都是各自在独立的正交约束条件下，用判别比值 R 最大化而求得的。

最优判别平面在交互式模式识别中已得到广泛应用。对于样本集的数据分布属于“偏置型”结构的，即两类不同的样本呈明显的趋势沿某个方向分布，这时应用费希尔判别矢量法往往能得到分类效果很好的模式识别投影图[9]。

2.2.4　非线性映射

非线性映射（non-linear mapping，NLM）法[21]可使多维图像映射到二维，映射中尽可能保留其固有的数据结构。若样本集标准化因素矩阵 **X** 表示为

$$\boldsymbol{X}=(x_{ij})_{N\times M}=\begin{bmatrix} x_{11} & x_{12} & \cdots & x_{1M} \\ x_{21} & x_{22} & \cdots & x_{2M} \\ \vdots & \vdots & & \vdots \\ x_{N1} & x_{N2} & \cdots & x_{NM} \end{bmatrix} \tag{2-78}$$

则 **X** 映射至二维空间的结果 **Y** 可表示为

$$\boldsymbol{Y}=\begin{bmatrix} y_{11} & y_{12} \\ y_{21} & y_{22} \\ \vdots & \vdots \\ y_{N1} & y_{N2} \end{bmatrix} \tag{2-79}$$

设 d_{ij}^* 和 d_{ij} 分别为多维空间（映射前）和二维（映射后）空间中 i 、 j 点间距离

$$d_{ij}^*=\sqrt{\sum_{k=1}^{M}(x_{ik}-x_{jk})^2} \tag{2-80}$$

$$d_{ij}=\sqrt{\sum_{k=1}^{2}(y_{ik}-y_{jk})^2} \tag{2-81}$$

映射中的误差函数定义为

$$E=\frac{1}{\sum\limits_{i<j}^{N}d_{ij}^*}\sum_{i<j}^{N}\frac{[d_{ij}^*-d_{ij}]^2}{d_{ij}^*} \tag{2-82}$$

E 值越小，数据结构保留程度越大。各种非线性映射算法都使用迭代技术，其迭代算法主要分为以下三步：

（1）初选一组 **Y** 矢量。

（2）从初始结构开始调整其当前结构的 **Y** 矢量。

（3）重复第二步，直至具备下列三个终止条件之一：

①误差函数 E 已达到预先设定的允许值；

②迭代已达到预先指定的次数；

③当前的结构已使观察者满意。

非线性映射法对样本分类能力较线性映射法强，但其计算量也较大，且其二

维映射图纵横坐标没有明确的意义。通常在线性模式识别投影结果不理想的情况下再尝试非线性映射方法。

2.2.5 模式识别应用技术

在材料模式识别应用研究过程中，必须具体问题具体分析，一方面需要探索合适的模式识别建模技术，另一方面需要针对实际工作的需要解决用户关心的技术问题。为此，我们结合经典模式识别方法的具体应用问题，开发了若干模式识别应用技术，用于解决用户关心的若干应用技术问题，下面分别介绍我们提出的这些方法和应用。

1. 最佳投影识别

在应用模式识别方法时会遇到下面这样一个需要解决的问题，即如何从众多的模式识别投影图中由计算机自动选出一个最佳的投影图。业已知道，主成分分析法（PCA）、偏最小二乘法（PLS）、线性投影法（LMAP）、费希尔法等均可能产生有效的模式识别投影图，而仅从 PCA 一种模式识别方法中产生的投影图就有 $M\times(M-1)/2$ 个（M 为特征变量数），若用人机交互方式“观察”选择最佳投影图时，不仅工作量大，而且不同的操作者可能选用不同的方法或选出不同的最佳投影图。为此，我们提出最佳投影识别法（optimal map recognition method，OMR）[22, 23]，用于解决计算机自动选择最佳模式识别投影图的问题。

最佳投影识别法的原理是将多维空间中样本集经尽可能多的模式识别投影计算后在各隐含的投影平面上用迭代法搜索出一个分类最佳的投影图，即在该投影图上优类样本聚集在一定范围，且劣类样本与优类样本完全分开（或混入最少）。最佳投影识别法的具体操作步骤如下：

（1）定义一个二维投影图上的“标准识别区”，该标准识别区以优类样本的重心为中心，以优类样本的分布范围为边界条件，以其中优类样本占全体优类样本的 95%为收敛条件（不取 100%为收敛条件是考虑到不让可能存在的个别离群点影响计算结果，以增强算法的稳定性和抗噪声能力）。

（2）定义一个决定标准识别区优劣的客观判据参数 P，$P=N_1/(N_1+N_2)$。其中 N_1 是标准识别区内优类样本的数目，N_2 是标准识别区内劣类样本的数目。

（3）计算各投影图上标准识别区的边界方程及步骤（2）中定义的判据 P 的取值。

（4）将对应 P 值最大的模式识别分类图投影至计算机屏幕。

（5）根据投影矢量将模式识别投影图上的二维判据还原成原始空间中的多维判据。

（6）根据步骤（5）中生成的多维判据作为分类或筛选的依据。

显然，P 越大，则标准识别区内混入的劣类样本的数目越少，对应的模式识别分类投影图的可分性越好。

既然最佳投影识别法能跳过繁复的人机对话直接给出最佳模式识别分类投影图，则在此基础上可以再自动计算出有关优类样本的分布范围（作为优化控制区）。最佳投影识别法不仅大大节省了操作者人工选取最佳投影图的工作量，而且解决了最佳投影图选取的客观性问题。若将该方法用于专家系统，可使有关模式分类的建模问题自动化。若将该方法用于工业优化，可自动生成优化控制区的边界方程。因此，最佳投影识别法可望在专家系统、工业优化等领域得到进一步的应用。

2. 超多面体建模

在经典模式识别应用过程中，有时投影方法总不能得到令人满意的分类结果，这可能是由于原始数据在多维空间的分布类型属于典型的“包络型”，即两类不同属性的样本分布犹如“杏仁巧克力”那样，无论往哪个方向投影，“杏仁”（处于中心的样本）与其周围的“巧克力”（与中心不同的其他样本）总是重叠在一起的。为了解决这个问题，我们提出了不作投影图的模式识别方法，即超多面体（hyper-polyhedron，HP）方法[24]，它的原理是在多维空间中直接进行坐标变换和聚类分析，进而自动生成一个超多面体，该超多面体将优类样本点（通常定义为 1 类样本点）完全包容在其中，而将其他样本点（通常定义为 2 类样本点）尽可能排除在超多面体之外，由超多面体方法生成的超多面体在三维以上的抽象空间内用一系列不等式方程表示。图 2-5 为用超平面组合法形成超多面体模型示意图。

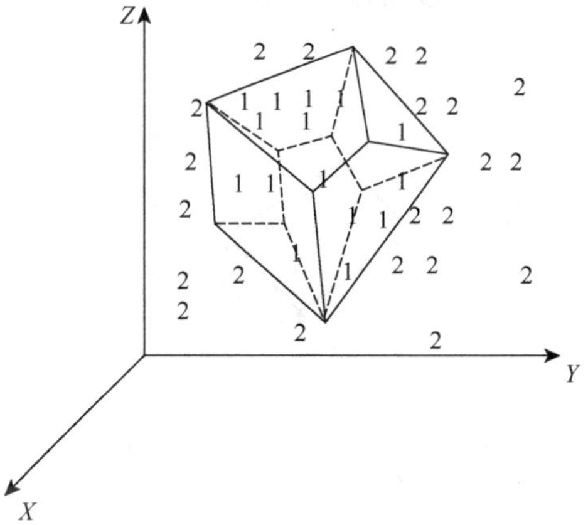

图 2-5　用超平面组合法形成超多面体模型示意图[1]

3. 逐级投影建模

涉及复杂数据处理的实际问题中经常会遇到仅用一个投影图不能将不同类别的样本完全分开的情况，为此我们提出了逐级投影建模（hierachical projection modeling, HPM）方法[25]，旨在建立可靠性和准确率较好的预报模型（可分性较好）。

模式识别逐级投影的原理是，将多维空间中样本集 S 经模式识别投影后在最佳投影平面上自动划出一个将待识别的样本点（本文中定义为 1 类样本点）完全包在其中的多边形，而将其他样本点（本文中定义为 2 类样本点）尽可能多地排除在所划定的多边形之外，将该多边形内的所有样本由计算机取出构成样本子集 P 以供下一次模式识别投影（即逐级投影）所用。理想情况下样本集 S 只需一次线性投影便可使该多边形内不包含 2 类样本点，即 2 类样本点完全排除在所划定的多边形之外，此时样本子集 P 全部为 1 类样本点，无需再逐级投影，否则将样本子集 P 进一步作模式识别投影以得到下一个仍将 1 类样本点完全包在其中而将 2 类样本点尽可能多地排除在外的多边形。每个不同的多边形可用一组不同的关于两个所取模式识别投影变量的二元一次不等式方程描述。由于模式识别投影变量是原始变量的线性组合，则对应于每个投影平面中划定的多边形在由 M 个原始自变量的集合构成的 M 维空间中，存在一组关于 M 个自变量的 M 元一次不等式方程，该不等式方程组相当于一组超曲面，可将 1 类样本点完全包在其中，而将部分（或全部）2 类样本点排除在外。只要样本子集 P 中还留有 2 类样本点就可反复进行模式识别投影和自动生成下一个样本子集 P 的操作，直至样本子集 P 中没有 2 类样本点（即 2 类样本点完全被识别分开）或达到用户预先设定的分类满意程度为止。每次模式识别分级投影得到一组超曲面，一系列超曲面的组合可得到一个超多面体，该超多面体即为 1 类样本分布区在 M 维空间中的图形。图 2-6 为逐级投影建模方法形成的超多面体示意图。

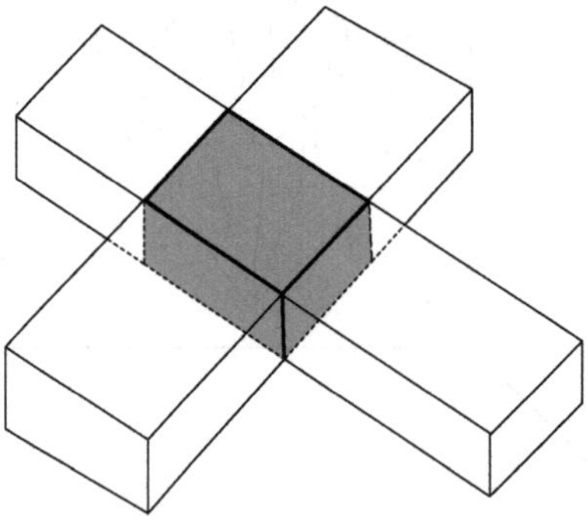

图 2-6　逐级投影建模方法形成的超多面体示意图[1]

逐级投影建模方法通常用于一次模式识别投影结果不太理想的情况，为避免模型方程组过于复杂和过拟合现象的出现，应用逐级投影建模方法的逐级投影累计次数不宜超过 3 次。实际工作中经常会遇到仅用一个投影图不能得到理想的模式识别分类结果，此时用逐级投影建模方法可能得到可靠性和准确率较好的预报模型（可分性较好）。因此，逐级投影建模方法作为有效的模式识别建模方法可望在工业优化、材料设计和专家系统等领域得到进一步的应用。

4. 最佳投影回归

回归建模方法主要经历了多元线性回归（multiple linear regression，MLR）、多元非线性回归（multiple nonlinear regression，MNR）、逐步回归（step regression，SR）、主成分回归（principal component regression，PCR）、偏最小二乘回归（partial least square regression，PLSR）等方法的发展。一般说来，当回归因素（自变量）已确定且因素间无显著相关性时才可用 MLR 或 MNR 方法建模；SR 方法旨在剔除对目标变量（应变量）影响不显著的因素从而使所得回归方程仅包含对目标变量影响显著的因素；PCR 方法用彼此正交的主成分作为回归方程中的因素，这样既可解决回归因素间的共线问题，又可通过去掉不太重要的主成分而在一定程度上削弱噪声所产生的影响；PLSR 方法是 PCR 方法的进一步发展，其差别在于用 PCR 方法求正交投影矢量时仅涉及因素矩阵，而用 PLSR 方法求正交投影矢量时考虑了因素矩阵与目标变量矩阵间的内在联系。但 PCR 和 PLSR 方法在建模过程中尚未利用样本集的模式分类信息。因此，如何进一步利用模式矢量的分类信息，进而选择更好的正交投影矢量建立回归模型，这是一个值得探索的问题。为此，我们提出了最佳投影回归（optimal projection regression，OPR）方法[26]。

OPR 方法是一种将模式识别最佳投影方法与非线性回归方法相结合的建模方法，其特色是利用了蕴含在样本集中的模式分类信息，计算中取最佳投影的坐标为自变量，用包括平方项（或立方项）的多项式作逐步回归建模。OPR 方法特别适用于小样本集（样本数相对较少而变量数相对较多的情况），实际应用表明 OPR 在解决变量压缩和非线性回归问题上有一定的成效。

5. 模式识别逆投影

在模式识别投影图上显示的样本点的坐标或者是各原始特征变量的线性组合（如 PCA 法），或者是无实际意义的某种映象（如 NLM 法），而实际工作（特别是有关材料设计和工业优化的工作）中实施的“优化样本”必须以原始特征变量表示，所以需通过某种算法将在二维模式识别图上优化区内设计的优化样本返回至原始样本空间内的样本，我们称这一过程为“逆投影”或“逆映射”。

既然逆投影是为二维空间设计点找到多维空间的原像，如果没有约束条件，逆投影的解有无穷多个。逆投影的结果只有在一定的约束条件下才是唯一的，如对于线性逆投影引入的约束条件是将设计点在其他投影矢量上坐标值取定值（如均值或最优点值），对于非线性逆投影引入的约束条件是令逆投影的误差函数最小。

对于模式识别线性投影图，只要用户在投影图上设定一个点，就能得到一组由纵横坐标的投影矢量决定的联立方程组（含 2 个方程）：

$$\sum_{j=1}^{m} a_{ij} x_{ij} + b_i = c_i \qquad i = 1,2 \tag{2-83}$$

上述方程组表示自变量有 m 个，但由方程组确定的定量关系只有 2 个，因此，若想得到唯一解，必须给定 $m-2$ 个约束条件（或边界条件）。若用 $m-2$ 个变量的平均值代入上面的方程，则可将上面的方程转化为二元一次线性方程组，从而求解出该方程组的唯一解。

6. 目标优化逆投影

模式识别逆投影方法能给出投影图上用户设定点的原始特征值，但无法给出这一组原始特征变量对应的因变量值。该投影点性能的好坏只能根据附近投影点的优劣标签定性地判别，因而模式识别逆投影技术属于定性方法。在模式识别逆投影技术基础上，结合事先已拟合的回归模型以及遗传算法，可根据材料的特定性能指标进行原始特征搜索，从而实现新材料样本性能的定量设计。该方法的大致思路如下：

（1）基于训练集样本构建模式识别分类最佳投影图。

（2）获取优类样本的分布区域（平面图上对应一个矩形优化区域），可以认为处于优化区内的样本成为优类样本的概率更大。

（3）基于训练集样本构建机器学习回归模型 F 。

（4）在矩形优化区域内随机生成 $N>20$ 个二维样本点，利用模式识别逆投影方法计算它们的原始特征值。利用回归模型 F 预测这 N 个样本点的性能（目标变量）。

（5）将这 N 个样本作为初始种群，输入到遗传算法中，进行迭代搜索找出性能最佳的样本。其中，适应函数可以被定义为模型预测值与期望值之差，遗传算法搜索过程中同时淘汰在最佳投影图上优化区域之外的样本点。

（6）输出遗传算法在最佳投影图上优化区域内满足性能要求的样本，用于后续实验验证。

2.3 决策树及其衍生方法

决策树学习是一种逼近离散函数值的算法，对噪声数据有很好的健壮性，且能够学习析取表达式，是最流行的归纳推理算法之一，已经成功应用到医疗诊断、评估贷款申请的信用风险、雷达目标识别、字符识别、医学诊断和语音识别等广阔领域。

决策树算法是使用训练样本集构造出一棵决策树，从而实现了对样本空间的划分。当使用决策树对未知样本进行分类时，由根节点开始对该样本的属性逐渐测试其值，并且顺着分枝向下走，直至某个叶节点，此叶节点代表的类即为该样本的类。例如，图 2-7 即为一棵决策树，它将整个样本空间分为三类。如果一个样本属性 A 的取值为 a_2，属性 B 的取值为 b_2，属性 C 的取值为 c_1，那么它属于 1 类样本。

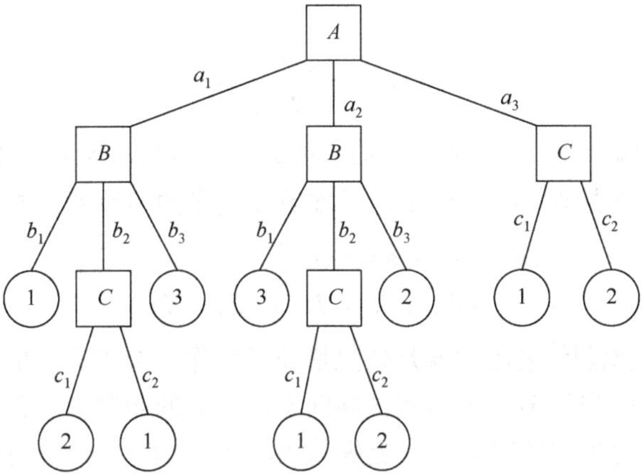

图 2-7　一棵决策树实例[1]

为了避免过度拟合现象的出现，在决策树的生成阶段要对决策树进行必要修剪。常用的修剪技术有预剪切（pre-pruning）和后剪切（post-pruning）两种。决策树的质量更加依赖于好的停止规则而不是划分规则。获取大小合适的树常用的方法是后剪枝。后剪枝法主要有：①训练和验证集法；②统计的方法；③最小描述长度准则。其他的剪枝方法有：①限制最小节点规模；②两阶段研究；③不纯度的阀值；④将树转变为规则；⑤缩小树的规模。没有一种剪枝方法明显优于其他方法。

寻找一棵最优决策树主要解决以下三个最优化问题：①生成最少数目的叶节点总数；②生成的每个叶子的深度最小；③生成的决策树叶节点个数最少并且每个叶子的深度最小。通常，决策树算法一般只能找到一棵近似最优决策树。

常用的决策树算法有 ID3、C4.5、CART 算法、随机树算法，在决策树基础上结合集成学习原理则衍生出随机森林、梯度提升、极限梯度提升等算法。

2.3.1 决策树

假设有一个样本集合 S，共有 m 类样本 C_i（$i=1,2,3,\cdots,m$），那么我们可以计算出该样本集合 S 的信息熵（information entropy，I）为

$$I(S)=-\sum_{i=1}^{m}p_i\log_2 p_i \tag{2-84}$$

式中，p_i 是第 i 类样本 C_i 在样本集合 S 中的占比。假设样本集合 S 中有属性 X，且属性 X 具有 V 个取值 $\{x_1,x_2,x_3,\cdots,x_V\}$，可以将 S 分成 V 个子集 $\{s_1,s_2,s_3,\cdots,s_V\}$ 到 V 个分支节点中，那么以属性 X 为分类所需的期望熵可以看作是 S 的 V 个子集的信息熵之和：

$$E(S,X)=\sum_{v=1}^{V}\frac{|s_v|}{|S|}I(s_v) \tag{2-85}$$

式中，$I(s_v)$ 是子集 s_v 的信息熵，$|s_v|$ 是子集 s_v 的样本数，$|S|$ 是样本集 S 的样本数，$|s_v|/|S|$ 即表示给分支节点赋予权重，样本数量越多的节点的影响越大。于是样本集合 S 根据属性 X 的信息增益（Gain）函数为

$$\mathrm{Gain}(S,X)=I(S)-E(S,X) \tag{2-86}$$

ID3 决策树算法[27]采用的就是信息增益函数作为节点分叉的规则。信息增益函数对于那些可能产生多分支的测试倾向于产生大的函数值，但是输出分支多，并不表示该测试对未知的对象具有更好的预测效果，C4.5 决策树算法[28]采用了信息增益率（gain ratio）来弥补这个缺陷。信息增益率是为了去除多分支属性的影响而对信息增益的一种改进，同时考虑了每一次划分所产生的子节点的个数和每个子节点的大小（包含的数据实例的个数），考虑的对象主要是一个个地划分，而不再考虑分类所蕴含的信息量，集合 S 关于属性 X 的信息增益率函数为

$$\mathrm{Gain\_ratio}(S,X)=\frac{\mathrm{Gain}(S,X)}{\mathrm{Split}_{\mathrm{info}(x)}} \tag{2-87}$$

$$\mathrm{Split\_info}(X)=-\sum_{v=1}^{V}\left(\frac{|s_i|}{|S|}\times\log_2\frac{|s_i|}{|S|}\right) \tag{2-88}$$

式中，$\mathrm{Gain}(S,X)$ 为集合 S 关于属性 X 的信息增益函数，$\mathrm{Split\_info}(X)$ 是一种归一化系数，其值越大，那么信息增益率就越小，从而限制输出分支过多的变量。CART 决策树算法[29]使用基尼指数（Gini index）来选择划分属性，对于样本集合 S，其基尼指数为

$$\mathrm{Gini}(S)=1-\sum_{i=1}^{m}p_i^2 \tag{2-89}$$

基尼指数反映了从数据集 S 中任取的 2 个样本的类别不一致的概率，其值越小，样本集 S 的同类样本越多。属性 X 的基尼指数定义为

$$\text{Gini\_index}(S,X)=\sum_{v=1}^{V}\frac{|s_i|}{|S|}\text{Gini}(S) \tag{2-90}$$

依次计算每个属性的信息增益（率）或基尼指数，选择信息增益（率）最大或者基尼指数最小的属性作为最佳划分属性，以该属性作为节点，属性的每一个分布引出一个分支，据此划分样本。如果节点中所有样本都在同一个类，则该节点成为叶节点，以该类别标记此叶节点。如此类推，直到子集中的数据记录在主属性上取值都相同，或没有属性可再供划分使用，递归地形成初始决策树。另外，在节点处记下符合条件的统计数据：该分支总数、有效数、中止数和失效数。

在选择信息增益（率）作为划分标准时，还要确保选取的属性的信息增益（率）不低于平均值，这是因为高信息增益率保证了高分支属性不会被选取，从而决策树的树型不会因某节点分支太多而过于松散。过多的分支会使得决策树过分地依赖某一属性，而信息增益（率）不低于平均值保证了该属性的信息量，使得有利于分类的属性更早地出现。

得到了完全生长的初始决策树后，为了除去噪声数据和孤立点引起的分支异常，可采用后剪枝算法对生成的初始决策树进行剪枝，并在剪枝过程中使用一种“悲观”估计来补偿树生成时的“乐观”偏差。对决策树上的每个非叶子节点，计算该分支节点上的子树被剪枝可能出现的期望错误率。然后，使用每个分支的错误率，结合沿每个分支观察的权重评估，计算不对该节点剪枝的期望错误率。如果剪去该节点导致较高的期望错误率，则保留该子树；否则剪去该子树，最后得到具有最小期望错误率的决策树。

2.3.2 随机决策树

设属性集 $X=\{F_1,\cdots,F_k,D\}$ 为建树提供结构，其中 F_i（$i=1,2,\cdots,k$）是非决策属性，决策属性 $D(d_1,d_2,\cdots,d_m)$ 是一列有效的类别。$F_i(x)$ 表示记录样本 x 的属性 F_i 的值，具体结构描述如下：树中的每个节点表示一个问题；每个分支对应节点分裂属性 F_i 的可能取值 $F_i(x)$。随机决策树的构造过程：对根节点和分支节点随机地从属性集合中选择分裂属性，在一条分支路径上离散属性仅出现一次，连续属性可以出现多次。且在以下 3 种情况下停止树的构造：树的高度满足预先设定的阈值；分支节点的事例数太小以至于不能给出一个有统计意义的测试；其他任何一个属性测试都不能更好地分类。在后两种情况下，分类结果标记为训练数据集中最普通的类，或是出现概率最高的类。当对事例 X 进行分类时，以各随机决策

树输出的后验概率均值最大的类 d_i（$i=1,2,\cdots,m$）为预测类。下面详细介绍随机决策树的深度选择和数目的选择及其分类。

（1）选择树的深度。使用多个随机决策树的主要特色是多样性导致较高的分类准确率，多样性不与深度呈正比关系。研究表明，当 $i=k/2$ 时得到最大路径数，随机决策树有最佳的效果。

（2）选择随机决策树的个数。树的个数 $N=10$ 时有较低的分类错误率，且可信度大于 99.7%。

（3）更新叶节点。在树的结构建好后对树节点更新，其中叶节点记录事例被分类为某一预定类别的个数；非叶节点不记录经过分支的事例数目，叶子中信息形式如 $\{(d_1,s_1),(d_2,s_2),\cdots,(d_m,s_m)\}$。其中，$s_i$ 表示预测为 d_i 类的事例数，d_i（$i=1,2,\cdots,m$）表示决策属性类别。$S=s_1\cup s_2\cup\cdots\cup s_m$ 表示某一叶节点记录的总事例数。

（4）分类。当对事例进行分类时，预测为预定类别 d_i 的概率 $P_i(i=1,2,\cdots,m)=\frac{1}{N}\sum_{j=1}^{N}P_j$。其中，$N$ 表示随机决策树的数目；$P_j=s_i/S$，为每棵随机决策树输出的后验概率，S 为从根节点开始搜索到合适叶节点处的事例个数，s_i 为该叶节点处训练数据集中标记为 d_i 类的数目。在后验概率 P_i 中找出最大的一个 $\max(P_i)$（$i=1,2,\cdots,m$），其所对应的预定类别即为随机决策树最终的输出结果。

由于完全随机的选择属性，因而可能会出现某些属性在整个决策树构造过程中没有或很少被选取为分裂属性的情况，特别是当该属性对分类结果有较大贡献时，这种缺少将导致分类准确率的不稳定，当属性数较少时，这种不稳定性将更为明显。

2.3.3 随机森林

在决策树算法中，一般选择分裂属性和剪枝来控制树的生成，但是当数据中噪声或分裂属性过多时，它们无法解决树的不平衡。最新的研究表明，构造多分类器的集成，可以提高分类精度，而随机森林就是许多决策树的集成[30]。

为了构造 k 棵树，我们先产生 k 个随机向量 $\boldsymbol{\theta}_1,\boldsymbol{\theta}_2,\cdots,\boldsymbol{\theta}_k$，并且随机向量 θ_i 独立同分布。随机向量 $\boldsymbol{\theta}_i$ 可构造决策分类树 $h_i(\boldsymbol{x},\boldsymbol{\theta}_i)$，简化为 $h_i(\boldsymbol{x})$。

给定 k 个分类器 $h_1(\boldsymbol{x}),h_2(\boldsymbol{x}),\cdots,h_k(\boldsymbol{x})$ 和随机向量 $\boldsymbol{x}$ 以及对应观测值 y，定义边缘函数：

$$\mathrm{mg}(\boldsymbol{x},y)=av_k I(h_k(\boldsymbol{x})=y)-\max_{j\neq y} av_k I(h_j(\boldsymbol{x})=j) \tag{2-91}$$

式中，$I(h_j(\boldsymbol{x})=j)$ 是示性函数。该边缘函数刻画了对向量 $\boldsymbol{x}$ 正确分类 y 的平均得

票数超过其他任何类平均得票数的程度。可以看出，边际越大，分类的置信度就越高。于是，分类器的泛化误差为

$$\mathrm{PE}^* = P_{\boldsymbol{x},y}(\mathrm{mg}(\boldsymbol{x},y) < 0) \tag{2-92}$$

式中，下标 $\boldsymbol{x}$、y 代表该误差是在 $\boldsymbol{x}$、y 空间下的。

将上面的结论推广到随机森林，$h_k(\boldsymbol{x}) = h_k(\boldsymbol{x}, \boldsymbol{\theta}_k)$。如果森林中树的数目较大，随着树的数目增加，对所有随机向量 $\boldsymbol{\theta}, \cdots, \mathrm{PE}^*$ 趋向于

$$P_{\boldsymbol{x},y}(p_{\boldsymbol{\theta}}(h(\boldsymbol{x},\boldsymbol{\theta}) = y) - \max_{(j \neq y)} p_{\boldsymbol{\theta}}(h(\boldsymbol{x},\boldsymbol{\theta}) = j) < 0 \tag{2-93}$$

这是随机森林的一个重要特点，并且随着树的数目增加，泛化误差 PE^* 将趋向一上界，这表明随机森林对未知的实例有很好的扩展。

随机森林的泛化误差上界的定义为

$$\mathrm{PE}^* \leqslant \frac{\bar{\rho}(1-s^2)}{s^2} \tag{2-94}$$

式中，$\bar{\rho}$ 是相关系数的均值；s 是树的分类强度。随机森林的泛化误差上界可以根据两个参数推导出来：森林中每棵决策树的分类精度即树的强度 s，这些树之间的相互依赖程度 $\bar{\rho}$。当随机森林中各个分类器的相关程度 $\bar{\rho}$ 增大时，泛化误差 PE^* 上界就增大；当各个分类器的分类强度增大时，泛化误差 PE^* 上界就增大。正确理解这两者之间的相互影响是我们理解随机森林工作原理的基础。

2.3.4　梯度提升决策树

梯度提升算法（gradient boosting machine，GBM）[31, 32]，又称为梯度提升决策树（gradient boosting decision tree，GBDT）、梯度提升树（gradient boosting tree，GBT），最早由斯坦福大学的 Jerome H. Friedman 在 1999 年提出，属于 Boosting 算法的一种。GBM 的算法机制也与 Boosting 算法类似，一般由多个弱学习机串行组织在一起，每个弱学习机的拟合都将根据已建立的模型表现进行调整优化，最后使得弱学习机的总体表现有所提升。但与 Boosting 算法中优化样本权重的方式有所不同，GBM 利用模型预测的残差梯度变化对后续学习机进行优化提升。

给定含有 N 个样本的数据集 $S = \{y_i, \boldsymbol{x}_i\}_{i=1}^N$，$y_i$ 是某样本的真实目标值，$\boldsymbol{x}_i$ 是某样本的输入值 $\{x_{ij}\}_{j=1}^n$。假设用于模拟输入 $\boldsymbol{x}$ 和 y 之间的关系函数为 $F(\boldsymbol{x})$，且由一系列基函数组成，那么一定存在一个 $F^*(\boldsymbol{x})$ 使得 $F(\boldsymbol{x})$ 的预测值与真实值 y 之间的损失函数最小：

$$F^*(\boldsymbol{x}) = \arg\min_{F(x)} L(y, F(\boldsymbol{x})) \tag{2-95}$$

其中，$L(y, F(\boldsymbol{x}))$ 是损失函数，y 即为真实值，$F(\boldsymbol{x})$ 是预测函数的预测值。假定

$F(\boldsymbol{x})$ 由 M 个弱学习机 $h(\boldsymbol{x}:\boldsymbol{a}_m)$ 组成，其中 $\boldsymbol{a}_m$ 是弱学习机的参数向量，那么 $F(\boldsymbol{x})$ 可以写为

$$F(\boldsymbol{x})=\sum_{m=1}^{M}\beta_m h(\boldsymbol{x}:\boldsymbol{a}_m) \tag{2-96}$$

其中，β_m 是弱学习机的权重参数，我们令

$$f_m(\boldsymbol{x}:a_m)=\beta_m h(\boldsymbol{x}:\boldsymbol{a}_m) \tag{2-97}$$

那么 $F(\boldsymbol{x})$ 也可以写为

$$F(\boldsymbol{x})=\sum_{m=1}^{M}f_m(\boldsymbol{x}:\boldsymbol{a}_m) \tag{2-98}$$

把第 m 个 $F(\boldsymbol{x})$ 记为 $F_m(\boldsymbol{x})$，那么第 m 个 $F(\boldsymbol{x})$ 与第 $m-1$ 个 $F(\boldsymbol{x})$ 之间的关系就可以写成

$$F_m(\boldsymbol{x})=F_{m-1}(\boldsymbol{x})+f_m(\boldsymbol{x}:\boldsymbol{a}_m) \tag{2-99}$$

因而原本求解 $F(\boldsymbol{x})$ 的问题就转化为如何求解每个 $f_m(\boldsymbol{x}:\boldsymbol{a}_m)$。

固定弱学习机的类型均为决策树，因此每个 $f_m(\boldsymbol{x}:\boldsymbol{a}_m)$ 的差异仅在于弱学习机 $h(\boldsymbol{x}:\boldsymbol{a}_m)$ 的参数 $\boldsymbol{a}_m$ 及其权重 β_m。

在 GBM 中，构建 $f_m(\boldsymbol{x}:\boldsymbol{a}_m)$ 时的目标值不再是原始的观测值 y，而是第 $m-1$ 个 $F_{m-1}(\boldsymbol{x})$ 预测值与观测值的残差梯度 g_m，实则为损失函数在 $F_{m-1}(\boldsymbol{x})$ 处的偏导：

$$g_m=\frac{\partial L(y,F_{m-1}(\boldsymbol{x}))}{\partial F_{m-1}(\boldsymbol{x})} \tag{2-100}$$

因此构建的 $f_m(\boldsymbol{x}:\boldsymbol{a}_m)$ 的目的就是使 $f_m(\boldsymbol{x}:\boldsymbol{a}_m)$ 的预测值与 $-g_m$ 的残差最小，并求得此时的参数 $\boldsymbol{a}_m$ 及其权重 β_m：

$$\{\beta_m,\boldsymbol{a}_m\}=\arg\min_{a,\beta}(-g_m-\beta_m h(\boldsymbol{x}:\boldsymbol{a}_m)) \tag{2-101}$$

由于 $f_m(\boldsymbol{x}:\boldsymbol{a}_m)$ 的预测值实则为上一轮 $m-1$ 棵树总体预测误差梯度，因此可以很容易预计到，最先建立的几棵树的预测值占整体预测值的较大部分，而越靠后的树，其预测值占比就越小，甚至可以视为一个极小量而忽略不计。

求解出每个 $f_m(\boldsymbol{x}:\boldsymbol{a}_m)$ 后，将每个 $f_m(\boldsymbol{x}:\boldsymbol{a}_m)$ 累加求和可得到 $F(\boldsymbol{x})$。求解 $F^*(\boldsymbol{x})$ 的公式也因此可以改写成

$$F^*(\boldsymbol{x})=\arg\min_{F(\boldsymbol{x})}L(y,F_{m-1}(\boldsymbol{x}:\boldsymbol{a}_{m-1})+\beta_m h(\boldsymbol{x}:\boldsymbol{a}_m)) \tag{2-102}$$

总体而言，GBM 算法步骤可以概括为：

（1）构建第一个初始模型 $f_0(\boldsymbol{x}:\boldsymbol{a}_0)$，其目标值为观测值 y；

（2）设定 $F_0(\boldsymbol{x})=f_0(\boldsymbol{x}:\boldsymbol{a}_0)$，计算 g_1：

$$g_1=\frac{\partial(y,F_0(\boldsymbol{x}:\boldsymbol{a}_0))}{\partial F_0(\boldsymbol{x}:\boldsymbol{a}_0)} \tag{2-103}$$

（3）以 g_1 为目标值构建下一个模型 $f_1(\boldsymbol{x}:\boldsymbol{a}_1)$；

（4）设定 $F_1(\boldsymbol{x})=f_0(\boldsymbol{x}:\boldsymbol{a}_0)+f_1(\boldsymbol{x}:\boldsymbol{a}_1)$，计算 g_2：

$$g_2=\frac{\partial(y,F_1(\boldsymbol{x}:\boldsymbol{a}_1))}{\partial F_1(\boldsymbol{x}:\boldsymbol{a}_1)} \tag{2-104}$$

（5）继续构建下一个模型，直至达到设置的上限 M 个弱学习机或者所限定的拟合精度。

2.3.5　极限梯度提升算法

极限梯度提升（extreme gradient boosting，XGBoost）算法[33]由陈天奇于 2014 年提出，旨在让梯度提升决策树突破自身的计算极限，以实现运算快速、性能优秀的工程指标。它还克服了 GBM 无法并行计算的缺点，实现了在集群上大规模运算的可能性。

XGBoost 在 GBM 的基础上，对损失函数进行了重新设计。考虑 n 个样本和含有 M 棵决策树，第 m 棵决策树的 GBM 损失函数可写成

$$\text{Loss}=\sum_{i=0}^{N}l(y_i,F_m(\boldsymbol{x})) \tag{2-105}$$

式中，y_i 是某样本的观测值；$F_m(\boldsymbol{x})$ 是该样本的前 m 棵决策树的预测值；l 是该样本由损失函数计算得到的观测值与预测值的偏差。XGBoost 在损失函数基础上考虑了树模型复杂度的限制。为了避免引起语义歧义，XGBoost 中将损失函数和复杂度合称为目标函数（objective function，O_F），将模型的评价指标从损失函数改为目标函数，第 m 棵决策树的目标函数可写为

$$O_F=\sum_{i=1}^{N}l(y_i,F_m(\boldsymbol{x}))+\Omega(f_m) \tag{2-106}$$

式中，目标函数第一项为原先第 m 棵决策树的损失函数，第二项为第 m 棵决策树的模型复杂度。模型拟合得越好，损失函数项越小，但也会引起复杂度项越大，因而加入模型复杂度这一项可以视为对模型复杂度的惩罚，越复杂的模型，对其惩罚也就越大。XGBoost 中采用了 2 种预置的模型复杂度，分别以 L_1 与 L_2 正则项的形式表示：

$$\Omega(f_m)=\gamma T+\frac{1}{2}\alpha\sum_{j=1}^{T}\left|w_j\right|(L_1\text{正则项}) \tag{2-107}$$

$$\Omega(f_m)=\gamma T+\frac{1}{2}\lambda\sum_{j=1}^{T}w_j^2(L_2\text{正则项}) \tag{2-108}$$

式中，γ、λ、α 均是超参数；T 是树模型的节点个数；j 是某个叶节点，w_j 是该叶节点的权重值，而该叶节点的权重值就是该叶节点内样本的预测值 $f_m(x_i)$，i 表示处于该叶节点的某样本，记为 $i\in j$，因此有

$$w_j = f_m(x_i) \quad i \in j \tag{2-109}$$

可以进一步化简目标函数，以 L_2 正则项的目标函数为例，其形式可写为

$$O_F = \sum_{i=1}^{N} l(y_i, F_m(\boldsymbol{x})) + \frac{1}{2}\lambda \sum_{j=1}^{T} w_j^2 + \gamma T \tag{2-110}$$

对于损失函数项，已知：

$$F_m(\boldsymbol{x}) = F_{m-1}(\boldsymbol{x}) + f_m(\boldsymbol{x}) \tag{2-111}$$

因此损失函数项可以改写成

$$\sum_{i=1}^{N} l(y_i, F_m(\boldsymbol{x})) = \sum_{i=1}^{N} l(y_i, F_{m-1}(\boldsymbol{x}) + f_m(\boldsymbol{x})) \tag{2-112}$$

式中，y_i 是样本真实值，实则是常数，因此可将其省略，便有

$$\sum_{i=1}^{N} l(y_i, F_m(\boldsymbol{x})) = \sum_{i=1}^{N} l(F_{m-1}(\boldsymbol{x}) + f_m(\boldsymbol{x})) \tag{2-113}$$

从 GBM 中可知，在第 m 轮时，第 m 棵树 $f_m(\boldsymbol{x})$ 相对于前 $m-1$ 棵树 $F_{m-1}(\boldsymbol{x})$ 的总体预测值而言可视为一个极小量，因此可套用泰勒公式。已知任一个函数 $g(\boldsymbol{x})$ 在 $\boldsymbol{x}$ 处的泰勒二阶展开公式为

$$g(\boldsymbol{x} + \Delta\boldsymbol{x}) \approx g(\boldsymbol{x}) + \Delta\boldsymbol{x} \times g'(\boldsymbol{x}) + \frac{1}{2}\Delta\boldsymbol{x}^2 \times g''(\boldsymbol{x}) \tag{2-114}$$

套用到损失函数中即可得到：

$$\sum_{i=1}^{N} l(F_{m-1}(\boldsymbol{x}) + f_m(\boldsymbol{x})) = \sum_{i=1}^{N}\left[l(F_{m-1}(\boldsymbol{x})) + f_m(\boldsymbol{x}) \times \frac{\partial l(F_{m-1}(\boldsymbol{x}))}{\partial F_{m-1}(\boldsymbol{x})} + \frac{1}{2}\left(f_m(\boldsymbol{x})\right)^2 \times \frac{\partial^2 l(F_{m-1}(\boldsymbol{x}))}{\partial (F_{m-1}(\boldsymbol{x}))^2}\right] \tag{2-115}$$

我们定义：

$$g_i = \frac{\partial l(F_{m-1}(\boldsymbol{x}))}{\partial F_{m-1}(\boldsymbol{x})},\quad h_i = \frac{\partial^2 l(F_{m-1}(\boldsymbol{x}))}{\partial (F_{m-1}(\boldsymbol{x}))^2} \tag{2-116}$$

损失函数可简化为

$$\sum_{i=1}^{N} l(F_{m-1}(\boldsymbol{x}) + f_m(\boldsymbol{x})) = \sum_{i=1}^{N}\left[l(F_{m-1}(\boldsymbol{x})) + f_m(\boldsymbol{x}) \times g_i + \frac{1}{2}(f_m(\boldsymbol{x}))^2 \times h_i \right] \tag{2-117}$$

式中，$l(F_{m-1}(\boldsymbol{x}))$ 在第 m 轮时实则为已知项，即前 $m-1$ 棵树总体预测误差梯度，在损失函数中可以视为常数项。我们的目的是令损失函数项最小，而不是求出损失函数项具体的值，因而在求解损失函数项最小的过程中可以忽略 $l(F_{m-1}(\boldsymbol{x}))$ 的具体值，有

$$\sum_{i=1}^{N}\left[\text{const} + f_m(\boldsymbol{x}) \times g_i + \frac{1}{2}(f_m(\boldsymbol{x}))^2 \times h_i \right] = \sum_{i=1}^{N}\left[f_m(\boldsymbol{x}) \times g_i + \frac{1}{2}(f_m(\boldsymbol{x}))^2 \times h_i \right] \tag{2-118}$$

因此目标函数可以化为

$$O_F=\sum_{i=1}^{N}\left[f_m(\boldsymbol{x})\times g_i+\frac{1}{2}(f_m(\boldsymbol{x}))^2\times h_i\right]+\frac{1}{2}\lambda\sum_{j=1}^{T}w_j^2+\gamma T \tag{2-119}$$

我们由前可知某叶节点的权重值 w_j 与该叶节点内样本的预测值 $f_m(\boldsymbol{x}_i)$ 相等，进而可知，在 T 个叶节点的第 m 棵决策树中，其权重值之和与样本预测值之和相等：

$$\sum_{i=1}^{N}f_m(\boldsymbol{x})=\sum_{j=1}^{T}w_j \tag{2-120}$$

对于 g_i 和 h_i，则有

$$\sum_{i=1}^{N}g_i=\sum_{j=1}^{T}\sum_{i\in j}g_i,\quad \sum_{i=1}^{N}h_i=\sum_{j=1}^{T}\sum_{i\in j}h_i \tag{2-121}$$

代入目标函数，可得

$$\begin{aligned}O_F&=\sum_{j=1}^{T}w_j\times\sum_{j=1}^{T}\sum_{i\in j}g_i+\frac{1}{2}\sum_{j=1}^{T}w_j^2\times\sum_{j=1}^{T}\sum_{i\in j}h_i+\frac{1}{2}\lambda\sum_{j=1}^{T}w_j^2+\gamma T\\&=\sum_{j=1}^{T}\left(w_j\sum_{i\in j}g_i\right)+\frac{1}{2}\sum_{j=1}^{T}\left[w_j^2\left(\sum_{i\in j}h_i+\lambda\right)\right]+\gamma T\end{aligned} \tag{2-122}$$

令

$$G_j=\sum_{i\in l}g_i,\quad H_j=\sum_{i\in j}h_i \tag{2-123}$$

目标函数可化为

$$O_F=\sum_{j=1}^{T}G_jw_j+\frac{1}{2}\sum_{j=1}^{T}\left[\left(H_j+\lambda\right)w_j^2\right]+\gamma T=\sum_{j=1}^{T}\left[G_jw_j+\frac{1}{2}(H_j+\lambda)w_j^2\right]+\gamma T \tag{2-124}$$

我们的目的是使目标函数最小，问题可以视为目标函数中的每个加和项最小，即可以转化为求解加和项二次函数 $A(w_j)$ 的极小值问题，其中 w_j 为加和项二次函数的自变量：

$$A(w_j)=G_jw_j+\frac{1}{2}(H_j+\lambda)w_j^2 \tag{2-125}$$

令 $A^*(w_j)$ 的一阶导数为零，可得其对应的 w_j^* 的值：

$$w_j^*=-\frac{G_j}{H_j+\lambda} \tag{2-126}$$

从而可得目标函数：

$$O_F=-\frac{1}{2}\sum_{j=1}^{T}\frac{G_j}{H_j+\lambda}+\gamma T \tag{2-127}$$

其中，G_j 是所有叶节点上损失函数的一阶导数之和，H_j 是对应的二阶导数之和，T 是叶节点数量，λ 和 γ 都是超参数，因此目标函数中的项都是容易得到的。

2.3.6 快速梯度提升算法

快速梯度提升算法（light gradient boosting machine，LightGBM）由微软研究团队于 2017 年提出，旨在提升 GBM 算法在大型数据集中的计算速度和建模表现，解决了 GBM 在大型数据上无法权衡模型表现和计算成本的问题。

传统 GBM 的建树策略一般采用排序遍历（pre-sorted）的方式，其计算复杂度随着样本量和变量数呈倍数乃至指数倍增长。常见的替代方案是将变量作离散化处理：对于样本集合 S，仍有属性 X 且其 V 个取值能划分成 h 个取值范围 $\{R_1,R_2,\cdots,R_h\}$，其中 R 代表属性 X 的某段取值范围，进而可以将 S 分成 h 个子集 $\{s_1,s_2,s_3,\cdots,s_h\}$ 到 h 个分支节点中，那么可以将 V 个子集的信息熵之和近似为 h 个子集的信息熵之和，并依此构建决策树。在大型数据集中，变量取值个数 V 通常远大于其变量范围个数 h，因此在计算属性 X 熵增益时，其计算成本会有所降低。但当数据量特别庞大且难以将变量范围有效划分时，离散化处理方案也难以降低计算成本。

在 GBM 算法中，梯度的大小可以用来衡量某个样本拟合程度的好坏，可以认为梯度越小的样本的拟合效果越好。对于小梯度的样本，LightGBM 认为可以将其舍去，以降低下一轮建模的计算成本。但简单地舍去小梯度样本会扰乱原始数据集的数据分布，进而损害模型的学习能力。为了充分利用 GBM 的梯度来对模型样本进行采样，LightGBM 中采用了梯度单边采样（gradient-based one-side sampling，GOSS）算法，即保留全部大梯度样本，随机采样部分小梯度样本，同时为了弥补未采样到的小梯度样本的熵增益贡献，在计算变量熵增益时会对采样到的小梯度样本的熵增益值采用倍率方法，以此尽可能维持原样本分布。具体来说：

（1）给定训练集为 S，每一轮迭代时大梯度样本比例为 a，小梯度样本比例为 b；

（2）使用全部样本构建第一棵树，计算梯度，根据梯度绝对值排序；

（3）选取前 $a\%$ 的大梯度样本，在剩余 $(100-a)\%$ 的小梯度样本中随机选取 $b\%$ 的样本；

（4）将选取的两部分样本合并作为第二棵树的训练集，并在计算小梯度样本的熵增益值时乘以因子 $(100-a)/b$；

（5）重复上述步骤，直至达到拟合精度阈值或达到树棵数的上限。

除了降低建模所用的样本数量以外，LightGBM 还对高维度的变量进行分组整合，采用的方法被称为互斥特征合并（exclusive feature bundling，EFB）。EFB 方法中规定，取值不同时相同的变量称为互斥变量，如变量 A 与变量 B 的取值虽然可能都会为 0，但永远不会同时为 0。相反，取值有一定概率同时相同的变量称为非互斥变量。变量的互斥程度可以用取值同时相同的个数比例来表示。EFB 方法将互斥变量进行分组打包，并将组内变量整合成 1 个变量，从而降低整体变量维度。具体而言：

（1）计算每个变量与其他变量的互斥程度之和，并据此排序；

（2）根据互斥程度降序的顺序，选择第一个总互斥程度最高的变量，创建第一个变量空集合，将第一个变量放入第一个变量集；

（3）选择第二个变量，计算第一个变量集与该变量的冲突程度，若冲突程度小于事先设定的阈值，将其放入第一个变量集，若冲突程度高于阈值，则创建第二个变量空集合并将第二个变量放入其中；

（4）重复第三步，直至循环完全部变量，最终输出结果应当是数个不等长的变量集合，每个变量集合中的变量之间的冲突程度都小于事先设定的阈值。

EFB 方法还规定了将集合内的变量组合的方式。简单而言，若合并的变量之间没有取值范围重叠，那么可以简单地将变量合并相加，反之，则可以给某些变量整体加上一个偏置常数，使它们的取值范围互相独立。

2.4 集成学习方法

集成学习（ensemble learning，EL）是一种新的机器学习范式，它使用多个（通常是同质的）学习器来解决同一个问题。由于集成学习可以有效地提高学习系统的泛化能力，因此它成为国际机器学习界的研究热点。

在机器学习领域，最早的集成学习方法是贝叶斯平均法（Bayesian averaging）。在此之后，集成学习的研究才逐渐引起了人们的关注。L. K. Hansen 和 P. Salamon[34]使用一组神经网络来解决问题，除了按常规的做法选择出最好的神经网络之外，他们还尝试通过投票法将所有的神经网络结合起来求解。他们的实验结果表明，这一组神经网络形成的集成，比最好的个体神经网络的性能还好。正是这一超乎人们直觉的结果，使得集成学习引起了很多学者的重视。1990 年，R. E. Schapire[35]通过一种构造性方法对弱学习算法与强学习算法是否等价的问题作了肯定的证明，证明多个弱分类器（基本分类器）可以集成为一个强分类器，他的工作奠定了集成学习的理论基础。这种构造性方法就是 Boosting 算法的雏形。但是这个算法存在着一个重大的缺陷，就是必须知道学习算法准确率的下限，这在实际中很难做到。1995 年，Y. Freund 和 R. E.Schapire[36]做了进一步工作，提出了 AdaBaoost 算法，该算法不再要求事先知道泛化下界，可以非常容易地应用到实际的问题中。1996 年，L. Breiman 提出了另一集成学习技术装袋法（Bagging），进一步促进了集成学习的发展。

狭义地说，集成学习是指利用多个同质的学习器来对同一个问题进行学习，这里的“同质”是指所使用的学习器属于同一种类型，如所有的学习器都是决策树，都是神经网络等。广义地来说，只要是使用多个学习器来解决问题，就是集成学习[37, 38]。在集成学习的早期研究中，狭义定义采用得比较多，而随着该领域的发展，越来越多的学者倾向于接受广义定义。因此，在广义的情况下，集成学习已经成为一个包含内容相当多、比较大的研究领域。

大致上来说，集成学习的构成方法可以分为以下四种：

（1）输入变量集重构法。这种构成方法，用于集成的每个算法的输入变量是原变量集的一个子集。这种方法比较适用于输入变量集高度冗余时，否则，选取一个属性子集，会影响单个算法的性能，最终影响集成的结果。

（2）输出变量集重构法。这种构成方法，主要是通过改变输出变量集，将多分类问题转换为二分类问题来解决。

（3）样本集重新抽样法。在这种构成方法中，用于集成的每个算法所对应的训练数据都是原来训练数据的一个子集。目前的大部分研究主要集中在使用这种构成方法来集成学习，如 Bagging、Boosting 等。样本集重新抽样法对于不稳定的算法来说，能够取得很好的效果。不稳定的算法指的是当训练数据发生很小变化时，结果就能产生很大变化的算法，如神经网络、决策树。但是对于稳定的算法来说，效果不是很好。

（4）参数选择法。对于许多算法如神经网络、遗传算法来说，在算法应用的开始首先要解决的就是选择算法的超参数。而且，由于这些算法操作过程的解释性很差，对于算法的超参数的选择没有确定的规则可依。在实际应用中，就需要操作者根据自己的经验进行选择。在这样的情况下，不同的超参数选择，最终的结果可能会有很大的区别，具有很大的不稳定性。

集成算法的作用主要体现在以下四个方面：

（1）提高预测结果的准确性。机器学习的一个重要目标就是对新的测试样本尽可能给出最精确的估计。构造单个高精度的学习器是一件相当困难的事情，然而产生若干个只比随机猜想略好的学习器却很容易。研究者在应用研究中发现，将多个学习器进行集成后得到的预测精度明显高于单个学习器的精度，甚至比单个最好的学习器的精度更高。

（2）提高预测结果的稳定性。有些学习算法单一的预测结果时好时坏，不具有稳定性，不能一直保持高精度的预测。通过模型的集成，可以在多种数据集中以较高的概率普遍取得很好的结果。

（3）解决过拟合问题。在对已知的数据集合进行学习时，我们常常选择拟合度值最好的一个模型作为最后的结果。也许我们选择的模型能够很好地解释训练数据集合，但是不能很好地解释测试数据或者其他数据，也就是说这个模型过于精细地刻画了训练数据，对于测试数据或者其他新的数据泛化能力不强，这种现象就称为过拟合。为了解决过拟合问题，按照集成学习的思想，可以选择多个模型作为结果，对于每个模型赋予相应的权重，从而集合生成合适的结果，提高预测的鲁棒性。

（4）改进参数选择。对于一些算法而言，如神经网络、遗传算法，在解决实际问题时，需要选择操作参数。但是这些操作参数的选取没有确定性的规则可以依据，只能凭借经验来选取，对于非专业的一般操作人员会有一定的难度。而且参数选择不同，结果会有很大的差异。通过建立多个不同操作参数的模型，可以解决选取参数的难题，同时将不同模型的结果按照一定的方式集成就可以生成我们想要的结果。

集成学习经过了十几年的不断发展，各种不同的集成学习算法不断被提出，其中以 Boosting 和 Bagging 的影响最大。这两种算法也是被研究得最多的，它们都是通过改造训练样本集来构造集成学习算法。

Kearns 和 Valiant[37]指出，在 PCA 学习模型中，若存在一个多项式级的学习算法来识别一组概念，并且识别准确率很高，那么这组概念是强可学习的；而如果学习算法识别一组概念的准确率仅比随机猜测略好，那么这组概念是弱可学习的。Kearns 和 Valiant 提出了弱学习算法与强学习算法的等价性问题，即是否可以将弱学习算法提升成强学习算法的问题。如果两者等价，那么在学习概念时，只要找到一个比随机猜测略好的弱学习算法，就可以将其提升为强学习算法，而不必直接找通常情况下很难获得的强学习算法。1998 年，R. E. Schapire 等[39]通过一个构造性方法对该问题做出了肯定的证明，其构造过程称为 Boosting。1995 年 Y. Freund 对其进行了改进[7]。在 Freund 的方法中通过 Boosting 产生一系列神经网络，各网络的训练集取决于在其之前产生的网络的表现，被已有网络错误判断的示例将以较大的概率出现在新网络的训练集中。这样，新网络将能够很好地处理对已有网络来说很困难的示例。另外，虽然 Boosting 方法能够增强神经网络集成的泛化能力，但是同时也有可能使集成过分偏向于某几个特别困难的示例。因此，该方法不太稳定，有时能起到很好的作用，有时却没有效果。1997 年，Y. Freund 和 R. E. Schapire 提出了 AdaBoost（adaptive boosting）算法[36]，该算法的效率与 Freund 等[40, 41]算法很接近，而且可以很容易应用到实际问题中，因此，该算法已成为目前最流行的 Boosting 算法。

2.4.1　Boosting 算法

Boosting 方法[36, 39-45]总的思想是学习一系列分类器，在这个系列中每一个分类器对前一个分类器导致的错误分类例子给予更大的重视。尤其是在学习完分类器之后，增加由之导致分类错误的训练示例的权值，并通过重新对训练示例计算权值，再学习下一个分类器。这个训练过程重复多次。最终的分类器从这一系列的分类器中综合得出。在这个过程中，每个训练示例被赋予一个相应的权值，如果一个训练示例被分类器错误分类，那么就相应增加该例子的权值，使得在下一次学习中，分类器对该样本示例代表的情况更加重视。Boosting 是一种将弱分类器通过某种方式结合起来得到一个分类性能大大提高的强分类器的分类方法。这种方法将一些粗略的经验规则转变为高度准确的预测法则。强分类器对数据进行分类，是通过弱分类器的多数投票机制进行的。已经有理论证明任何弱分类算法都能够被有效地转变或者提升为强分类算法。该算法其实是一个简单的弱分类算法提升过程，这个过程通过不断的训练，可以提高对数据的分类能力。整个过程如下所示：

（1）通过对 N 个训练数据的学习得到第一个弱分类器 h_1；

（2）将 h_1 分错的数据和其他的新数据一起构成一个新的有 N 个训练数据的样本，通过对这个样本的学习得到第二个弱分类器 h_2；

（3）将 h_1 和 h_2 都分错了的数据加上其他的新数据构成另一个新的有 N 个训练数据的样本，通过对这个样本的学习得到第三个弱分类器 h_3；

（4）最终经过提升的强分类器 $h_{\text{final}} = \text{MajorityVote}(h_1, h_2, h_3)$，即某个数据被分为哪一类要通过 h_1, h_2, h_3 的多数表决。

2.4.2 AdaBoost 算法

对于 Boosting 算法，存在以下两个问题：

（1）如何调整训练集，使得在训练集上训练弱分类器得以进行。

（2）如何将训练得到的各个弱分类器联合起来形成强分类器。

针对以上两个问题，AdaBoost 算法进行了如下调整：

（1）使用加权后选取的训练数据代替随机选取的训练数据，这样将训练的焦点集中在比较难分的训练数据上。

（2）将弱分类器联合起来时，使用加权的投票机制代替平均投票机制，使分类效果好的弱分类器具有较大的权重，而分类效果差的分类器具有较小的权重。

AdaBoost 算法是 Y. Freund 和 R. E. Schapire 根据在线分配算法提出的，他们详细分析了 AdaBoost 算法错误率的上界 ε，以及为了使强分类器 h_{final} 达到错误率 ε，算法所需要的最多迭代次数等相关问题。与 Boosting 算法[7]不同的是，AdaBoost 算法不需要预先知道弱学习算法学习准确率的下限即弱分类器的误差，并且最后得到的强分类器的分类精度依赖于所有弱分类器的分类精度，这样可以深入挖掘弱分类器算法的潜力。

AdaBoost 算法中不同的训练集是通过调整每个样本对应的权重来实现的。开始时，每个样本对应的权重是相同的，即 $U_1(i)=1/n$（$i=1,2,\cdots,n$），其中 n 为样本个数，在此样本分布下训练出一弱分类器 h_1。对于 h_1 分类错误的样本，加大其对应的权重；而对于分类正确的样本，降低其权重，这样分错的样本就被突出来，从而得到一个新的样本分布 U_2。在新的样本分布下，再次对弱分类器进行训练，得到弱分类器 h_2。依次类推，经过了 T 次循环，得到了 T 个弱分类器，把这 T 个弱分类器按一定的权重叠加（boost）起来，得到最终想要的强分类器。

给定训练样本集 $D=(\boldsymbol{x}_1,y_1),\cdots,(\boldsymbol{x}_m,y_m),\cdots$，$y_i\in\{-1,+1\}$，AdaBoost 用一个弱分类器或基本学习分类器循环 T 次，每一个训练样本用一个统一的初始权重来标注：

$$\omega_{t,i}=\begin{cases}\dfrac{1}{2M} & y_i=+1\\ \dfrac{1}{2L} & y_i=-1\end{cases} \tag{2-128}$$

式中，L 是正确分类样本数；M 是错误分类样本数。

训练的目标是寻找一个优化分类器 h_t，使之成为一个强分类器。对训练样本集进行 T 次循环训练。每一轮中，分类器 h_t 都专注于那些难分类的实例，并据此对每一个训练实例的权重进行修改。具体的权重修改规则描述如下：

$$D_{t+1}(i)=\frac{D_t(i)\cdot \mathrm{e}^{-\alpha_t y_i h_t(x_i)}}{Z_t}=\frac{\mathrm{e}^{-\sum_{j=1}^{t}\alpha_j y_j h_j(x_i)}}{L\cdot\prod_{j=1}^{t}Z_j}=\frac{\mathrm{e}^{-\mathrm{mrg}(x_i,y_i,f_i)}}{L\cdot\prod_{j=1}^{t}Z_j} \tag{2-129}$$

式中，Z_t 是标准化因子；h_t 和 h_j 是基本分类器，而 α_j（$\alpha_j\in R$）是明显能降低 h_t 重要性的一个参数，$\mathrm{mrg}(x_i,y_i,f_i)$ 是数据点在如下函数中的函数边界

$$Z_t=\sum_{i=1}^{L}D_t(i)\cdot\exp(-\alpha_t y_i h_t(x_i)) \tag{2-130}$$

式中，$D_t(i)$ 是在 t 次循环中训练实例 i 的贡献权重[46, 47]，等价于式（2-128）中的初始权重。所以，最终的分类器 H 可以通过用带权重的投票组合多个基本分类器来得到，H 可以通过下式来描述：

$$H(x)=\mathrm{sign}\left(\sum_{t=1}^{T}\alpha_t h_t(x)\right) \tag{2-131}$$

AdaBoost 算法的流程如下：

（1）给定训练样本集。

（2）用式（2-128）来初始化和标准化权重系数。

（3）循环 $t=1,\cdots,T$ 次，在循环中的每一次：

①根据训练集的概率分布 D_t 来训练样本，并得到基本分类器 h_t；

②根据式（2-129）来更新权重系数。

（4）得到预报误差最小的基本分类器 h_t。

（5）输出最终的强分类器 H。

AdaBoost 算法中很重要的一点就是选择一个合适的弱分类器，选择是否合适直接决定了建模的成败。弱分类器的选择应该遵循如下两个标准：

（1）弱分类器有处理数据重分配的能力；

（2）弱分类器必须不会导致过拟合。

2.4.3 Bagging 算法

L. Breiman 在 1996 年提出了 Bagging 方法[48]。Bagging 通过自助法（Bootstrap）从原始训练集中通过有放回抽样的方式产生多个不同的训练集来训练多个学习器，每个学习器都随机地从大小为 n 的原始训练集中有放回抽取的 m 个样本作为此学习器的训练集。这种训练集被称为原始训练集合的 Bootstrap 复制，这种技术也称 Bootstrap 综合，即 Bagging。Bagging 通过重新选取训练集增加了分学习器集成的差异度，从而提高了泛化能力。

L. Breiman 指出，稳定性是 Bagging 能否提高预测准确率的关键因素。Bagging 对不稳定的学习算法能提高预测的准确度，而对稳定的学习算法效果不明显，有时甚至使预测精度降低。学习算法的不稳定性是指如果训练集有较小的变化，学习算法产生的预测函数将发生较大的变化。

Bagging 与 Boosting 的区别在于 Bagging 对训练集的选择是随机的，各轮训练集的选择之间相互独立，而 Boosting 对训练集的选择不是独立的，各轮训练集的选择与前面各轮的学习结果有关；Bagging 的各个预测函数没有权重，而 Boosting 是有权重的；Bagging 的各个预测函数可以并行生成，而 Boosting 的各个预测函数只能按顺序生成。对于像神经网络这样极为耗时的学习方法，Bagging 可通过并行训练节省大量的时间。

给定一个数据集 $L=\{(x_1,y_1),\cdots,(x_m,y_m)\}$，基本学习器为 $h(x,L)$。如果输入为 x，就通过 $h(x,L)$ 来预测 y。

现在，假定有一个数据集序列 $\{L_k\}$，每个序列都由 m 个与 L 具有同样分布的独立实例组成。任务是使用 $\{L_k\}$ 来得到一个更好的学习器，它比单个数据集学习器 $h(x,L)$ 要强。这就要使用学习器序列 $\{h(x,L_k)\}$。

如果 y 是数值的，一个明显的过程是用 $\{h(x,L_k)\}$ 在 k 上的平均取代 $h(x,L)$，即通过 $h_{\mathrm{A}}(x)=E_L h(x,L)$，其中 E_L 表示 L 上的数学期望，h 的下标 A 表示综合。

如果 $h(x,L)$ 预测一个类 $j \in \{1,2,\cdots,J\}$ ，于是综合 $\{h(x,L_k)\}$ 的一种方法是通过投票。设 $M_j = \{k, h(x,L_k) = j\}$ ，使 $h_A(x) = \arg\max_j M_j$ 。

Bagging 的算法流程如下：

（1）给定训练样本集 $S = \{(x_1,y_1),\cdots,(x_m,y_m)\}$ 。

（2）对样本集进行初始化。

（3）循环 $t = 1,\cdots,T$ 次，在循环中的每一次：

①从初始训练样本集 S 中用 Bootstrap 方法抽取 m 个样本，组成新的训练集 $S' = \{(x_1,y_1),\cdots,(x_m,y_m)\}$ ；

②在训练集 S' 上用基本分类器进行训练，得到 t 轮学习器 h_t ；

③保存结果模型 h_t 。

（4）通过投票法，将各个弱学习器 $h_1,h_2,\cdots,h_t$ 通过投票法集合成最终的强学习器 $h_A(x) = \mathrm{sign}(\sum h_i(x))$ 。

Brieman 指出，Bagging 所能达到的最大正确率为

$$r_A = \int_{x\in C} \max_j P(j\,|\,x) P_x(\mathrm{d}x) + \int_{x\in C'} \left[\sum_j I(h_A(x) = j) P(j\,|\,x)\right] P_x(x) \tag{2-132}$$

式中，C 是序正确的输入集；C' 是 C 的补集；$I(\bullet)$ 是指示函数；$P(j\,|\,x)$ 表示输入生成 j 的概率；$P_x(\mathrm{d}x)$ 表示 x 的概率分布。

2.5　聚 类 方 法

2.5.1　*K* 均值聚类方法

K 均值聚类（K-means）方法在历史上被不同科学领域的学者多次独立提出，如 S. Hugo（1956 年）、L. Stuart（1957 年，发表于 1982 年）、G. H. Ball（1965 年）、M. James（1967 年）。K 均值聚类方法虽然原理简单且历史久远，但它到目前为止仍然是最常用的聚类算法[49]。

假设有一个样本集合 $S = \{s_i, i = 1,\cdots,N\}$ ，共有 N 个样本以及若干个自变量，需要被划分到 K 个聚类 $\{c_k, k = 1,\cdots,K\}$ 中，则每个样本 s_i 到其最近的聚类 c_k 的中心 μ_k 的距离 d_{ik} 可写为：

$$d_{ik} = \|s_i - \mu_k\|^2 \tag{2-133}$$

聚类 c_k 中所有样本到 c_k 的中心 μ_k 的距离之和为

$$\sum_{s_i\in c_k} d_{ik} = \sum_{s_i\in c_k} \|s_i - \mu_k\|^2 \tag{2-134}$$

则 K 个聚类中所有样本到各自最近的聚类中心的距离之和 D 可以写为

$$D=\sum_{k=1}^{k}\sum_{s_i\in c_k}d_{ik}=\sum_{k=1}^{k}\sum_{s_i\in c_k}\|s_i-\mu_k\|^2 \tag{2-135}$$

我们目的就是要找到总距离之和 D 最小的聚类情况。但实际上这是一个类似于 NP-hard（non-deterministic polynomial-hard）问题，并不存在一种合理的搜索策略来找到最佳的解。因此 K 均值聚类算法采用的是贪婪策略求解，在数据量较大的情况下往往只能找到局部最优解。K 均值聚类的算法步骤如下：

（1）随机产生 K 个聚类中心 $\{\mu_k,k=1,\cdots,K\}$，将每个样本归到其最近的聚类中；

（2）计算每个样本到其最近的聚类中心的距离并求和；

（3）改变某个聚类中心 μ_k，计算 K 个聚类的总距离之和 D，若总距离之和 D 的值减小，则更新该聚类中心 μ_k，反之则保留；

（4）重复步骤（3）直到 K 次；

（5）重复步骤（3）和（4）直到总距离之和 D 收敛到阈值或者重复次数达到设定的上限。

从上述步骤可以看出，K 均值聚类的初始点的选取较为重要。如果从较不合理的初始点出发计算，则需要相对较多的迭代步数才能达到预期结果。因此 A. David 和 V. K. Sergei 提出了 K 均值聚类++（K-mean++）的初始化方法[50]，该方法通过选择有更高概率接近最终聚类中心的初始中心，从而提高收敛速度。其大致原理如下：

（1）随机产生 K 个聚类中心 $\{\mu_k,k=1,\cdots,K\}$ 中的首个中心 μ_1；

（2）计算每个样本 s_i 与 μ_1 的距离 d_{i1}，并据此计算得到样本概率分布 $G(s_i)$：

$$G(s_i)=\frac{d_{i1}^2}{\sum_{i=1}^{N}d_{i1}^2} \tag{2-136}$$

（3）从 $G(s_i)$ 采样得到第二个聚类中心 μ_2；

（4）重复步骤（2）与（3），直到生成 K 个聚类中心；

（5）其余步骤同 K 均值聚类。

2.5.2 噪声密度聚类方法

噪声密度聚类方法（density-based spatial clustering of applications with noise，DBSCAN）是一种基于数据集密度的聚类算法[51]。DBSCAN 的核心设想是聚类中的每个样本的周围半径 ε 内必须存在最小数量 MinPts 以上的同类邻近样本，其中半径 ε 和邻近样本最小数量 MinPts 为超参数。如果以欧氏距离为例，定义聚类中每个样本 s_i 的邻近样本 s_k 集合则有

$$N_{\varepsilon}(s_i)=\{s_k \in S \mid \text{distance}(s_i,s_k)\leqslant \varepsilon\} \tag{2-137}$$

对于任意的样本 s_k ，只要满足 $s_k \in N_{\varepsilon}(s_i)$ 和 $N_{\varepsilon}(s_i)$ 的样本大于 MinPts，那么我们就可以称 s_k 可以从 s_i 密度直达（directly density-reachable）。s_k 不满足上述条件之一，但存在一组点 $s_k,s_{k+1},\cdots,s_{k+n},s_{k+n+1},\cdots,s_i$ 且任意先后连续两点 s_{k+n} 与 s_{k+n+1} 满足密度直达条件，那么则可以称 s_k 可以从 s_i 密度可达（density-reachable）。若 s_i 也满足从 s_k 密度可达，那么可以称 s_i 与 s_k 之间密度连接（density-connected）。

因此我们可以定义每个聚类 c_k 需要满足以下两个条件：

（1）任一对样本 s_i 与 s_k ，若 $s_i \in c_k$ ，且 s_k 满足从 s_i 密度直达，必有 $s_k \in c_k$ ；

（2）任一对 c_k 中的样本 s_i 与 s_k 必定满足密度连接、$\text{distance}(s_i,s_k)\leqslant \varepsilon$ 以及 $N_{\varepsilon}(s_i)$ 内样本数大于 $N_{\varepsilon}(s_i)$ 。

在此基础上，DBSCAN 算法过程可以被定义为：

（1）计算每个样本 s_i 的邻近样本集合 $N_{\varepsilon}(s_i)$ ，并根据 $N_{\varepsilon}(s_i)$ 的样本数量是否大于 MinPts 来确定 s_i 是否是聚类中心点；

（2）随机选取由步骤（1）确定的聚类中心点，将满足与聚类中心点密度连接的样本形成一个聚类；

（3）重复步骤（2），直到所有的中心点被访问过。

M. Ankerst 等在 DBSCAN 基础上，引入了可达距离（reachable distance）的概念，并根据聚类中心与其他样本的可达距离大小进行排序，来替代 DBSCAN 中随机选取聚类中心的操作，该算法被称为对点排序识别聚类结构（ordering points to identify the clustering structure，OPTICS）方法[52]。

2.5.3 评估指标

1. 轮廓分数

在没有真实标签的前提下，最常用的评估聚类优劣的指标是轮廓分数（silhouette score）[53]。对于样本集合 $S=\{s_i,i=1,\cdots,N\}$ ，我们可以计算出对应的轮廓分数为

$$\text{silhouette}\quad \text{score}=\frac{1}{N}\sum_{i=1}^{N}\frac{b(s_i)-a(s_i)}{\max(b(s_i)-a(s_i))} \tag{2-138}$$

式中，N 为样本数；$b(s_i)$ 为 s_i 与其他聚类的最短距离；$a(s_i)$ 为 s_i 与其所在聚类的其他样本距离的均值。轮廓分数在−1～1 之间变动，当轮廓分数趋近于−1 时，意味着 $b(s_i)\ll a(s_i)$ ，也就是 s_i 与其他聚类的样本距离反而更小，此种情况表示聚类错误。相反，当轮廓分数趋近于 1 时，聚类情况更好。

2. 兰德分数

兰德分数（Rand index）用于衡量真实标签与预测标签分布之间差异[54]。对于数量为 N 的样本集合 $S=\{s_i, i=1,\cdots,N\}$，兰德分数定义为

$$\text{Rand index}(RI)=\frac{2(a+b)}{N(N-1)} \tag{2-139}$$

式中，a 代表具有相同真实标签且分配给同一个聚类的样本对的个数；b 代表具有不同真实标签且分配给不同聚类的样本对的个数。较高的兰德分数表明聚类结果更准确。兰德系数可能会由于偶发的极端聚类情况而产生偏差，因此也有人提出了其他调整后的兰德分数[55]。

3. 完整性分数

对于样本集合 $S=\{s_i, i=1,\cdots,N\}$，若其样本被分配到 $K=\{k, k=1,\cdots,K\}$ 个聚类中，则完整性分数（completeness）[56, 57]定义为

$$\text{completeness}=1-\frac{H(Y_{\text{pred}}\,|\,Y_{\text{true}})}{H(Y_{\text{pred}})} \tag{2-140}$$

式中，$H(Y_{\text{pred}}\,|\,Y_{\text{true}})$ 和 $H(Y_{\text{pred}})$ 分别定义为

$$H(Y_{\text{pred}}\,|\,Y_{\text{true}})=-\sum_k\sum_i\frac{n(k,i)}{N}\lg\left(\frac{n(k,i)}{n_{\text{true}}(k)}\right) \tag{2-141}$$

$$H(Y_{\text{pred}})=-\sum_k\frac{n_{\text{pred}}(k)}{N}\lg\left(\frac{n_{\text{pred}}(k)}{N}\right) \tag{2-142}$$

式中，$n(k,i)$ 表示属于聚类 k 的具有真实标签 i 的样本个数；$n_{\text{true}}(k)$ 表示属于聚类 k 的真实的样本数；$n_{\text{pred}}(k)$ 表示属于聚类 k 的预测的样本数。当完整性分数趋于 1 时，表明所有具有相同真实标签的样本都被分配在同一个类中，而趋于 0 时，则意味着聚类结果没有实际含义。

4. 同质性

同质性分数（homogeneity）[56, 57]是完整性分数的补充，用于评判同一聚类中具有相同真实标签样本占比的程度，其定义为

$$\text{homogeneity}=1-\frac{H(Y_{\text{true}}\,|\,Y_{\text{pred}})}{H(Y_{\text{true}})} \tag{2-143}$$

其中，$H(Y_{\text{true}}\,|\,Y_{\text{pred}})$ 和 $H(Y_{\text{true}})$ 分别定义为

$$H(Y_{\text{true}} \mid Y_{\text{pred}}) = -\sum_k \sum_i \frac{n(k,i)}{N} \lg\left(\frac{n(k,i)}{n_{\text{pred}}(k)}\right) \tag{2-144}$$

$$H(Y_{\text{true}}) = -\sum_k \frac{n_{\text{true}}(k)}{N} \lg\left(\frac{n_{\text{true}}(k)}{N}\right) \tag{2-145}$$

$n(k,i)$、$n_{\text{pred}}(k)$ 以及 $n_{\text{true}}(k)$ 的定义见完整性分数部分。当同质性分数趋于 1 时，表明同一个聚类的具有相同真实标签的样本占比越大，而趋于 0 时，则意味着聚类结果没有实际含义。

2.6 人工神经网络方法

人工神经网络（artificial neural network，ANN）是一种试图模拟生物体神经系统结构的新型信息处理系统，特别适于模式识别和复杂的非线性函数关系拟合等，是从实验数据中总结规律的有效手段[58]。

人工神经网络系统虽然被提出很早，但其作为人工智能的一种计算工具受到重视，始自 20 世纪 50 年代末。当时著名的感知机模型的提出，初步确立了人工神经网络研究的基础。从此对它的研究步步深入，不断取得巨大的进展[59]。

神经网络系统理论研究的意义就在于它以模拟人体神经系统为自己的研究目标，并具有人体神经系统的基本特征：第一，每一个神经细胞是一个简单的信息处理单元；第二，神经细胞之间按一定的方式相互连接，构成神经网络系统，且按一定的规则进行信息传递与存储；第三，神经网络系统可按已发生的事件积累经验，从而不断修改该系统的网络连接权重与存储数据。

人工神经网络的联接机制是，由简单信息处理单元（神经元）互连组成的网络，能接收并处理信息，它是通过把问题表达成处理单元之间的连接权重来处理的。决定神经网络模型整体性能的三大要素有：神经元（信息处理单元）的特性；神经元之间相互连接的形式即“拓扑结构”；为适应环境而改善性能的学习规则。神经网络的工作方式由两个阶段组成：“学习期”，即神经元之间的连接权重值，可由学习规则进行修改，以使目标（或称准则）函数达到最小；“工作期”，即连接权重值不变，由网络的输入得到相应的输出。

2.6.1 反向传播人工神经网络

20 世纪 80 年代，Rumelhard 等提出了一个反向传播人工神经网络（BP-ANN）

算法[60]，使得 Hopfield 模型和多层前馈型神经网络成为今天人们广泛使用的神经网络模型。神经网络系统理论是以人脑的智力功能为研究对象，并以人体神经细胞的信息处理方法为背景的智能计算机与智能计算理论。

BP-ANN 的总体网络结构，就是构成其神经网络的层数和每层的节点数。对 BP-ANN 而言，有三层网络足以应对多数问题。其中隐含层为一层，而输入与输出又各占一层。仅有极少数情况会用到两层或两层以上的隐含层。

BP-ANN 的优点是具有很强的非线性拟合能力，数学家已证明：仅用三层的 BP-ANN 就能拟合任意的非线性函数关系。人工神经网络属于“黑箱”方法，在应变量和自变量间关系复杂、机理不清的情况下，利用人工神经网络总能拟合出输入（自变量）和输出（应变量）间的关系，并能利用这种关系预报未知。人工神经网络的局限性是网络的训练次数较难控制（既不要太多，太多了往往过拟合，也不要太少，太少了往往欠拟合），在有噪声样本干扰的情况下，人工神经网络的预报结果不够准确，特别是外推结果不够可靠。

反向传播（back-propagation，BP）网络是目前应用最广的一类人工神经网络，它是一种以有向图为拓扑结构的动态系统，也可看作一种高维空间的非线性映射。

典型的反向传播网络示意于图 2-8，设 w_{ji}^{l} 为 $l-1$ 层上节点 i 至 l 层上节点 j 的连接权值，Net_j^l 和 Out_j^l 分别为 l 层上节点 j 的输入值和输出值，且 $\mathrm{Out}_0^l \equiv 1$，$X_i$（$i=1,\cdots,N$）为网络的输入因素，激活函数 f 为 Sigmoid 形式

$$f(x)=\frac{1}{1+\mathrm{e}^{-x}} \tag{2-146}$$

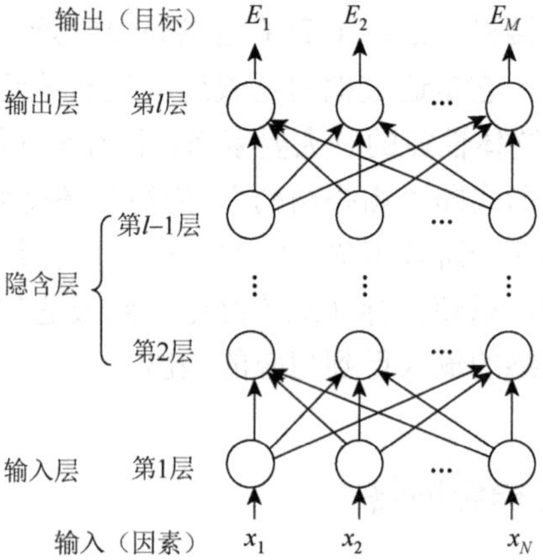

图 2-8　一个典型的反向传播网络[1]

则反向传播网络的输出与输入之间的关系如下

$$\begin{cases} \text{Out}_j^l = x_j & j = 0,1,\cdots,N \\ \vdots & \\ \text{Net}_j^l = \sum\limits_{i=0}^{\text{pot}(l-1)} w_{ij}^l \text{Out}_i^{l-1} & l = 2,3,\cdots,L \\ \text{Out}_J^i = f(\text{Net}_j^l) & j = 1,2,\cdots,\text{pot}(l) \\ \vdots & \\ \hat{E}_j = \text{Out}_j^L & j = 1,2,\cdots,M \end{cases} \tag{2-147}$$

其中，$\text{pot}(l)$（$l = 1,2,\cdots,L$）是各层节点数，且 $\text{pot}(l) = N$；$\hat{E}_j$ 是目标 E_j 的估计值。

反向传播网络的学习过程是通过误差反传算法调整网络的权值 w_{ji}，使网络对于已知 n 个样本目标值的估计值与实际值的误差的平方和 J 最小：

$$J = \frac{1}{2n}\sum_{i=1}^{n}\sum_{j=1}^{M}(E_{ij} - \hat{E}_{ij})^2 \tag{2-148}$$

这一过程可用梯度下降法实现。算法流程如下：

（1）初始化各权值 w_{ji}^l（$i = \overline{0,\text{pot}(l-1)},\ j = \overline{0,\text{pot}(l)}, l = \overline{2,L}$）。

（2）随机取一个样本，计算其 $\hat{E}_j$（$j = 1,2,\cdots,M$）。

（3）反向逐层计算误差函数值 δ_j^l（$j = \overline{0,\text{pot}(l)}, l = \overline{2,L}$）

$$\begin{cases} \delta_j^L = f'(\text{Net}_j^L)(\hat{E}_j - E_j) & j = \overline{1,M} \\ \delta_j^l = f'(\text{Net}_j^l)\sum\limits_{i=1}^{\text{pot}(l+1)} \delta_i^{l+1} w_{ij}^{l+1} & l = \overline{(L-1),2} \end{cases} \tag{2-149}$$

（4）修正权值

$$W_{ji}{}^l(t+1) = W_{ji}{}^l(t) - \eta\delta_j^l \text{Out}_i^{l-1} + \alpha(W_{ji}{}^l(t) - W_{ji}{}^l(t-1)) \tag{2-150}$$

式中，t 是迭代次数；η 是学习效率；α 是动量项。

（5）重复步骤（2）、（3）、（4），直至收敛于给定条件。

2.6.2　Kohonen 自组织网络

多层感知器的学习是以一定的先验知识为条件的，即网络权值的调整是在有监督情况下进行的。而在实际应用中，有时并不能提供所需的先验知识，这就需要网络具有能够自学习的能力。T. Kohonen 提出的自组织网络（也称特征映射图）就是这种具有自学习功能的神经网络[61, 62]。这种网络是基于生理学和脑科学研究成果提出的。

脑神经科学研究表明：传递感觉的神经元排列是按某种规律有序进行的，这种排列往往反映所感受的外部刺激的某些物理特征。例如，在听觉系统中，神经细胞和纤维是按照其最敏感的频率分布而排列的。为此，T. Kohonen 认为，神经网络在接受外界输入时，将会分成不同的区域，不同的区域对不同的模式具有不同的响应特征，即不同的神经元以最佳方式响应不同性质的信号激励，从而形成一种拓扑意义上的有序图。这种有序图称为特征图，它实际上是一种非线性映射关系，它将信号空间中各模式的拓扑关系几乎不变地反映在这张图上，即各神经元的输出响应上。由于这种映射是通过无监督的自适应过程完成的，所以也称它为自组织特征图。

在这种网络中，输出节点与其邻域其他节点广泛相连，并相互激励。输入节点和输出节点之间通过强度 $W_{ij}(t)$ 相连接。通过某种规则，不断地调整 $W_{ij}(t)$，使得在稳定时，每一邻域的所有节点对某种输入具有类似的输出，并且此聚类的概率分布与输入模式的概率分布相接近。

自组织学习通过自动寻找样本中的内在规律和本质属性，自组织、自适应地改变网络参数与结构。自组织网络的自组织功能是通过竞争学习实现的。完成自组织特征映射的算法较多。Kohonen 自组织网络示意图如图 2-9 所示，下面给出其一种常用的自组织算法[63]：

（1）权值初始化并选定邻域的大小；

（2）输入样本的模式；

（3）计算空间距离 d_j（d_j 是所有输入节点与连接强度之差的平方和）；

（4）选择节点 j，它满足 $\min(d_j)$；

（5）改变节点 j 和其邻域节点的连接强度；

（6）回到（2），直到满足 $d_j(i)$ 的收敛条件。

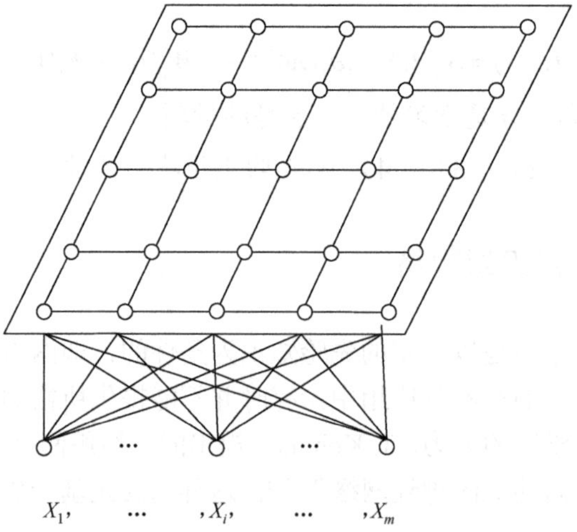

图 2-9 Kohonen 自组织网络（特征映射图）二维平面线阵[1]

总之，Kohonen 自组织网络的功能就是通过自组织方法，用大量的样本训练数据来调整网络的权值，使得最后网络的输出能够反映样本数据的分布情况。

2.6.3 深度学习网络

2010 年，随着大规模数据集的出现、计算机性能的提升与算法的改进，人工神经网络算法得到了爆发式发展，并衍生了深度学习算法的概念。深度学习是一种基于人工神经网络的机器学习算法，目标是让计算机通过对大量数据的学习，自动从数据中提取出有用的特征，并且不断改进学习模型，从而达到更好的预测性能。

深度学习网络和人工神经网络之间的主要区别在于算法与应用范围不同。人工神经网络通常使用简单的神经元模型，广泛应用于分类、回归等数值型问题；而深度学习网络通常采用复杂的神经元结构，如卷积神经网络、递归神经网络等，经常应用于语音识别、自然语言处理、机器视觉等领域。

经过十余年的发展，深度学习已经发展出各式各样的算法，按网络结构可以分为以下几种。

1. 全连接神经网络（fully connected neural network，FCNN）

全连接神经网络也称前馈神经网络，是最基本的神经网络结构，每个神经元都与下一层的每个神经元相连，输入经过一系列的线性变换和非线性激活函数后输出[64, 65]。全连接神经网络实则是在人工神经网络的基础上将网络层数、网络层大小放大数倍，从而形成的复杂网络结构，但算法原理与人工神经网络基本相同，可以认为是人工神经网络的“放大版”。全连接神经网络目前主要用于处理数值型问题，应用场景较为有限。且全连接神经网络的参数数量很容易过大，进而导致过拟合，在一些任务中表现不佳。

2. 卷积神经网络（convolutional neural networks，CNN）

卷积神经网络是一种用于处理图像数据的神经网络，其输入层与输出层之间存在有多个卷积层与池化层[65-67]。卷积层通过卷积操作从输入数据中提取必要特征，池化层通过下采样操作压缩采集到的特征信息。卷积层一般与全连接神经网络搭配使用，在整个网络中扮演特征提取的角色，将提取的特征输入到全连接神经网络中，最后用于分类与回归任务。按图像数据维度，卷积神经网络还可以分为二维与三维卷积神经网络，分别用于处理单通道与多通道的图片数据。除了图像数据，卷积神经网络还可以用在谱图数据中，如 XRD 谱图、近红外光谱图等。

3. 循环神经网络（recurrent neural network，RNN）

循环神经网络是一种具有记忆功能的算法，通过对序列数据进行处理来学习序列之间的依赖关系[65, 68]。其训练数据的特点在于前一时刻的输出会作为下一时刻的输入，用于预测下一时刻的输出值。在循环神经网络的基础上，还衍生了其他用于处理序列数据的算法，如长短时记忆网络、门控循环单元、双向循环神经网络、深度循环神经网络等。目前循环神经网络主要用于处理自然语言、语音识别、股价预测、天气预报等领域。

4. 自编码器（autoencoder，AE）

自编码器是一种无监督的深度学习算法，其特点在于网络结构分为编码器与解码器两个部分[69]。编码器将输入数据压缩成低维度的编码表示，而解码器将该低维度的编码表示解码为与输入数据尽可能接近的重构数据。其目的主要是在编码与解码的过程中完成特征提取、数据去噪、压缩信息、图像生成等操作。变分自编码器（variational autoencoder，VAE）是自编码器中较为热门的分类之一，通过引入概率分布来对低维表示进行建模，使得自编码器在学习低维表示的同时也学习到了潜在空间的概率分布，从而可以进行数据生成、样本插值等操作。目前网络上较为火热的 AI 作图就是应用了变分自编码器算法。

5. 注意力机制（attention mechanism，AM）

注意力机制是深度学习中的一种优化机制，其主要思想是对于输入的数据，通过对不同部分的“注意力权重”进行学习和分配，来实现对输入的不同部分进行不同程度的关注和加权[70]。在深度学习中，注意力机制已经被广泛应用于自然语言处理、图像处理、语音识别等任务中。火爆于 2023 年的 ChatGPT 以及 GPT-4 就是采用了一种基于注意力机制与自编码器的 Transformer 网络模型。

6. 图卷积神经网络（graph convolutional network，GCN）

图卷积神经网络是一种能处理图结构数据的神经网络，通过卷积操作对图结构的节点进行特征提取，通常应用于社交网络分析、推荐系统等领域中[71]。在材料设计领域，分子结构、晶体结构也属于典型的图结构数据。利用图卷积神经网络可以考虑原子、分子、基团之间的邻接点信息，可以更好地提取材料结构信息。最新的相关应用可参考文献[72]。

7. 生成对抗网络（generative adversarial network，GAN）

生成对抗网络包含 2 个深度学习神经网络，即生成器模型与判别器模型，采用对抗训练的方式来学习和生成新的数据[73]。生成器模型的任务是从学习的潜在空间中生成新的虚假样本，如虚假图片、音频等，使得虚假样本与真实样本难以区分。判别器模型的任务是判别样本是来自真实数据还是由生成器产生的虚假数据。两个模型在训练中相互对抗、相互提升，使得生成对抗网络能够生成高度逼真的虚假样本。目前生成对抗网络主要应用于图像合成、图像修复、视频生成、语音合成等领域。

总之，深度学习处于较为新颖、活跃的发展阶段，每年乃至每天都在不断产生新的深度学习算法。每种深度学习算法都有各自的应用场景与目的，读者可在充分了解自己的需求与算法特点的前提下，有所针对地了解其中某几种深度学习算法。就材料领域而言，较为常见或具有潜在应用价值的算法主要包括全连接神经网络、二维卷积神经网络、图卷积神经网络、变分自编码器。这些算法或多或少已在材料行业内出现相关研究报道，同时这些算法的调用与实现可参考 PyTorch 工具包以及相关内容。

2.7　支持向量机方法

众所周知，统计模式识别、线性或非线性回归以及人工神经网络等方法是数据挖掘的有效工具，已随着计算机硬件和软件技术的发展得到了广泛的应用[74-77]，我们亦曾将若干数据挖掘方法用于材料设计、药物构效关系和工业优化的研究[27, 78-84]。然而，多年来我们也受制于一个难题：传统的模式识别或人工神经网络方法都要求有较多的训练样本，而许多实际课题中已知样本较少。对于小样本集，训练结果最好的模型不一定是预报能力最好的模型。因此，如何从小样本集出发，得到预报（推广）能力较好的模型，遂成为数据挖掘研究领域内的一个难点，即所谓“小样本难题”。数学家 N. V. Vladimir 等通过三十余年的严格的数学理论研究，提出来的统计学习理论（statistical learning theory，SLT）[85]和支持向量机（support vector machine，SVM）算法已得到国际数据挖掘学术界的重视，并在语音识别[86]、文字识别[87]、药物设计[88]、组合化学[89]、时间序列预测[90]等研究领域得到成功应用，该机器学习方法从严格的数学理论出发，论证和实现了在小样本情况下能最大限度地提高预报可靠性的方法，其研究成果令人鼓舞。张学工、杨杰等率先将有关研究成果引入国内计算机学界，并开展了 SVM 算法及其应用研究[91]，我们则在化学和材料等领域内开展了 SVM 的应用研究。下面介绍 Vapnik 等在 SLT 基础上提出的 SVM 算法，包括支持向量分类（SVC）算法和支持向量回归（SVR）算法。

2.7.1 统计学习理论简介

现实世界中存在大量我们尚无法准确认识却可以进行观测的事物，如何从一些观测数据（样本）出发得出目前尚不能通过原理分析得到的规律，进而利用这些规律预测未来的数据，这是数据驱动的机器学习方法需要解决的问题。机器学习是我们面对数据而又缺乏理论模型时最基本的分析手段。N. V. Vladimir 等早在 20 世纪 60 年代就开始研究有限样本情况下的机器学习问题，但这些研究长期没有得到充分的重视。N. V. Vladimir 等研究有限样本情况下的机器学习理论，逐渐形成了一个较完善的 SLT 体系。1992～1995 年，N. V. Vladimir 等在 SLT 的基础上发展了 SVM 算法，在解决小样本、非线性及高维模式识别问题中表现出许多特有的优势，并能够推广应用到函数拟合等其他机器学习问题。SLT 体系及其 SVM 算法在解决“小样本难题”过程中所取得的核函数应用等方面的突出进展令人鼓舞，已被认为是目前针对小样本统计估计和预测学习的最佳理论。

SLT 的核心内容包括下列四个方面：①经验风险最小化原则下统计学习一致性的条件；②在这些条件下关于统计学习方法推广性的界的结论；③在这些界的基础上建立的小样本归纳推理原则；④实现这些新的原则的实际方法（算法）。

设训练样本集为 $(y_1,x_1),\cdots,(y_n,x_n),x\in R^m,y\in R$，其拟合（建模）的数学实质是从函数集中选出合适的函数 $f(x)$，使风险函数 $R[f]$ 最小。

$$R[f]=\int_{X\times Y}(y-f(x))^2P(x,y)\mathrm{d}x\mathrm{d}y \tag{2-151}$$

但因概率分布函数 $P(x,y)$ 为未知，上式无法计算，更无法求其极小。传统的统计数学遂假定上述风险函数可用经验风险函数 $R_{\text{emp}}[f]$ 代替：

$$R_{\text{emp}}[f]=\frac{1}{n}\sum_{i=1}^{n}(y-f(x_i))^2 \tag{2-152}$$

根据大数定律，式（2-152）只有当样本数 n 趋于无穷大且函数集足够小时才成立。这实际上是假定最小二乘意义的拟合误差最小作为建模的最佳判据，结果导致拟合能力过强的算法的预报能力反而降低。为此，SLT 用结构风险函数 $R_h[f]$ 代替 $R_{\text{emp}}[f]$，并证明了 $R_h[f]$ 可用下列函数求极小而得：

$$\min_{S_h}\left\{R_{\text{emp}}[f]+\sqrt{\frac{h(\ln 2n/h+1)-\ln(\delta/4)}{n}}\right\} \tag{2-153}$$

式中，n 为训练样本数目；S_h 为 VC（Vapnik-Chervonenkis）维空间结构，h 为 VC 维数，即对函数集复杂性或者学习能力的度量。δ 为表征计算的可靠程度的参数。

SLT 要求在控制以 VC 维为标志的拟合能力上界（以限制过拟合）的前提下追求拟合精度。控制 VC 维的方法有三大类：①拉大两类样本点集在特征空间中的间隔；②缩小两类样本点各自在特征空间中的分布范围；③降低特征空间维数。一般认为特征空间维数是控制过拟合的唯一手段，而 SLT 强调靠前两种手段可以保证在高维特征空间的运算仍有低的 VC 维，从而避免过拟合。

对于分类学习问题，传统的模式识别方法强调降维，而 SVM 与此相反。对于特征空间中两类点不能靠超平面分开的非线性问题，SVM 采用映射方法将其映射到更高维的空间，并求得最佳区分二类样本点的超平面方程，作为判别未知样本的判据。这样，空间维数虽较高，但 VC 维仍可压低，从而限制了过拟合。即使已知样本较少，仍能有效地作统计预报。

对于回归建模问题，传统的机器学习算法在拟合训练样本时，将有限样本数据中的误差也拟合进数学模型。针对传统方法这一缺点，SVR 采用“不敏感函数”，即对于用 $f(x)$ 拟合目标值 y 时 $f(x)=\boldsymbol{w}^{\mathrm{T}}\boldsymbol{x}+b$，目标值 y_i 拟合在 $\left|y_i-\boldsymbol{w}^{\mathrm{T}}\boldsymbol{x}-b\right|\leqslant\varepsilon$ 时，即认为进一步拟合是无意义的。这样拟合得到的不是唯一解，而是一组无限多个解。SVR 方法是在一定约束条件下，以 $\|\boldsymbol{w}\|$ 取极小的标准来选取数学模型的唯一解。这一求解策略使过拟合受到限制，显著提高了数学模型的预报能力。

2.7.2　支持向量分类算法

1. 线性可分情形

SVM 算法是从线性可分情况下的最优分类面（optimal hyperplane）提出的。所谓最优分类面就是要求分类面不但能将两类样本点无错误地分开，而且要使两类的分类空隙最大。d 维空间中线性判别函数的一般形式为 $g(\boldsymbol{x})=\boldsymbol{w}^{\mathrm{T}}\boldsymbol{x}+b$，分类面方程是 $\boldsymbol{w}^{\mathrm{T}}\boldsymbol{x}+b=0$，我们将判别函数进行归一化，使两类所有样本都满足 $|g(\boldsymbol{x})|\geqslant 1$，此时离分类面最近的样本的 $|g(\boldsymbol{x})|=1$，而要求分类面对所有样本都能正确分类，就是要求它满足

$$y_i(\boldsymbol{w}^{\mathrm{T}}\boldsymbol{x}_i+b)-1\geqslant 0 \qquad i=1,2,\cdots,n \tag{2-154}$$

式（2-154）中使等号成立的那些样本称为支持向量（support vector）。两类样本的分类空隙（margin）的间隔大小：

$$\text{Margin}=\frac{2}{\|\boldsymbol{w}\|} \tag{2-155}$$

因此，最优分类面问题可以表示成如下的约束优化问题，即在条件（2-154）的约束下，求以下函数的最小值：

$$\varphi(\boldsymbol{w})=\frac{1}{2}\ \|\boldsymbol{w}\|^2=\frac{1}{2}(\boldsymbol{w}^{\mathrm{T}}\boldsymbol{w}) \tag{2-156}$$

为此，可以定义如下的拉格朗日函数：

$$L(\boldsymbol{w},b,\alpha)=\frac{1}{2}\boldsymbol{w}^{\mathrm{T}}\boldsymbol{w}-\sum_{i=1}^{n}\alpha_i[y_i(\boldsymbol{w}^{\mathrm{T}}\boldsymbol{x}_i+b)-1] \tag{2-157}$$

其中，$\alpha_i \geqslant 0$，为拉格朗日系数，我们的问题是对 $\boldsymbol{w}$ 和 b 求拉格朗日函数的最小值。将式（2-157）分别对 $\boldsymbol{w}$、b、α_i 求偏微分并令它们等于 0，得

$$\frac{\partial L}{\partial \boldsymbol{w}}=0 \Rightarrow \boldsymbol{w}=\sum_{i=1}^{n}\alpha_i y_i \boldsymbol{x}_i \tag{2-158}$$

$$\frac{\partial L}{\partial b}=0 \Rightarrow \sum_{i=1}^{n}\alpha_i y_i=0 \tag{2-159}$$

$$\frac{\partial L}{\partial \alpha_i}=0 \Rightarrow \alpha_i[y_i(\boldsymbol{w}^{\mathrm{T}}\boldsymbol{x}_i+b)-1]=0 \tag{2-160}$$

以上三式加上原约束条件可以将原问题转化为如下凸二次规划的对偶问题：

$$\begin{cases}\max\sum_{i=1}^{n}a_i-\frac{1}{2}\sum_{i=1}^{n}\sum_{j=1}^{n}\alpha_i\alpha_j y_i y_j(\boldsymbol{x}_i^{\mathrm{T}}\boldsymbol{x}_j)\\ \text{s.t.}\qquad \alpha_i \geqslant 0 \qquad i=1,\cdots,n\\ \qquad\sum_{i=1}^{n}\alpha_i y_i=0\end{cases} \tag{2-161}$$

这是一个不等式约束下二次函数极值问题，存在唯一最优解。若 α_i^* 为最优解，则

$$\boldsymbol{w}^*=\sum_{i=1}^{n}\alpha_i^* y_i \boldsymbol{x}_i \tag{2-162}$$

α_i^* 不为零的样本即为支持向量，因此，最优分类面的权重向量是支持向量的线性组合。

b^* 可由约束条件 $\alpha_i[y_i(\boldsymbol{w}^{\mathrm{T}}\boldsymbol{x}_i+b)-1]=0$ 求解，由此求得的最优分类函数是：

$$f(\boldsymbol{x})=\mathrm{sign}((\boldsymbol{w}^*)^{\mathrm{T}}\boldsymbol{x}_i+b^*)=\mathrm{sign}\left(\sum_{i=1}^{n}\alpha_i^* y_i \boldsymbol{x}_i^* \boldsymbol{x}+b^*\right) \tag{2-163}$$

式中，sign() 为符号函数。

2. 非线性可分情形

当用一个超平面不能将两类点完全分开时（只有少数点被错分），可以引入松弛变量 ξ_i（$\xi_i \geqslant 0, i=1,\cdots,n$），使超平面 $\boldsymbol{w}^{\mathrm{T}}\boldsymbol{x}+b=0$ 满足：

$$y_i(\boldsymbol{w}^{\mathrm{T}}\boldsymbol{x}_i+b) \geqslant 1-\xi_i \tag{2-164}$$

当$0<\xi_i<1$时样本点$\boldsymbol{x}_i$仍旧被正确分类，而当$\xi_i \geqslant 1$时样本点$\boldsymbol{x}_i$被错分。为此，引入以下目标函数：

$$\psi(\boldsymbol{w},\xi)=\frac{1}{2}\boldsymbol{w}^{\mathrm{T}}\boldsymbol{w}+C\sum_{i=1}^{n}\xi_i \tag{2-165}$$

式中，C是一个正的常数，称为惩罚因子，此时 SVM 可以通过二次规划（对偶规划）来实现：

$$\begin{cases}\max\sum_{i=1}^{n}\alpha_i-\frac{1}{2}\sum_{i=1}^{n}\sum_{j=1}^{n}\alpha_i\alpha_j y_i y_j(\boldsymbol{x}_i^{\mathrm{T}}\boldsymbol{x}_j)\\ \text{s.t.}\quad 0\leqslant\alpha_i\leqslant C\qquad i=1,\cdots,n\\ \sum_{i=1}^{n}\alpha_i y_i=0\end{cases} \tag{2-166}$$

2.7.3　支持向量机的核函数

若在原始空间中的简单超平面不能得到满意的分类效果，则必须以复杂的超曲面作为分界面，SVM 算法是如何求得这一复杂超曲面的呢？

首先通过非线性变换$\boldsymbol{\Phi}$将输入空间变换到一个高维空间，然后在这个新空间中求取最优线性分类面，而这种非线性变换是通过定义适当的核函数（内积函数）实现的，令

$$K(\boldsymbol{x}_i,\boldsymbol{x}_j)=\left\langle\boldsymbol{\Phi}(\boldsymbol{x}_i)\cdot\boldsymbol{\Phi}(\boldsymbol{x}_j)\right\rangle \tag{2-167}$$

用核函数$K(\boldsymbol{x}_i,\boldsymbol{x}_j)$代替最优分类平面中的点积$\boldsymbol{x}_i^{\mathrm{T}}\boldsymbol{x}_j$，就相当于把原特征空间变换到某一新的特征空间，此时优化函数变为

$$Q(\alpha)=\sum_{i=1}^{n}\alpha_i-\frac{1}{2}\sum_{i=1}^{n}\sum_{j=1}^{n}\alpha_i\alpha_j y_i y_j K(\boldsymbol{x}_i\boldsymbol{x}_j) \tag{2-168}$$

而相应的判别函数式则为

$$f(\boldsymbol{x})=\mathrm{sign}[(\boldsymbol{w}^*)^{\mathrm{T}}\varphi(\boldsymbol{x})+b^*]=\mathrm{sign}\left(\sum_{i=1}^{n}a_i^* y_i K(\boldsymbol{x},\boldsymbol{x}_i)+b^*\right) \tag{2-169}$$

其中，$\boldsymbol{x}_i$为支持向量，$\boldsymbol{x}$为未知向量，式（2-169）在分类函数形式上类似于一个神经网络，其输出是若干中间层节点的线性组合，而每一个中间层节点对应于输入样本与一个支持向量的内积，因此也被称为支持向量网络。

目前常用的核函数形式主要有以下三类，它们都与已有的算法有对应关系。

（1）多项式形式的核函数，即$K(\boldsymbol{x},\boldsymbol{x}_i)=[(\boldsymbol{x}^{\mathrm{T}}\boldsymbol{x}_i)+1]^q$，对应 SVM 是一个$q$阶多项式分类器。

（2）径向基形式的核函数，即$K(\boldsymbol{x},\boldsymbol{x}_i)=\exp\left\{-\dfrac{\|\boldsymbol{x}-\boldsymbol{x}_i\|^2}{\sigma^2}\right\}$，对应 SVM 是一种径向基核函数分类器。

（3）S 形核函数，如$K(\boldsymbol{x},\boldsymbol{x}_i)=\tanh(v(\boldsymbol{x}^{\mathrm{T}}\boldsymbol{x}_i)+c)$，则 SVM 实现的就是一个两层的感知器神经网络，只是在这里网络的权值和网络的隐含层节点数目也是由算法自动确定的。

2.7.4 支持向量回归算法

SVR 算法的基础主要是ε不敏感函数（ε-insensitive function）和核函数算法。若将拟合的数学模型表达为多维空间的某一曲线，则根据ε不敏感函数所得到的结果就是包括该曲线和训练点的“ε管道”。在所有样本点中，只有分布在“管壁”上的那一部分样本点决定管道的位置。为适应训练样本集的非线性，传统的拟合方法通常是在线性方程后面加高阶项。此法诚然有效，但由此增加的可调参数未免增加了过拟合的风险。SVR 采用核函数解决这一矛盾。用核函数代替线性方程中的线性项可以使原来的线性算法“非线性化”，即能作非线性回归。与此同时，引进核函数达到了“升维”的目的，而增加的可调参数却很少，于是过拟合仍能控制。

1. 线性回归情形

设样本集为$(y_1,\boldsymbol{x}_1),\cdots,(y_l,\boldsymbol{x}_l),x\in R^n,y\in R$，回归函数用下列线性方程来表示

$$f(\boldsymbol{x})=\boldsymbol{w}^{\mathrm{T}}\boldsymbol{x}+b \tag{2-170}$$

最佳回归函数通过求以下函数的最小极值得出：

$$\varPhi(\boldsymbol{w},\xi_i,\xi_i^*)=\frac{1}{2}\|\boldsymbol{w}\|^2+C\left(\sum_{i=1}^{l}\xi_i+\sum_{i=1}^{l}\xi_i^*\right) \tag{2-171}$$

式中，C是设定的惩罚因子值；ξ_i、ξ_i^*分别是松弛变量的上限与下限。

Vapnik 提出运用以下不敏感损耗函数：

$$L_\varepsilon(y)=\begin{cases}0 & |f(\boldsymbol{x})-y|<\varepsilon\\ |f(\boldsymbol{x})-y|-\varepsilon & \text{其他}\end{cases} \tag{2-172}$$

通过下面的优化方程：

$$\max_{\alpha,\alpha^*} \boldsymbol{W}(\alpha,\alpha^*) = \max_{\alpha,\alpha^*}\begin{cases} -\dfrac{1}{2}\sum_{i=1}^{l}\sum_{j=1}^{l}(\alpha_i-\alpha_i^*)(\alpha_j-\alpha_j^*)(\boldsymbol{x}_i^{\mathrm{T}}\boldsymbol{x}_j) \\ +\sum_{i=1}^{l}\alpha_i(y_i-\varepsilon)-\alpha_i^*(y_i+\varepsilon) \end{cases} \tag{2-173}$$

在下列约束条件下：

$$0\leqslant \alpha_i \leqslant C \quad i=1,\cdots,l$$
$$0\leqslant \alpha_i^* \leqslant C \quad i=1,\cdots,l$$
$$\sum_{i=1}^{l}(\alpha_i^*-\alpha_i)=0 \tag{2-174}$$

求解：

$$\bar{\alpha},\bar{\alpha}^* = \arg\min\begin{cases} \dfrac{1}{2}\sum_{i=1}^{l}\sum_{j=1}^{l}(\alpha_i-\alpha_i^*)(\alpha_j-\alpha_j^*)(\boldsymbol{x}_i^{\mathrm{T}}\boldsymbol{x}_j) \\ -\sum_{i}^{l}(\alpha_i-\alpha_i^*)y_i+\sum_{i}^{l}(\alpha_i+\alpha_i^*)\varepsilon \end{cases} \tag{2-175}$$

由此可得拉格朗日方程的待定系数 α_i 和 α_i^*，从而得到回归系数和常数项：

$$\bar{w}=\sum_{i=1}^{l}(\alpha_i-\alpha_i^*)\boldsymbol{x}_i \tag{2-176}$$

$$\bar{b}=-\frac{1}{2}\bar{w}[\boldsymbol{x}_r+\boldsymbol{x}_s] \tag{2-177}$$

2. 非线性回归情形

类似于分类问题，一个非线性模型通常需要足够的模型数据，与非线性 SVC 方法相同，一个非线性映射可将数据映射到高维的特征空间中，在其中就可以进行线性回归。运用核函数可以避免模式升维可能产生的“维数灾难”，即运用一个非敏感性损耗函数，非线性 SVR 的解即可通过下面方程求出：

$$\max_{\alpha,\alpha^*} \boldsymbol{W}(\alpha,\alpha^*) = \max_{\alpha,\alpha^*}\begin{cases} -\dfrac{1}{2}\sum_{i=1}^{l}\sum_{j=1}^{l}(\alpha_i-\alpha_i^*)(\alpha_j-\alpha_j^*)K(\boldsymbol{x}_i,\boldsymbol{x}_j) \\ +\sum_{i=1}^{l}\alpha_i(y_i-\varepsilon)-\alpha_i^*(y_i+\varepsilon) \end{cases} \tag{2-178}$$

其约束条件为

$$0\leqslant \alpha_i \leqslant C \qquad i=1,2,\cdots,l$$
$$0\leqslant \alpha_i^* \leqslant C \qquad i=1,2,\cdots,l$$

$$\sum_{i=1}^{l}(\alpha_i^* - \alpha_i) = 0 \tag{2-179}$$

由此可得拉格朗日待定系数 α_i 和 α_i^*，回归函数 $f(\boldsymbol{x})$ 则为

$$f(\boldsymbol{x}) = \sum_{\mathrm{SV}}(\alpha_i^* - \alpha_i)K(\boldsymbol{x}, \boldsymbol{x}_i) \tag{2-180}$$

2.7.5 支持向量机分类与回归算法的实现

由以上两节可知，SVM 算法的主要核心就是求解二次规划问题。数学上解决有约束条件的二次规划（quadric programming，QP）[92]方法有很多种。但 QP 问题的求解算法本身就复杂且实现难度较大。更严重的是随着 SVM 训练样本数的增加，QP 问题对存储空间的需求以样本数的平方级增加。这些原因阻碍了 SVM 的更广泛应用。为此人们提出了多种改进方法，常见的有 Chunking 算法、Osuna 算法和 SMO 算法[93]。它们都利用了以下观察结论：在 QP 涉及的二阶矩阵中，把拉格朗日乘子 $\alpha_i = 0$ 所对应的行和列去掉，目标函数的值不变。这样，一个大规模的 QP 问题就可以分解为一系列小规模的 QP 问题进行求解，其中 1998 年微软公司的 J. C. Platt 工程师提出的序贯极小优化算法（sequential minimal optimization，SMO）最为有效[94]。接着 A. J. Smola 根据 J. C. Platt 为 SVC 设计的 SMO 算法提出了针对 SVR 的 SMO 算法[95]，即 Smola 算法。但 Smola 算法过于复杂，导致运算速度很慢。陶卿等[96]和叶晨洲[97]简化了 Smola 算法，大为提高了运算速度。本工作使用的 SVM 软件采用的就是简化的 Smola 版 SMO 算法。

在算法理论上，它可以看作是 Osuna 分解算法的一种极端情形。算法在每一步中采用有限的启发式方法选择两个对应系数违反规划条件的样本组成 QP 子问题。这样，整个过程中 QP 子问题的规模维持在 2，而这是满足约束条件的最低限度。对每个 QP 子问题，SMO 采用解析方法求解，从而大大提高了求解速度。当所有的 α_i 满足 KKT（Karush-Kuhn-Tucker）条件时算法结束。SMO 算法所需的计算机内存与训练样本数目 n 呈线性关系，训练时间一般介于 $n \sim n^2$，因而可以处理非常大的训练样本集。目前 SMO 已成为训练 SVM 最常用的算法之一。

2.7.6 应用前景

基于 SLT 理论的 SVM 算法之所以从 20 世纪 90 年代以来受到很大的重视，是因为它们对有限样本情况下机器学习中的一些根本性问题进行了系统的理论研究，并且在此基础上建立了一种较好的通用学习算法。以往困扰很多机器学习方法的问题，如模型选择与过拟合问题、非线性和维数灾难问题、局部极小点问题

等，在这里都得到了很大程度的解决。而且，很多传统的机器学习方法都可以看作 SVM 算法的一种实现，因而 SLT 和 SVM 可以作为研究机器学习问题的一个基本框架。一方面研究如何用这个新的理论框架解决过去遇到的很多问题；另一方面则重点研究以 SVM 为代表的新的学习方法，研究如何让这些理论和方法在实际应用中发挥作用。

SLT 有比较坚实的理论基础和严格的理论分析，但其中还有很多问题仍需人为决定，如结构风险最小化原则中的函数子集结构的设计、SVM 中的内积函数（包括参数）的选择等。尚没有明确的理论方法指导我们如何进行选择。另外，除了在监督机器学习中的应用外，SLT 在函数拟合、概率密度估计等机器学习问题以及在非监督机器学习问题中的应用也是一个重要研究方向。

近年来，SVM 算法（包括 SVC 和 SVR）广泛应用于材料设计、分子设计等领域的机器学习建模研究，应用 SVM 算法往往得到更好的建模和预测结果。特别是样本少、维数多的“小样本难题”，应用 SVM 算法建模往往取得较好的效果。我们的研究工作表明在处理噪声不大的小样本实验数据集方面，SVM 算法常优于传统算法结果。SVM 算法应用于规模不大的工业数据集，例如样本数百个、影响因子数十个的数据文件，即使噪声较大，用 SVC 或 SVR 也能得到相对较好的数学模型。至于新产品试制和故障诊断等工作，因是小样本问题，应用 SVM 的好处是显而易见的。

2.8　高斯过程回归

高斯过程回归算法是一种基于贝叶斯概率论的无参数回归方法，核心思想是将模型的输出视为多元高斯分布，即输出的每个样本的分布符合高斯分布[98, 99]。假定模型输出值与观测值之间的偏差为 ϵ，则有

$$y = f(\boldsymbol{x}) + \epsilon \tag{2-181}$$

式中，y 是某样本观测值，$\boldsymbol{x}$ 是该样本的特征向量，$f(\boldsymbol{x})$ 是该样本的模型输出值。当模型为线性时，模型可写成

$$f(\boldsymbol{x}) = \boldsymbol{x}^{\mathrm{T}}\boldsymbol{w} \tag{2-182}$$

式中，$\boldsymbol{w}$ 是线性模型的权重向量，需要在训练模型过程中求解。当模型为非线性时，可引入核函数 $\phi(\boldsymbol{x})$ 来描述非线性关系：

$$f(\boldsymbol{x}) = \phi(\boldsymbol{x})\boldsymbol{w} \tag{2-183}$$

核函数 $\phi(\boldsymbol{x})$ 形式为已知条件（如径向基核函数），$\boldsymbol{w}$ 是 $f(\boldsymbol{x})$ 与 $\phi(\boldsymbol{x})$ 之间的权重向量，仍然需要在训练模型过程中求解。

y 与 $f(\boldsymbol{x})$ 之间存在一定的偏差 ϵ，且假定偏差 ϵ 符合均值为 0、方差为 σ_n^2 的高斯分布，即

$$\epsilon \sim N(0, \sigma_n^2)$$

根据贝叶斯概率论的独立假设条件，训练集的观测值向量 $\boldsymbol{y}$ 的似然函数可以被认为是每个观测值似然函数的乘积：

$$p(\boldsymbol{y} \mid \boldsymbol{X}, \boldsymbol{w}) = \prod_{i=1}^{n} p(\boldsymbol{y}_i \mid \boldsymbol{x}_i, \boldsymbol{w}) \tag{2-184}$$

其中，$p(\boldsymbol{y} \mid \boldsymbol{X}, \boldsymbol{w})$ 为训练集观测值向量 $\boldsymbol{y}$ 的似然函数，其分布与特征矩阵 $\boldsymbol{X}$ 、权重向量 $\boldsymbol{w}$ 有关；$p(\boldsymbol{y}_i \mid \boldsymbol{x}_i, \boldsymbol{w})$ 为某样本观测值 $\boldsymbol{y}_i$ 的似然函数，其分布与该样本的特征向量 $\boldsymbol{x}_i$ 、权重向量 $\boldsymbol{w}$ 有关。

根据模型输出值符合高斯分布的假设条件，观测值 $\boldsymbol{y}$ 的似然函数可以写为如下形式（以线性模型为例）：

$$\begin{aligned} p(\boldsymbol{y} \mid \boldsymbol{X}, \boldsymbol{w}) &= \prod_{i=1}^{n} p(\boldsymbol{y}_i \mid \boldsymbol{x}_i, \boldsymbol{w}) = \prod_{i=1}^{n} \frac{1}{\sigma_n \sqrt{2\pi}} \exp\left(-\frac{(\boldsymbol{y}_i - f(\boldsymbol{x}_i))^2}{2\sigma_n^2}\right) \\ &= \frac{1}{(\sigma_n^2 2\pi)^{\frac{n}{2}}} \exp\left(-\frac{1}{2\sigma_n^2}\left|\boldsymbol{y} - \boldsymbol{X}^{\mathrm{T}}\boldsymbol{w}\right|^2\right) \\ &= N(\boldsymbol{X}^{\mathrm{T}}\boldsymbol{w}, \sigma_n^2) \end{aligned} \tag{2-185}$$

因此，观测值 $\boldsymbol{y}$ 符合均值为 $\boldsymbol{X}^{\mathrm{T}}\boldsymbol{w}$ 、方差为 σ_n^2 的高斯分布。假设权重向量 $\boldsymbol{w}$ 的先验分布 $p(\boldsymbol{w})$ 也符合高斯分布，即

$$\boldsymbol{w} \sim p(\boldsymbol{w}) = \frac{1}{(\Sigma_p 2\pi)^{\frac{n}{2}}} \exp\left(-\frac{|\boldsymbol{w}|^2}{2\Sigma_p}\right) = N(0, \Sigma_p) \tag{2-186}$$

其中，$\sum_p$ 是权重向量 $\boldsymbol{w}$ 的方差。权重向量 $\boldsymbol{w}$ 在训练集上的后验分布 $p(\boldsymbol{w} \mid \boldsymbol{y}, \boldsymbol{X})$ 可以写成

$$p(\boldsymbol{w} \mid \boldsymbol{y}, \boldsymbol{X}) = \frac{p(\boldsymbol{y} \mid \boldsymbol{X}, \boldsymbol{w}) p(\boldsymbol{w})}{p(\boldsymbol{y} \mid \boldsymbol{X})} \tag{2-187}$$

式中，$p(\boldsymbol{y}|\boldsymbol{X})$ 是独立于权重向量 $\boldsymbol{w}$ 的边缘似然函数，在求解 $\boldsymbol{w}$ 时可以视为常数，即

$$p(\boldsymbol{w} \mid \boldsymbol{y}, \boldsymbol{X}) = \frac{p(\boldsymbol{y} \mid \boldsymbol{X}, \boldsymbol{w}) p(\boldsymbol{w})}{p(\boldsymbol{y} \mid \boldsymbol{X})} \propto p(\boldsymbol{y} \mid \boldsymbol{X}, \boldsymbol{w}) p(\boldsymbol{w}) \tag{2-188}$$

将 $p(\boldsymbol{y} \mid \boldsymbol{X}, \boldsymbol{w})$ 与 $p(\boldsymbol{w})$ 分别代入 $p(\boldsymbol{w} \mid \boldsymbol{y}, \boldsymbol{X})$，并经一系列化简，最后可得

$$
\begin{aligned}
p(\boldsymbol{w} \mid \boldsymbol{y}, \boldsymbol{X}) &\propto p(\boldsymbol{y} \mid \boldsymbol{X}, \boldsymbol{w}) p(\boldsymbol{w}) \\
&= \frac{1}{(\sigma_n^2 2\pi)^{\frac{n}{2}}} \exp\left(-\frac{1}{2\sigma_n^2}\left|\boldsymbol{y}-\boldsymbol{X}^{\mathrm{T}}\boldsymbol{w}\right|^2\right) \frac{1}{(\Sigma_p 2\pi)^{\frac{n}{2}}} \exp\left(-\frac{|\boldsymbol{w}|^2}{2\Sigma_p}\right) \\
&\propto \exp\left(-\frac{1}{2\sigma_n^2}\left|\boldsymbol{y}-\boldsymbol{X}^{\mathrm{T}}\boldsymbol{w}\right|^2\right) \exp\left(-\frac{|\boldsymbol{w}|^2}{2\Sigma_p}\right) \\
&= N(\overline{\boldsymbol{w}}, A^{-1})
\end{aligned} \tag{2-189}
$$

其中，$\overline{\boldsymbol{w}} = \boldsymbol{y}\boldsymbol{X}^{\mathrm{T}}\sigma_n^{-2}A^{-1}$，$A = \sigma_n^{-2}\boldsymbol{X}^2 + \Sigma_p^{-1}$。通过化简可得知，$\boldsymbol{w}$ 的后验分布是均值为 $\overline{\boldsymbol{w}}$、方差为 A^{-1} 的高斯分布。假定有未知样本 $\boldsymbol{x}^*$，模型输出为 $f(\boldsymbol{x}^*)$，则该未知样本预测值的似然分布为

$$
\begin{aligned}
p(f^* \mid \boldsymbol{x}^*, \boldsymbol{X}, \boldsymbol{y}) &= \int p(f^* \mid \boldsymbol{x}^*, \boldsymbol{w}) p(\boldsymbol{w} \mid \boldsymbol{X}, \boldsymbol{y}) \mathrm{d}\boldsymbol{w} \\
&= N(\boldsymbol{x}^*\overline{\boldsymbol{w}}, \boldsymbol{x}^{*\mathrm{T}} A^{-1} \boldsymbol{x}^*)
\end{aligned} \tag{2-190}
$$

因此，我们可利用上式预测未知样本的目标值就是似然分布的均值 $\boldsymbol{x}^*\overline{\boldsymbol{w}}$，预测目标值的误差为似然分布的方差 $\boldsymbol{x}^{*\mathrm{T}} A^{-1} \boldsymbol{x}^*$。

2.9　遗传算法和遗传回归

2.9.1　遗传算法

遗传算法（genetic algorithm，GA）是美国的 J. Holland 教授于 1975 年首先提出的模拟生物进化过程的启发式随机搜索算法[100]。遗传算法对基因型对象进行操作，不受目标函数连续性和梯度存在性的限制，适用于目标函数为黑箱或无法直接求得梯度的优化问题。遗传算法易并行在多个 CPU 上，能够节约时间成本；遗传算法采用概率化的寻优方法，能够在没有指定的规则的条件下自适应地调整全局优化搜索的方向；遗传算法具有可扩展性，这指的是它很容易与其他算法结合使用，如遗传算法可应用于机器学习中的特征筛选[101]、超参数优化等[102]。当前，遗传算法已广泛应用于运筹优化[103, 104]、机器学习[105]、分子设计[106, 107]和生命科学[108]等领域。

遗传算法的流程图如图 2-10 所示，其中涉及的基本运算步骤如下：

编码（encode）：将待优化参数编码成由基因组成的染色体，二进制编码是常用的编码方式。二进制编码用长度为 L 的二进制染色体编码一个 $x \in [x_1, x_2]$ 的

实数，α_i 为第 i 位二进制编码的值（0 或 1）。式（2-191）表示染色体与 x 的映射关系。

$$x = \frac{\sum_{i=1}^{L-1} \alpha_i 2^i}{2^l}(x_2 - x_1) + x_1 \tag{2-191}$$

初始化（initialization）：设置进化代数计数器 $t=0$，设置最大进化代数 T、种群个体数 N，根据编码方式随机生成 N 个染色体作为初始群体 $P(0)$。

计算适应度（fitness）：根据目标函数定义适应度函数，然后计算种群 $P(t)$ 中所有个体的适应度。

选择（selection）：选择操作基于群体中个体的适应度评估，个体被选择的概率与其适应度成正比，被选择的个体参与交叉变异，遗传到下一代，未被选择的个体直接淘汰。

交叉（crossover）：将交叉算子作用于被选择的个体，产生下一代个体。交叉运算保留了个体中优良的基因，遗传到下一代。

变异（mutation）：将变异算子作用于被选择的个体，产生下一代个体。变异运算增加了种群的多样性，使得遗传算法能够跳出局部最优解。种群 $P(t)$ 经过选择、交叉、变异运算之后得到下一代种群 $P(t+1)$。

算法终止条件判断：若最优个体满足优化目标或达到最大迭代次数，则以进化过程中所得到的具有最大适应度个体解码后作为最优解输出，从而终止计算。

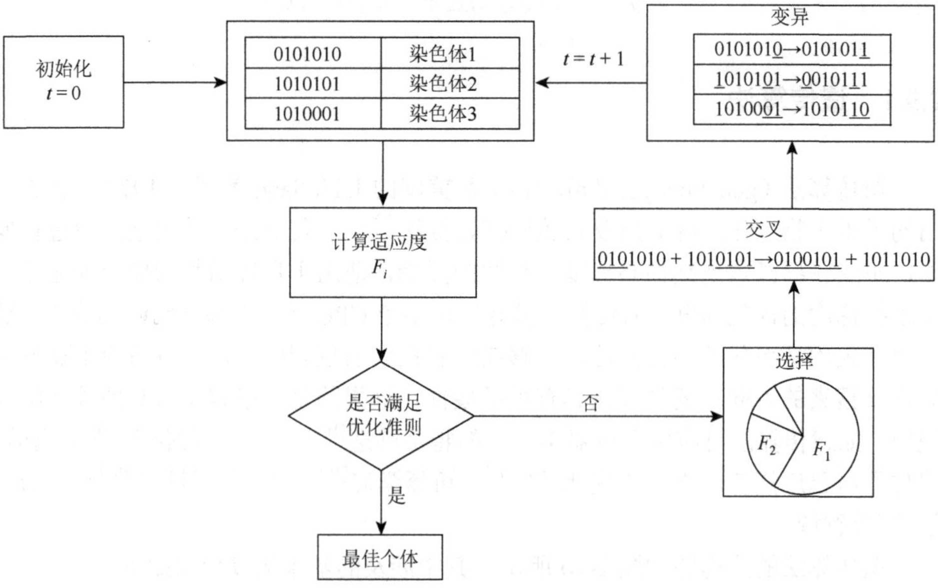

图 2-10　遗传算法流程图[1]

2.9.2　遗传回归

符号回归（symbolic regression）是一种回归分析方法，其目的在于找到合适的数学操作符（如加减乘除），组合特征形成表达式来拟合给定的数据集。符号回归方法得到的模型具有较好的可解释性，被用于自然科学领域的公式搜索和建模[109]。

遗传算法解决的问题可以归结于一个参数优化问题，即找到参数的最优值使得目标函数最大化或最小化，参数之间没有结构，但是在解决复杂问题时，需要结构优化。结构优化不仅优化参数，而且优化参数之间的关系。遗传编程（genetic programming，GP）的出发点是在计算机中自动生成功能程序，其基本形式可以是代数表达式、逻辑表达式或一个小程序片段[110]。遗传编程通过一种语法树（syntax tree）的方式编码个体的染色体，这种编码方式表达了数据与数据之间的结构关系，使其能够解决结构优化问题和结构学习问题。遗传编程与遗传算法的流程相同，不同点在于编码方式和交叉、选择、变异算子，遗传编程适合于结构学习问题。

遗传回归（genetic regression）使用遗传编程方法搜索符号回归中的表达式，并将表达式作为特征输入线性模型建模，遗传回归提供了一种不依赖领域知识，自动从数据中搜索有意义的特征的方法[111]。图 2-11 表示遗传回归与符号回归和遗传编程的关系。

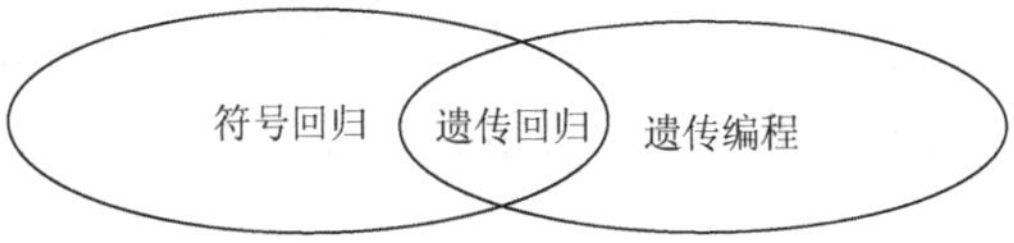

图 2-11　遗传回归与符号回归和遗传编程的关系[1]

遗传回归通过特征间运算转化，从原始特征空间搜索生成与因变量高线性相关的特征，它不依赖于领域知识，弥补了线性模型无法直接拟合非线性关系的缺点，有关计算步骤如下。

1. *编码*

不同于遗传算法采用二进制编码，遗传编程使用语法树编码，使个体能够表达结构并进行交叉变异，编码过程将特征用语法树映射到个体，个体表达为语法树，树的叶节点为特征或常数，内部节点为加减乘除等数学操作符。解码过程只需从叶节点向上回溯。图 2-12 表示一个具体的回归特征的语法树结构。

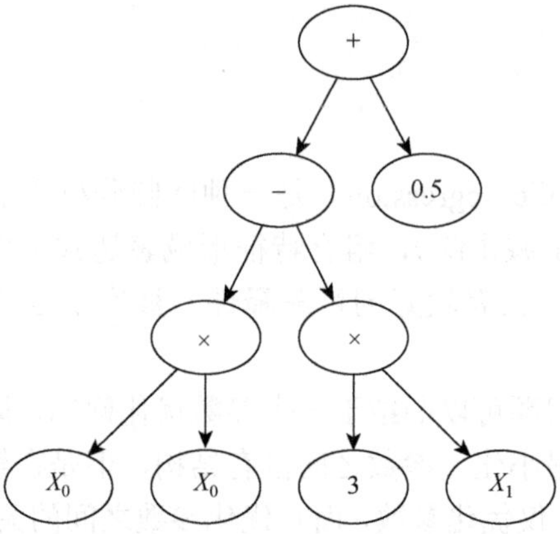

图 2-12　特征 $X = X_0 \times X_0 - 3 \times X_1 + 0.5$ 的语法树[1]

2. 计算适应度

线性模型假设自变量与因变量之间线性相关，相关系数度量两个随机变量之间的线性相关性，高相关系数特征通常可以提高线性模型的预测精度，并且相关系数的计算复杂度低，适合大量个体并行计算。相关系数 p 计算公式如下：

$$p = \frac{\sum_{i=1}^{n}(X_i - \bar{X})(Y_i - \bar{Y})}{\sqrt{\sum_{i=1}^{n}(X_i - \bar{X})^2}\sqrt{\sum_{i=1}^{n}(Y_i - \bar{Y})^2}} \tag{2-192}$$

式中，$\bar{X}$ 和 $\bar{Y}$ 分别为 X 和 Y 变量的平均值；n 为样本个数。

回归模型中过于复杂的特征（对应算法中的个体）容易导致模型过拟合且可解释性较差，因此，适应度的计算中通常加入对个体复杂的惩罚因子 C 来得到较为简单的个体。

$$\text{Fitness} = |p| - C \times \text{len}(X) \tag{2-193}$$

式中，Fitness 是个体的适应度；p 是相关系数；C 是复杂度惩罚因子；len(X)是个体语法树的长度（复杂度）。

3. 选择

选择出的个体参与交叉变异产生下一代，其原则是适应度高的个体有较高概率保留以传递优秀的基因到下一代，适应度低的个体也有较小概率保留以保持种群中的物种多样性。设个体 i 的适应度为 F_i，则个体 i 被选择的概率为

$$P_i = \frac{F_i}{\sum_{i=1}^{n} F_i} \tag{2-194}$$

4. 交叉和变异

交叉是生成下一代个体的主要方式，保留了个体中优良的基因片段，如图 2-13 所示，交叉将两个被选择个体的相同子树进行交换生成下一代个体。

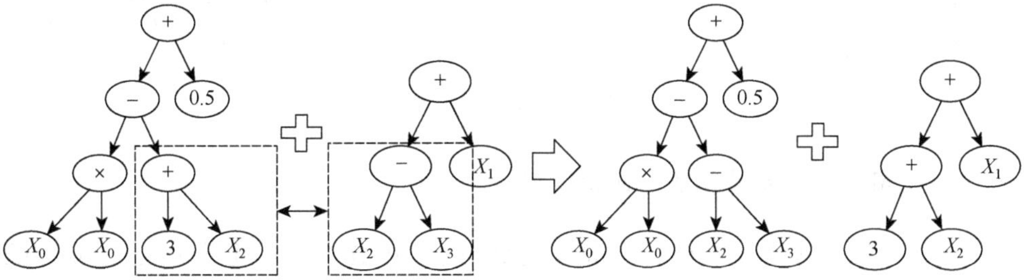

图 2-13　交叉运算示意图[1]

点变异和子树变异是常用的变异方式。点变异随机改变语法树的某一个或多个节点，引入新的基因。图 2-14 为通过点变异运算产生新特征（个体）的示意图。

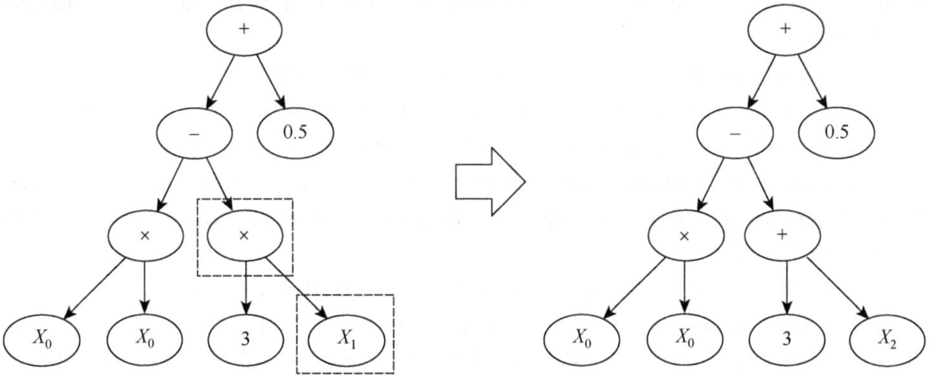

图 2-14　点变异运算示意图[1]

子树变异选择一个个体的一个内部节点，用另一个体替换原个体以此内部节点为根节点的子树，子树变异造成了更大的基因替换，会改变语法树的复杂度，提高种群的多样性。图 2-15 为通过子树变异运算产生新特征（个体）的示意图。

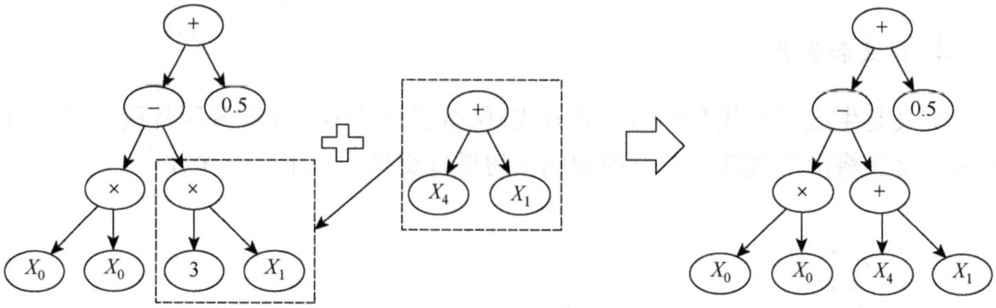

图 2-15　子树变异运算示意图[1]

5. 使用生成的新特征建立回归模型

遗传回归的实现程序有基于 MATLAB 的 GPTIPS[112]、基于 Python 实现的 GPLearn[113]等。

遗传回归是基于遗传编程框架下的机器学习算法，能够不依赖领域知识训练有意义的特征，得到同时具有可解释性和高预测性能的回归模型。

参考文献

[1] 陆文聪，李敏杰，纪晓波. 材料数据挖掘方法与应用. 北京：化学工业出版社，2022.

[2] Hoerl A E. Application of ridge analysis to regression problems. Chem Eng Prog，1962，58：54-59.

[3] Hoerl A E，Kennard R W. Ridge regression：Biased estimation for nonorthogonal problems. Technometrics，2000，42：80-86.

[4] 何晓群，刘文卿. 应用回归分析. 4 版. 北京：中国人民大学出版社，2015.

[5] Breiman L. Better subset regression using the nonnegative garrote. Technometrics，1995，37：373-384.

[6] Tibshirani R. Regression shrinkage and selection via the lasso. J R Stat Soc B，1996，58：267-288.

[7] Robert T. Regression shrinkage and selection via the lasso：A retrospective. J R Stat Soc B，2011，73：273-282.

[8] Wold S，Sjostrom M，Eriksson L. PLS-regression：A basic tool of chemometrics. Chemometr Intell Lab，2001，58：109-130.

[9] 陆文聪，李国正，刘亮，等. 化学数据挖掘方法与应用. 北京：化学工业出版社，2012.

[10] 蒋红卫，夏结来. 偏最小二乘回归及其应用. 第四军医大学学报，2003，24：280-283.

[11] 邓念武，徐晖. 单因变量的偏最小二乘回归模型及其应用. 武汉大学学报（工学版），2001，34：14-16.

[12] Walker S H，Duncan D B. Estimation of the probability of an event as a function of several independent variables. Biometrika，1967，54：167-178.

[13] Hadjicostas P. Maximizing proportions of correct classifications in binary logistic regression. J Appl Stat，2006，33：629-640.

[14] 周志华. 机器学习. 北京：清华大学出版社，2016.

[15] 李航. 统计学习方法. 北京：清华大学出版社，2012.

[16] Cover T，Hart P. Nearest neighbor classification. IEEE T Inform Theory，1967，13：21-27.

[17] Pearson K. On lines and planes of closest fit to systems of points in space. Philippine Magazine 2（6th Series），

1901，1：559-572.

[18] Hoteling H. Analysis of a complex of statistical variables into principals components. J Educ Psychol，1933，24：417.

[19] Wilkins C L，Isenhour T L. Multiple discriminant function analysis of carbon-13 nuclear magnetic resonance spectra：Functional group identification by pattern recognition. Anal Chem，1975，47：1849-1851.

[20] Rasmussen G T，Ritter G L，Lowry D R，et al. Fisher discriminant function for a multilevel mass spectral filter network. J Chem Inf Comp Sci，1979，19：255-265.

[21] Sammon J. A nonlinear mapping for data structure analysis. IEEE T Comput，1969，18：459-473.

[22] 陆文聪，苏潇，冯建星，等. 最佳投影识别法用于 1-(1*H*-1, 2, 4-三唑-1-基)-2-(2, 4-二氟苯基)-3-取代-2-丙醇及其衍生物抗真菌活性的分子筛选. 应用科学学报，2000，18：267-270.

[23] 纪晓波，刘亮，赵慧，等. 最佳投影识别法用于三唑类化合物的抗真菌活性的分子筛选. 上海大学学报（自然科学版），2004，10：191-194.

[24] Bao X，Lu W，Liu L，et al. Hyper-polyhedron model applied to molecular screening of guanidines as Na/H exchange inhibitors. Acta Pharmacol Sin，2003，24：472-476.

[25] 陆文聪，包新华，刘亮，等. 二元溴化物系（$MBr-M'Br_2$）中间化合物形成规律的逐级投影法研究. 计算机与应用化学，2002，19：473-476.

[26] 陈念贻，钦佩，陈瑞亮，等. 模式识别在化学化工中的应用. 北京：科学出版社，1999.

[27] Quinlan R. Induction of decision trees. Mach Learn，1986，1：81-106.

[28] Quinlan R. C4.5：Programs for Machine Learning. California：Morgan Kaufmann，1992.

[29] Breiman L，Friedman J，Olshen R，et al. Classification and Regression Trees. Boca Raton：CRC Press，1984.

[30] Breiman L. Random forests. Mach Learn，2001，45：5-32.

[31] Friedman J. Greedy function approximation：A gradient boosting machine. Ann Stat，2001，29：1189-1232.

[32] Friedman J，Hastie T，Tibshirani R. Additive logistic regression：A statistical view of boosting. Ann Stat，2000，28：337-407.

[33] Ke G L，Meng Q，Finley T，et al. LightGBM：A highly efficient gradient boosting decision tree. NIPS，2017，30：3146-3154.

[34] Hansen L K，Salamon P. Neural network ensembles. IEEE T Pattern Anal，1990，12：933-1001.

[35] Schapire R E. The strength of weak learnability. Mach Learn，1990，5：197-227.

[36] Freund Y，Schapire R E. A decision-theoretic generalization of online learning and an application to boosting. J Comput Syst Sci，1997，55：119-139.

[37] Kearns M，Valiant L. Limitations on learning boolean formulae and finite automata. J Chem Inf Comp Sci，1994，41：67-95.

[38] Zhou Z，Wu J，Tang W，et al. Combining regression estimators：GA-based selective neural network ensemble. Int J Comput Intell，2001，1：341-356.

[39] Schapire R E，Freund Y，Bartlett P，et al. Boosting the margin：A new explanation for the effectiveness of voting methods. Ann Stat，1998，26：1651-1686.

[40] Freund Y. Boosting a weak algorithm by majority. Inform Comput，1995，121：256-285.

[41] Freund Y，Schapire R E. Large margin classification using the perceptron algorithm. Mach Learn，1999，37：277-296.

[42] Freund Y，Iyer R，Schapire R E，et al. An efficient boosting algorithm for combining preferences. J Mach Learn Res，2004，4：933-969.

[43] Freund Y，Mansour Y，Schapire R E. Generalization bounds for averaged classifiers. Ann Stat，2004，32：1698-1722.

[44] Freund Y，Schapire R E. Additive logistic regression：A statistical view of boosting-discussion. Ann Stat，2000，28：391-393.

[45] Schapire R E，Singer Y. Improved boosting algorithms using confidence-rated predictions. Mach Learn，1999，37：297-336.

[46] Schapire R E. The boosting approach to machine learning：An overview. MSRI Workshop on Nonlinear Estimation and Classification. New York：Springer，2002.

[47] Duffy N，Helmbold D. A geometric approach to leveraging weak learners. Theor Comput Sci，2002，284：67-108.

[48] Breiman L. Bagging predictors. Mach Learn，1996，24：123-140.

[49] Jain A. Data clustering：50 years beyond *K*-means. Pattern Recogn Lett，2010，31：651-666.

[50] David A，Sergei V. *K*-means++：The advantages of careful seeding. Proceedings of the Eighteenth Annual ACM-SIAM Symposium on Discrete Algorithms，New Orleans，2007.

[51] Ester M，Kriegel H，Sander J，et al. A density-based algorithm for discovering clusters in large spatial databases with noise. Proceedings of the Second International Conference on Knowledge Discovery and Data Mining，Portland，1996.

[52] Ankerst M，Breunig M，Kriegel H P，et al. OPTICS：Ordering points to identify the clustering structure. International Conference on Management of Data，Pennsylvania，1999.

[53] Rousseeuw P. Silhoueetes：A graphical aid to the interpretation and validation of cluster analysis. J Comput Appl Math，1987，20：53-65.

[54] Lawrence H，Arabie P. Comparing partitions. J Classif，1985，2：193-218.

[55] Steinley D. Properties of the hubert-arable adjusted rand index. Psychol Methods，2004，9：386-396.

[56] Becker H. Identification and Characterization of Events in Social Media. New York：Columbia University，2011.

[57] Rosenberg A，Hirschberg J. V-Measure：A conditional entropy-based external cluster evaluation. Conference on Empirical Methods in Natural Language Processing and Computational Natural Language learning，Prague，2007.

[58] Wasserman P D. Neural Computing Theory and Practice. New York：Van Nostrand-Reinhold，1989.

[59] Zupan J，Gasteiger J. Neural Networks in Chemistry and Drug Design. Weinheim：Wiley-VCH Verlag，1999.

[60] Rumelhard D，Mccelland J. Parallel Distributed Processing：Explorations in the Microstructure of Cognition. Volume 1：Foundations of Research. Cambridge：MIT Press，1986.

[61] Kohonen T. Self-Organisation and Associative Memory. Berlin：Springer，1990.

[62] Kohonen T. Self-Organizing Maps. Berlin：Springer，1997.

[63] Melssen W J，Smits J R M，Buydens L M C，et al. Using artificial neural networks for solving chemical problems：Part II. Kohonen self-organizing feature maps and Hopfield networks. Chemometr Intell Lab，1994，23：267-291.

[64] Rumelhart D E，Hinton G E，Williams R J. Learning representations by back-propagating errors. Nature，1986，323（6088）：533-536.

[65] LeCun Y，Bengio Y，Hinton G. Deep learning. Nature，2015，521（7553）：436-444.

[66] Krizhevsky A，Sutskever I，Hinton G E. Imagenet classification with deep convolutional neural networks. Advances in Neural Information Processing Systems，2012，25：1097-1105.

[67] He K，Zhang X，Ren S，et al. Deep residual learning for image recognition. Proceedings of the IEEE Conference on Computer Vision and Pattern Recognition，2016：770-778.

[68] Hochreiter S，Schmidhuber J. Long short-term memory. Neural Comput，1997，9（8）：1735-1780.

[69] Vincent P，Larochelle H，Lajoie I，et al. Stacked denoising autoencoders：Learning useful representations in a deep network with a local denoising criterion. J Mach Learn Res，2010，11（12），3371-3408.

[70] Cheng W，Liu Y. Long short-term memory neural network for traffic speed prediction using remote microwave sensor data. Transport Res C-Emer，2016，71：118-137.

[71] Wu Z，Pan S，Chen F，et al. A comprehensive survey on graph neural networks. IEEE T Neur Net Lear，2020，32（1）：4-24.

[72] Xie T，Grossman J C. Crystal graph convolutional neural networks for an accurate and interpretable prediction of material properties. Phys Rev Lett，2018，120（14），145301.

[73] Goodfellow I，Pouget-Abadie J，Mirza M，et al. Generative adversarial nets. Advances in Neural Information Processing Systems，2014，27：2672-2680.

[74] Domine D，Devillers J，Chastrette M，et al. Non-linear mapping for structure-activity and structure-property modeling. J Chemometr，1993，7：227-242.

[75] Wang Z，Jenq H，Kowalski B R. ChemNets：Theory and application. Anal Chem，1995，67：1497-1504.

[76] Ruffini R，Cao J. Using neural network for springback minimization in a channel forming process. SAE Mobilus，1998，107：980082.

[77] Fukunaga K. Introduction to Statistical Pattern Recognition. Amsterdam：Elsevier，1972.

[78] Chen N，Lu W. Chemometric methods applied to industrial optimization and materials optimal design. Chemometr Intell Lab，1999，45：329-333.

[79] Chen N，Lu W. Software package “materials designer” and its application in materials research. Intelligent Processing and Manufacturing of Materials，Hawaii，1999.

[80] Lu W，Yan L，Chen N. Pattern recognition and ANNS applied to the formobility of complex idide. Int J Mol Sci，1995，11（1）：33-38.

[81] 刘亮，包新华，冯建星，等. α-唑基-α-芳氧烷基频哪酮（芳乙酮）及其醇式衍生物抗真菌活性的分子筛选. 计算机与应用化学，2002，19：465.

[82] 陆文聪，包新华，吴兰，等. 二元溴化物系（$MBr-M'Br_2$）中间化合物形成规律的逐级投影法研究. 计算机与应用化学，2002，19：474.

[83] 陆文聪，冯建星，陈念贻. 二种过渡元素和一种非过渡元素间形成三元金属间化合物的规律. 计算机与应用化学，2000，17：43.

[84] 陆文聪，阎立诚，陈念贻. PVPEC-PTC 和 V-PTC 材料优化设计专家系统. 计算机与应用化学，1996，13：39.

[85] Vapnik V N. The Nature of Statistical Learning Theory. Berlin：Springer，1995.

[86] Wan V，William C. Support vector machines for speaker verification and identification. Neural Networks for Signal Processing-Proceedings of the IEEE Workshop，2000，2：775-784.

[87] Joachims T. Learning to Classify Text Using Support Vector Machines：Methods，Theory and Algorithms. Netherlands：Kluwer Academic Publishers，2002.

[88] Burbidge R，Trotter M，Buxton B，et al. Drug design by machine learning：Support vector machines for pharmaceutical data analysis. Comput Chem，2001，26：5-14.

[89] Trotter M W B，Buxton B F，Holden S B. Support vector machines in combinatorial chemistry. Meas Control-UK，2001，34：235-239.

[90] Van G T，Suykens J A K，Baestaens D E，et al. Financial time series prediction using least squares support vector machines within the evidence framework. IEEE T Neural Networ，2001，12：809-821.

[91] Vapnik V N. 统计学习理论的本质. 张学工，译. 北京：清华大学出版社，2000.

[92] 袁亚湘，孙文瑜. 最优化理论与方法. 北京：科学出版社，1999.
[93] Keerthi S S，Shevade S K，Bhattacharyya C，et al. Improvements to Platt's SMO algorithm for SVM classifier design. Neural Comput，2014，13：637-649.
[94] Platt J C. Fast training of support vector machines using sequential minimal optimization//Scholkopf B，Burges C，Smola A. Advances in Kernel Methods：Support Vector Machines. Cambridge：MIT Press，1998.
[95] Smola A J，Scholkopf B. A tutorial on support vector regression. Stat Comput，1998，14：199-222.
[96] 陶卿，曹进德，孙德敏. 基于支持向量机分类的回归方法. 软件学报，2002，13：1024-1027.
[97] 叶晨洲. 数据挖掘算法泛化能力与软件平台的研究与应用. 上海：上海交通大学，2002：71-75.
[98] Frazier P I. A tutorial on Bayesian optimization. J Mach Learn Res，2018，18（1）：1-36.
[99] Rasmussen C E，Williams C K. Gaussian processes for machine learning. Cambridge：MIT Press，2016.
[100] Frederick H R. Review of adaptation in natural and artificial systems by John H Holland. ACM Sigart Bulletin，1975，18：529-530.
[101] Shi L，Chang D，Ji X，et al. Using data mining to search for perovskite materials with higher specific surface area. J Chem Inf Model，2018，58：2420-2427.
[102] Zhang Q，Chang D，Zhai X，et al. OCPMDM：Online computation platform for materials data mining. Chemometr Intell Lab，2018，177：26-34.
[103] Horn J，Nafpliotis N，Goldberg D E. A niched pareto genetic algorithm for multi-objective optimization. Proceedings of the First IEEE Conference on Evolutionary Computation，USA，1994.
[104] Fonseca C M，Fleming P J. Genetic algorithms for multiobjective optimization：Formulation discussion and generalization. Proceedings of the 5th International Conference on Genetic Algorithms，Urbana-Champaign，1993.
[105] Azarhoosh A R，Zojaji Z，Nejad F M. Nonlinear genetic-base models for prediction of fatigue life of modified asphalt mixtures by precipitated calcium carbonate. Road Mater Pavement，2020，21：850-866.
[106] Parrill A L. Introduction to evolutionary algorithms//David E C. Evolutionary Algorithms in Molecular Design. New York：John Wiley & Sons Ltd，2008.
[107] Deaven D M，Ho K M. Molecular geometry optimization with a genetic algorithm. Phys Rev Lett，1995，75：288-291.
[108] Petersen K，Taylor W R. Modelling zinc-binding proteins with GADGET：Genetic algorithm and distance geometry for exploring topology. J Mol Biol，2003，325：1039-1059.
[109] Sun S，Ouyang R，Zhang B，et al. Data-driven discovery of formulas by symbolic regression. MRS Bull，2019，44：559-564.
[110] Koza J R. Genetic Programming：On the Programming of Computers by Means of Natural Selection. Cambridge：MIT Press，1992.
[111] Douglas A A，Helio J C B. Symbolic regression via genetic programming. Brazilian Symposium on Neural Networks，Champaign，2000.
[112] Searson D P，Leahy D E，Willis M J. GPTIPS：An open source genetic programming toolbox for multigene symbolic regression. Lecture Notes in Engineering & Computer Conference，2010，2180（1）：83-93.
[113] Genetic Programming in Python，with a scikit-learn inspired API：Gplearn. https ://gplearn.readthedocs.io/en/stable.

第 3 章

特征筛选和超参数优化方法

3.1　特征变量筛选方法

特征筛选（feature selection）自 19 世纪 70 年代就已经引起研究者的关注[1]，一直是数据挖掘中重要的子领域[2]，而特征选择技术也被广泛用到数据挖掘[3]、图像检索[4]、文本分类[5, 6]等应用领域中。

特征筛选就是选取原始特征集合的一个有效子集的过程，使得基于这个特征子集训练出来的模型准确率最高。简单来说，特征筛选就是保留有用特征，移除冗余或无关的特征。在机器学习过程中，特征筛选具有简化模型、增加模型的可解释性，缩短训练时间，避免维度灾难，改善模型通用性、降低过拟合等作用。特征筛选的一般过程包括：产生过程（搜索起点和搜索策略）、评价准则、停止准则和结果验证，如图 3-1 所示。

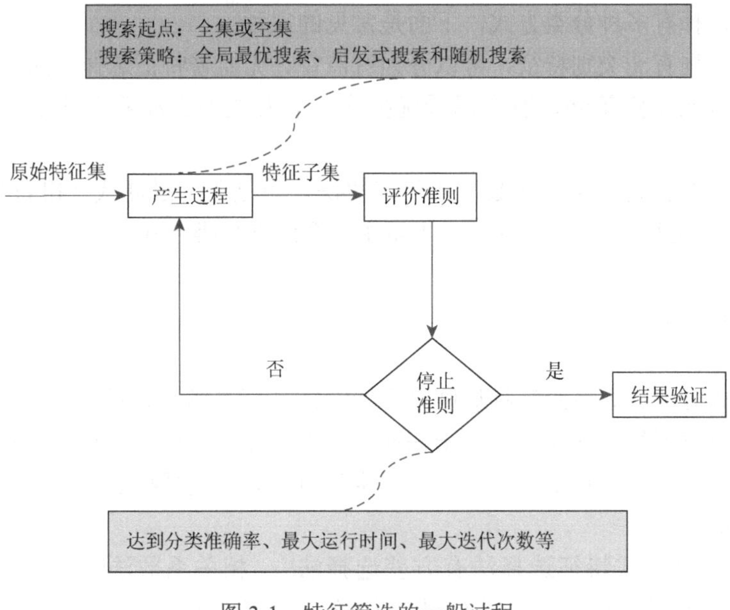

图 3-1　特征筛选的一般过程

其中搜索起点决定了搜索方向，指出从何处开始遍历，四个不同的搜索起点分别对应四个搜索策略：

（1）搜索起点为空集，每次加入一个得分最高（评价准则进行打分）特征到已选特征子集中，这种搜索方式即为前向搜索。

（2）搜索起点是全集（原始特征子集），每次搜索，得分最低的特征将被删除，这种搜索方式是后向搜索。

（3）搜索起点前后方向双管齐下，搜索过程中，加入 m 个特征到已选特征子集中，并且从其中删除 n 个特征，这种搜索方式称为双向搜索。

（4）搜索起点随机选择，在搜索期间增加或删除特征也采取随机的方式，称为随机搜索，它有机会使算法从局部最优中跳出来，有一定概率获取近似最优解。

根据特征子集的搜索方式，可将搜索策略分成全局最优搜索、启发式搜索和随机搜索。

评价准则种类较多，在分类问题中可使用分类正确率或错误率，在回归问题中则可以使用均方根误差、决定系数等。

停止准则一般与特征子集性能关系密切，可在上述评价准则不再上升或降低时停止搜索，也可以设置阈值（如指定的分类准确率、最大运行时间、最大迭代次数等），达到阈值便停止搜索，返回当前特征子集。此外，特征空间搜索完毕，特征选择过程自然就结束了。

结果验证是用最终返回的特征子集来训练和测试模型，验证其有效性，保证原始特征集合可被其取而代之，简化后续分析[7]。

特征选择有多种分类方式，下面是常见的三种：

（1）根据有无类别特征，可以分为有监督、无监督特征选择算法。

（2）按照搜索策略，有全局最优搜索、启发式搜索和随机搜索的特征选择算法。

（3）根据评价标准是否独立于学习算法，可划分为过滤式（filter）、封装式（wrapper）、嵌入式（embedded），本章主要介绍该分类方式。

3.1.1 过滤式

过滤式方法首先按照某种规则对原始特征进行选择，然后再用过滤后的特征子集来训练学习器，它完全独立于任何机器学习算法。这里的某种规则指按照发散性或相关性对各个特征进行评分，设定阈值或者待选择特征的个数，从而选择满足条件的特征。

常用的过滤式特征选择法有方差选择法[8]、相关系数法[8]、最大信息系数法[9]、最大相关最小冗余算法[10]、卡方检验[8]、Relief 算法[11]等。

1. 方差选择法

在方差分析（analysis of variance，ANOVA）中，分析不同来源的变异对总变异的贡献大小，可以确定可控因素对研究结果影响力的大小。假如一个特征的方差很小，即样本在这个特征上基本没有差异，那么可以认为该特征对于样本区分没有作用。因此在使用时，可以分别计算每个特征的方差，然后删除方差小于阈值的特征。

方差选择法将特征重要性完全归结为统计学上的方差，但实际上，方差很小的特征可能携带了非常重要的信息，这要结合特征的意义来考虑，不能脱离实际盲目使用。方差的计算还会受到异常值的影响，所以使用前需要事先对异常值进行相应的处理。

2. 相关系数法

相关系数是最早由统计学家卡尔·皮尔逊设计的统计指标，是研究变量之间线性相关程度的量。在多种定义方式中，较为常用的是皮尔逊相关系数（Pearson correlation coefficient)，特征变量 X 和 Y 的皮尔逊相关系数可由以下公式计算：

$$R=\frac{\sum_{i=1}^{n}(X_i-\bar{X})(Y_i-\bar{Y})}{\sqrt{\sum_{i=1}^{n}(X_i-\bar{X})^2}\sqrt{\sum_{i=1}^{n}(Y_i-\bar{Y})^2}} \tag{3-1}$$

相关系数法要计算各个特征间的相关系数，然后选取出相关系数大于阈值的特征变量对，并根据需求（变量的可解释性和可控制性等）删除变量对中的一个特征变量。对于选取出的特征变量对，也可以使用如下几种方法选择删除变量。

（1）根据特征取值不同的个数判断，保留不同取值多的特征。一般特征取值不同的越多，相对来说可能分裂的地方就越多，也就意味着这个特征包含的信息量越多。

（2）将两特征变量单独与机器学习算法结合建立模型，选取使模型性能更好的特征。

值得注意的是，皮尔逊相关系数只能衡量变量间的线性相关性，该方法适合作为后续变量筛选的一个初步处理，不能依靠该方法计算特征与目标性能间的相关系数来选取特征，因为大多情况下特征与目标性能间呈现着复杂的非线性关系。

3. 最大信息系数法

最大信息系数（maximal information coefficient，MIC）法是 2011 年 Reshef 等[9]

提出用于检测变量之间非线性相关性的方法。该方法是在互信息法（mutual information）的基础上提出的，避免了互信息中复杂的联合概率密度计算，打破了基于熵理论的评价准则只能处理离散型特征的瓶颈，因此最大信息系数还可以应用于回归问题。最大信息系数衡量特征和类别（或目标属性）的相关性，值越大，相关性越高。特征 f_1、f_2 的 MIC 定义如下：

$$\mathrm{MIC}(D)=\max_{XY<B(n)} M(D)_{X,Y}=\max_{XY<B(n)}\frac{I^*(D,X,Y)}{\ln(\min(X,Y))} \tag{3-2}$$

式中，$D=\{(f_{1,i},f_{2,i}),i=1,2,\cdots,n\}$ 是一个有序对集合；X 表示将 f_1 的值域划分为 X 段；Y 表示将 f_2 的值域划为 Y 段；$XY<B(n)$ 表示网格数目小于 $B(n)$（数据总量的 0.6 或 0.55 次方）；分子 $I^*(D,X,Y)$ 表示不同 $X\times Y$ 网格划分下的互信息最大值（有多个）；分母 $\ln(\min(X,Y))$ 表示将不同划分下的最大互信息值归一化。

在各个特征与目标特征的 MIC 计算结束后，便可以根据 MIC 的大小对特征进行排序，然后根据阈值或者设定的特征个数选取特征变量。

4. 最大相关最小冗余算法

最大相关最小冗余（mRMR）就是在原始特征集合中找到与类别相关性最大（max-relevance），但是特征彼此之间冗余性最小（min-redundancy）的一组特征。

从信息论的角度看，特征选择的目标就是选择特征子集 S，使得 S 与类别（目标属性）c 之间具有最大依赖度（max-dependency），即互信息 $I(S,c)$ 最大。而实际应用中，概率密度的估计比较难，从而基于最大依赖度的特征选择实现较困难。并且在特征筛选中，单个好的特征的组合可能并不能增加算法的性能，因为特征之间可能是高度相关的，这就导致了特征变量的冗余，从而 Peng 等[10]提出了最大相关最小冗余算法。

mRMR 使用特征子集 S 中的所有特征 f_i 与类别（目标属性）c 的互信息的平均值来代替最大依赖度：

$$\max D(S,c), D(S,c)=\frac{1}{|S|}\sum_{f_i\in S} I(f_i,c) \tag{3-3}$$

式中，$|S|$ 表示特征个数。

通过最大相关度准则选择出来的特征很有可能具有较多的冗余特征，因此在最大相关度准则的基础上加入如下最小冗余准则：

$$\min R(S), R(S)=\frac{1}{|S|^2}\sum_{f_i,f_j\in S} I(f_i,f_j) \tag{3-4}$$

mRMR 算法将以上两种约束结合起来，可表示为

$$\max \Phi(D,R), \Phi(D,R)=D-R \tag{3-5}$$

若现在已经选出了 p 个特征，则可根据下面的评分函数从剩下的特征集合

$X-S_p$（S_p 表示包含 p 个特征的特征子集）中选择第 $p+1$ 个特征加入特征子集 S_p。评分函数如下：

$$\max_{f_j \in X-S_p}\left[I(f_j,c)-\frac{1}{|S_p|}\sum_{f_i\in S_p} I(f_j,f_i)\right] \tag{3-6}$$

虽然 mRMR 在很多数据上能够取得不错的效果，但是只考虑了冗余在数量上的大小，忽视了有些特征可能拥有的少量独有信息。因此，H. Peng 等在 mRMR 算法后还运用了封装式的序列前向选择或序列向后的方法来提升特征子集的质量。mRMR 方法还有可能过早地选入不相关的特征，而过晚地加入某些有用的特征。

5. 卡方检验

经典的卡方检验（chi-square test）是一种假设检验方法，能够用于分类变量间的独立性检验。假设自变量有 N 种取值，因变量有 M 种取值，考虑自变量等于 i 且因变量等于 j 的样本频数的观察值与期望的差距，可构建统计量：

$$\chi^2=\sum\frac{(A-E)^2}{E} \tag{3-7}$$

式中，A 为观察值；E 为期望频数。

在假设检验中，提出的原假设为变量间是独立无关的。根据卡方分布的性质可知，随着置信水平的提高，χ^2 值越大，将以更大的概率拒绝原假设，即两个变量的相关程度就越高，因此便可以 χ^2 值为标准对特征进行排序来筛选变量。

6. Relief 算法

Relief 算法是用于两类数据的分类问题的一种特征权重算法（feature weighting algorithm），根据各个特征和类别的相关性赋予特征不同的权重，此相关性基于特征对近距离样本的区分能力，权重小于某个阈值的特征将被移除。

如图 3-2 所示，算法从训练集 D 中随机选择一个样本 R，然后从与 R 同类的样本中寻找最近邻样本 H，称为 Near Hit，从与 R 不同类的样本中寻找最近邻样本 M，称为 Near Miss。然后根据以下规则更新每个特征的权重：

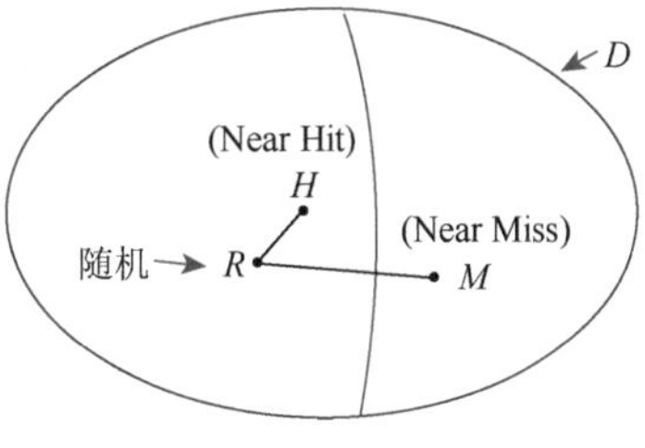

图 3-2　Relief 算法示意图

如果 R 和 Near Hit 在某个特征上的距离小于 R 和 Near Miss 上的距离，则说明该特征对区分同类和不同类的最近邻是有益的，则增加该特征的权重；反之，如果 R 和 Near Hit 在某个特征的距离大于 R 和 Near Miss 的距离，说明该特征对区分同类和不同类的最近邻起负面作用，则降低该特征的权重。

以上过程重复 m 次，最后得到各个特征的平均权重。特征的权重越大，表示该特征的分类能力越强；反之，表示该特征分类能力越弱。

后来出现了可处理多类别问题的 ReliefF 算法[12]，以及针对回归问题提出的 RReliefF 算法[11]。

7. SHAP

Shapley 加权解释（Shapley additive explanation，SHAP）方法是一种基于 Shapley 值的特征重要性评估与模型解释的方法[13]。假设存在 n 个特征组成的特征集 T_n，定义一个机器学习模型 f。向模型 f 输入 T_n 的子集 S 用于建模，得到对应的输出值 $f(S)$。子集 S 的特征个数为 m（$m \leqslant n$）。此时任意一个特征 x_i 的 Shapley 值 ψ_i 可以被定义为

$$\psi_i = \sum_{s \in \{T_n | x_i\}} \frac{m!(n-m-1)!}{n!} [f(S \cup \{x_i\} - f(S)] \tag{3-8}$$

其中，$s \in \{T_n \mid x_i\}$ 表示子集 S 将遍历所有不包含特征的特征集合，式（3-8）的物理含义就是遍历所有不包含特征 x_i 的特征集合在有无特征 x_i 的情况下，模型 f 的预测值的差异情况。若根据式（3-8）计算的 Shapley 值 ψ_i 很小，说明有无特征 x_i 对模型 f 没有影响，也就是特征 x_i 是不重要的影响因素。相反，若 Shapley 值 ψ_i 很大，那么特征 x_i 就是重要的影响因素。

3.1.2 封装式

封装式方法是以后续机器学习模型的性能作为评价标准，采用搜索策略调整子集，以获取近似的最优子集的特征筛选方法，如图 3-3 所示[7]。

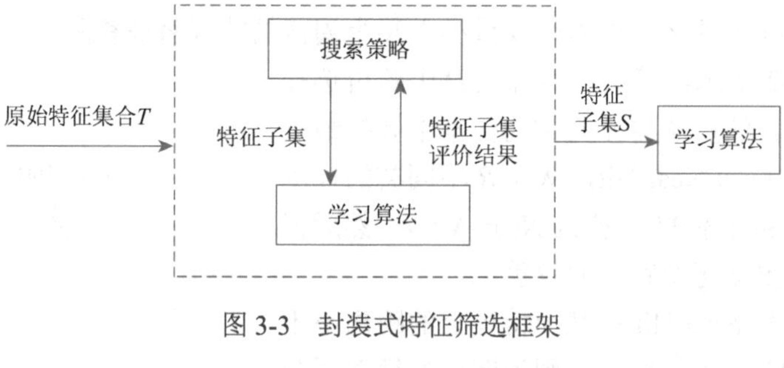

图 3-3 封装式特征筛选框架

封装式方法由两部分组成，即搜索策略和学习算法。搜索策略在前文已有提及，主要包括全局最优搜索、启发式搜索和随机搜索[14]。学习算法的使用没有限

制，主要用来评判特征子集的优劣，如支持向量机、最近邻、随机森林、XGBoost、高斯过程回归等。本小节的封装式方法按搜索策略的分类介绍。

1. 全局最优搜索

全局最优搜索，即找到原始特征集合的全局最优子集，采用最多的是穷举法和分支定界法。

（1）穷举法。穷举法也称耗尽式搜索，它通过搜索每一个存在的特征子集，来发现并选取符合要求的最优的特征子集。由于它可以遍历所有的特征集合，所以一定可以找到全局范围内的最优的特征组合，但算法的执行效率较低，实用性不强。

（2）分支定界法。分支定界法通过剪枝操作来缩短搜索所耗费的时间，也是目前为止全局最优搜索中唯一可以获得最优结果的方法；但是，它要求在搜索开始前预先设定最优特征子集的数目，子集评价函数要满足单调性，同时，当待处理的特征的维数较高时，要重复多次执行算法，这些都在很大程度上限制了它的应用。

2. 启发式搜索

启发式搜索是一种贪心算法，是对搜索的最优性和计算量进行了折中考虑的近似算法，其通过合理的启发规则的设计、重复迭代运算来产生最优的特征子集。

根据起始特征集合和搜索方向的不同，启发式搜索可分为序列前向选择（sequential forward selection，SFS）、序列后向选择（sequential backward selection，SBS）、双向选择（bidirectional selection，BDS）、增 L 去 R 选择（plus-L minus-R selection，LRS）、序列浮动选择（sequential floating selection，SFS）等[15]。

（1）序列前向选择。序列前向选择算法以空集为搜索起点，每次将一个能最大限度提升模型性能的特征加入特征子集，直至模型性能达到最优。

（2）序列后向选择。序列后向选择算法以全集为搜索起点建立模型，而后逐一剔除贡献最低的特征来提升模型性能，直至模型性能达到最优。

（3）双向选择。使用序列前向选择从空集开始，同时使用序列后向选择从全集开始搜索，当两者搜索到一个相同的特征子集时停止搜索，在很多情况下该算法更快。

（4）增 L 去 R 选择。该算法有两种形式：算法从空集开始，每轮先加入 L 个特征，然后从中去除 R 个特征，使得评价函数值最优 $(L > R)$。算法从全集开始，每轮先去除 R 个特征，然后加入 L 个特征，使得评价函数值最优 $(L > R)$。

（5）序列浮动选择。增 L 去 R 选择算法中的 L 与 R 是固定的，而序列浮动选择的 L 与 R 不是固定的，是“浮动”的，也就是会变化的。序列浮动选择根据搜索方向的不同，也可以分为前向选择和后向选择两种，基本过程同增 L 去 R 选择类似。

启发式搜索的复杂性低，执行效率高，在实际的应用中使用十分广泛。需要关注的是，在序列前向选择和序列后向选择过程中，一旦某个特征被选择或者删除，将不能被撤回，这容易陷入局部最优。序列浮动选择则结合了序列向前选择和序列后向选择以及增 L 去 R 选择的优点，使得该算法适用性更高。

3. 随机搜索

随机搜索策略选取特征随机，不确定性强，本次和下次选择的特征子集千差万别，随机搜索有一定概率使算法跳出局部最优，即防止陷入局部最优，找到近似最优解。

常用的随机搜索方法有遗传算法（GA）[16]、模拟退火算法（simulated annealing，SA）[17]、差分进化（differential evolution，DE）、蚁群算法（ant colony optimization，ACO）[18]、量子进化算法（quantum evolutionary algorithm，QEA）[19]、声搜索算法（harmony search algorithm，HSA）、粒子群优化（particle swarm optimization，PSO）算法[20]、人工蜂群算法等。

3.1.3 嵌入式

嵌入式特征选择算法嵌入学习算法中，当模型训练过程结束就可以得到特征子集。

1. 基于树模型

嵌入式特征选择算法中最典型的是决策树算法，如 ID3[21]、C4.5[22]以及 CART 算法等，训练用到的特征便是特征选择的结果。决策树算法在树增长过程的每个递归步都必须选择一个特征，将样本集划分成较小的子集，选择特征的依据通常是划分后子节点的纯度，划分后子节点越纯，则说明划分效果越好，可见决策树生成的过程也就是特征选择的过程。

2. 基于惩罚项

最具有代表性的算法是基于 L_1 正则项的最小二乘回归方法 LASSO[23]。L_1 正则项的性质会使回归系数朝着 0 收缩，并且较小的系数可能会压缩为 0，导致特征稀疏，实现特征选择。

3. 深度学习

深度学习是将特征的表示和机器学习的预测学习有机地统一到一个模型中，

建立一个端到端的学习算法，可有效地避免它们之间准则的不一致性。从深度学习模型中选择某一神经层的特征后就可以用来进行最终目标模型的训练[24]。

3.2　超参数优化方法

模型的超参数优化一般在特征筛选之后，用于进一步提升模型性能与预测能力。具有超参数的机器学习模型无法通过模型训练来拟合得到超参数的最优取值，如支持向量机算法的惩罚因子和核函数种类、集成树模型的树棵数和学习率等。同一个算法构建的不同模型的最佳超参数也往往不同，需要根据特定的模型以及特定的实际问题来筛选出最佳的超参数组合。

超参数优化的过程在一定程度上与特征筛选过程较为类似。超参数优化的本质是选取一个有效的超参数组合，使得基于这个超参数组合训练出来的模型性能最好。超参数优化不会删除超参数种类个数，只会在既有的超参数前提下进行数值优化。在机器学习过程中，超参数优化并不具有简化模型或增强模型可解释的作用，但在一定程度上会降低模型的训练成本、缩短训练时间，例如支持向量机的惩罚因子越小或集成树模型的树棵数越少，都会缩短模型的训练时间。

超参数优化的一般过程与特征筛选类似，也可借助图 3-1 进行说明：产生过程、评价准则、停止准则、结果验证。两者的区别主要集中在产生过程上，即特征筛选涉及特征维度的变化，而超参数优化不会改变超参数个数，仅涉及超参数值的变化。

目前通用且有效的超参数优化方法有：网格搜索、遗传算法、模型序贯优化方法。

3.2.1　网格搜索

在模型参数个数较少，且建模成本较低的情况下，一般采用网格搜索方法，即遍历所有参数在一定范围内设定值的所有排列组合，选取全局最优的参数组合。

以图 3-4 所示的两参数优化为例，在设计网格搜索的参数空间时，首先确定待优化参数 1 与参数 2，如待优化参数分别为支持向量机模型的惩罚因子与 epsilon 参数。其次考虑每个参数的范围与步长，假定两个参数的优化范围均为 0.1～1.0，步长为 0.1，则这两项参数各自有 10 个取值。将这两项参数的取值进行排列组合，可得到 100 种可能性情况。再基于 100 组参数分别构建 100 个机器学习模型，取模型性能最好的一组参数，即为最佳参数组合。

参数1

参数2	0.1	0.2	0.3	···	1.0
0.1	(0.1,0.1)	(0.1,0.2)	(0.1,0.3)	···	(0.1,1.0)
0.2	(0.2,0.1)	(0.2,0.2)	(0.2,0.3)	···	(0.2,1.0)
0.3	(0.3,0.1)	(0.3,0.2)	(0.3,0.3)	···	(0.3,1.0)
⋮	⋮	⋮	⋮		⋮
1.0	(1.0,0.1)	(1.0,0.2)	(1.0,0.3)	···	(1.0,1.0)

图 3-4　网格搜索的参数设计思路

设计的参数搜索空间，如同一张“网”，覆盖了每个参数所有的可能性组合。每个参数的设计步长，会影响搜索网的格点密度以及搜索的精细程度。参数为两个时，我们可以绘制出一张二维网格，可用一张三维图来表示参数优化结果，其中第三维是模型的性能指标。当参数提升至三个及以上时，网格搜索的计算成本将大幅提升，此时可以考虑分步搜索，即先按较大步长进行模糊搜索，再将范围缩小进行精细搜索；同时也可以考虑其他的超参数优化方法，如遗传算法、模型序贯优化方法等，用于快速寻找一组局部最优的参数组合。

3.2.2　遗传算法

遗传算法经常被用于特征筛选，找出模型性能最好的特征子集。由于特征筛选的过程与超参数优化的过程十分相似，只要适当修改遗传算法的染色体结构，遗传算法也可被应用到超参数优化中。

如图 3-5 所示，假设已确定 5 个待优化参数。参数 1 的范围是 0.1～1.0 的连续浮点值（如集成树模型的学习率），参数 2 的范围是 a～e 中的某个字符值（如支持向量机核函数类型），参数 3 的范围是 1～10 的整数值（如决策树的最大深度），参数 4 是布尔值（如主成分分析是否开启白化），参数 5 是 1～5 的某个整数值。遗传算法的染色体长度固定为 5，染色体的每个位点的值可从各个位点参数的范围内生成。遗传算法的超参数优化过程可描述如下：

（1）按设计好的染色体结构，生成初始染色体种群。

（2）依次基于种群内的染色体参数，构建相应的机器学习模型，设定模型性能指标作为对应染色体的适应度，按照适应度对染色体进行排序。

（3）保留适应度较高的染色体，删除适应度较差的染色体。

（4）对每条染色体依次进行变异、配对等操作，补充染色体个数直至种群大小上限。

（5）反复进行步骤（2）～（4），直至迭代次数超出上限或模型性能达到阈值。

染色体结构				
参数1	参数2	参数3	参数4	参数5
0.1～1.0	a,b,c,d,e	1～10	False,True	1,2,3,4,5

染色体举例				
0.43	a	5	False	1
0.12	b	1	True	4
0.25	c	10	False	5
0.92	e	7	True	2
0.55	a	2	False	3
⋮	⋮	⋮	⋮	⋮

图 3-5　网格搜索的参数设计思路

3.2.3　模型序贯优化方法

模型序贯优化（sequential model-based optimization，SMBO）方法，全称为基于模型的序贯优化方法，是一种基于贝叶斯理论的方法，在计算资源十分有限的情况下能获得较好的优化结果[25]。该方法的适用场景通常是机器学习模型的构建成本十分高昂，无法适用常规的网格搜索或遗传算法；又或者是搜索时长的要求较高，需要在尽可能短的时间内得到优化结果。方法的核心思想是基于有限的已知参数优化结果，在局部已知范围内构建计算成本较低的代理模型以代替计算成本较高的原始模型，从而满足搜索的需求。利用原始模型可验证代理模型的搜索结果，搜索结果的误差同时用于提升代理模型的准确性。经过多次的迭代，在已知的局部范围内，代理模型的准确性可无限接近原始模型。

模型序贯优化方法的大致过程如下：

（1）随机生成几组超参数，构建相应的机器学习模型，得到超参数的适应度。

（2）超参数的取值可被视为自变量，适应度被视作目标值。将超参数作为样本输入代理模型中，并训练代理模型。

（3）根据代理模型的预测分布结果，选择适应度最好的超参数组合。根据选出的超参数组合，构建相应机器学习模型，计算得到该组超参数的适应度。

（4）将选出的超参数样本加入到已有的样本集中，更新代理模型。

（5）重复步骤（3）～（4），直到迭代次数超出上限或模型性能达到阈值。

模型序贯优化方法的代理模型需要满足算法参数少、拟合精度高、样本需求量少等要求，通常采用高斯过程（Gaussian process）模型。

3.3 小　结

特征变量的选取是一个偏主观的过程，往往要平衡模型的稳定性、泛化能力、复杂度以及可解释性的关系，可根据实际问题灵活组合使用，没有所谓的正误之分。过滤式方法独立于机器学习算法，从而泛化能力强；省去了学习器的训练步骤，复杂性低；可作为特征的预筛选器，快速去除大量无关特征，成本低，效率高。但是也正因为过滤式方法独立于机器学习算法，所选的特征子集的建模效果相较于封装式方法较差。封装式方法选择的特征子集依靠于机器学习算法，从而相对于过滤式方法，封装式方法选取的特征子集的建模效果更好。封装式方法选出的特征通用性不强，当使用不同的机器学习算法时，需要针对该学习算法重新进行特征选择。此外，由于每次对子集的评价都要进行学习器的训练和测试，所以该框架计算复杂度高，执行时间长，不适合高维数据集。嵌入式方法效果最好、速度最快，模式单调并且效果明显，但是如何设置参数，需要深厚的背景知识。

模型的超参数优化在大部分情况下对模型性能提升的幅度较小，通常起到锦上添花的作用。目前超参数优化的方法主要有网格搜索、遗传算法、模型序贯优化方法。在模型的计算成本较低且超参数较少的情况下，可以采用网格搜索方法把所有可能情况都计算一遍，挑选模型性能最佳的一种情况。当计算成本较高时，可以采用遗传算法、模型序贯优化方法，在较少的计算成本下找到局部较优的参数解。

参考文献

[1] Mucciardi A N，Gose E E. A comparison of seven techniques for choosing subsets of pattern recognition properties. IEEE T Comput，1971，20（9）：1023-1031.

[2] Dietterich T. Machine-learning research：Four current directions. AI Mag，1998，18（4）：97-136.

[3] Jain A K，Duin R P W，Mao J. Statistical pattern recognition：A review. IEEE T Pattern Anal，2000，22（1）：4-37.

[4] Tao D C，Tang X，Li X L，et al. Asymmetric bagging and random subspace for support vector machines-based relevance feedback in image retrieval. IEEE T Pattern Anal，2006，28（7）：1088-1099.

[5] Forman G. An extensive empirical study of feature selection metrics for text classification. J Mach Learn Res，2003，3：1289-1305.

[6] Yan J，Liu N，Zhang B，et al. OCFS：Optimal orthogonal centroid feature selection for text categorization. ACM，2005：122-129.

[7] 李郅琴，杜建强，聂斌. 特征选择方法综述. 计算机工程与应用，2019，55：10-19.

[8] 贾俊平，何晓群，金勇进. 统计学. 北京：中国人民大学出版社，2015.

[9] Reshef D N，Reshef Y A，Finucane H K，et al. Detecting novel associations in large data sets. Science，2011，334（6062）：1518-1524.

[10] Peng H C，Long F H，Ding C. Feature selection based on mutual information criteria of max-dependency，max-relevance，and min-redundancy. IEEE Trans Pattern Anal Mach Intell，2005，27（8）：1226-1238.
[11] Kira K，Rendell L A. A practical approach to feature selection. Proceedings of the Ninth International Workshop on Machine Learning，1992，1：249-256.
[12] Kononenko I. Estimating attributes：Analysis and extensions of relief. Mach Learn，1994，784：171-182.
[13] Lundberg S M，Erion G，Chen H，et al. From local explanations to global understanding with explainable AI for trees. Nat Mach Intell，2020，2（1）：56-67.
[14] 梁伍七，王荣华，刘克礼. 特征选择算法研究综述. 安徽广播电视大学学报，2019，4：85-91.
[15] Liu H，Motoda H. Feature Selection for Knowledge Discovery and Data Mining. Boston：Kluwer Academic，1998.
[16] Wutzl B，Leibnitz K，Rattay F，et al. Genetic algorithms for feature selection when classifying severe chronic disorders of consciousness. PLoS One，2019，14（7）：7.
[17] 张永波，游录金，陈杰新. 基于模拟退火的多标记数据特征选择. 计算机工程与设计，2011，32：2494-2496.
[18] 叶志伟，郑肇葆，万幼川. 基于蚁群优化的特征选择新方法. 武汉大学学报（信息科学版），2007，12：1127-1130.
[19] 周丹，吴春明. 基于改进量子进化算法的特征选择. 计算机工程与应用，2018，54：146-152.
[20] 张翠军，陈贝贝，周冲. 基于多目标骨架粒子群优化的特征选择算法. 计算机应用，2019，1：1-7.
[21] Quinlan J R. Learning efficient classification procedures and their application to chess end games//Michalski R S，Carbonell J R，Mitchell T M. Machine Learning：An Artificial Intelligence Approach. California：Morgan Kaufmann，1983，1：463-482.
[22] Quinlan J R. C4.5：Programs for Machine Learning. California：Morgan Kaufmann，1992.
[23] Tibshirani R. Regression shrinkage and selection via the lasso. J R Stat Soc B，1996，58（1）：267-288.
[24] Zhang Y，Liu Y，Chen C H. Review on deep learning in feature selection. The 10th International Conference on Computer Engineering and Networks，Xi'an，2021.
[25] Hutter F，Hoos H H，Leyton-Brown K. Sequential model-based optimization for general algorithm configuration//Coello C A C. Learning and Intelligent Optimization. Berlin，Heidelberg：Springer，2011：507-523.

第 4 章 基于机器学习的合金材料设计

4.1 基于机器学习的合金材料设计概论

合金材料在高科技发展中扮演着重要的角色，随着合金实验和计算数据的不断积累，合金新材料的研究范式从传统实验、理论演绎和计算模拟逐步进入数据驱动的机器学习范式[1, 2]。利用机器学习方法构建材料性能的预测模型，用于材料优化性能的高通量筛选（HTS）或逆向设计，可以指导合金新材料的设计。

合金材料通常具有高硬度、强腐蚀性和高导电性等优点，例如，铝合金具有强腐蚀性和可焊性[3]，铜合金具有高强度和高导电性[4]。利用传统“试错”方法设计性能更好的合金是耗时和昂贵的。机器学习是行之有效的加速合金设计和性能优化的方法。近十年来，机器学习已广泛应用于高熵合金[5, 6]、形状记忆合金[7]和大块金属玻璃合金[8, 9]等的合金设计和性能优化。

合金可以根据基本物质的成分被分类为多元合金、三元合金和二元合金。与合金性质相关的相可能是单相或多相的。同时，合金的成分、原子参数等也影响着合金的性质。虽然基于机器学习的合金材料设计已经取得了显著进展，但仍存在一些问题需要解决。我们期待合金材料数据获取方式的进一步改进和机器学习技术的进步（如描述符的合理解释、变量筛选和建模算法的改进等）。同时，实验科学家与计算科学家应当密切合作，利用机器学习模型探索合金的新配方和优化性能。相信这些问题是可以解决的，机器学习将成为合金材料设计的一个必不可少的辅助工具。本章分别以高熵合金、低熔点合金和金合金为研究对象，利用机器学习模型设计性能更好（或指定性能）的合金新材料。

4.2 基于机器学习的高熵合金材料设计

高熵合金（HEAs）自 2004 年提出来后，因其极为优异的性能受到了广泛关注。HEAs 成分中涉及多种元素，潜在成分空间较传统合金材料更为庞大，迄今为止研究过的区域仅仅是冰山一角。近年来，机器学习方法开始在 HEAs 材料设计领域崭露头角。目前，研究者已经开始尝试使用数据驱动的机器学习方法来加速高熵合金的优化设计。杨勇教授等[10]应用 SVR、ANN 等机器学习算法建立了 HEAs 中固溶体相、金属间化合物相及非晶相的分类预测模型，评估并拓展了高熵合金的相设计准则；Roy 等[11]采用机器学习方法识别影响 HEAs 的相形成及杨氏模量的关键特征；薛德祯教授等[12]采用机器学习和效应函数相结合的自适应迭代策略，在 AlCoCrCuFeNi 高熵合金体系中搜索出多个具有高硬度的高熵合金；Vecchio 等[13]提出了一种基于机器学习的高通量方法，将热力学、化学特征与随机森林机器学习模型耦合起来用于预测 HEAs 中固溶体相的形成；张统一院士等[14]构建了两个机器学习回归模型用于预测 HEAs 的硬度与极限抗拉强度，模型的相关系数均达到 0.9 以上；宿彦京教授等[15]使用特征工程和物理模型结合的机器学习方法构建了 HEAs 的固溶强化预测模型，为 HEAs 的理性设计提供了一定的指导和依据。为了解决不同机器学习算法预测同一样本的相结构存在差异的难题，侯帅等[16]提出了一个结合机器学习与经验知识的高熵合金相位预测框架，较传统单一机器学习算法的预测精度更高。除此之外，机器学习方法还被应用到 HEAs 催化性能[17]、层错能[18]等相关研究中。这些研究加速了高性能高熵合金的设计和发现，具有十分重要的研究意义。

为了实现从性能到组成的高熵合金逆向设计，并使得模型具有可解释性，我们提出了一种基于机器学习的合金设计系统（ML-based alloy design system, MADS），包括数据集建立、模型构建、组成优化和实验验证等四个模块，以加速设计出硬度更高的高熵合金（图 4-1）[19]。首先，通过收集相关文献中的实验结果，建立了硬度数据库。然后，利用四步特征选择方法确定了影响高熵合金维氏

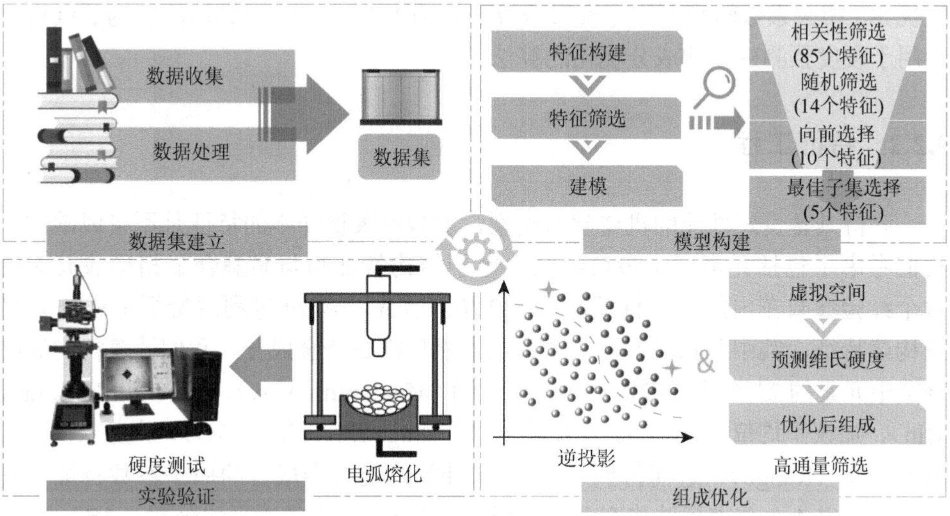

图 4-1　基于机器学习的高熵合金设计研究流程[19]

硬度（HV）的关键特征，并建立了维氏硬度预测模型。接着，通过基于模式识别的逆投影和高通量筛选，优化了高熵合金的组成。最后合成并表征了三组推荐组成，其中 $Co_{18}Cr_7Fe_{35}Ni_5V_{35}$ 是一种新型合金，其硬度比原始数据集中最佳合金（920.2）高出 24.8%。此外，还引入了 Shapley 加法解释（SHAP），揭示模型预测的内在规律。

4.2.1 算法选择

数据的质量好坏在很大程度上决定了机器学习模型能否预测成功。我们主要考虑成分对 HEAs 硬度的影响，因此，为了减少合成方法和工艺参数对硬度的影响，我们从国内外中英文实验文献中收集数据时，仅收集了采用主流的真空电弧熔炼法制备得到的铸态 HEAs 维氏硬度和成分的数据。经过预处理后，共有 370 条铸态高熵合金成分和维氏硬度数据，构建了高熵合金硬度数据库。其中包含了 36 个四元合金、178 个五元合金、132 个六元合金和 24 个七元合金。

没有任何一种算法适用于解决所有的问题，因此我们进行了算法选择。按照 4∶1 的比例划分训练集与测试集，基于合金的成分，分别构建了多元线性回归、反向传播人工神经网络、梯度提升回归、随机森林、极端梯度提升树、支持向量机-径向基核函数、支持向量机-线性核函数和支持向量机-多项式核函数等算法的硬度预测模型。考虑到计算效率，这些算法使都用默认超参数进行模型构建。比较十折交叉验证的 R 和 RMSE，其中支持向量机-径向基核函数在这两个指标上表现优异（相关系数较高而均方根误差较小），所以将 SVR-rbf 算法确定为后续进一步用于硬度预测建模和成分优化的算法。

4.2.2 特征工程

获得具备良好性能的机器学习模型，能很好表征样本的特征是不可或缺的。我们考虑了包括元素原子参数特征、电子结构特征和与高熵合金相形成有关的六个经验参数在内的三类特征，共 142 个。首先，Ward 等利用特征生成框架[20]来构建特征，其中包括 22 个原子参数。然后根据合金成分，我们计算得到这些合金中元素的 22 个原子参数特征的最大值（Maximum，Max）、最小值（Minimum，Min）、加权平均值（Mean）、平均偏差（Average Deviation，AD）、众数（Mode）以及范围（Range），进而得到了 132 个计算后的合金成分的原子参数特征。同时，还给出 4 个与电子结构有关的特征：s 轨道中价电子的平均分数（AS）、p 轨道中价电子的平均分数（AP）、d 轨道中价电子的平均分数（AD）、f 轨道中价电子的平均分数（AF）[21]。此外，考虑到高熵合金的性能与其微观相结构息息相关，我们还引入了与高熵合金相形成有关的六个经验参数：混合熵（ΔS_{mix}）[22]、混合焓（ΔH_{mix}）[23]、原子尺寸差（δ）[24]、合金的加权平均熔点（T_m）[11]、价电子浓度（VEC）[25]、相形成参数（Ω）[26]。

特征筛选可以从原始特征池中筛选得到最具代表性的特征子集。我们采用四步法特征筛选来帮助我们找到影响高熵合金硬度的关键特征。第一步进行相关性特征筛选［图 4-2（a)］，阈值设为 0.95[27]，特征由 142 个减少到 85 个。第二步进行随机森林重要性筛选［图 4-2（b)］。根据每个特征重要性，通过阈值和决定系数（R^2）的关系曲线来确定重要性筛选的最佳阈值。从图可知，阈值为 0.013 是最佳选择，筛选出 14 个特征。第三步是前向搜索法特征筛选［图 4-2（c)］。前向搜索法特征筛选总是从一个空集开始，然后每次从候选特征集中选取一个特征增加至目标特征子集。第一个用于构建模型的特征往往与目标变量关系最为密切，而后在后续每一步中，选择与目标变量净相关性最大的特征进入模型。从图中可知，

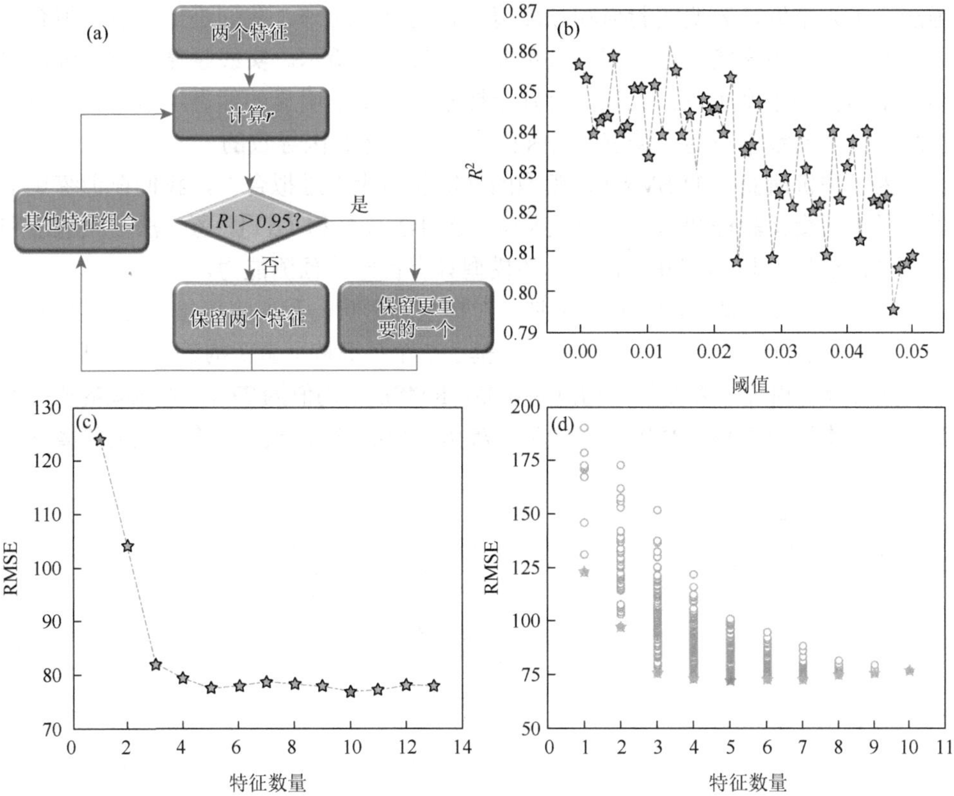

图 4-2　特征选择的过程[19]

（a）相关性特征筛选；（b）基于 RF 的特征筛选；（c）前向搜索法特征筛选；（d）最佳子集筛选

当特征数增加到 10 时，模型误差达到最小，从 14 个特征中筛选出 10 个特征。最后一步是最佳子集筛选［图 4-2（d)］。通过穷举出所有可能的特征子集来建立模型，确定建模误差最小的最佳特征子集。根据不同特征子集的 SVR-rbf 模型的十折交叉验证的误差，模型在 5 个特征时建模误差最小。经过四步法特征筛选，从 142 个特征中筛选得到 5 个影响 HEAs 硬度的关键特征。

4.2.3 模型构建

运用筛选出的支持向量机-径向基核函数方法，以 5 个关键特征为输入，建立了 HEAs 维氏硬度的回归模型。以 RMSE 和 R 作为评价指标，评估硬度预测值与硬度实验值之间的误差和相关性，并采用高效 HyperOpt 方法[28]优化 SVR-rbf 中的三个重要的超参数（不敏感损失系数 ε、惩罚因子 C、宽度系数 γ ）。

参数优化后 SVR-rbf 高熵合金维氏硬度预测模型在训练集上的建模结果和独立测试集上的预测结果如图 4-3（a）和（b）所示。数据点主要分布在对角线（如虚线所示）附近，表明实验值和预测值比较吻合。此外，我们进一步线性拟合了硬度预测值与硬度实验值之间的关系曲线，如实线所示。实线越靠近对角线，说明模型的预测精度越高。此外，有几个样本点出现了明显的偏离，该差异可能是由相应区域的数据不足、铸态 HEAs 硬度不均匀等原因导致的。

为了评价所获得的 SVR-rbf 模型的性能和防止“过拟合”，我们在训练集上进行了十折交叉验证和留一法交叉验证［图 4-3（c）和（d)］。留一法交叉验证和独立测试集的 R 均达到 0.94，说明该模型具有良好的预测能力。

为了减小训练集和测试集随机划分对模型的影响，我们将原始数据集以 4∶1 的比例随机划分训练集与测试集 10 次。基于 5 个关键特征重新构建模型，训练集的十折交叉验证相关系数 R 的平均值为 0.95，RMSE 平均值为 73.4，测试集的相关系数 R 的平均值为 0.94，RMSE 平均值为 75.9。结果表明该模型具有一定的鲁棒性。

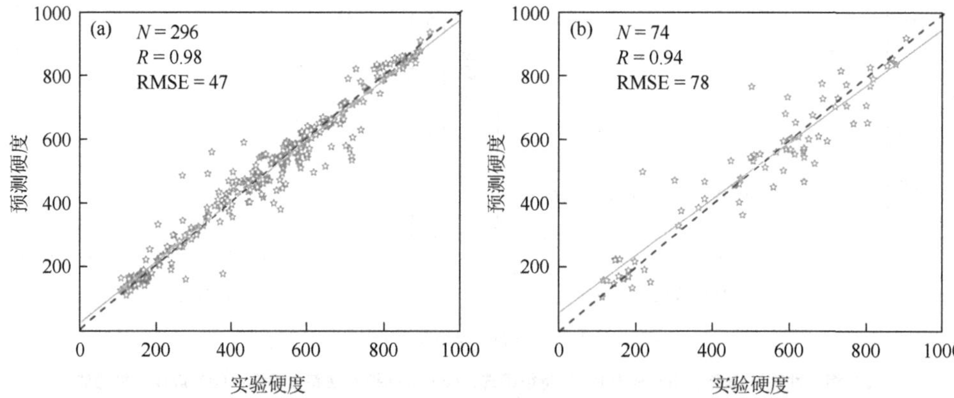

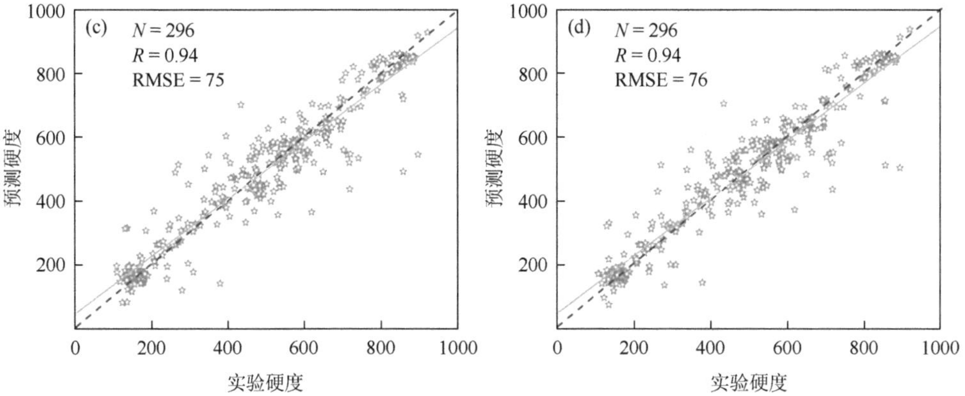

图 4-3　模型预测值和实验值的对比图[19]

（a）SVR-rbf 硬度预测模型在训练集上的建模结果；（b）SVR-rbf 硬度预测模型在独立测试集上的预测结果；（c）SVR-rbf 硬度预测模型十折交叉验证的结果；（d）SVR-rbf 硬度预测模型留一法交叉验证的结果（*N* 代表数据集中样本的个数）

4.2.4　逆向设计

基于模式识别的逆投影（IP）是一种实用的新材料设计方法。考虑到含钒合金在原始数据集中具有较高的硬度，我们采用逆投影方法设计了硬度较高的含钒 HEAs。图 4-4 展示了基于费希尔方法的含钒合金样本的材料模式识别投影图。在原始数据库中，含钒 HEAs 样本有 34 个，其中硬度大于 600 的“优类”样本有 15 个，硬度小于 600 的“劣类”样本有 19 个。从该投影图中可以发现，在虚线的左右两侧，除了 4 个误分类点外，两类样本分类良好。投影图虚线 Fisher[1] = 0.1 可以表示为

$$-0.102[\mathrm{ADAW}] + 0.41[\mathrm{ADC}] - 1.006[\mathrm{VEC}] + 0.409[\mathrm{ADSV}] + 2.834\times10^{-3}\times[T_{\mathrm{m}}] + 1.261 = 0 \tag{4-1}$$

式中，ADAW 表示合金原子质量的平均偏差；ADC 表示合金族序数的平均偏差；ADSV 表示合金比体积的平均偏差；VEC 表示合金价电子浓度；T_{m} 表示合金的平均熔点。

鉴于“优类”样本主要聚集在投影图右侧区域，即该区域为优化区。该优化区内“优类”样本比例为 86.7%，远高于整个投影图区域内“优类”样本的比例（44.1%），所以高硬度的样本有较大的可能性分布在此区域内。同时，考虑到新的候选样本最好位于硬度较高的样本附近，因此在我们优化区内设计了如图两个样本（图 4-4 中的五角星标记点）。这两个设计点在已知高硬度样本附近，可视为已知高硬度样本的外推。

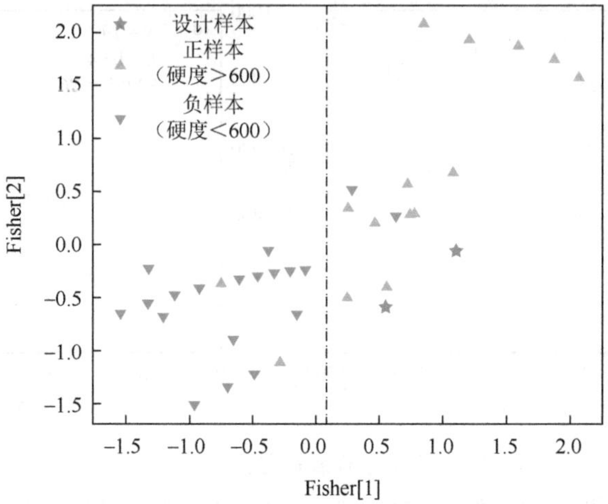

图 4-4 基于费希尔方法的含钒合金样本的材料模式识别投影图[19]

利用逆投影方法可以获得设计样本在原始空间中的特征，根据设计点和虚拟样本的欧氏距离计算，确定所设计的两个样本对应的成分，分别为 $Co_{18}Cr_7Fe_{35}Ni_5V_{35}$ 和 $Al_{20}Cr_5Cu_{15}Fe_{15}Ni_5Ti_{10}V_{30}$。利用建立的 SVR-rbf 模型对设计样本的硬度进行预测，预测结果如表 4-1 所示。两个优化样本的预测硬度均超过了原始数据集中硬度最高的合金的硬度，因此我们将它们确定为候选实验样本。

表 4-1 三个优化成分的实验结果与预测结果比较[19]

方法	组成	预测硬度	实验硬度	误差
IP	$Co_{18}Cr_7Fe_{35}Ni_5V_{35}$	1002	1148	−12.7%
IP	$Al_{20}Cr_5Cu_{15}Fe_{15}Ni_5Ti_{10}V_{30}$	1028	650	+ 58.2%
HTS	$Al_{21}Cr_{27}Fe_{29}Ni_5Mo_{18}$	960	690	+ 39.1%

基于逆投影的成分优化不仅为我们提供模式识别分类投影图，有助于减少对硬度小于 600 的“劣类”样本的计算；还使我们能够快速搜索处于“优类”样本聚集区域内的具有潜在高硬度的成分，这有助于实现材料从性能到成分的逆向设计。

4.2.5 高通量筛选

除逆投影方法外，因为某些合金系样本较少，不足以构建模式识别投影图或在模式识别投影图上不存在明显的分布趋势，所以我们还采用了高通量筛选方法去筛选可能的成分组合以发现具备潜在高硬度的合金成分。

在原始数据库中，除含钒合金外，$Al_{20}Cr_{20}Fe_{20}Ni_{20}Mo_{20}$ 合金的硬度最高。因此，我们按照高熵合金的成分定义，将原子百分比 5%～35%作为合金成分中每种元素成分的上下限，步长为 1%，构建了 AlCrFeNiMo 合金系的虚拟成分空间，得到了四十多万个虚拟合金样本。基于成分计算了这些样本的 5 个关键特征，采用 SVR-rbf 的机器学习模型预报了这些虚拟样本的硬度。最终，根据预测结果筛选出 $Al_{21}Cr_{27}Fe_{29}Ni_5Mo_{18}$ 合金具备较高的硬度（表 4-1），将其也作为候选实验样本。

4.2.6 实验验证

为了验证模型预测结果，我们对逆投影和高通量筛选推荐的 3 种合金成分进行了合成和表征。三个优化成分的实验结果与预测结果比较见表 4-1。

实验结果显示，$Co_{18}Cr_7Fe_{35}Ni_5V_{35}$ 合金具有较高的硬度，较原数据集硬度最高的合金（920.2）提高了 24.8%。预测误差为 12.7%。而对于 $Al_{20}Cr_5Cu_{15}Fe_{15}Ni_5Ti_{10}V_{30}$ 合金来说，预测误差为 58.2%。产生较大预报误差的原因可能在于模型在原始数据集之外进行外推预测的风险比较大。

对于高通量筛选方法推荐的成分 $Al_{21}Cr_{27}Fe_{29}Ni_5Mo_{18}$ 来说，预测误差为 39.1%，这可能是由于搜索空间中已知数据不足所致。具体来说，在我们的数据集中，只有 4 个样本属于 AlCrFeNiMo 合金体系。在未来的研究中，可以通过收集更多的实验结果来减小这种预测误差。

虽然这三个优化样本的预测值与实验值之间均存在一些误差，但仅在这三个样本中就出现了一个突破了原始数据集中最高硬度的合金，说明了基于机器学习指导的材料设计是卓有成效的，能够在一定程度上提升高性能高熵合金的命中率。

4.2.7 模型解释

为了更好地理解模型，进一步阐明关键特征和硬度之间的关系，运用 SHAP 方法来解释训练好的高熵合金硬度预测模型[29]。SHAP 分析结果表明合金的价电子浓度（VEC）是这五个特征中最重要的一个特征，VEC 越小，SHAP 值越大，即硬度预测值越大，这种关系也得到了多项实验研究的支持[14, 30, 31]。VEC 是影响相形成的基本物理参数，也是调节材料脆性和塑性的重要指标[32]。它对 HEAs 固溶体稳定性的影响主要体现在 Hume-Rothery 准则中的原子价和相对价效应，即当合金中的各个组元的原子价较为接近时，合金的固溶度越大，固溶体相对来说比较稳定；而当 VEC 超过某一限度时，HEAs 各个主元间的结合键便会发生紊乱，固溶体稳定性也随之下降，倾向于生成硬质的金属间相[33]。

图 4-5（a）显示了 SHAP 值随 VEC 的变化情况。当 VEC＜7.5 时，VEC 对硬

度预测始终有正向影响，即 VEC 使硬度预测值增大，而当 VEC>7.5 时，VEC 对硬度有负向影响，此时 VEC 使硬度预测值减小。该结果与 VEC 判据[25]较为接近，VEC 判据认为：当 VEC<6.87 时，体心立方（BCC）固溶体相更稳定。而对于相同元素组成的面心立方（FCC）相和体心立方（BCC）相，BCC 组织由于具有更严重的晶格畸变，所以它的固溶强化效果更显著，有助于提高合金的硬度。对于 Al、Cr、Ti、Mo、V 等元素来说，由于它们的 VEC 较低，成分中这些元素含量的增加会降低合金的 VEC，增加合金的硬度。

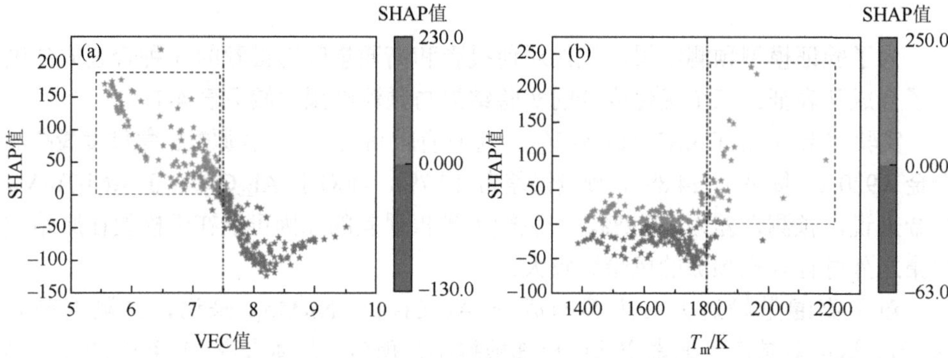

图 4-5　特征与 SHAP 值关系图[19]

（a）合金价电子浓度；（b）合金的加权平均熔点

对于 ADAW、ADSV 和 ADC 这三个特征，主要反映了 HEAs 中原子尺寸的差异，表征了晶格畸变的程度。它们的含义与高熵合金研究中常提及的原子尺寸差（δ）十分接近。事实上，我们在特征池中已经考虑了 δ，但是它在特征筛选的过程中被过滤掉了。可能的解释是，δ 是由一个近似表达式计算出来的，它难以精确地描述尺寸失配[15, 34]。三个特征的影响对硬度呈现出相当一致的正向趋势。原子尺寸差越大，硬度越高。这一结果可能可以用晶格畸变[35]和固溶强化理论[36-38]来解释，不同大小的原子使键长增长或缩短，晶格畸变严重，从而增加硬度，与合金的原子尺寸差异较大时，合金内部容易形成硬质的金属间化合物，使合金的硬度增加的结果一致[35]。

T_m 是 HEAs 成分中各元素的加权平均熔点。我们可以从图 4-5（b）中可以看到，当 T_m<1800K 时，T_m 对硬度提高或降低的影响比较小。而在 T_m>1800K 区域，T_m 对硬度的影响主要为显著的正影响。即加权平均熔点越高，预测得到的硬度也越高。进一步分析分布在 T_m>1800K 区域的数据，可以发现这些样本的成分中都包含一些高熔点元素，如 Ti、Mo、V 和 Cr。这些发现与这些元素对硬度具有明显的强化效果的结论一致[39-43]。

4.2.8　特征外推

为了进一步验证关键特征的有效性，证明其对其他铸态的高熵合金体系硬度预报的适用性，我们又收集了 138 条 CoCrTiMoW 系铸态高熵合金维氏硬度的数据[23, 44]。这些数据是由一个全流程高通量合金合成系统制备的，与直接从不同文献和不同的课题组收集的训练数据不同。并且，CoCrTiMoW 合金系和 W 元素在原数据集中并未出现过。

根据合金的成分和原子参数等信息，计算得到了 5 个关键特征的值，再以这些特征为输入，采用支持向量机-径向基核函数方法建立了该合金系的维氏硬度预测模型。直接建模相关系数 R 为 0.89，十折交叉验证的相关系数为 0.82，平均相对误差 7.9%。该结果说明了 5 个关键特征具备一定的外推预测能力。同时，不难发现部分数据点的预测仍存在一定偏差。建议后续对于该体系的硬度预测，可在此基础上进一步优化特征，以得到更精确的预测结果，实现该体系的硬度优化。

4.3　基于机器学习的低熔点合金材料设计

低熔点合金（LMAs）是一类熔点低于 232℃，由 Sn、Pb、Bi、Cd、In、Ga、Zn 等金属元素组成的二元、三元及多元合金。低熔点合金具有很多优异特性，并且具有不同特性的低熔点合金有不同的潜在应用领域。在众多特性中，熔点是进一步研究其他优异特性的基础，熔点不同的低熔点合金应用也不相同。在庞大的化学空间中，完全依赖实验“试错法”很难设计出符合熔点需求的新型低熔点合金。

利用机器学习技术辅助设计，可以在很大程度上解决多元体系的低熔点合金的熔点预测问题。Li 等[45]使用电负性差值、价电子密度差、电子原子比、金属半径比以及组成元素的平均熔点这 5 个参数结合人工神经网络构建了预测 AB 型金属间化合物熔点的数学模型，并且预测误差通常为熔点绝对温度的 5%左右。Seko 等[46]将密度泛函理论与机器学习算法相结合以预测一元和二元化合物的熔点，比较普通最小二乘回归、偏最小二乘回归、支持向量回归和高斯过程回归这四种方法后，选择了预测效果最好的支持向量回归为最优模型，其在测试集上的均方根误差为 262K，但当待测样本的元素没有在训练集中出现时，预测误差大、可靠性低。Tetko 等[47]利用文本挖掘从已发表专利中提取了数十万种化合物的数据，使用支持向量回归构建了熔点预测模型，其中化学空间的类药物区域分子的熔点模型在测试集上的均方根误差为 32.2℃。Bhat 等[48]针对包含 4173 个非药物有机分子熔点的数据集，使用集成极限学习机方法、最近邻回归和人工神经网络构建模型，集成极限学习机的结果略优于其他两个模型，其交叉验证的测试集均方根误差为 45.4K。Varnek 等[49]使用支持向量回归、多元线性回归、反向传播神经网络等 6 种线性与非线性机器学习算法对 717 种含氮有机阳离子分别进行了详尽的结构-熔点定量研究。对于完整的数据集，各个模型的五折交叉验证的均方根误差在 37.5～46.4℃范围内。Qin 等[50]为从低熔点陶瓷中寻找高性能低温共烧陶瓷，采用两阶段机器学习框架建立无机氧化物的熔点预测模型，化学成分被用作第一阶段建模的特征，在第二阶段，依据领域知识引入了新的特征，分别使用人工神经网络和梯度提升决策树来构建熔点预测模型。人工神经网络算法建立的第二阶段模型性能最好，决定系数为 0.797，均方根误差为 247.4K。模型对 3600 个已知化学式但未知熔点的无机氧化物进行预测，发现了几种新的具有需求低熔点的无机氧化物。

为了进一步应用和解释模型，针对小样本的低熔点合金性能数据，我们提出性能驱动的逐步设计策略，设计符合需求的低熔点合金候选样本（图 4-6）[51]。根据文献中收集的 56 个低熔点合金的组分及熔点数据，选取元素组分及新构建的候选特征形成特征池，以熔点为目标，探索不同的特征筛选方法和岭回归、XGBoost 及支持向量回归方法的结合，分别构建出熔点预测模型。经交叉验证评估模型的稳定性后，构建了新的 R-X-S 集成模型，并经测试集与验证集测试了模型的泛化能力，最后确定以 R-X-S 集成模型为逐步设计策略中使用的模型。此外，对三个特征子集进行特征分析，提出了适当的元素组分范围。在样本设计环节提出了逐步设计策略，其在不同的步骤中以不同的步长生成虚拟样本，针对目标需求，结合 R-X-S 集成模型和定义的预测误差函数计算每个虚拟样本的预测不确定性，从而选取出符合需求的不确定性小的候选样本。

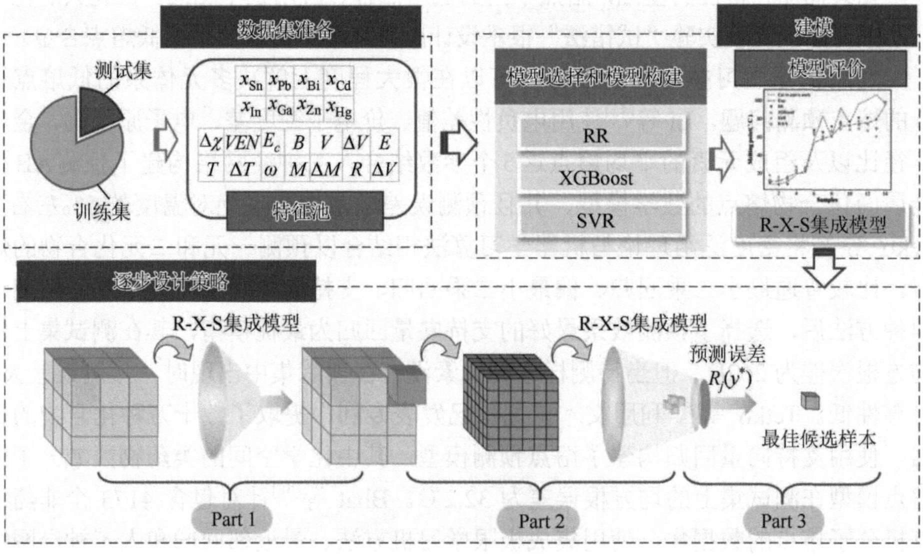

图 4-6　逐步设计策略设计低熔点合金材料流程[51]

4.3.1　数据收集和特征构建

数据来源于已发表文献中报道的低熔点合金样本，包含低熔点合金的各成分质量分数与熔点[52-59]。由于数据来源于不同文献，对于相同的低熔点样本，取去除熔点极值后的平均值为该类样本的熔点数据。最终数据集中共包含 56 个低熔点合金样本，为保证建立的模型的稳定性与泛化能力，将数据集以 4∶1 的比例随机划分为训练集与测试集，其中训练集有 44 个样本，测试集包含 12 个样本。

数据集中不包含 Pb 和 Hg 的低熔点合金主要集中在 Sn-Bi-In 体系和 Ga-In-Sn-Zn 体系，这两个体系的熔点范围分别为 60～200℃和 6.5～25℃。整个样本的熔点范围为 6.5～200℃，各元素的摩尔分数最值如表 4-2 所示，可为样本设计工作提供元素组分范围参考。

表 4-2　各元素的摩尔分数最值[51]

	Sn	Pb	Bi	Cd	In	Ga	Zn	Hg
最小值	0.04	0.148	0.017	0.013	0.032	0.71	0.012	0.023
最大值	0.869	0.958	0.552	0.451	0.769	0.968	0.141	0.092

为了解低熔点合金中各元素的分布以及元素组分与熔点之间的关系，将数据集中的元素组分与熔点进行关系可视化（图 4-7）。根据各个子图的边缘直方图可知，包含 Sn、Pb 和 Bi 这三个元素的样本最多，包含其他元素的样本较少。根据子图的线性回归拟合直线发现，Sn 和 Pb 的含量越高，熔点越高，即 Sn 和 Pb 的元素组分与熔点有明显的正线性相关；Ga 的含量高时，熔点均较低。包含其他元素的样本较少，不能判断这些元素组分与熔点间呈何种关系。

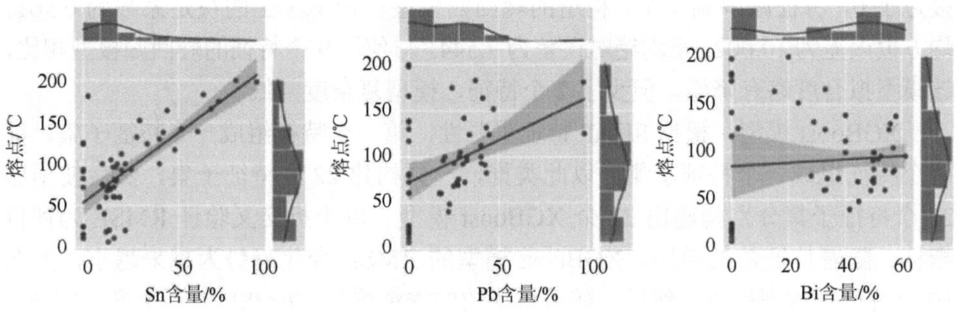

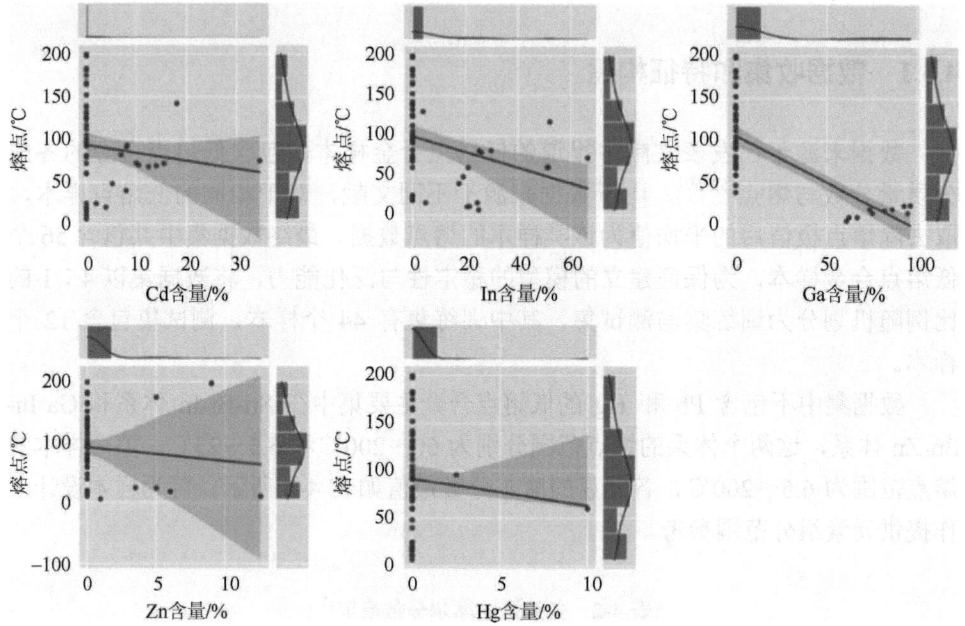

图 4-7 各元素组分与熔点关系图[51]

4.3.2 模型构建

岭回归模型：为避免过拟合，保证模型泛化能力，采用逐步向前法选择特征，并以考虑拟合效果和模型复杂度的赤池信息量准则（Akaike Information Criterion，AIC）为评估准则。当使用包含了 9 个特征的特征子集$\{x_{Pb}, x_{Cd}, x_{Ga}, x_{Hg}, B, \Delta V, \Delta T, \Delta M, \Delta R\}$来构建模型时，$AIC = 329$，达到最小。为找到能确保参数估计稳定的最优正则化参数α，使用留一法交叉验证来进行参数优化，当$\alpha = 0.037$时岭回归的留一法结果最好，决定系数为 0.953，均方根误差为 11.154；训练集的决定系数为 0.970，均方根误差为 8.757，平均绝对误差为 6.683。

基于岭回归估算出了标准化回归系数，其中 2 个特征标准化回归系数绝对值接近于 0，特征减少到 7 个。构造的岭回归模型在训练集上的决定系数为 0.961，均方根误差为 10.002，平均绝对误差为 7.544，与使用 9 个特征的岭回归模型相比，该模型拟合度略有降低，但少了 2 个特征，模型复杂度降低。

XGBoost 模型：根据 SHAP 特征重要性，第一个特征组成一个特征子集，前两个特征组成一个特征子集，以此类推，一共构建 22 个特征子集，然后使用这 22 个特征子集分别构建出 22 个 XGBoost 模型。以十折交叉验证 RMSE 为评价指标，随着特征数的增加，XGBoost 模型的 RMSE 变化趋势为越来越小，并在 10 个特征处达到最小，然后，随着特征数的继续增加，RMSE 波动上升。因此，为平衡模型的预测效果与复杂度，选取 SHAP 特征重要性最高的前 10 个特征为 XGBoost 模型的最佳建模子集，从而可构造出用于低熔点合金的熔点预测的 XGBoost 模型。接着使用网格搜索法进行超参数优化，从而获得在训练集上表现优异的模型。在训练集上的 XGBoost 的建模决定系数为 0.998，均方根误差为 0.698，平均绝对误差为 0.502。

支持向量回归模型：为降低模型复杂度，使用封装支持向量回归的逐步向后法进行特征筛选，以模型的 RMSE 为评价指标，最终筛选出 7 个特征。为进一步提升模型精度，采用网格搜索进行超参数优化，这里使用网格搜索对指定参数范围内的参数进行详尽搜索，并以十折交叉验证的结果为评估标准。最终构建的具有最高性能的支持向量回归模型的参数分别为 $C=100, \varepsilon=1, \gamma=0.1$，核函数取径向基核函数。支持向量回归模型在训练集上建模的决定系数为 0.958，均方根误差为 10.411，平均绝对误差为 8.358。

R-X-S 集成模型：为评估模型的稳定性，对岭回归、XGBoost 和支持向量回归三个模型均进行十折交叉验证，图 4-8 是模型在训练集上十折交叉验证结果。

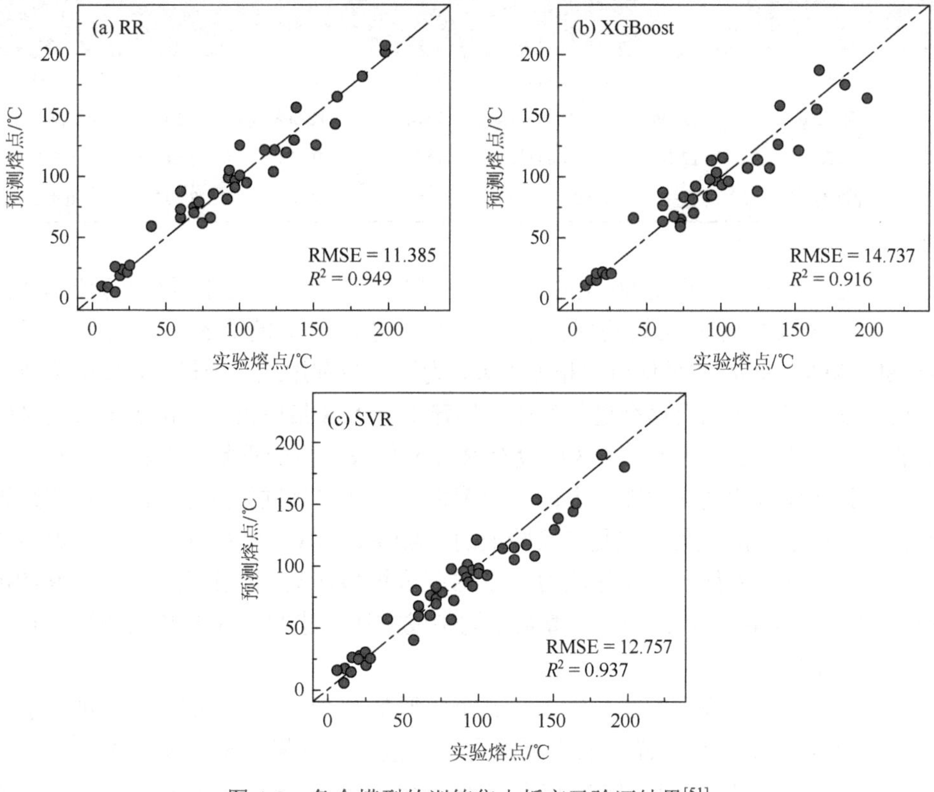

图 4-8　各个模型的训练集十折交叉验证结果[51]

（a）岭回归；（b）XGBoost；（c）支持向量回归

岭回归模型的十折交叉验证具有最小的 RMSE 和 MAE，最大的 R^2，其中 RMSE 和 MAE 分别为 11.385 和 8.688，R^2 为 0.949；XGBoost 的十折交叉验证具有最大的 RMSE 和 MAE，最小的 R^2，RMSE 和 MAE 分别为 14.737 和 11.169，R^2 为 0.916；支持向量回归模型的十折交叉验证结果居于岭回归和 XGBoost 两模型之间。

交叉验证结果和建模结果对比发现，建模精度最好的 XGBoost 模型的交叉验证结果反而不是最好的，这是由于 XGBoost 为串行学习的模型，对异常值较为敏感，建立的模型一般会呈现偏差小、方差大的情况。此外，交叉验证的结果一般几乎是无偏的，但方差很大，并会受数据质量影响。因此，为降低串行学习及交叉验证过程中随机分区带来的影响，使用重复的交叉验证来减少交叉验证估计的方差。这项工作中，将十折交叉验证重复 50 次，并以 50 次交叉验证的 RMSE、MAE 和 R^2 的平均值作为模型鲁棒性的评价标准，结果见表 4-3。

表 4-3　各模型的重复 50 次交叉验证结果与测试集结果[51]

	交叉验证			测试集		
	RMSE	MAE	R^2	RMSE	MAE	R^2
RR	10.861	8.841	0.840	9.624	8.111	0.969
XGBoost	12.196	10.086	0.801	12.308	8.641	0.945
SVR	12.101	9.647	0.821	9.478	7.611	0.969
R-X-S	—	—	—	8.704	7.497	0.975

对比分析表明，重复 50 次的交叉验证结果接近未重复的十折交叉验证结果，这说明三个模型都是比较稳定的。最重要的是，三个模型的重复交叉验证的 RMSE、MAE 和 R^2 的平均值均相差不大，为了有效利用这三个模型，使用算数平均集成方法将上述三个模型进行集成，构建出 R-X-S 集成模型。由于十折交叉验证的分区是随机的，因此表 4-3 中没有 R-X-S 集成模型的重复交叉验证结果。

为验证模型的泛化性能，上述 4 个模型均对独立测试集进行预测，预测结果如表 4-3 所示。测试集与重复交叉验证的 RMSE、MAE 和 R^2 相差不大，说明前三个模型均有较为优异的泛化能力。R-X-S 集成模型在测试集上具有最小的 RMSE 和 MAE，最大的 R^2，证明使用算数平均集成方法构建的 R-X-S 集成模型具有更优异的泛化性能。

为进一步验证模型的泛化能力，4 个模型都对 Pan[60]的外部验证集进行了预测，图 4-9 展示了每个样本的文献报道实验值、计算值与模型预测值[51]。对于样本 7、样本 9、样本 11、样本 12 这 4 个四元合金来说，文献报道的熔点计算值与实验值有很大的偏差，其他二元三元合金熔点计算值与实验值的误差较小；对本项工作构建的四个模型来说，验证集的样本预测值均比较接近实验值。此外，文献报道的计算值以及各模型预测值的 RMSE、MAE 和 R^2 如表 4-4 所示。显然，与计算值相比，各个模型的 RMSE 和 MAE 均较小，R^2 较大，表明构建的 4 个模型均优于文献报道的液相线方程。

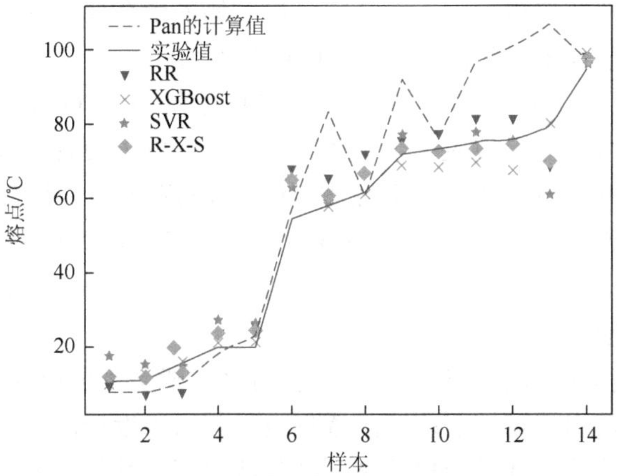

图 4-9　每个样本的文献报道计算值、实验值与模型预测值[51]

表 4-4　验证集预测结果[51]

方法	RMSE	MAE	R^2
Pan 的方法	14.534	10.279	0.742
RR	6.777	5.937	0.944
XGBoost	4.445	3.101	0.970
SVR	6.755	4.846	0.944
R-X-S	4.578	3.405	0.974

从各模型的样本预测值来看，XGBoost 模型对熔点偏低的样本有很好的预测效果，支持向量回归模型对熔点偏高的样本有很好的预测性能，而岭回归模型的预测值在实验值的附近波动，没有明显的优势区间。虽然岭回归、XGBoost 和支持向量回归这三个模型的鲁棒性与泛化性能均相差不大，并且 R-X-S 集成模型与 XGBoost 模型在验证集上的评估指标几乎相同，但前三个模型都是对部分熔点区间的样本具有出色的预测能力，而 R-X-S 集成模型则对绝大部分样本均有较好的预测性能，说明 R-X-S 集成模型以牺牲单一模型部分区间优越的泛化性能为代价，换取了集成模型在总的熔点区间上的稳定性。可见，R-X-S 集成模型可以有效解决小样本的低熔点合金的熔点建模问题，故而 R-X-S 集成模型将被应用于后续的低熔点合金设计工作。

4.3.3 低熔点合金设计

低熔点合金的应用领域因熔点的不同而不同。熔点低于 100℃的低熔点合金可以尝试用作焊料，以缓解电子封装中分层结构的中介层翘曲问题，并且由于电子产品和生物医学设备的耐热性有限，熔点约为 90℃的合金具有很大的潜力被开发成可用的焊料[61]；熔点为 15.7℃的共晶镓基合金（0.75Ga-0.25In）是目前较为流行的一种镓基合金，已被应用于电子领域的特殊电子设备，作为设备冷却剂或柔性部件[62]。但在数据集中，大多数熔点低于 100℃的合金都含有 Pb 和 Hg，还包含较大比例的 Ga 和 In，而 Pb 和 Hg 对人类健康和环境有很大影响，Ga 和 In 的成本较高，因此，需要在满足熔点需求的情况下，设计成本更低的低熔点合金以适用于广泛的应用。

为实现性能驱动的低熔点合金设计这一目标，避免生成巨大的虚拟样本空间，减少计算成本，提出一种性能驱动的逐步设计策略以设计出符合熔点需求的潜在合金样本。该设计策略基于构建的 R-X-S 集成模型，并且需要将需求的目标值设为 Target，可容忍误差范围设为 Target Range。

针对 90℃的熔点需求，期望设计低成本且环保的低熔点合金以便能够大规模应用。因此，设 Target = 90℃，Target Range 为±10℃。由于数据集中 Sn-Bi-In 体系和 Ga-In-Sn-Zn 体系的熔点范围分别为 60～200℃和 6.5～25℃，为了保证合金设计的合理性，优先在这两个体系中搜索潜在低熔点合金。Sn-Bi-In 体系和 Ga-In-Sn-Zn 体系在虚拟空间中的摩尔分数范围为：$0 < x_{Sn} < 0.91$，$0.15 < x_{Bi} < 0.65$，$0 < x_{In} < 0.65$，$0.6 < x_{Ga} < 1$，$0 < x_{Zn} < 0.16$，步长为 0.05，同时，保证两个体系的摩尔分数之和为 1。因此，Sn-Bi-In 体系和 Ga-In-Sn-Zn 体系分别生成了 105 个和 46 个虚拟样本。

使用 R-X-S 集成模型对虚拟样本进行预测，在 Sn-Bi-In 体系中搜索熔点为 90℃的潜在低熔点合金样本，该策略可以有效避免在不合适的体系中盲目搜索理想低熔点合金问题。根据熔点为 90℃的需求并结合结果，可以将元素组分范围缩小为 $x_{Sn} \in [0.4, 0.5]$，$x_{Bi} \in [0.3, 0.45]$。以小步长 0.01 在新的元素组分范围内生成虚拟样本，当然，如果需要也可以选择更小的步长。应用 R-X-S 集成模型对新生成的虚拟样本进行预测，依据±10℃的浮动，筛选出预测值在 80～100℃范围内的样本作为候选样本。最后，计算每个候选样本的预测误差 $\mathrm{Pe}_j(y^*)$ 以评估预测风险。选取预测误差最小的三个虚拟样本作为熔点 90℃的潜在低熔点合金（表 4-5）。潜在低熔点合金不含铅和汞，铟含量低，有望成为熔点为 90℃的焊料的候选对象。

表 4-5　逐步设计策略设计的潜在低熔点合金[51]

组成	熔点/℃	预测误差
0.42Sn-0.4Bi-0.18In	90	4.656
0.42Sn-0.43Bi-0.15In	90	5.916
0.41Sn-0.40Bi-0.19In	90	6.069
0.60Ga-0.17In-0.11Sn-0.12Zn	16	3.097
0.60Ga-0.17In-0.10Sn-0.13Zn	16	3.220
0.60Ga-0.17In-0.12Sn-0.11Zn	16	3.528

针对熔点为 15.7℃的共晶镓基合金，期望开发出具有相似熔点的新型低成本合金，以适应广泛的应用。因此，设 Target = 16℃，Target Range 同样为±10℃。根据上述结果，在限定的元素组分范围内，Ga-In-Sn-Zn 体系的预测熔点范围为 7～35℃，从而同样使用逐步设计策略寻找熔点为 16℃的低熔点合金。

Ga 和 In 的摩尔分数越大，合金的熔点越低，这是因为 Ga 的熔点为 29.76℃，In 的熔点为 156.52℃，这些定量趋势与熔点下降理论一致，即不纯物质的熔点通常低于纯物质[63]。预测结果发现，预测熔点为 16℃的虚拟样本有多种组合。由于期望 Ga 和 In 的含量尽可能低，因此 Ga 和 In 的摩尔分数范围分别限制为 $x_{Ga} \in [0.6, 0.65]$，$x_{In} \in [0.15, 0.25]$。然后以 0.01 的小步长重新生成样本，根据 R-X-S 集成模型预测样本熔点，并筛选出稳定的候选物。最后，三种熔点为 16℃的潜在低熔点合金如表 4-5 所示，其中，Ga 和 In 的摩尔分数分别小于共晶镓基合金的 0.75 和 0.25，成本降低，有了替代共晶镓基合金的可能性。

4.3.4　实验验证

使用差示扫描量热法（differential scanning calorimetry，DSC）在氩气环境下以 10℃/min 的加热速率确定了样本 0.60Ga-0.17In-0.11Sn-0.12Zn 在−50℃和 100℃范围内的熔点。DSC 曲线见图 4-10 所示，候选样本的熔点为 9.55℃，与预测值的绝对误差为 6.45℃，在 R-X-S 集成模型的误差范围（RMSE = 8.704，MAE = 7.497）内。

4.3.5　特征分析

比较岭回归、XGBoost 和支持向量回归这三个模型的最佳特征子集，发现三个最优特征子集中都有共同的特征体积模量均值 B 与熔点差 ΔT，从而可以认为 B 和 ΔT 对低熔点合金的熔点有显著影响。使用 SHAP 方法计算出三个模型各个特征的特征贡献值，结果表明：三个模型均表明 ΔT 越大，B 越低，熔点越低。

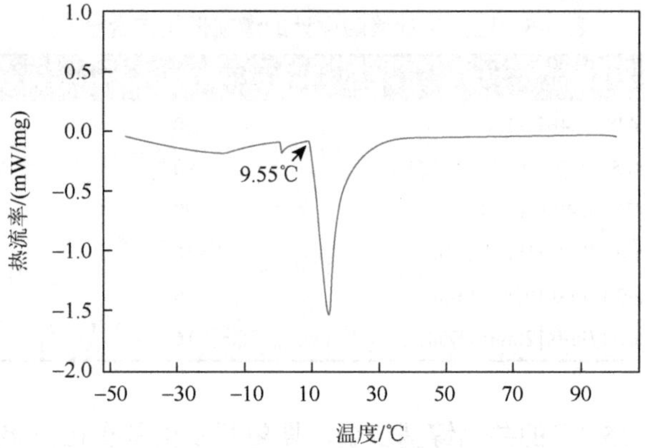

图 4-10　样本 0.60Ga-0.17In-0.11Sn-0.12Zn 的 DSC 曲线[51]

此外，岭回归中的原子体积差 ΔV 和金属半径差 ΔR 以及 XGBoost 中的原子体积 V 和金属半径 R 均具有很高的特征重要性，这些特征都是尺寸因素，一般反映了元素的复杂几何因素对熔点的影响，这是因为原子的半径随着电荷转移的发生而变化。这也与量子物理学的结论一致，即熔点的降低是由于相邻杂原子存在时金属原子周围自由电子密度的变化[63]。此外，三个最佳特征子集中都包含了几个元素组分特征，并且元素组分特征的重要性在每个模型中大多比较靠前，这表明元素组分是一类非常重要的特征，与实验认知一致。

4.4　基于机器学习的金合金材料设计

三元金合金是以金为主加入其他两种元素组成的合金，具有低电阻、高导热、低噪声、强抗有机气氛污染能力等优良特性，在电接触材料领域具有很好的应用前景，尤其在轻负荷、小接触压力条件下使用更能显示其优良的特性[64-67]。电接触材料一般在电器的开关中使用，电阻率是其重要特性之一。一般来说，接触电阻越小，损耗越小，有利于节能；接触电阻越大，当有电流通过时，发热量越大，不仅会导致负载的功率降低且易烧坏电路[68]。因而开发出具有低电阻率的三元金合金，对于研究电接触材料具有重要的研究意义。

基于“试错”思想的实验方法开发材料时，需要大量的资源（包括材料、设备和人力），耗时也较长。相比之下，基于数据驱动的机器学习技术因高效高速、操作方便、成本低，在新材料开发领域受到越来越多人的关注，逐渐成为研发材料的一个新工具。例如，德国马克斯·普朗克钢铁研究所与国内多个研究团队合作，提出了一种新的基于机器学习的高熵合金设计方法，极大地提高了高熵合金的设计效率，并成功地设计了多种新型高熵因瓦合金[69]。西安交通大学的薛德祯团队[70]报道了如何通过自适应设计加速寻找具有目标性能的新材料，并成功发现了一种具有极低热滞量的镍钛基形状记忆合金。东北大学徐伟团队与清华大学张弛团队[71]合作，利用数据挖掘和高通量筛选得到了 RAFM 钢的最优解，通过对其成分和工艺的改进，使其屈服强度和冲击韧性均得到了提高。本课题组[19, 72]也利用机器学习技术，在设计性能突破的合金方面取得了一定的进展。

为了设计电阻率更低的新材料，加速对新材料的研发，我们从正向及逆向两个方面对三元金合金材料的电阻率进行机器学习研究[73, 74]。本工作的流程如图 4-11 所示，首先从数据库中收集了三元金合金样本作为原始数据；通过不同机器学习算法和策略的比较，筛选出适应于本工作研究对象的建模算法和相应的最优特征集。随后，借助 SHAP 方法对特征进行了分析和解释，获得了特征与目标值之间的关系。之后将学习模型与高通量筛选相结合，正向设计了 10 个具有较低电阻率的候选样本，并通过模式识别投影方法逆向验证了模型的可靠性。最后我们开发并分享了一个在线 Web 服务器，可以在线预测三元金合金的电阻率。

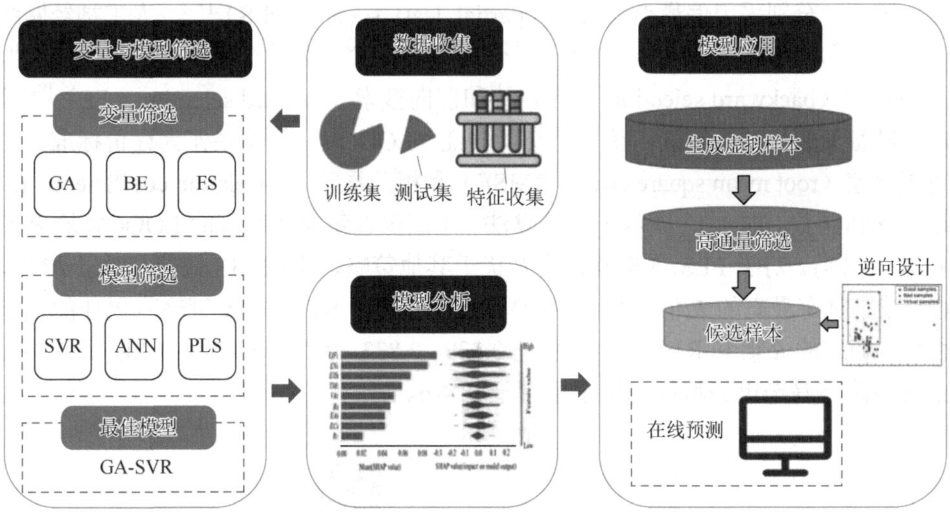

图 4-11　三元金合金材料设计流程图[73]

GA：遗传算法；BE：后向搜索法；FS：前向搜索法；SVR：支持向量回归；ANN：人工神经网络；PLS：偏最小二乘法；GA-SVR：遗传算法-支持向量回归

4.4.1　数据收集和特征变量

本文工作的数据集来源于材料数据科学平台（MPDS）数据库，由 51 个三元金合金样本组成，其电阻率均是在常温常压下测得的。

数据集中，使用化学符号表示三元金合金（ABC）时，先将 Au 原子全部排在 A 位，之后再将其他两个原子分别按电负性上升的顺序排列，若电负性大小相同，则按价电子数上升的顺序排列。由于电阻率值非常小，读取起来不直观，所以使用电阻率的负对数值表示电阻率，符号为 pRe，即 pRe = –lgRe。以数据集所有样本的电阻率中位数值为划分标准，若样本 pRe 小于 5.71，则划分为劣类样本（bad samples），反之则为优类样本（good samples）。本工作中共使用了 64 个特征变量[75, 76]，包括 62 个原子参数特征变量和 2 个组分特征变量。将原始数据集中10%的样本随机划分为独立测试集，剩余的 90%划分为训练集。

4.4.2 特征筛选及模型研究

为了消除冗余的特征变量，计算了特征变量两两之间的皮尔逊相关系数。若相关系数大于 0.900，则说明二者有较强的共线性，可删除其中一个，本工作删除了与目标变量的相关系数小的特征变量。经过皮尔逊相关系数检验之后，剩余 44 个特征。

随后，分别采用偏最小二乘法（partial least square，PLS）[77]、人工神经网络（ANN）[78]和支持向量回归（SVR）[79]进行建模研究，并结合遗传算法（GA）[80]、后向搜索（backward selection，BS）[81]和前向搜索（forward selection，FS）[82]策略对特征变量进一步筛选，留一法交叉验证（LOOCV）[83]结果作为评价标准，均方根误差（root mean square error，RMSE）和相关系数（correlation coefficient，R）用作评估函数。图 4-12 展示了不同算法、不同筛选策略所对应的 LOOCV 的 R 值和 RMSE 值。对于 PLS，FS 策略的 R 优于其他策略，且 RMSE 最低；对于 ANN，GA 策略具有最高的 R 值和最低的 RMSE 值；对于 SVR，GA 策略有更佳的预测性能。相应的 R 值和 RMSE 值分别是 0.829、0.833、0.895，0.336、0.341 和 0.269。最优策略下筛选出的特征变量子集列于表 4-6。

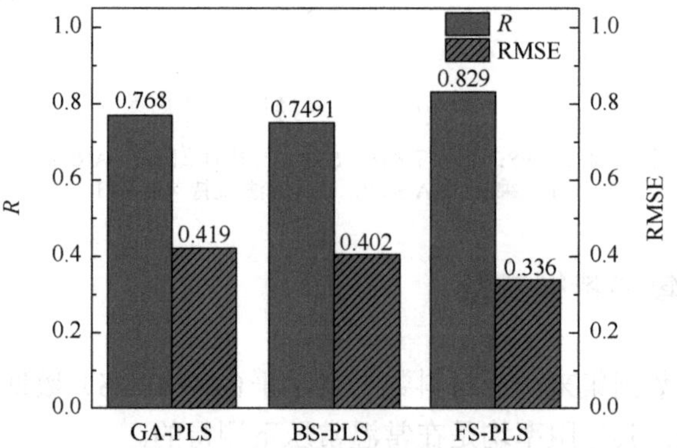

(a)

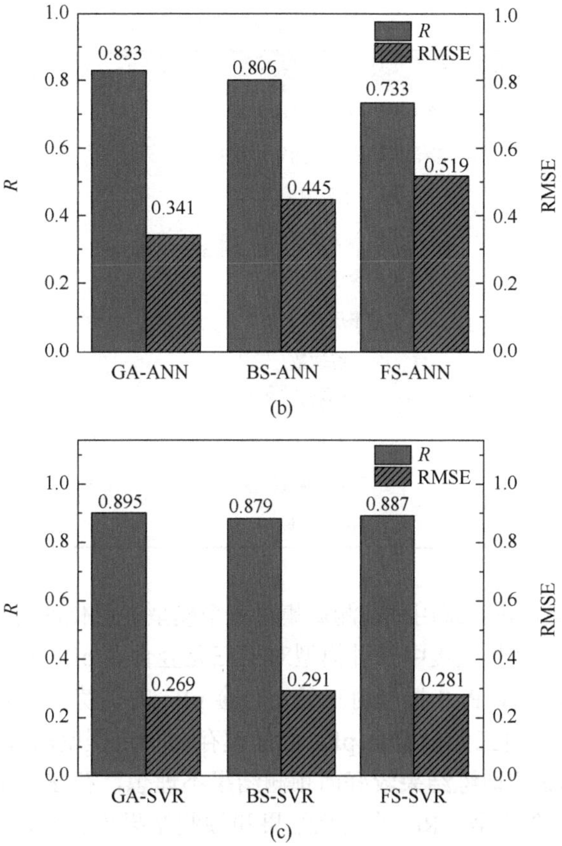

图 4-12　变量筛选策略［PLS（a）、ANN（b）、SVR（c）］结合不同机器学习算法建模结果对比[73]

表 4-6　不同机器学习算法的最佳特征子集[74]

算法	筛选策略	最佳特征子集
PLS	FS	EIS_B、AEN_B、EN_C、EIS_C、EM_C、VA_C
ANN	GA	R_C、R_B、DVE_B、VA_B、EA_C、MA_C、AEN_B、VEN_C、MCS_C、RP_C、EM_C、WF_C、MN_C、DVE_C
SVR	GA	R_C、R_B、EN_C、EIF_C、EIS_B、TM_C、EA_B、EC_B、VA_C

继续使用网格搜索法对 ANN 和 SVR 模型中的超参数进行优化，即将超参数的取值进行排列组合，生成“网格点”，然后将每个组合用于建模，根据模型留一法交叉验证的 RMSE 结果对各模型进行评估，最终获得一个最佳参数组合。模型超参数优化结果列于表 4-7。使用优化的超参数组合后，ANN 和 SVR 模型性能略有提高，R 值分别提升为 0.863 和 0.905，RMSE 分别降至 0.329 和 0.251。

表 4-7　ANN、SVR 模型的最优超参数取值[73, 74]

算法	超参数	取值
ANN	输入层至隐含层的学习效率	0.9
	隐含层至输出层的学习效率	0.3
	动量项	0.3
	输入层节点数	10
	隐含层节点数	6
	输出层节点数	1
	训练次数	250000
SVR	核函数	径向基
	惩罚因子	67
	不敏感系数	0.04
	核函数系数	1.4

基于上述结果，我们采用外部测试集对三个模型的泛化能力进行评估。图 4-13 显示了训练集和独立测试集中三种模型对于三元金合金 pRe 的预测值和实验值的结果。从图中可看出，PLS 模型对三元金合金 pRe 的训练结果和预测结果均不理想，表明 PLS 算法对三元金合金 pRe 的建模存在一定程度的欠拟合；ANN 模型对三元金合金 pRe 的训练结果较好而预测结果不理想，存在一定程度的过拟合；SVR 模型对三元金合金 pRe 的训练结果和预测结果均较好，测试集的 R 值和 RMSE 值均为三种模型之最，泛化能力最好。因此，我们选择 SVR 模型及相应的最优特征用于后续工作。表 4-8 列出了不同算法对训练集和独立测试集的预测结果。

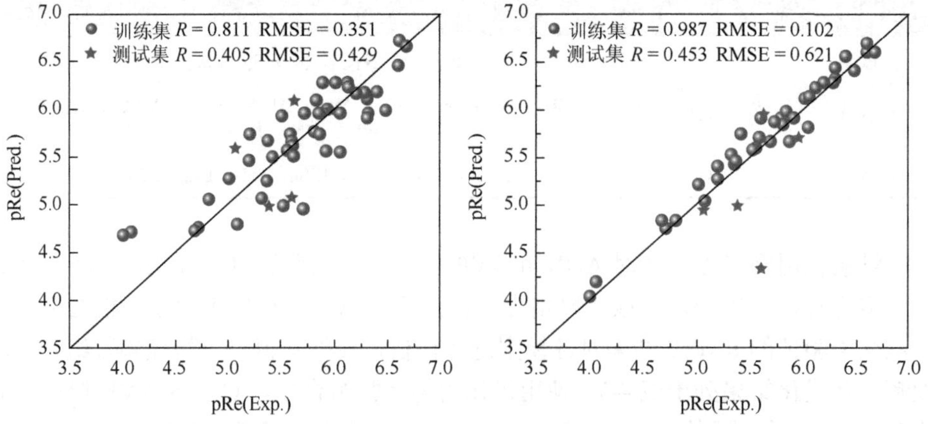

(a)　　(b)

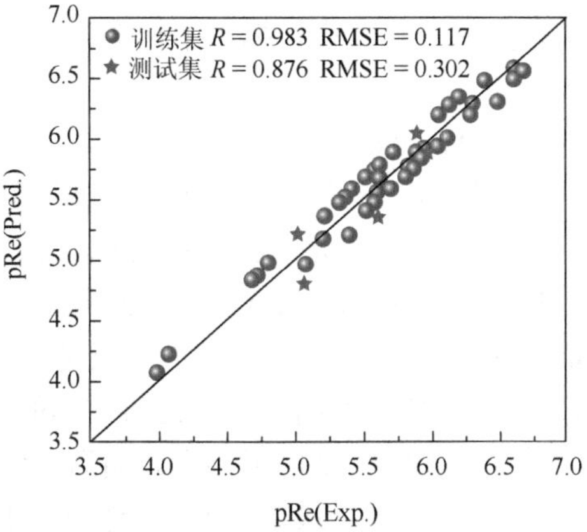

(c)

图 4-13　训练集和独立测试集中三种模型［PLS（a）、ANN（b）、SVR（c）］对于三元金合金 pRe 的预测值和实验值的结果[74]

pRe(Exp.)：电阻率的负对数（实验值）；pRe(Pred.)：电阻率的负对数（预测值）

表 4-8　不同机器学习算法对训练集和独立测试集的预测结果[74]

算法	训练集		测试集	
	R	RMSE	*R*	RMSE
PLS	0.811	0.351	0.405	0.429
ANN	0.987	0.102	0.453	0.621
SVR	0.983	0.117	0.876	0.302

4.4.3　特征分析

我们应用 SHAP 方法[84]探究了特征变量的重要性程度以及特征变量与目标值之间的关系。结果表明重要程度排在前三位的分别是 C 位第一电离能（EIF_C）、C 位电负性（EN_C）和 B 位第二电离能（EIS_B），其中 EIF_C 和 EN_C 特征值增加时，对应的 SHAP 值有所降低，表明这两个特征对目标变量 pRe 具有负面的贡献，EIS_B 特征对目标变量的贡献恰好相反，为正贡献，即特征值增加时，对应 SHAP 值增大。三个特征对应 SHAP 值的正负界限分别是 $EIF_C = 584$kJ/mol，$EN_C = 1.72$，$EIS_B = 1135$kJ/mol。

4.4.4　正向筛选和逆向验证

运用最优 SVR 模型进行高通量筛选，对候选样本电阻率进行预报，筛选出具有更低电阻率的三元金合金材料。我们根据以下标准为三元金合金 $A_xB_yC_{1-x-y}$ 设计虚拟样本，设计的步骤如下：

（1）A 位点的元素都为 Au 元素。

（2）考虑到模型外推的风险，B 和 C 位点的元素选用的是原始数据集中出现频率较高的元素，其中 B 位点的元素是 Ce、Cu、Eu、La、Lu、U、Y、Yb 元素之一，C 位点的元素是 In、V、Ge、Pt、Sn、Sb、Bi 元素之一。

（3）将三元金合金公式 $A_xB_yC_{1-x-y}$ 中 x 的范围限定在 0.65～0.95，y 的范围限定在 0～0.35，其中考虑到实验仪器的精度，因此将它们的步长均设为 0.01。

按照上述标准，共设计了 32984 个虚拟样本。随后，借助 SHAP 分析筛选得到了 2356 个候选样本，这些样本满足最重要的三个特征（EIF_C、EN_C、EIS_B）的 SHAP 值为正值的条件；通过对预测值排序，提取排在前十的三元金合金候选样本（表 4-9）。从表中可看出，十个候选样本的电阻率预测值非常低，平均值为 $1.20\times10^{-7}\Omega\cdot m$，比原始数据集中最小值 $2.08\times10^{-7}\Omega\cdot m$ 还要低 42%。此外，十个样本的电阻率预测值也很接近，可能是由于它们的组分完全相同，而每种组分的含量又非常相似，因而在特征变量和目标值构成的多维空间中样本点非常接近。表 4-9 中候选样本的三个组分分别是后过渡元素、前过渡元素和非过渡元素。依据我们之前过渡元素金属间化合物的形成规律工作中获得的经验[85]，可推断出表中候选样本能够形成三元金合金，理由就在于本工作中非过渡金属的电负性为 1.63，符合文献中的电负性需大于 1.45 的条件。

表 4-9　筛选出的具有低电阻率的三元金合金候选样本[73]

化学式	pRe	化学式	pRe
$Au_{0.95}Lu_{0.01}In_{0.04}$	6.9217	$Au_{0.90}Lu_{0.01}In_{0.09}$	6.9206
$Au_{0.94}Lu_{0.01}In_{0.05}$	6.9215	$Au_{0.89}Lu_{0.01}In_{0.1}$	6.9203
$Au_{0.93}Lu_{0.01}In_{0.06}$	6.9213	$Au_{0.88}Lu_{0.01}In_{0.1}$	6.9201
$Au_{0.92}Lu_{0.01}In_{0.07}$	6.9211	$Au_{0.87}Lu_{0.01}In_{0.12}$	6.9189
$Au_{0.91}Lu_{0.01}In_{0.08}$	6.9208	$Au_{0.86}Lu_{0.01}In_{0.13}$	6.9196

以电阻率的负对数（pRe）为模型的目标值，以最优特征集为特征变量，通过模式识别最佳投影方法[86]，得到如图 4-14 所示的最佳投影图。图中长方形区域是优类样本集中分布的区域，被称为优化区，若要得到低电阻率的三元金合金，则设计的三元金合金样本应尽可能控制在优化区。优化区的分布范围可由如下联立方程组表示：

$$0.89\leqslant0.024[R_B]+0.32[R_C]+3\times10^{-4}[EIS_B]+1\times10^{-2}[EA_B]-0.9[EC_B]$$
$$-0.7814[EN_C]+1.3\times10^{-3}[EIF_C]-3.9\times10^{-4}[TM_C]+0.33[VA_C]\leqslant1.681$$

$$0.72 \leqslant -0.072[R_B] + 0.01[R_C] - 6.4\times10^{-4}[EIS_B] + 8.4\times10^{-3}[EA_B] - 0.79[EC_B] - 0.92[EN_C] + 5.285\times10^{-3}[EIF_C] - 9.2\times10^{-4}[TM_C] + 0.27[VA_C] \leqslant 1.46$$

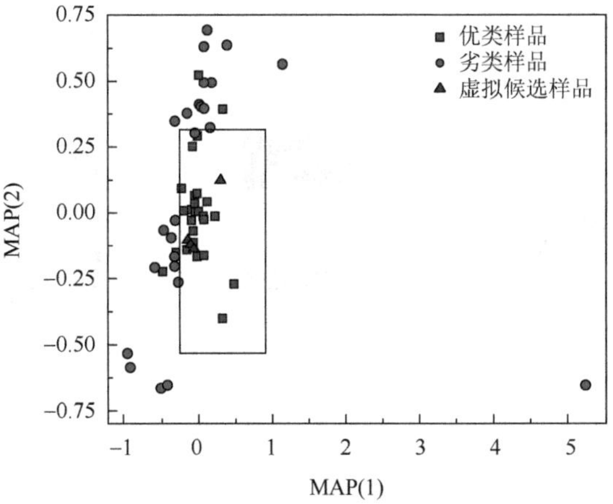

图 4-14　最佳投影模式识别图[73]

■：pRe>5.71 的样本，●：pRe<5.71 的样本；▲：基于 SVR 模型正向筛选得到的前 10 个候选样本。
MAP(1)：第一投影成分；MAP(2)：第二投影成分

从图中可看出，正向筛选出的 10 个候选样本（三角标记）均投影在具有低电阻率的优化区内，说明 10 个候选样本的电阻率较低，是潜在的好样本，进一步说明了 SVR 模型具有较高的准确度和可靠性。

4.4.5　在线预测

在过去，数据挖掘模型特别是“黑箱”模型很不方便他人使用。为了让数据挖掘模型更好地服务于新材料的研发，我们开发了数据挖掘模型的网络在线分享服务，为实验科学家提供有用的材料设计信息，使模型更具有实际应用价值。

为了使实验科学家能够更加高效地设计出具有更低电阻率的三元金合金，我们开发了基于上文筛选出的最佳模型，即 SVR 模型预测三元金合金电阻率的在线 Web 服务器。图 4-15 为模型分享的设置界面，用户只需要输入 9 个特征变量的数值，然后点击“预测”按钮就可以获取三元金合金的电阻率预测数值。它将使实验科学家能够提前预测其研究的三元金合金材料的电阻率，并选择具有理想性能的候选样本进行实验，帮助用户节约大量的人力和物力成本。该在线预测平台的地址为 http://materials-data-mining.com/onlineservers/wxdaualloy。

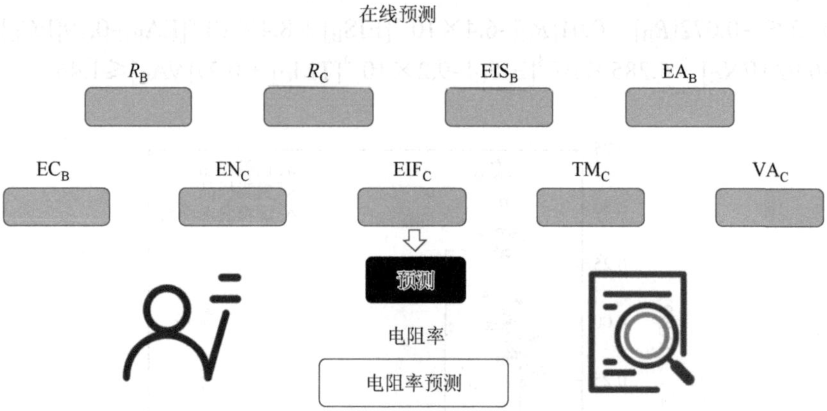

图 4-15　在线预测三元金合金电阻率的设置界面[73]

4.5　小　　结

本章首先提出了一个集数据集构建、模型建立、成分优化和实验验证四个模块于一体的机器学习合金设计系统。基于这个系统，采用四步法特征筛选从影响硬度的众多特征中找到了 5 个关键特征；再以这 5 个关键特征为输入结合支持向量机-径向基核函数算法建立了高熵合金硬度预测模型；接着，将模式识别逆投影方法、高通量筛选与训练好的模型结合起来，以高熵合金的高硬度为设计目标，优化了高熵合金的成分。然后，制备了三个优化后的合金成分（$Co_{18}Cr_7Fe_{35}Ni_5V_{35}$、$Al_{20}Cr_5Cu_{15}Fe_{15}Ni_5Ti_{10}V_{30}$、$Al_{21}Cr_{27}Fe_{29}Ni_5Mo_{18}$），测定了它们的实验硬度。结果表明，$Co_{18}Cr_7Fe_{35}Ni_5V_{35}$ 合金的硬度与模型预测结果十分相近，并且其硬度较原始数据集中硬度最高的高熵合金还提升了 24.8%。最后，引入了 SHAP 方法来解释通过四步法筛选得到的五个关键特征，为高硬度高熵合金的设计提供了一定的理论指导依据；并且发现这些关键特征迁移到其他高熵合金系后仍具备一定的硬度预测能力。

其次，结合机器学习技术和实验验证，本章提出了一种性能驱动的逐步设计策略，设计特定熔点的低熔点合金。基于岭回归（RR）、XGBoost、支持向量回归（SVR）的 R-X-S 集成模型，在验证集上具有均方根误差（RMSE）和相关系数（R）的熔点预测表现良好，分别为 4.578 和 0.988。根据方差和偏差相结合的预测误差函数，采用逐步策略设计误差较小的潜在低熔点合金。熔点为 90℃的候选材料为熔点低于 100℃的焊料应用提供了可能，熔点为 16℃的低成本候选材料可用于替代昂贵的 75Ga-25In 合金。通过逐步减少虚拟空间的方法提高了策略的搜索效率，通过最小化基于方差和偏差的预测误差函数降低了预测的不确定性。低熔点合金组成与熔点之间的关系分析，为探索其他高性能低熔点合金提供了指导。

最后，基于正向设计为主、逆向验证为辅的策略，对三元金合金材料的电阻率进行了机器学习研究，并将建立的最佳预测模型通过在线 Web 服务器进行共享，相关研究成果不仅可为三元金合金的性能优化提供线索，而且对于其他合金材料的探索研究有一定的借鉴作用。

参 考 文 献

[1] Agrawal A，Choudhary A. Perspective：Materials informatics and big data：Realization of the "fourth paradigm" of science in materials science. APL Mater，2016，4（5）：053208.

[2] Tolle K M，Tansley D，Hey A J G. The fourth paradigm：Data-intensive scientific discovery. P IEEE，2011，99（8）：1334-1337.

[3] Yu P F，Wu C S，Shi L. Analysis and characterization of dynamic recrystallization and grain structure evolution in friction stir welding of aluminum plates. Acta Mater，2021，207：116692.

[4] Gorsse S，Ouvrard B，Goune M，et al. Microstructural design of new high conductivity-high strength Cu-based alloy. J Alloy Compd，2015，633：42-47.

[5] Qiao L，Liu Y，Zhu J C. A focused review on machine learning aided high-throughput methods in high entropy alloy. J Alloy Compd，2021，877：160295.

[6] Qiao L，Lai Z H，Liu Y，et al. Modelling and prediction of hardness in multi-component alloys：A combined machine learning，first principles and experimental study. J Alloy Compd，2021，853：156959.

[7] Catal A A，Bedir E，Yilmaz R，et al. Design of a NiTiHf shape memory alloy with an austenite finish temperature beyond 400℃ utilizing artificial intelligence. J Alloy Compd，2022，904：164135.

[8] Zhang Y X，Xing G C，Sha Z D，et al. A two-step fused machine learning approach for the prediction of glass-forming ability of metallic glasses. J Alloy Compd，2021，875：160040.

[9] Liu C，Li X，He Q，et al. Machine learning-based glass formation prediction in multicomponent alloys. Acta Mater，2020，201：182-190.

[10] Zhou Z，Zhou Y，He Q，et al. Machine learning guided appraisal and exploration of phase design for high entropy alloys. NPJ Comput Mater，2019，5（1）：128.

[11] Roy A，Babuska T，Krick B，et al. Machine learned feature identification for predicting phase and Young's modulus of low-，medium- and high-entropy alloys. Scripta Mater，2020，185：152-158.

[12] Wen C，Zhang Y，Wang C，et al. Machine learning assisted design of high entropy alloys with desired property. Acta Mater，2019，170：109-117.

[13] Kaufmann K，Vecchio K S. Searching for high entropy alloys：A machine learning approach. Acta Mater，2020，198：178-222.

[14] Xiong J，Shi S Q，Zhang T Y. Machine learning of phases and mechanical properties in complex concentrated alloys. J Mater Sci Technol，2021，87：133-142.

[15] Wen C，Wang C，Zhang Y，et al. Modeling solid solution strengthening in high entropy alloys using machine learning. Acta Mater，2021，212：116917.

[16] Hou S，Sun M，Bai M，et al. A hybrid prediction frame for HEAs based on empirical knowledge and machine learning. Acta Mater，2022，228：117742.

[17] Pedersen J K，Batchelor T A A，Bagger A，et al. High-entropy alloys as catalysts for the CO_2 and CO reduction reactions. ACS Catal，2020，10（3）：2169-2176.

[18] Arora G，Aidhy D S. Machine learning enabled prediction of stacking fault energies in concentrated alloys. Metals-Basel，2020，10（8）：1072.

[19] Yang C，Ren C，Jia Y，et al. A machine learning-based alloy design system to facilitate the rational design of high entropy alloys with enhanced hardness. Acta Mater，2022，222：117431.

[20] Ward L，Agrawal A，Choudhary A，et al. A general-purpose machine learning framework for predicting properties of inorganic materials. NPJ Comput Mater，2016，2（1）：1-7.

[21] 李想. 基于深度学习与迁移学习的钙钛矿功能材料筛选研究. 贵阳：贵州大学，2020.

[22] Zhang Y，Zhou Y J，Lin J P，et al. Solid-solution phase formation rules for multi-component alloys. Adv Eng Mater，2008，10（6）：534-538.

[23] 王炯. 高通量实验和机器学习结合加速硬质高熵合金成分优化. 上海：上海大学，2019.

[24] Zhang L，Chen H，Tao X，et al. Machine learning reveals the importance of the formation enthalpy and atom-size difference in forming phases of high entropy alloys. Mater Design，2020，193：108835.

[25] Guo S，Ng C，Lu J，et al. Effect of valence electron concentration on stability of fcc or bcc phase in high entropy alloys. J Appl Phys，2011，109（10）：103505.

[26] Yang X，Zhang Y. Prediction of high-entropy stabilized solid-solution in multi-component alloys. Mater Chem Phys，2012，132（2-3）：233-238.

[27] Yuan R，Liu Z，Balachandran P V，et al. Accelerated discovery of large electrostrains in $BaTiO_3$-based piezoelectrics using active learning. Adv Mater，2018，30（7）：1702884.

[28] Bergstra J，Yamins D，Cox D D. Hyperopt：A python library for optimizing the hyperparameters of machine learning algorithms. Python in Science Conference，2013，13：20.

[29] Liu Y，Zhao T，Ju W，et al. Materials discovery and design using machine learning. J Materiomics，2017，3（3）：159-177.

[30] Rickman J M，Chan H M，Harmer M P，et al. Materials informatics for the screening of multi-principal elements and high-entropy alloys. Nat Commun，2019，10（1）：2618.

[31] Chen R，Qin G，Zheng H，et al. Composition design of high entropy alloys using the valence electron concentration to balance strength and ductility. Acta Mater，2018，144：129-137.

[32] Gu X，Liu C，Guo H，et al. Sorting transition-metal diborides：New descriptor for mechanical properties. Acta Mater，2021，207：116685.

[33] 贾岳飞. 多组元轻质合金的设计及力学性能研究. 上海：上海大学，2019.

[34] Song H Q，Tian F Y，Hu Q M，et al. Local lattice distortion in high-entropy alloys. Phys Rev Mater，2017，1（2）：023404.

[35] Miracle D B，Senkov O N. A critical review of high entropy alloys and related concepts. Acta Mater，2017，122：448-511.

[36] Toda-Caraballo I，Rivera-Díaz-del-Castillo P E J. Modelling solid solution hardening in high entropy alloys. Acta Mater，2015，85：14-23.

[37] Rao S I，Woodward C，Akdim B，et al. Theory of solid solution strengthening of BCC chemically complex alloys. Acta Mater，2021，209：116758.

[38] 文成，莫湾湾，田玉琬，等. 高熵合金固溶强化问题的研究进展. 材料导报，2021，35（17）：17081-17089.

[39] Stepanov N D，Shaysultanov D G，Salishchev G A，et al. Effect of V content on microstructure and mechanical properties of the $CoCrFeMnNiV_x$ high entropy alloys. J Alloy Compd，2015，628：170-185.

[40] Wu H，Huang S，Zhu C，et al. Influence of Cr content on the microstructure and mechanical properties of

$Cr_xFeNiCu$ high entropy alloys. Prog Nat Sci-Mater，2020，30（2）：239-245.

[41] Zhuang Y X，Zhang X L，Gu X Y. Effect of molybdenum on phases，microstructure and mechanical properties of $Al_{0.5}CoCrFeMo_xNi$ high entropy alloys. J Alloy Compd，2018，743：514-522.

[42] Cui P，Ma Y，Zhang L，et al. Effect of Ti on microstructures and mechanical properties of high entropy alloys based on CoFeMnNi system. Mat Sci Eng A-Struct，2018，737：198-204.

[43] Sheikh S，Shafeie S，Hu Q，et al. Alloy design for intrinsically ductile refractory high-entropy alloys. J Appl Phys，2016，120（16）：164902.

[44] 王炯，肖斌，刘轶. 机器学习辅助的高通量实验加速硬质高熵合金 $Co_xCr_yTi_zMo_uW_v$ 成分设计. 中国材料进展，2020，39（4）：269-277.

[45] Li C H，Guo J，Qin P，et al. Some regularities of melting points of AB-type intermetallic compounds. J Phy Chem Solids，1996，57（12）：1797-1802.

[46] Seko A，Maekawa T，Tsuda K，et al. Machine learning with systematic density-functional theory calculations：Application to melting temperatures of single- and binary-component solids. Phys Rev B，2014，89（5）：054303.

[47] Tetko I V，Lowe D M，Williams A J. The development of models to predict melting and pyrolysis point data associated with several hundred thousand compounds mined from PATENTS. J Cheminformatics，2016，8（1）：1-18.

[48] Bhat A U，Merchant S S，Bhagwat S S. Prediction of melting points of organic compounds using extreme learning machines. Ind Eng Chem Res，2008，47（3）：920-925.

[49] Varnek A，Kireeva N，Tetko I V，et al. Exhaustive QSPR studies of a large diverse set of ionic liquids：How accurately can we predict melting points？J Chem Inf Model，2007，47（3）：1111-1122.

[50] Qin J C，Liu Z F，Ma M S，et al. Machine learning-assisted materials design and discovery of low-melting-point inorganic oxides for low-temperature cofired ceramic applications. ACS Sustain Chem Eng，2022，10（4）：1554-1564.

[51] Chen H M，Shang Z W，Lu W C，et al. A property-driven stepwise design strategy for multiple low-melting alloys via machine learning. Adv Eng Mater，2021，23（12）：2100612.

[52] Chu W X，Tseng P H，Wang C C. Utilization of low-melting temperature alloy with confined seal for reducing thermal contact resistance. Appl Therm Eng，2019，163：114438.

[53] Gasanaliev A M，Gamataeva B Y. Heat-accumulating properties of melts. Russ Chem Rev，2000，69（2）：179-186.

[54] Ge X，Zhang J Y，Zhang G Q，et al. Low melting-point alloy-boron nitride nanosheet composites for thermal management. ACS Appl Nano Mater，2020，3（4）：3494-3502.

[55] Li Y Y，Cheng X M. Review on the low melting point alloys for thermal energy storage and heat transfer applications. Energy Storage Science and Technology，2013，2（3）：189.

[56] Roy C K，Bhavnani S，Hamilton M C，et al. Investigation into the application of low melting temperature alloys as wet thermal interface materials. Int J Heat Mass Tran，2015，85：996-1002.

[57] Zhao L，Xing Y M，Liu X. Experimental investigation on the thermal management performance of heat sink using low melting point alloy as phase change material. Renew Sust Energ Rev，2020，146：1578-1587.

[58] Zhou K Y，Tang Z Y，Lu Y P，et al. Composition，microstructure，phase constitution and fundamental physicochemical properties of low-melting-point multi-component eutectic alloys. J Mater Sci Technol，2017，33（2）：131-154.

[59] Zhou N R，Zhao J L，Tang L J. Preparation of low-melting-point tin-based multi-alloy for electrical connection

contact surface and its bonding property with T2 copper substrate. Materials for Mechanical Engineering，2019，43（11），9-11，26.

[60] Pan A，Wang J，Zhang X，Prediction of melting temperature and latent heat for low-melting metal PCMs. Rare Metal Mater Eng，2016，45：0874.

[61] Liu Y，Tu K N. Low melting point solders based on Sn，Bi，and In elements. Mater Today Adv，2020，8：100115.

[62] Lin Y，Genzer J，Dickey M D. Attributes，fabrication，and applications of gallium-based liquid metal particles. Adv Sci，2020，7（12）：2000192.

[63] Ding Y，Guo X，Yu G. Next-generation liquid metal batteries based on the chemistry of fusible alloys. ACS Central Sci，2020，6（8）：1355-1366.

[64] Lee K U，Byun J Y，Shin H J，et al. Nanoporous gold-palladium：A binary alloy with high catalytic activity for the electro-oxidation of ethanol. J Alloy Compd，2020，842：155847.

[65] Coutu R A，Kladitis P E，Leedy K D，et al. Selecting metal alloy electric contact materials for MEMS switches. J Micromech Microeng，2004，14（8）：1157-1164.

[66] Kesavan L，Tiruvalam R，Ab Rahim M H，et al. Solvent-free oxidation of primary carbon-hydrogen bonds in toluene using Au-Pd alloy nanoparticles. Science，2011，331（6014）：195-199.

[67] Panapitiya G，Avendano-Franco G，Ren P J，et al. Machine-learning prediction of CO adsorption in thiolated，Ag-alloyed Au nanoclusters. J Am Chem Soc，2018，140（50）：17508-17514.

[68] Chen L，Lee H，Guo Z J，et al. Contact resistance study of noble metals and alloy films using a scanning probe microscope test station. J Appl Phys，2007，102（7）：074910.

[69] Rao Z Y，Tung P Y，Xie R W，et al. Machine learning-enabled high-entropy alloy discovery. Science，2022，378（6615）：78-84.

[70] Xue D Z，Balachandran P V，Hogden J，et al. Accelerated search for materials with targeted properties by adaptive design. Nat Commun，2016，7（1）：1-9.

[71] Wang C C，Shen C G，Huo X J，et al. Design of comprehensive mechanical properties by machine learning and high-throughput optimization algorithm in RAFM steels. Nucl Eng Technol，2020，52（5）：1008-1012.

[72] Wu Y M，Shang Z W，Lu T，et al. Target-directed discovery for low melting point alloys via inverse design strategy. J Alloy Compd，2024，971：172664.

[73] Wang X D，Lu T，Zhou W Y，et al. Accelerated discovery of ternary gold alloy materials with low resistivity via an interpretable machine learning strategy. Chem Asian J，2022，17（22）：e202200771.

[74] 王向东. 基于数据挖掘的三元金合金材料电阻率的研究. 上海：上海大学，2021.

[75] Xu Y，Yamazaki M，Villars P. Inorganic materials database for exploring the nature of material. Jpn J Appl Phys，2011，50（11S）：11RH02.

[76] Villars P，Daams J，Shikata Y，et al. A new approach to describe elemental-property parameters. Chem Met Alloys，2008，1（1）：1-23.

[77] Liu H X，Zhang R S，Yao X J，et al. Prediction of the isoelectric point of an amino acid based on GA-PLS and SVMs. J Chem Inf Model，2004，44（1）：161-167.

[78] Jin Y，Zhao J，Zhang C，et al. Research on neural network prediction of multidirectional forging microstructure evolution of GH4169 superalloy. J Mater Eng Perform，2021，30（4）：2708-2719.

[79] Liu Y，Wu J，Yang G，et al. Predicting the onset temperature（T_g）of Ge_xSe_{1-x} glass transition：A feature selection based two-stage support vector regression method. Sci Bull，2019，64（16）：1195-1203.

[80] Yang Z，Gu X S，Liang X Y，et al. Genetic algorithm-least squares support vector regression based predicting and

optimizing model on carbon fiber composite integrated conductivity. Mater Design，2010，31（3）：1042-1049.

[81] Hong X，Mitchell R J. Backward elimination model construction for regression and classification using leave-one-out criteria. Int J Syst Sci，2007，38（2）：101-113.

[82] Hong X，Chen S，Harris C J. A fast linear-in-the-parameters classifier construction algorithm using orthogonal forward selection to minimize leave-one-out misclassification rate. Int J Syst Sci，2008，39（2）：119-125.

[83] Wong T T，Yeh P Y. Reliable accuracy estimates from k-fold cross validation. IEEE T Knowl Data En，2019，32（8）：1586-1594.

[84] Lundberg S M，Erion G G，Lee S I. Consistent individualized feature attribution for tree ensembles. Mach Learn，2018，arXiv：180203888.

[85] Lu W C，Chen N Y，Li C H，et al. Regularities of formation of ternary intermetallic compounds：Part 3. Ternary compounds between one nontransition element and two transition elements. J Alloy Compd，1999，289（1-2）：131-134.

[86] Lu W C，Xiao R J，Yang J，et al. Data mining-aided materials discovery and optimization. J Materiomics，2017，3（3）：191-201.

第5章

基于机器学习的钙钛矿材料设计

5.1 基于机器学习的钙钛矿材料设计概论

钙钛矿材料具有许多独特的物理特性，如高磁阻、超导性、铁电性、铁磁性、光催化和光电特性等，在众多科学领域备受关注。例如，有机-无机杂化钙钛矿因具有可调的光学带隙、高光吸收系数、高载流子迁移率、长载流子扩散长度等特性，在太阳能电池、发光二极管和光电探测器等应用中引起了广泛关注[1, 2]。无机 ABX_3 型钙钛矿由于组成多样灵活、结构可控、价格低廉等优点逐渐成为现代工业催化和热电领域的研究热点[3, 4]。无机双钙钛矿由于出色的稳定性、可调节的光电性能而在太阳能电池领域激起了研究者的兴趣[5, 6]。

近年来，机器学习技术正在迅速改变许多领域，在钙钛矿材料中也得到初步应用并快速发展，为发现和合理设计钙钛矿新材料打开了新的蓝图[7-11]。本章首先以材料的实验数据为驱动，阐述了无机钙钛矿材料的形成性、催化活性问题，并通过虚拟筛选找寻具有稳定性和高催化活性的钙钛矿材料。接着基于模拟数据和实验数据，使用原子参数和量化参数对有机-无机杂化钙钛矿材料的形成性、带隙性质及新材料的逆向设计进行了探索研究，并实验验证了机器学习模型的预测结果。上述研究为机器学习在钙钛矿光催化剂材料设计领域以及太阳能电池材料领域的发展提供了启示，具有一定的示范作用。

5.2 基于机器学习的钙钛矿材料形成规律

钙钛矿材料的结构式通常是 ABX_3 或 $A'A''B'B''X_6$，其中 A 位和 B 位是阳离子，X 位通常为卤素原子或氧原子。ABX_3 型钙钛矿又称简单钙钛矿，而 $A'A''B'B''X_6$ 型钙钛矿则称为双钙钛矿（double perovskites，DPs）。简单钙钛矿材料根据 A 位离子的不同，又可分为无机钙钛矿和有机-无机杂化钙钛矿。简单钙钛矿是材料科学中最常见和研究最广泛的结构之一，其理想结构一般为立方结构［图 5-1（a)］。该结构中，立方体的 8 个顶角被 A 位离子占据，B 位离子占据体心位置，X 离子占据六个面心位置，六个面心 X 离子与体心 B 位离子构成 BX_6 正八面体。双钙钛矿的晶体结构可以看作是由 $B'X_6$ 和 $B''X_6$ 八面体规则地相间排列而成［图 5-1（b）］。一般情况下，B′和 B″是不同的过渡金属离子，A′和 A″可以是相同或不同的稀土或碱土金属离子。

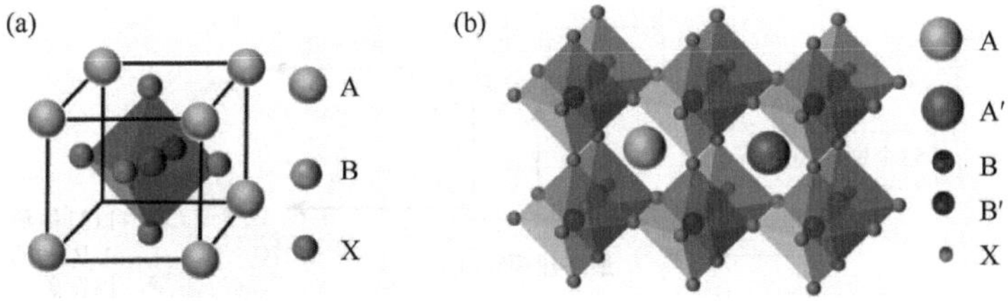

图 5-1　（a）简单钙钛矿立方晶体结构；（b）双钙钛矿晶体结构[7]

由于钙钛矿离子结构的可调控性，A 位、B 位或 X 位原子可被半径近似的离子或某些基团替代，从而使钙钛矿材料的种类丰富、功能多样。理论上元素周期表中的大量元素都可以取代 ABX_3 钙钛矿的 A 位或 B 位，组合成新的钙钛矿，但基于阴阳离子尺寸的匹配原因，并非所有具有 ABX_3 化学计量的化合物都是钙钛矿结构。因此，合成新的钙钛矿材料意味着首先要找到一种方法来确定化合物是否表现出钙钛矿结构。对于尚未合成的钙钛矿化合物，通常使用 Goldschmidt 容忍因子 t 来判断钙钛矿结构的形成性以及相稳定性[12]。随着研究的深入，Bartel、Yin、Ouyang 等提出了新容忍因子 τ 、八面体因子 μ 、堆积比 η 和复合容忍因子 $t\&\&\tau$ 来作为形成钙钛矿结构的判断依据[13-15]。以上描述符均可用于判断钙钛矿的形成性和稳定性，但研究者依然希望能进一步提高判据准确度以保证形成钙钛矿的成功率。此外，目前的工作主要集中于 ABX_3 的研究，对于 $A'A''B'B''X_6$ 化合物能否形成双钙钛矿的研究不多。因此，提高 ABX_3 钙钛矿和 $A'A''B'B''X_6$ 钙钛矿的形成预测准确度，在广阔化学空间中找到具有高形成概率的新型钙钛矿具有重要意义。

笔者课题组基于文献数据开发了一个 ABX_3 化合物能否形成钙钛矿结构的机器学习分类模型，借助迁移学习将其成功用于 $A_2B'B''X_6$ 化合物可否形成双钙钛矿结构的预测。为了进一步探索新型钙钛矿材料，我们将高通量筛选与机器学习分类模型结合，从 15999 种 ABX_3 和 417835 种 $A_2B'B''X_6$ 候选材料中发现了具有较高形成概率的 241 种简单钙钛矿和 1131 种双钙钛矿。具体工作流程如图 5-2 所示。

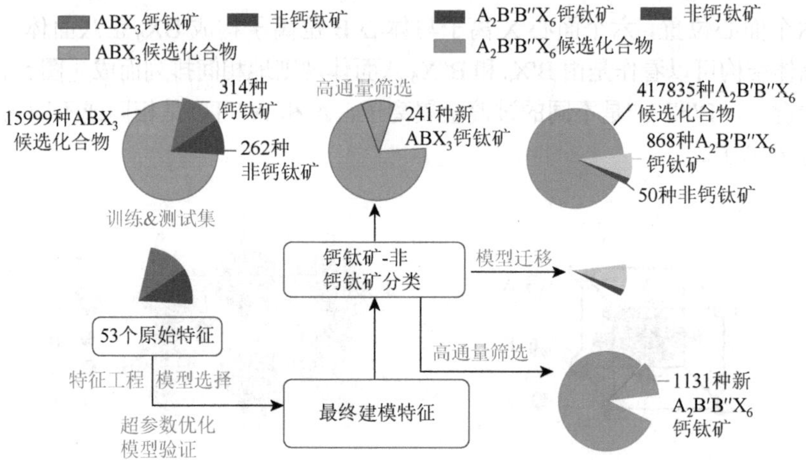

图 5-2　无机钙钛矿形成研究的数据挖掘主要流程[8]

5.2.1　数据收集

原始数据来自无机晶体数据库，统计结果列于表 5-1。数据集中包含 576 条 ABX_3 与 918 条 $A_2B'B''X_6$ 化合物的信息，其中可形成 ABX_3 钙钛矿结构的数据有 314 条，形成 $A_2B'B''X_6$ 双钙钛矿结构的数据有 868 条。ABX_3 的数据集按 4∶1 比例随机划分为训练集和测试集，测试集中含 72 个钙钛矿样本和 44 个非钙钛矿样本。

表 5-1　ABX_3 与 $A_2B'B''X_6$ 化合物中钙钛矿与非钙钛矿的样本数量[9]

化合物	钙钛矿数量	非钙钛矿数量
ABX_3	314	262
$A_2B'B''X_6$	868	50

基于钙钛矿的结构因素和电学性质，我们共构建了 53 个特征，包括 Mendeleev 数据库中的原子参数（https://github.com/lmmentel/mendeleev），反映 A 与 B 和 X 离子半径之间微妙关系的新特征 r_A/r_B 和 r_A/r_X，以及 t、τ、μ 结构因子。

5.2.2　特征工程

我们对特征首先进行了相关性过滤，相关系数阈值设为 0.9；接着使用递归消除法对过滤后剩余的特征进一步筛选以降低计算成本，评价函数为准确率

（Accuracy）、F1 得分（F1）、精准率（Precision）和召回率（Recall）。经相关性过滤，特征数从 53 下降至 29。图 5-3 为递归消除结果，从图中可看出当特征数为 6 时，模型的各项评估指标都比较理想。因此，我们选择这 6 个特征作为机器学习建模的最终输入特征，6 个特征分别是容忍因子 t、新容忍因子 τ、八面体因子 μ、A 和 B 离子半径之比 r_A/r_B、A 位离子的鲍林电负性 EP_A 和 B 位离子的偶极化率 DP_B。

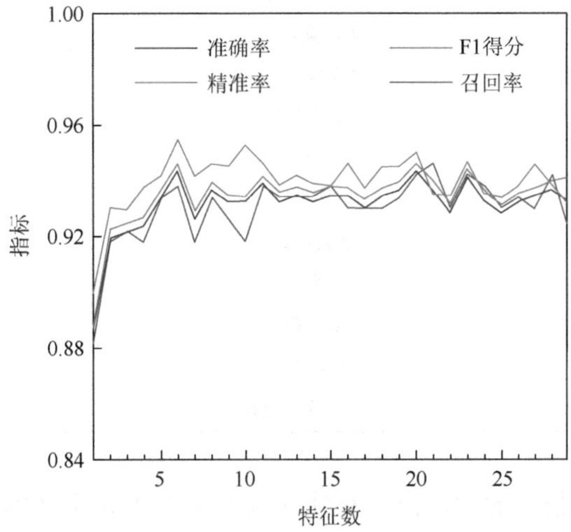

图 5-3　基于递归消除法的 ABX_3 化合物训练集评价指标与特征数的函数关系[9]

5.2.3　模型研究

我们使用随机森林（random forest，RF）、决策树（decision tree，DT）、支持向量分类（support vector classification，SVC）、最近邻（*k*-nearest neighbour，KNN）、逻辑回归（logic regression，LR）五种常见且具有代表性的分类算法建模，采用准确率、F1 值、精准率、召回率和受试者工作特征曲线下面积（AUC）作为评价函数来评估各算法的建模能力，整个建模过程运用五折交叉验证（5k-fold cross validation，5k-fold CV）和留一交叉验证（LOOCV）策略。结果表明，不管采用哪种策略，RF 模型的各项评价指标都优于其他模型的结果。对各算法中超参数进行贝叶斯优化搜索再建模后，各模型的预测能力都有了较大提升，如 RF 模型的精准率指标提高到 0.95 左右，DT、SVC、KNN、LR 模型的各项指标基本都超过 0.90（表 5-2）。综合考虑以上结果，选择 RF 算法为最终建模算法。

表 5-2 RF、DT、SVC、KNN、LR 模型的最优超参数取值[9]

算法	超参数	取值
RF	决策树个数	96
	最大深度	8
	最大特征数	lg2
	最少样本	1
	最小样本数	8
	最小的样本权重和	0.0
DT	最大深度	7
	最少样本	4
	节点划分标准	gini
SVC	核函数	径向基
	惩罚因子	9.5
	核函数系数	0.31
KNN	近邻数量	4
	距离度量	1.5
LR	惩罚项	L2
	正则化系数的倒数	4

使用优化超参数后的 RF 模型对独立测试集的 116 个样本进行预测，结果表明模型稳定性良好，准确率为 96.55%，略好于仅用 t 作为分类依据时的准确率（93.69%），仅用 t&&τ 作为分类依据时的准确率（94.83%）。116 个测试样本中，预测正确的非钙钛矿化合物个数为 42 个，准确率为 95.45%；预测正确的钙钛矿样本个数为 70 个，准确率为 97.22%。

5.2.4 模型迁移

考虑到单双钙钛矿成分的相似性，基于 ABX_3 化合物样本集训练得到的 RF 模型被用来预测 $A_2B'B''X_6$ 化合物是否能形成钙钛矿结构。在处理 B 位特征时，我们尝试了算术平均数与几何平均数两种方案，结果显示两种方案都能很好地预测双钙钛矿的形成，其中几何平均数策略略胜一筹，四项评估指标均超过 0.91，准确率达到 91.83%，也超过了单独以 τ 作为判据的结果（90.95%）。

5.2.5 模型应用

在已收集的化合物样本中，A 位、B 位和 X 位占据的离子种类数分别为 49、

67 和 5，其中，41 种离子在 A 位和 B 位都出现过。经过组合，一共存在 15999 种 ABX_3 型与 417835 种 $A_2B'B''X_6$ 型候选化合物，其中同时满足 $A \neq B$、$r_A > r_B$ 且电荷平衡条件的有 1966 种 ABX_3 型化合物与 69892 种 $A_2B'B''X_6$ 型化合物。利用 OCPMDM 平台[16]为上述候选样本填充描述符后，使用 RF 模型对它们能否形成钙钛矿结构进行预测。结果显示可形成简单钙钛矿结构的候选化合物中概率大于 95%的有 241 个，可形成双钙钛矿结构的化合物中概率大于 99%的有 1131 个。

5.2.6　二维敏感性分析

树模型算法在训练模型时可以返回每个特征的重要性，数值越大说明该特征越重要。图 5-4 为 RF 模型特征重要性排序的可视化结果，从图中排序可看出，τ 重要性最高，这与单独使用 τ 作为分类依据时会获得高准确率的结论是一致的。八面体因子 μ、r_A / r_B 的重要性紧随其后，表明 B 位与 X 位离子的半径以及 A 位和 B 位离子半径比须限制在一定范围内，才有利于钙钛矿结构的形成。此外，EP_A 和 DP_B 也是影响钙钛矿结构是否形成的重要因素，当它们参与建模时，模型准确率提高了 1.5%。

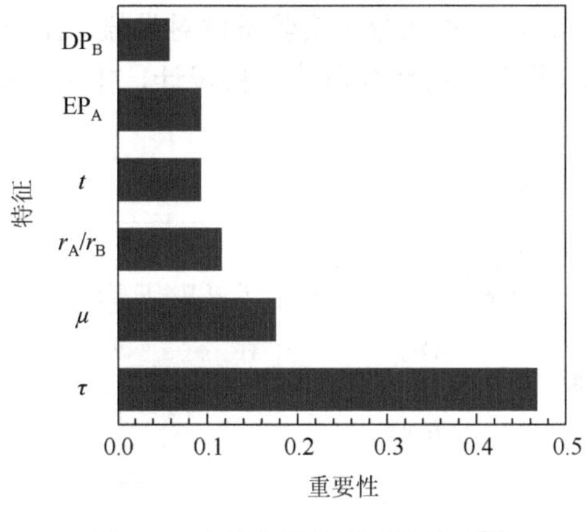

图 5-4　建模特征的重要性排序[8]

敏感性分析表征了在其他特征保持不变的情况下，机器学习预测结果与一个或两个感兴趣的特征之间的依赖性。利用 RF 模型对 1966 个 ABX_3 候选化合物形成钙钛矿结构的可能性进行预测并对图 5-4 中的特征实行两两敏感性分析，结果表明：①当 $\tau > 4.18$ 时，形成 ABX_3 钙钛矿结构的概率较低；当 $\tau < 4$ 时，若 $0.3 < \mu < 0.9$ 或 $1.5 < r_A / r_B < 2.5$ 或 $DP_B > 2500$ 或 $EP_A > 270$ 时，形成钙钛矿的概率较高，此处 τ 取值与 Bartel 提出的钙钛矿形成判据 $\tau < 4.18$ 基本一致。

②当 $\mu<0.3$ 时，形成钙钛矿的概率较低；当 $0.45<\mu<0.8$ 时，若 $0.8<t<1.1$ 或 $1.5<r_A/r_B<2.5$，形成钙钛矿结构的概率较高。

5.3 基于机器学习的钙钛矿催化活性设计

ABO_3 钙钛矿具有出色的结构灵活性、良好的稳定性、可调节的带隙、高的光催化活性、低廉的价格和简单的合成方法等优点，是最有前途的光催化材料之一。然而，已有的 ABO_3 钙钛矿存在三个主要缺陷：①宽的带隙使其无法有效吸收太阳光；②高载流子复合率导致其催化活性降低；③低比表面积限制了反应物的吸附。因此，针对光催化应用领域需要钙钛矿材料同时满足多种性质，我们基于机器学习开发一种多目标逐级设计策略，用于设计满足多目标性能的 ABO_3 钙钛矿候选材料，加速高光催化性能钙钛矿材料的发现是非常必要且有意义的。

我们通过机器学习技术，加快了 ABO_3 钙钛矿光催化材料的设计和开发。研究内容分为两部分：材料自身性质（带隙、比表面积、微晶尺寸）的机器学习研究和材料用于光催化器件时表现出的催化性能（产氢速率）的机器学习研究。整个研究工作是构建 ABO_3 钙钛矿自身性质与其原子参数、化学组成、实验条件之间的定量结构-性质关系（5.3.1～5.3.5 小节），以及材料产氢速率与其自身性质间的关系模型（5.3.6 小节），并深入分析实验条件对带隙、比表面积和微晶尺寸的影响（5.3.7 小节），以实现更加精准合理的材料设计，主要工作流程如图 5-5 所示。

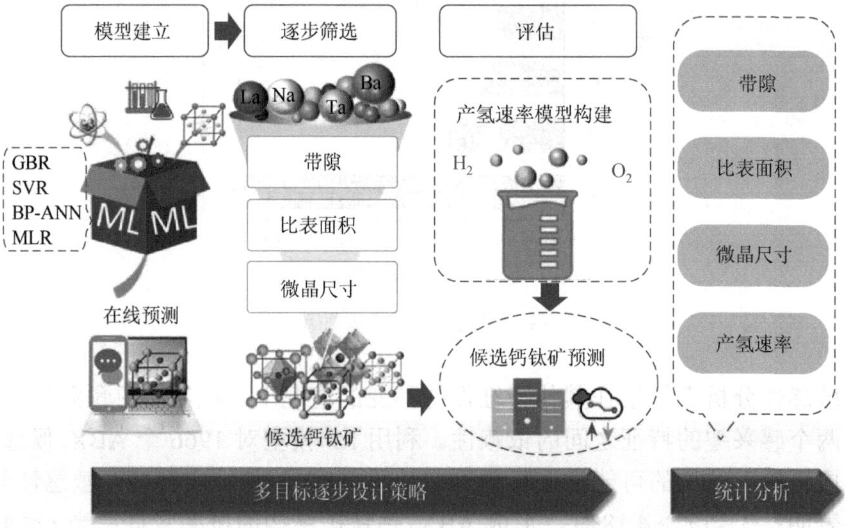

图 5-5 ABO_3 钙钛矿光催化材料数据挖掘的主要流程[10]

GBR：梯度提升回归；SVR：支持向量回归；BP-ANN：反向传播人工神经网络；MLR：多元线性回归

5.3.1　数据收集

我们从 67 篇已发表的实验文献中收集了 270 个 ABO_3 型钙钛矿的数据，包含化学式、制备方法以及带隙、比表面积、微晶尺寸、煅烧温度和煅烧时间等信息。对数据进行预处理后，带隙、比表面积和微晶尺寸的最终集合分别包含 172、170 和 117 个样本。

我们从 OCPMDM 平台[16]生成 20 个原子参数作为初始特征变量。为了减少来自不同文献的数据因实验条件的差异对机器学习模型产生影响，将样本所对应的实验条件也作为初始特征变量。表 5-3 列出了这些初始特征变量，包括 20 个原子参数和 3 个实验条件。

表 5-3　23 个初始特征变量及其物理意义[10]

序号	特征	物理含义	序号	特征	物理含义
1	PM	制备方法	13	I_{1a}	A 位元素的电离势
2	CTP	煅烧温度	14	I_{1b}	B 位元素的电离势
3	CT	煅烧时间	15	E_a	A 位元素的电子亲和能
4	R_a	A 位的离子半径	16	E_b	B 位元素的电子亲和能
5	R_b	B 位的离子半径	17	A_Tm	A 位元素的熔点
6	R_a/R_b	A 位与 B 位的离子半径之比	18	B_Tm	B 位元素的熔点
7	t	容忍因子	19	A_Tb	A 位元素的沸点
8	μ	八面体因子	20	B_Tb	B 位元素的沸点
9	M	分子量	21	ρ_a	A 位元素的密度
10	χ_{pa}	A 位元素的电负性	22	ρ_b	B 位元素的密度
11	χ_{pb}	B 位元素的电负性	23	r_c	临界半径
12	αO_3	单位晶格边值			

5.3.2　特征分析及筛选

我们通过计算特征变量之间的皮尔逊相关性来进行特征初步筛选。首先，利用最大相关最小冗余（mRMR）方法[17]分别对带隙、比表面积和微晶尺寸的初始特征变量进行排序。接着，计算特征变量之间的皮尔逊相关系数，若两个变量之间的相关性得分大于 0.9，则删除 mRMR 排序靠后的特征变量。特征经初步筛选后，带隙保留了 19 个特征，比表面积和微晶尺寸均保留 20 个特征，特征之间没有明显的高度相关性。

5.3.3 模型初建

在机器学习中，不同算法可能适用于不同的数据，因而比较多种算法以挑选最佳算法是一个很有必要的过程。我们从梯度提升回归（GBR）、支持向量回归（SVR）、反向传播人工神经网络（BP-ANN）和多元线性回归（MLR）四种广泛使用的算法中选择最佳算法，留一法交叉验证用于评估每个机器学习模型的性能，均方根误差（RMSE）和相关系数（R）用作评估函数。如表 5-4 所示，对于带隙，GBR 模型具有最高的 R 值和最低的 RMSE，模型性能要比其他模型更好。对于比表面积，SVR 模型的 R 优于其他模型，且 RMSE 最低。对于微晶尺寸，GBR 模型有更佳的预测性能。因此，我们选择 GBR 算法用于带隙和微晶尺寸的进一步建模和预测，SVR 算法用于比表面积的后续工作。

表 5-4 不同机器学习算法对带隙、比表面积和微晶尺寸的留一法交叉验证结果[10]

算法	带隙		比表面积		微晶尺寸	
	R	RMSE	R	RMSE	R	RMSE
GBR	0.8869	0.3668	0.7875	7.3199	0.8733	21.3722
SVR	0.8163	0.4607	0.8461	6.3141	0.7680	28.1710
BP-ANN	0.7544	0.5550	0.8120	7.1182	0.7206	36.3095
MLR	0.7771	0.4995	0.5538	9.9378	0.6048	35.0160

5.3.4 模型优化及评估

为了进一步提高所选模型的稳定性和泛化性，本小节对特征进一步筛选，并对算法超参数进行优化。

采用嵌入式方法[18]结合 GBR 算法为 GBR 模型选择最佳特征。对于 SVR 模型，利用 mRMR 方法结合 SVR 算法用于特征筛选，留一法交叉验证结果作为评价标准。结果表明对于带隙、比表面积和微晶尺寸三个模型，当它们的特征数分别是 6、10 和 9 时模型性能最佳，最佳特征子集列于表 5-5。使用最佳特征子集后，模型的性能进一步提升。带隙、比表面积和微晶尺寸的 R 分别由表 5-4 中的 0.8869、0.8461、0.8733 提升到 0.9208、0.8729、0.8885，RMSE 分别由 0.3668、6.3141、21.3722 降低到 0.3125、5.8351、19.082。

表 5-5　带隙、比表面积和微晶尺寸的最佳特征子集[10]

目标性质	算法	最佳特征子集
带隙	GBR	R_a，I_{1a}，M，E_a，B_Tb，CT
比表面积	SVR	R_a，R_b，χ_{pa}，r_c，I_{1a}，M，E_b，A_Tm，PM，CTP
微晶尺寸	GBR	χ_{pa}，χ_{pb}，αO_3，I_{1b}，M，A_Tm，A_Tb，PM，CTP

SHAP 方法[19, 20]可用来分析所选特征和目标性质之间的隐藏关系，评估每个特征的重要性，从而更好地来解释模型。上述三个模型基于 SHAP 方法得到特征重要性排序绘于图 5-6。从图中可看出，带隙 GBR 模型中［图 5-6（a）］，B 位元素的沸点 B_Tb 起着最重要的作用，其次是钙钛矿的煅烧时间 CT 和 A 位的离子半径 R_a。基于每个样本的每个特征的 SHAP 值结果可知，6 个特征中，B_Tb、R_a 均与带隙呈明显的正相关，即特征的数值越大，它们对应的 SHAP 值也越大。比表面积 SVR 模型中［图 5-6（b）］，煅烧温度 CTP 和 B 位元素的电子亲和能 E_b 更为重要，且二者均与比表面积呈负相关。微晶尺寸 GBR 模型中［图 5-6（c）］，实验条件影响最大，尤其是制备方法 PM 和煅烧温度 CTP。其中，CTP 与微晶尺寸呈现出明显的正相关，这与实际实验结论一致，即 CTP 越高，形成的微晶尺寸越大。

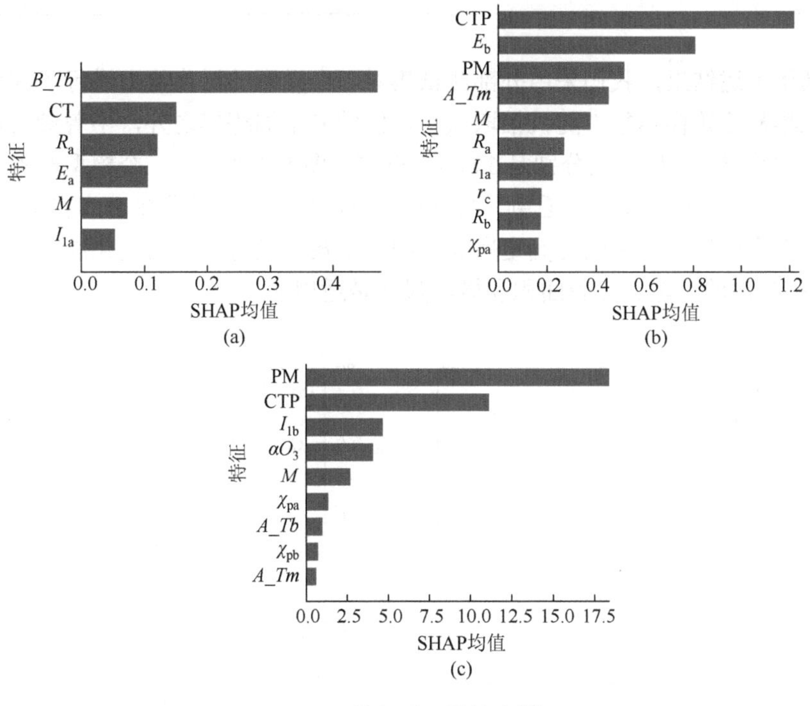

图 5-6　特征重要性排序[10]

（a）带隙模型；（b）比表面积模型；（c）微晶尺寸模型

我们利用网格搜索方法对三个模型的超参数进行优化，GBR 模型参数优化结果列于表 5-6。对于 SVR-RBF 模型，我们以 RMSE 作为评估函数进行参数搜索。在对训练集进行 10000 次迭代后发现，模型性能最优的参数组合 C（惩罚因子）、ε（不敏感损失函数）、σ（核参数）分别为 10、0.02 和 1.0。使用优化的超参数组合后，带隙、比表面积和微晶尺寸机器学习模型的性能进一步提高。三个模型的 R 值分别为 0.9213、0.8915 和 0.8976，RMSE 值分别是 0.3116、5.4259 和 18.3792。

表 5-6　带隙和微晶尺寸的 GBR 模型最佳参数取值[11]

带隙		微晶尺寸	
参数	最佳取值	参数	最佳取值
最大迭代次数	100	最大迭代次数	150
权重缩减系数	0.1	权重缩减系数	0.1
最大深度	3	最大深度	3
最少样本数	1	最少样本数	1
最小样本数	4	最小样本数	9

基于上述结果，我们采用外部测试集对三个模型的泛化能力进行了评估。外部测试集从原始样本集中随机抽取获得，但独立于训练集之外，不曾参与模型的建立与训练过程，样本数分别是 17、17 和 12。图 5-7 展示了三个模型对外部测试集的预测结果，从图中可以看到，测试集的预测值和实验值集中分布在 $y=x$ 函数附近，拟合度较好。由此可确定所建立的三个模型具有良好的泛化能力，对预测 ABO_3 钙钛矿的带隙、比表面积和微晶尺寸是适用的。

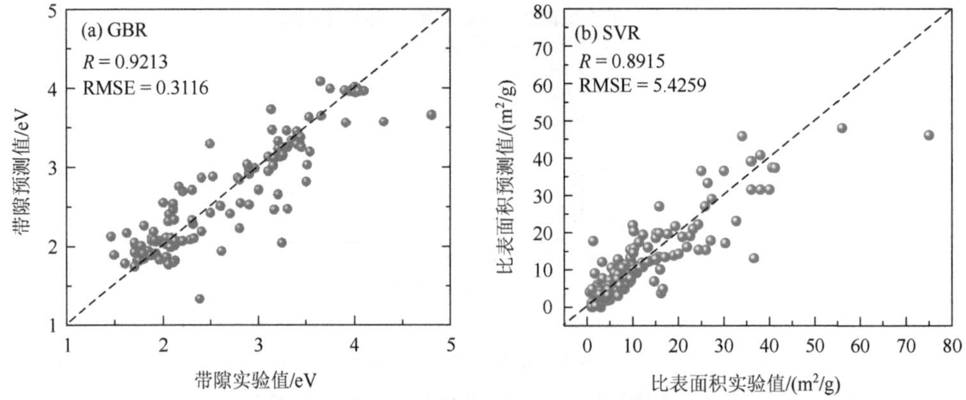

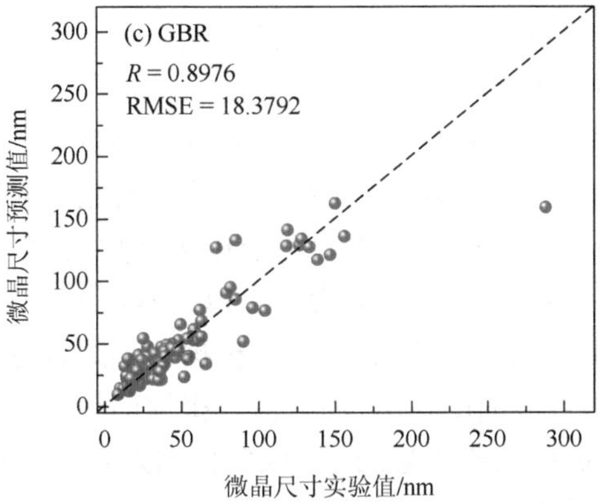

图 5-7 模型对测试集的预测结果[10]

为了避免随机抽取的偶然性，我们将数据集按 9∶1 的比例随机划分 100 次，生成 100 组训练集和测试集，然后以最佳特征子集重新训练和测试。结果显示随机划分与多次划分的预测结果非常接近，3 个模型 100 次训练的留一法交叉验证的平均 R 值分别为 0.9079、0.8525 和 0.8702；测试集的平均 R 值分别为 0.9042、0.8466 和 0.9044，表明模型的鲁棒性和泛化性能较好。上述模型中，微晶尺寸测试集的平均 R 值略高于训练集的平均 R 值，这可能是样本量有限引起的。

5.3.5 在线预报及虚拟筛选

我们借助实验数据研究了光催化材料的性质，为了使我们的机器学习工作能反哺于实验研究，为光催化领域实验研究人员探索具有合适带隙、高比表面积和小微晶尺寸的候选钙钛矿材料提供帮助，我们利用 OCPMDM 平台的模型分享功能将建立的模型开发为网络共享的在线预测应用程序。研究人员可以在实验之前使用这些应用程序预测 ABO_3 型钙钛矿的带隙、比表面积和微晶尺寸，从而提前判断钙钛矿是否具有令人满意的性能。用户只需要输入化学式和相应的实验条件，再点击“Predict”就可以获得预测结果。可以在以下网址访问这些在线预测应用程序：

http://materials-data-mining.com/ocpmdm/material_api/5gkvtm53u8kk8m15（带隙预测）

http://materials-data-mining.com/ocpmdm/material_api/gv4malgqfpngkzqf（比表面积预测）

http://materials-data-mining.com/ocpmdm/material_api/w434vnwa9ire6rga（微晶尺寸预测）

机器学习辅助材料设计的一个主要目的是利用高通量材料集成计算以及高通量筛选方法从海量的候选材料中筛选出优异的候选材料，从而加快新材料的开发。构建的带隙、比表面积和微晶尺寸预测模型均显示出良好的预测能力，因此可利用这些模型对虚拟样本进行预测，以期提出一些有前途的候选材料。

我们从数据集中提取了 9 种 A 位阳离子和 21 种 B 位阳离子（图 5-8），然后根据公式 $A_x(A'_mA''_{1-x-m})B_y(B'_nB''_{1-y-n})O_3$ 设计虚拟样本，式中 x、y 在 0.6～1.0 的范围内取值、间隔为 0.01，$m \leqslant 0.4$，$n \leqslant 0.4$。根据这种组合方式，搜索空间非常庞大，可以产生数亿种潜在的化合物，而目前已报道的钙钛矿只是其中极其渺小的部分。在考虑了稳定的钙钛矿容忍因子 t 取值范围为 0.8～1.0 之后[12]，5368 种候选化合物被筛选出来并用于进一步筛选。

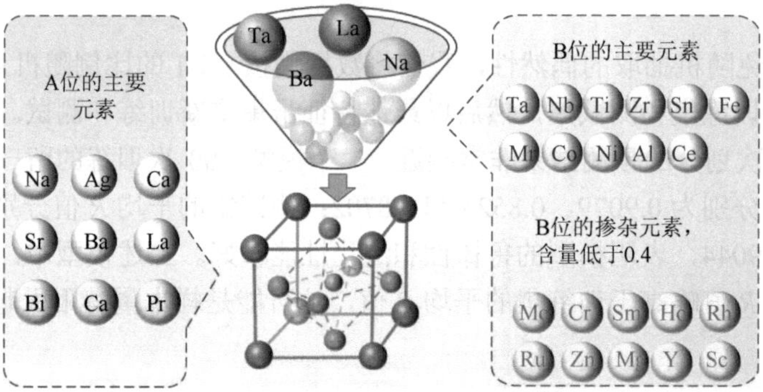

图 5-8　用于虚拟筛选的 ABO_3 钙钛矿材料成分[10]

带隙，作为影响光催化剂光吸收能力的关键因素之一，成为进一步筛选的首要约束条件。在光解水制氢应用中，最合适的带隙在 1.6～2.4eV 范围内[21]。考虑光催化方面的其他应用，我们保留了预测带隙在 1.4～2.6eV 范围内的候选化合物。接下来，使用比表面积和微晶尺寸模型预测上述候选化合物的比表面积和微晶尺寸，挑选出具有高比表面积和小微晶尺寸的候选钙钛矿。最终，筛选出 35 个具有简单化学组成、合适的带隙、高比表面积和小微晶尺寸的钙钛矿候选材料（表 5-7）。

表 5-7　基于机器学习模型筛选出来的具有光催化潜能的候选钙钛矿材料[11]

序号	材料	E_g^{ML*}	SSA^{ML*}	CS^{ML*}	PM	CTP	CT	t
1	$NaNb_{0.625}Mg_{0.375}O_3$	2.30	78.31	21.77	6	200	5	0.83
2	$Na_{0.7}La_{0.3}Nb_{0.7}Mg_{0.3}O_3$	2.37	81.58	23.97	6	200	5	0.83
3	$Na_{0.6}La_{0.4}Nb_{0.6}Mg_{0.4}O_3$	2.49	78.82	22.70	6	200	5	0.83
4	$Na_{0.6}La_{0.4}Nb_{0.6}Al_{0.4}O_3$	2.38	66.03	22.11	6	200	5	0.86
5	$Na_{0.6}Pr_{0.4}Nb_{0.6}Mn_{0.4}O_3$	2.47	73.27	23.89	6	200	5	0.84

续表

序号	材料	E_g^{ML*}	SSA^{ML*}	CS^{ML*}	PM	CTP	CT	t
6	$Na_{0.625}Pr_{0.375}Nb_{0.625}Mn_{0.375}O_3$	2.47	74.20	24.67	6	200	5	0.84
7	$Na_{0.625}La_{0.375}Nb_{0.625}Mg_{0.375}O_3$	2.36	79.69	23.12	6	200	5	0.83
8	$Ca_{0.92}Ga_{0.08}SnO_3$	2.58	61.72	21.58	6	200	5	0.82
9	$Ca_{0.75}Pr_{0.25}SnO_3$	2.27	61.60	20.08	6	200	5	0.81
10	$Ca_{0.85}Pr_{0.15}SnO_3$	2.25	61.40	21.72	6	200	5	0.81
11	$Ca_{0.7}La_{0.3}SnO_3$	2.41	61.67	20.08	6	200	5	0.82
12	$Ca_{0.75}La_{0.25}SnO_3$	2.22	61.69	20.08	6	200	5	0.81
13	$Ca_{0.9}La_{0.1}SnO_3$	2.56	61.11	21.94	6	200	5	0.81
14	$Ga_{0.9}Na_{0.1}FeO_3$	2.33	70.48	15.32	5	500	5	0.94
15	$Ga_{0.99}La_{0.01}FeO_3$	2.08	71.15	15.32	5	500	5	0.94
16	$Ga_{0.99}Ba_{0.01}FeO_3$	2.49	71.13	15.32	5	500	5	0.94
17	$Ga_{0.95}Ba_{0.05}FeO_3$	2.49	68.92	15.32	5	500	5	0.95
18	$Ga_{0.6}Sr_{0.4}AlO_3$	2.12	67.55	35.35	5	200	2	0.95
19	$Ga_{0.625}Sr_{0.375}AlO_3$	2.12	69.75	35.35	5	200	2	0.95
20	$Ga_{0.75}Sr_{0.25}AlO_3$	2.54	80.62	34.56	5	200	5	0.95
21	$Ga_{0.6}Ba_{0.4}AlO_3$	2.20	65.24	28.67	5	200	2	0.97
22	$Ga_{0.65}Ba_{0.35}AlO_3$	2.20	70.54	28.67	5	200	2	0.97
23	$Ga_{0.8}Ba_{0.2}AlO_3$	2.57	82.27	34.93	6	200	5	0.96
24	$Ga_{0.6}Ba_{0.4}CoO_3$	2.11	62.18	26.88	5	200	2	0.97
25	$Ga_{0.625}Ba_{0.375}CoO_3$	2.11	64.76	26.88	5	200	2	0.97
26	$Ga_{0.65}Ba_{0.35}CoO_3$	2.10	67.33	26.88	5	200	2	0.97
27	$Ga_{0.75}Na_{0.25}Fe_{0.75}Ta_{0.25}O_3$	2.40	67.74	14.95	5	500	5	0.91
28	$Ga_{0.75}Na_{0.25}Fe_{0.75}Nb_{0.25}O_3$	2.27	67.57	12.57	5	500	5	0.92
29	$Bi_{0.7}Na_{0.3}AlO_3$	2.14	60.89	29.55	6	200	5	0.89
30	$Bi_{0.65}Na_{0.35}ScO_3$	2.07	71.93	21.2	6	200	2	0.80
31	$Bi_{0.625}Na_{0.375}FeO_3$	1.93	66.07	23.52	6	200	5	0.88
32	$Bi_{0.65}Na_{0.35}FeO_3$	2.03	63.55	27.86	6	200	2	0.88
33	$Bi_{0.7}Na_{0.3}FeO_3$	1.98	58.11	27.86	6	200	5	0.88
34	$Bi_{0.6}Ga_{0.4}AlO_3$	2.18	63.04	30.40	5	200	5	0.91
35	$Bi_{0.625}Ga_{0.375}AlO_3$	2.16	61.19	30.03	5	200	2	0.91

* E_g^{ML}、SSA^{ML}、CS^{ML} 分别是通过机器学习模型预测得到的带隙值、比表面积值和微晶尺寸值。

筛选出的候选化合物主要包括以下几类：以 $NaNbO_3$ 为基，A 位掺杂 La 或 Pr，或 B 位掺杂 Mg、Mn 或 Al；以 $CaSnO_3$ 为基，A 位掺杂 Ga、La 或 Pr；以

$GaBO_3$（B = Fe、Al 和 Co）为基，A 位掺杂 Ba、Sr、Na 或 La；以 $BiBO_3$（B = Fe、Al 和 Sc）为基，A 位掺杂 Na 或 Ga。其中，纯 $NaNbO_3$ 及其改性物已在光解水制氢、CO_2 转化和有机污染物降解方面被广泛研究[22-24]。纯 $NaNbO_3$ 因带隙宽（3.1～3.6eV）引起光收集能力差，实验工作者通常利用离子掺杂方式对其改性[25-27]。锡基钙钛矿材料因其强氧化还原能力[28]而成为光催化的热点材料，目前对其研究主要集中在有机污染物的光催化降解。不过，该类材料也存在带隙值较大的问题[29, 30]，因此，需要通过掺杂其他离子对其带隙进行调整。$GaFeO_3$ 是近年来出现的一种新型的室温多铁性材料。它具有相对较低的带隙（约 2.3eV），为其在可见光光催化领域的应用提供了可能性[31, 32]。此外，作为多铁性材料而引起广泛关注的 $BiFeO_3$ 材料，由于其窄带隙（2.2～2.5eV）、出色的化学稳定性和无毒性，近来已被推荐作为潜在的光催化剂材料[33, 34]。然而，$BiFeO_3$ 纳米材料中光生电子和空穴复合快速，使光催化活性不令人满意[35, 36]。研究人员主要通过元素掺杂、形成异质结构策略来改善 $BiFeO_3$ 及其衍生物的催化活性。

候选钙钛矿都是在已知的光催化活性较好的材料或非常具有发展前景的新兴材料的基础上进行元素掺杂设计的。经三个模型逐步筛选后的 35 个候选钙钛矿具有合适的带隙（1.4～2.6eV）、较高的比表面积（＞$60m^2/g$）和较小的微晶尺寸（＜36nm），因而具有良好的光催化应用潜力。此外，考虑到光催化反应主要是氧化还原反应，在选择光催化剂时其导带和价带也是需要考虑的重要参数，因此我们采用 Xu 和 Schoonen[37, 38]提出的经验公式对 35 个钙钛矿候选材料的导带和价带边缘位置进行了计算，结果列于表 5-8。

表 5-8　ABO_3 钙钛矿候选材料的导带、价带及产氢速率计算结果[11]

序号	材料	E^*_{CB}	E^*_{VB}	$R^{**}_{H_2}$
1	$NaNb_{0.625}Mg_{0.375}O_3$	0.13	2.43	7428.28
2	$Na_{0.7}La_{0.3}Nb_{0.7}Mg_{0.3}O_3$	0.06	2.43	7526.22
3	$Na_{0.6}La_{0.4}Nb_{0.6}Mg_{0.4}O_3$	0.09	2.58	7510.58
4	$Na_{0.6}La_{0.4}Nb_{0.6}Al_{0.4}O_3$	−0.28	2.1	7474.78
5	$Na_{0.6}Pr_{0.4}Nb_{0.6}Mn_{0.4}O_3$	−0.28	2.19	7534.17
6	$Na_{0.625}Pr_{0.375}Nb_{0.625}Mn_{0.375}O_3$	−0.28	2.19	7534.17
7	$Na_{0.625}La_{0.375}Nb_{0.625}Mg_{0.375}O_3$	0.13	2.49	7502.63
8	$Ca_{0.92}Ga_{0.08}SnO_3$	−0.49	2.09	7482.73
9	$Ca_{0.75}Pr_{0.25}SnO_3$	−0.29	1.98	7148.03
10	$Ca_{0.85}Pr_{0.15}SnO_3$	−0.31	1.94	7255.65
11	$Ca_{0.7}La_{0.3}SnO_3$	−0.33	2.08	7367.16
12	$Ca_{0.75}La_{0.25}SnO_3$	−0.25	1.97	7148.03
13	$Ca_{0.9}La_{0.1}SnO_3$	−0.48	2.08	7482.73

续表

序号	材料	E_{CB}^{*}	E_{VB}^{*}	$R_{H_2}^{**}$
14	$Ga_{0.75}Na_{0.25}Fe_{0.75}Ta_{0.25}O_3$	−0.12	2.28	7252.62
15	$Ga_{0.75}Na_{0.25}Fe_{0.75}Nb_{0.25}O_3$	−0.06	2.21	7165.61
16	$Ga_{0.9}Na_{0.1}FeO_3$	−0.07	2.26	7252.62
17	$Ga_{0.99}La_{0.01}FeO_3$	0.07	2.15	7915.27
18	$Ga_{0.99}Ba_{0.01}FeO_3$	−0.14	2.35	7260.58
19	$Ga_{0.95}Ba_{0.05}FeO_3$	−0.15	2.34	7260.58
20	$Ga_{0.6}Sr_{0.4}AlO_3$	−0.40	1.72	8344.36
21	$Ga_{0.625}Sr_{0.375}AlO_3$	−0.38	1.74	8344.36
22	$Ga_{0.75}Sr_{0.25}AlO_3$	−0.53	2.01	7617.41
23	$Ga_{0.6}Ba_{0.4}AlO_3$	−0.36	1.84	7519.70
24	$Ga_{0.65}Ba_{0.35}AlO_3$	−0.35	1.85	7519.70
25	$Ga_{0.8}Ba_{0.2}AlO_3$	−0.48	2.09	7665.85
26	$Ga_{0.6}Ba_{0.4}CoO_3$	−0.01	2.10	8319.28
27	$Ga_{0.625}Ba_{0.375}CoO_3$	0.00	2.11	8319.28
28	$Ga_{0.65}Ba_{0.35}CoO_3$	0.01	2.11	8291.96
29	$Bi_{0.7}Na_{0.3}AlO_3$	0.05	2.19	7433.34
30	$Bi_{0.65}Na_{0.35}ScO_3$	0.09	2.16	6944.83
31	$Bi_{0.625}Na_{0.375}FeO_3$	0.37	2.30	7444.93
32	$Bi_{0.65}Na_{0.35}FeO_3$	0.34	2.37	6329.58
33	$Bi_{0.7}Na_{0.3}FeO_3$	0.39	2.37	7095.85
34	$Bi_{0.6}Ga_{0.4}AlO_3$	0.02	2.20	7519.70
35	$Bi_{0.625}Ga_{0.375}AlO_3$	0.04	2.20	7534.51

* E_{CB} 、 E_{VB} 分别是通过经验公式计算得到的导带值、价带值。

** R_{H_2} 是通过机器学习模型预测得到的产氢速率值。

5.3.6　产氢速率模型研究

为了测试 35 个候选材料的光催化性能，本小节对反映光催化性能的产氢速率进行了研究。

从文献中收集了 80 个包含产氢速率的 ABO_3 钙钛矿样本，带隙、比表面积和微晶尺寸作为该模型的特征变量。80 个样本中只有少数样本完全包含以上三个特征变量的数据，难以建立良好的机器学习模型。鉴于前面所建立的带隙、比表面积和微晶尺寸的模型具有良好的预测能力，因此利用这三个模型预测了 80 个样本中缺失的带隙、比表面积和微晶尺寸。除了这三个特征，原子参数和三个工艺参数也被视为产氢速率模型的特征变量。在经模型比较、特征筛选、超参数优化后发现 GBR 算法最适合本数据集，带隙、比表面积、微晶尺寸、制备方法和煅烧温度 5 个特征是最优特征组合，适用于产氢速率预测。

利用产氢速率模型，对 35 个候选材料的产氢速率模型进行预测。预测结果显示这些钙钛矿候选材料均具有较高的产氢速率（表 5-8）。这表明提出的候选样本在光催化方面可能具有令人满意的性能。在光解水制氢过程中除了光催化剂的本身性质外，还有许多其他因素影响光解水的催化性能，如反应溶液、牺牲剂、光催化剂的用量和助催化剂类型及其用量等。因此，这些钙钛矿候选材料在实际应用过程中还可以通过添加合适的助催化剂、牺牲剂以及将光催化剂调节到合适的剂量来达到更好的催化效果。

5.3.7 统计分析

我们对带隙值在 1.4～2.6eV 范围内的钙钛矿的元素组成进行了分析，如图 5-9 所示。带隙在此范围内的 A 位元素主要包括 Bi、Ca、La、Pr 等，B 位主要包括 Fe、Mn、Ti 等。综合分析发现，具有合适带隙的 ABO_3 钙钛矿主要具有以下几种组合：$BaTiO_3$ 和 $BiFeO_3$ 在 A 位或 B 位被其他元素掺杂；$CaMnO_3$ 的 A 位掺杂镧系元素；$CaTiO_3$ 的 A 位和 B 位同时被掺杂；$SrTiO_3$ 的 B 位掺杂过渡金属元素 Cr、Fe、Co 等。

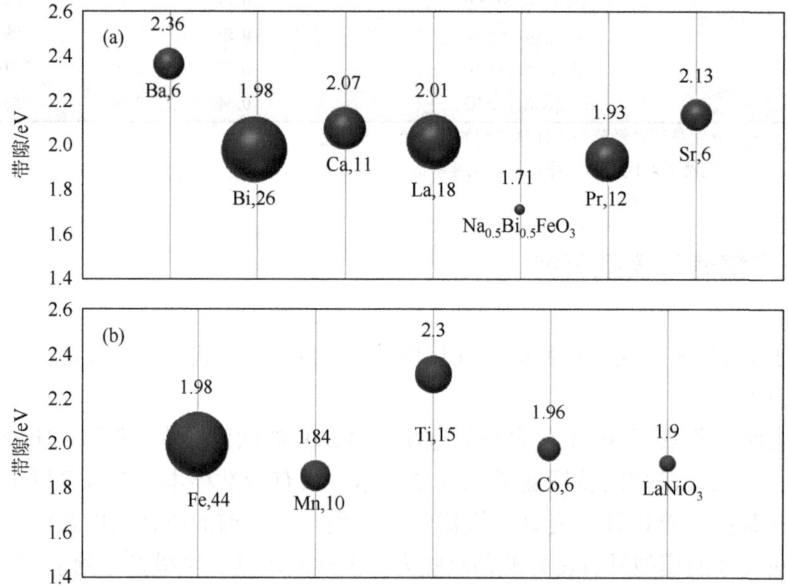

图 5-9 带隙值在 1.4～2.6eV 范围内的钙钛矿的主要组成元素[10]

（a）A 位；（b）B 位。每个气泡代表一种元素，元素符号旁边的数字表示含该元素的钙钛矿的数量，气泡上方的数字表示所有含该元素的钙钛矿的带隙平均值众所周知，ABO_3 型钙钛矿氧化物一般具有较低的比表面积[39]。究其根源，主要是因为在合成此类钙钛矿时需要较高的煅烧温度，从而导致大尺寸晶粒的形成，而晶粒尺寸（微晶尺寸）与比表面积呈现相互制约的关系。同样结构的材料，晶粒尺寸越小，比表面积就会越大。因此，钙钛矿的比表面积通常随着煅烧温度的升高而降低。从图 5-10（a）和（c）的统计结果来看，当煅烧温度低于 700℃、

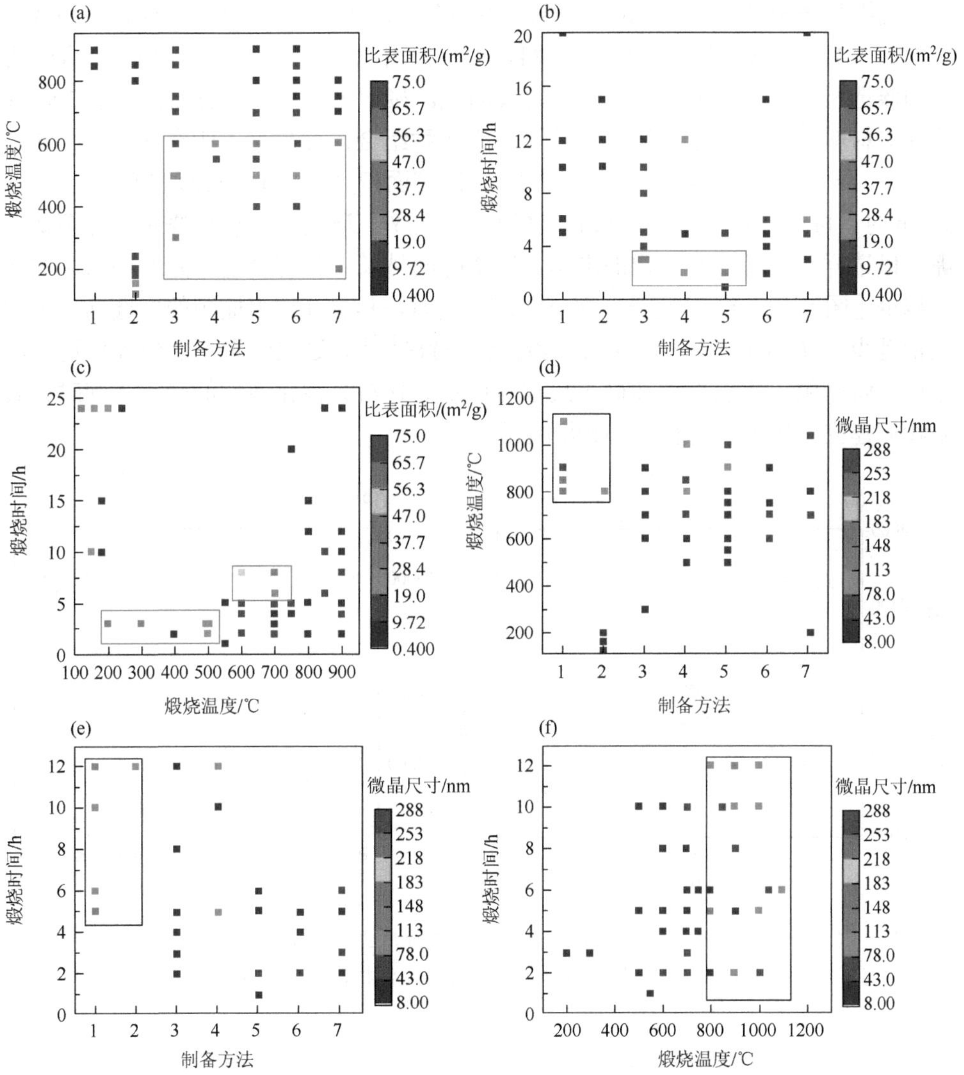

图 5-10　实验条件对比表面积和微晶尺寸的影响分析[11]

制备方法 1～7 分别表示固态反应法、水热法、溶胶-凝胶法、聚合络合法、燃烧法、柠檬酸盐法和其他方法

煅烧时间低于 10h 的条件下，钙钛矿材料具有较高的比表面积。当制备方法为溶胶-凝胶法、聚合络合法或燃烧法时，可获得较高比表面积的钙钛矿［图 5-10（a）和（b）］。从图 5-10（d）和（f）可看出，钙钛矿在高温条件下很容易形成较大的微晶尺寸。通过固相反应制备的钙钛矿也会具有较大的微晶尺寸［图 5-10（d）和（e）］[40]，这可能是因为该方法通常需要较高的煅烧温度。此外，煅烧时间似乎并不影响微晶尺寸［图 5-10（e）和（f）］。

利用带隙模型预测了 5368 个候选钙钛矿在不同煅烧时间下的带隙值，筛选出带隙在 1.4～2.6eV 范围内的候选材料，然后使用比表面积模型来预测具有合适带隙的候选材料在不同煅烧温度下的比表面积。接下来，预测比表面积大于 $30m^2/g$ 的候选材料的微晶尺寸。最终形成了 30254 种组合，并预测了所有这些组合的产氢速率。结果表明，当带隙在 1.9～2.4eV、比表面积大于 $50m^2/g$、微晶尺寸在 20～32nm 时，材料更容易获得较高的产氢速率。此外，研究还发现煅烧时间对钙钛矿虚拟候选样本的带隙有一定的影响，煅烧时间越长，具有合适带隙的钙钛矿的数量越少［图 5-11（a）］。另外，煅烧温度越高时，具有高比表面积的候选钙钛矿的数量越少［图 5-11（b）］，这与实验结论一致[41, 42]。这些结果不仅使我们更加清楚地了解带隙、比表面积和微晶尺寸对钙钛矿材料光催化活性的影响，同时也表明我们建立的模型具有良好的预测性能。

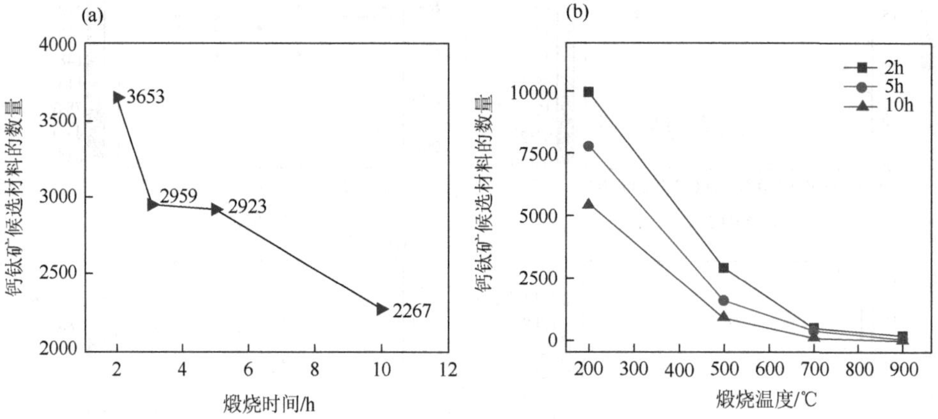

图 5-11　（a）具有合适带隙的钙钛矿候选材料的数量与煅烧时间的关系；（b）比表面积大于 $30m^2/g$ 的钙钛矿候选材料的数量与煅烧温度的关系[10]

5.4　基于机器学习的有机-无机杂化钙钛矿材料设计

有机-无机杂化钙钛矿（hybrid organic-inorganic perovskites，HOIPs）材料也属于常见的钙钛矿材料的一种，目前已在光伏领域内取得了令人瞩目的进展。得益于其可调带隙、较长载流子扩散长度、较强光吸收能力、较少非辐射损失、载流子流动性、简单的溶液加工性以及较低的实验成本等材料特性，HOIPs 材料已被大量运用至太阳能电池中[43-46]。HOIPs 材料的化学通式为 ABX_3，其中 A 位离子一般为单价阳离子［如 MA^+（methylammonium）、FA^+（formamidinium）等］，B 位离子一般为二价阳离子（如 Pb^{2+}、Sn^{2+}、Ge^{2+}、Ga^{2+}等），X 位离子一般为卤素阴离子（如 Cl^-、Br^-、I^-等）。基于 HOIPs 的钙钛矿太阳能电池（perovskite solar cells，PSCs）的功率转换效率（PCE）已从最初的 3.8%被提升至 25.5%[47-49]。基于 HOIPs 的多节太阳能电池，即串联太阳能电池（tandem solar cells，TSCs）的 PCE 已达到 47.1%[48, 49]。

基于 HOIPs 的太阳能电池的商业化应用仍然存在一定的局限性，亟需更多研究来支撑其进一步的发展。HOIPs 材料的 B 位二价阳离子以 Pb^{2+}为主，且含 Pb 的 PSCs 电池的性能表现远超基于其他 B 位二价阳离子的太阳能电池。但含 Pb 的 PSCs 电池在分解后，会释放出有毒且难以降解的 Pb^{2+}。我们需要探索更多无 Pb 无毒 HOIPs 材料来促进无污染且高效的 PSCs 发展[45, 46]。与此同时，大部分 HOIPs 材料的带隙处于 1.45～1.55eV，其对应的 Shockley-Queisser（SQ）理论 PCE 上限值为 31.02～32.07%[50-52]。但根据 SQ 理论，单节太阳能电池最佳的带隙范围应为 1.20～1.40eV，对应理论 PCE 上限值为 32.7～33.7%，其中最大值 33.7%仅在带隙 1.34eV 时取得。通过调整带隙至最佳值，基于 HOIPs 的 PSCs 电池的 PCE 可能达到更高的值。在 TSCs 中，HOIPs 材料的带隙调节也十分重要。TSCs 的底层 HOIPs 电池的带隙应处于 1.20～1.30eV，TSCs 的顶层 HOIPs 电池应接近 1.70eV（对应于底层为 Si 电池的情况）或处于 1.75～1.80eV（对应于底层为 HOIPs 电池的情况）。综合考虑到无铅无毒以及适当带隙调整的这两点要求，探索具有适合 PSCs 和 TSCs 带隙的无铅 HOIPs 仍然至关重要。

传统实验以及量化计算容易在人力、算力、时间上耗费较大，相比之下，机器学习技术提供了一种更有效的策略，能以更低的成本进行材料设计研究，且已在多个领域内获得了巨大研究进展，如电催化、电池、聚合物、合金领域等[53-57]。近年来，我们课题组结合材料机器学习的理念，开发了适合于 HOIPs 材料的设计方法，并成功设计了新型 HOIPs 材料，下面就 3 个成功案例进行介绍[58-62]。

5.4.1　基于模拟样本的 HOIPs 材料形成性设计

我们从文献[63]中收集了 102 个基于量化方法计算得到的 HOIPs 虚拟样本，包括 44 个正例（即 HOIPs 样本）与 58 个负例（即非 HOIPs 样本）。利用我们课题组开发的 Python 包 fast-machine-learning[64]为 HOIPs 材料的每个位点生成 112 个加权描述符，以及额外 3 个结构因子描述符——八面体因子 μ 、容忍因子 t 和新容忍因子 τ，共计

339 个特征。关于描述符的详细介绍可参考我们课题组的 Github 网址[65]。

对 336 个描述符分步进行预处理：①删除空值；②删除常数变量或近常数变量；③删除强线性相关变量。336 个变量经处理后，剩余 45 个变量。对 102 个样本进行训练集与测试集的数据划分，测试集比例为 15%。

采用梯度提升分类（gradient boosting classification，GBC）、极限提升树分类（eXtreme gradient boosting，XGBoost）、最近邻分类（KNN）与支持向量分类（SVC）进行建模研究，并结合递归特征添加法（recursive feature addition，RFA）用于筛选关键特征。对于集成模型如 GBC、XGBoost，RFA 中的特征顺序利用 SHAP 方法得到，对于非集成模型如 KNN、SVC，RFA 中的特征顺序利用 mRMR 方法得到，并将 LOOCV 的准确率作为评价模型好坏的指标。图 5-12 展示了每种算法对应的准确率和特征数的变化趋势，XGBoost、GBC、SVC 和 KNN 四种算法的模型在 6 个、4 个、4 个和 3 个特征时具有 LOOCV 准确率的最优值，分别达到了 0.94、0.91、0.90 和 0.83。XGBoost 模型具有更高的 LOOCV 准确率，可以说明该模型比其他模型具有更好的预测性能。

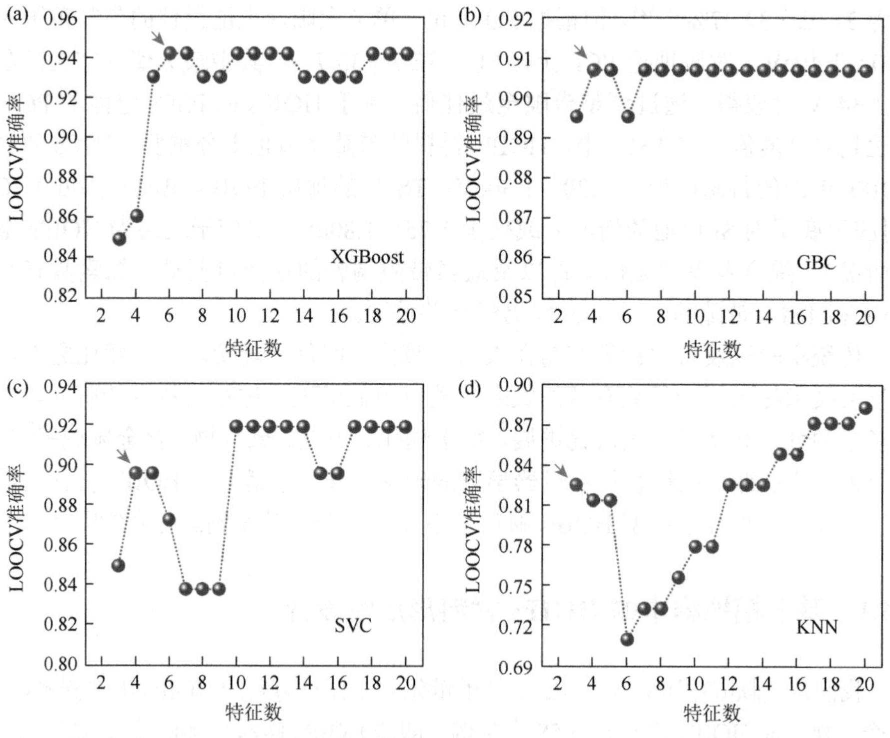

图 5-12　不同算法的机器学习模型中特征数与 LOOCV 准确率的变化趋势[58]

（a）XGBoost；（b）GBC；（c）SVC；（d）KNN。红点（箭头所指）代表每个模型中准确率的最佳值继续使用网格搜索方法对 XGBoost 模型作超参数优化，超参数选用学习率（learning rate）与树棵数（estimators），评价指标选用 LOOCV 的准确率。超参数优化结果如图 5-13 所示，当学习率为 0.30、树棵数为 80 时，LOOCV 的准确率最大，达到了 0.95，此时 XGBoost 的测试集准确率为 0.88。

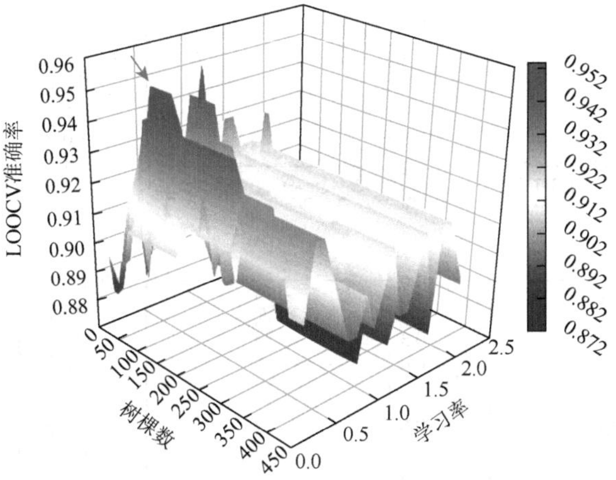

图 5-13　XGBoost 超参数优化图[58]

利用 SHAP 方法对 XGBoost 模型进行分析，其特征重要性排序结果如图 5-14 所示，最重要的特征是 B 位的离子半径 r_B，接下来依次为 A 位的离子半径 r_A、τ、t、B 位的第一电离能 I_{1B} 和晶格常数 LC_B。

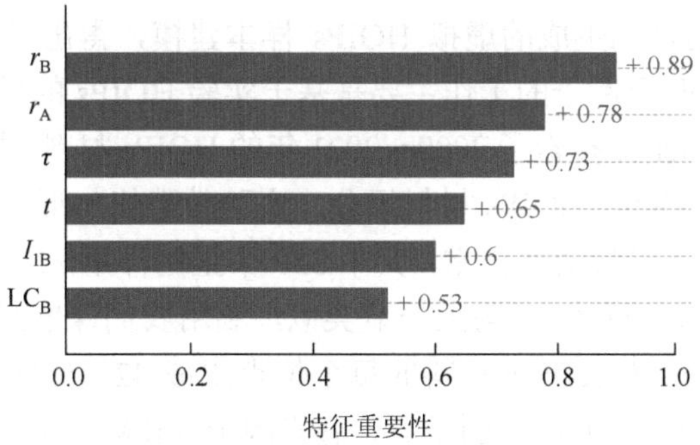

图 5-14　XGBoost 模型的特征重要性排序[58]

SHAP 分析不仅可以得到特征与目标变量的正负相关性的定性结果，还可以从样本的 SHAP 值中进一步获取定量信息，得到特征区分正负区域的临界值。从

图 5-15（a）～（f）中可以发现，特征 r_B、t、I_{1B} 和 LC_B 的临界值分别为 0.82、1.12、7.80 和 2.95。当 r_B＞0.82Å、t＜1.12 和 I_{1B}＜7.80eV、LC_B＞2.95Å 时，SHAP 值趋向正值，更有利于形成钙钛矿结构。

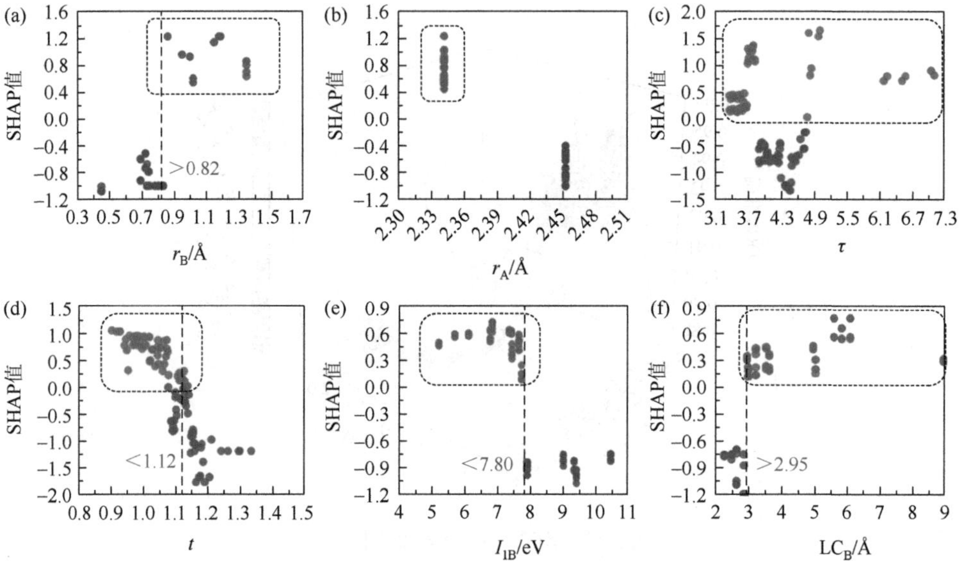

图 5-15　每个样本的（a）r_B、（b）r_A、（c）τ、（d）t、（e）I_{1B} 和（f）LC_B 的 SHAP 值分布图[58]

线框内样本代表正相关性

5.4.2　基于实验样本的 HOIPs 材料形成性设计

5.4.1 小节利用量化生成的虚拟 HOIPs 样本建模，得出了较为正确的 HOIPs 形成性规律。下面两个例子的工作主要是基于实验 HOIPs 的样本进行建模研究。

利用 Web of Science 搜索了 2009～2021 年的 HOIPs 材料，样本共计 12512 条。其中主要涉及文献 DOI、HOIPs 材料组分、实验带隙值与形成性数据。经整理得到 563 个非重复的实验形成性样本，其中 539 个正例样本（HOIPs 样本）与 24 个负例样本（非 HOIPs 样本）。与上一节类似，利用我们课题组开发的 Python 包 fast-machine-learning 为 HOIPs 材料的每个位点生成 42 个加权描述符，以及额外 3 个结构因子描述符——八面体因子 μ、容忍因子 t_f 和新容忍因子 τ_f，共计 129 个特征。

对 129 个特征分步进行预处理：①删除空值；②删除常数变量或近常数变量；③删除强线性相关变量。129 个变量经处理后，剩余 43 个变量。在 563 个样本中，由于形成性样本数据集的正例样本远多于负例样本，常规的随机划分方法会引起采样的极端不均衡的情况，因此对 2 个类别样本分别划分为训练集与测试集，本次划分的测试集比例为 27%。

基于划分的训练集，考虑采用 10 种机器学习算法进行建模研究，其中包括监督机器学习算法 XGBoost（简写为 XGB）、CatBoost（简写为 CAT）、SVC、GBC、岭回归分类（ridge classification，RC）、DTC，以及半监督机器学习算法标签扩散算法（label propagation algorithm，LP）、标签传播算法（label spreading，LS）、自训练分类算法（self-training classification，STC）、轻度提升树分类算法（lightGBM classification，LGC）。

由于形成性样本数据集存在正负样本极端不均衡的情况，我们引入了 9 种采样方法来增强建模效果，其中包括过采样方法、欠采样方法以及混合采样方法。过采样方法对数量较少的负例样本进行采样，以期望负例样本的数量能达到或接近数量较多的正例样本。我们采用的过采样方法包括合成少数过采样方法（简写为 SMOTE）[66]、支持向量机 SMOTE（简写为 SVMSMOTE）、自适应合成算法（简写为 ADASYN）[67]。相对地，欠采样方法对数量较多的正例样本进行采样，以期望负例样本的数量能达到或接近数量较多的正例样本。我们采用的欠采样方法包括编辑最近邻法（简写为 ENN）[68]、压缩最近邻法（简写为 CNN）[69]、实例硬度阈值法（简写为 IHT）[70]、Tomek 连接法（简写为 Tomek）[71]。混合采样方法是同时混合过采样与欠采样方法，以期望使两类标签样本数量趋于平衡。采用的混合采样方法包括 SMOTE 与 ENN 的混合方法（简写为 SMOTEENN）[72]、SMOTE 与 Tomek 的混合方法（简写为 SMOTETomek）。我们将准确率与精准率（precision）用于分类模型的评价指标。准确率被定义为总体样本被分类正确的百分率，精准率被定义为负类样本被分类正确的百分率。

将 10 种建模方法与 9 种采样方法轮流搭配先后使用，即先轮流使用采样方法增强不平衡数据集，再轮流使用不同机器学习算法进行建模。如图 5-16 所示为所有基于不同采样方法和不同建模方法所建立的机器学习分类模型的 LOOCV 的准确率矩阵与精准率矩阵。两个指标矩阵中，横坐标为不同机器学习建模方法，纵坐标为不同的采样方法，其中第一行代表的是非采样情况，用于横向对比。从图 5-16（a）的第一行可以看出，非采样情况下，10 个分类模型的 LOOCV 准确率都在 96.0%左右，但从图 5-16(b)的第一行可以发现，10 个分类模型的 LOOCV 精准率仅为 41.2%～70.6%，精准率超过 70.0%的仅有 XGB 分类模型与 STC 分类模型。因此，若采用原始不平衡数据进行分类建模，构建的模型无法准确预测样本量较少的负例样本。

为了提高模型对少数负例样本的预测能力，引入不同类型的采样方法，可以提升模型的预测能力。从图 5-16（b）的第二至四行可以看出，通过引入三种过采样方法后，即 SMOTE、SVMSMOTE、ADASYN，10 个分类模型的精准率达到了 98.5%～100%，表明模型对少数负例样本的预测准度有了大幅提升。与之对应，图 5-16（a）的第二至四行可以看到，引入过三种采样方法后，10 个分类模型的总体准确率也从 96.0%左右上升至 98.0%左右。从图 5-16（b）的第五至八行可以看出，引入四种欠采样方法后，即 ENN、CNN、IHT、Tomek，10 个模型的精准率变化幅度不一。当引入 CNN 方法后，仅有 SVC、RC、DTC 模型的精准率有一定幅度上升，但所有模型的精准率低于 80.0%，是所有采样方法中情况最差的。当引入 Tomek 方法后，10 个模型的精准率为 70.6%～88.2%，虽比未采样情况有所提升，但提升幅度没有过采样方法大。ENN 与 IHT 方法是欠采样方法中表现最佳的，10 个模型的精准率为 82.4%～94.1%，但仍逊于过采样方法的情况。从图 5-16（a）的第五至八行可知，只有 CNN 方法情况下的 10 个模型的准确率较低，仅为 38.2%～69.4%，ENN、IHT、Tomek 方法情况的总体准确率与过采样方法的情况较为接近，为 97.7%～99.7%。从图 5-16（a）与（b）的第九至十行可以看出，当引入混合采样方法 SMOTEENN 与 SMOTETomek 后，无论是精准率还是准确率都有极大幅度提升，分别为 98.7%～100%与 98.1%～100%。其中，当引入 SMOTEENN 采样方法时，CAT 与 SVC 模型的精准率与准确率均达到了 100%，是所有采样方法与建模方法组合中结果最好的。表 5-9 所示为 CAT 与 SVC 模型的测试集情况，两个模型的测试集精准率与准确率分别为 100%与 95.5%～96.1%，说明模型具有良好的泛化能力。表 5-10 所示为 100 次随机划分训练集测试集后，100 个 CAT 与 SVC 的平均建模情况。其中，LOOCV 与测试集的平均精准率与平均准确率都在 99%以上。

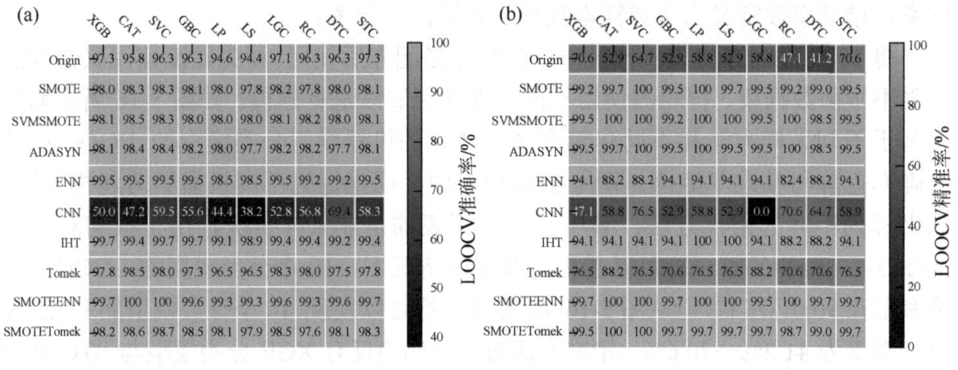

图 5-16　基于不同采样方法和不同建模方法的分类模型的准确率矩阵和精准率矩阵[60]

（a）准确率矩阵；（b）精准率矩阵。颜色由深至浅分别代表准确率/精准率由低到高
XGB：极限梯度提升算法（一般称 XGBoost）；CAT：类别提升算法（一般称 CatBoost）；SVC：支持向量分类；LP：标签扩散算法；LS：标签传播算法；LGC：轻度提升树分类算法；STC：自训练分类算法；DTC：决策树分类；Origin：原始数据集（不做采样）；SMOTE：少数过采样方法；SVMSMOTE：基于支持向量机的少数过采样方法；ADASYN：自适应合成算法；ENN：编辑最近邻法；CNN：压缩最近邻法；IHT：实例硬度阈值法；Tomek：Tomek 连接法；SMOTEENN：SMOTE 与 ENN 的混合方法；SMOTETomek：SMOTE 与 Tomek 的混合方法

表 5-9　CAT 与 SVC 模型的测试集的混淆矩阵[60]

CAT 模型			SVC 模型		
测试集	负例	正例	测试集	负例	正例
负例	7	0	负例	7	0
正例	7	141	正例	6	142
精准率/%	100		精准率/%	100	
准确率/%	95.5		准确率/%	96.1	

表 5-10　100 次随机划分训练集测试集后，CAT 与 SVC 的 LOOCV 的混淆矩阵[60]

	评价函数	CAT 模型	SVC 模型
LOOCV	平均精准率/%	99.7	99.6
	平均准确率/%	99.0	99.0
测试集	平均精准率/%	99.6	99.7
	平均准确率/%	99.3	99.1

CAT 模型可以进一步基于 SHAP 方法进行模型分析，后续模型研究也均基于 CAT 模型进行。如图 5-17（a）所示为 SHAP 方法计算的 CAT 模型的前 10 个重要特征，分别包括 AR_A（A 位原子/片段结构半径）、IR_A（A 位离子半径）、t_f（容忍因子）、FI_A（A 位第一电离能）、VM_A（A 位体积）、EV_A（A 位蒸发焓）、AW_A（A 位质量）、EH_A（A 位蒸发热）、τ_f（矫正容忍因子）、BP_A（A 位沸点）。图 5-17（b～d）分别为排序前三的特征 AR_A、IR_A、t_f 与它们对应的 SHAP 值的散点图，散点图中线框范围表示正贡献样本。

如图 5-17（b）所示，当 AR_A 的特征值增大时，其对应的 SHAP 值有所降低，表明较大的 AR_A 的特征值对形成性具有负面的贡献。点坐标 2.72Å 可以认为是 AR_A 的 SHAP 值正负界限。当 AR_A 的特征值大于 2.72Å 时，AR_A 的 SHAP 值为负，反之当 AR_A 的特征值小于 2.72Å 时，AR_A 的 SHAP 值为正。进一步推断可得出，当 AR_A 的特征值为 2.30～2.72Å 时，对应的样本更容易形成钙钛矿，而当 AR_A 的特征值为 2.72～3.70Å 时，对应的样本更不容易形成钙钛矿。典型的样本正例如 $MAPbI_3$、$FAPbI_3$、$CsPbI_3$、$AAPbI_3$、$EAPbI_3$ 等都是 HOIPs 结构，其 AR_A 的特征值分别为 2.42Å、2.54Å、2.67Å、2.71Å、2.71Å，均处于 2.30～2.72Å 范围内。而且由于它们的 AR_A 的特征值均小于 2.72Å，因此只要是以 MA、FA、Cs、AA、EA 以及它们的混合衍生物为 A 位阳离子，对应的样本都可以生成 HOIPs 结构。GA 也是常见的 A 位有机片段之一，其 AR_A 的特征值为 2.73Å，与

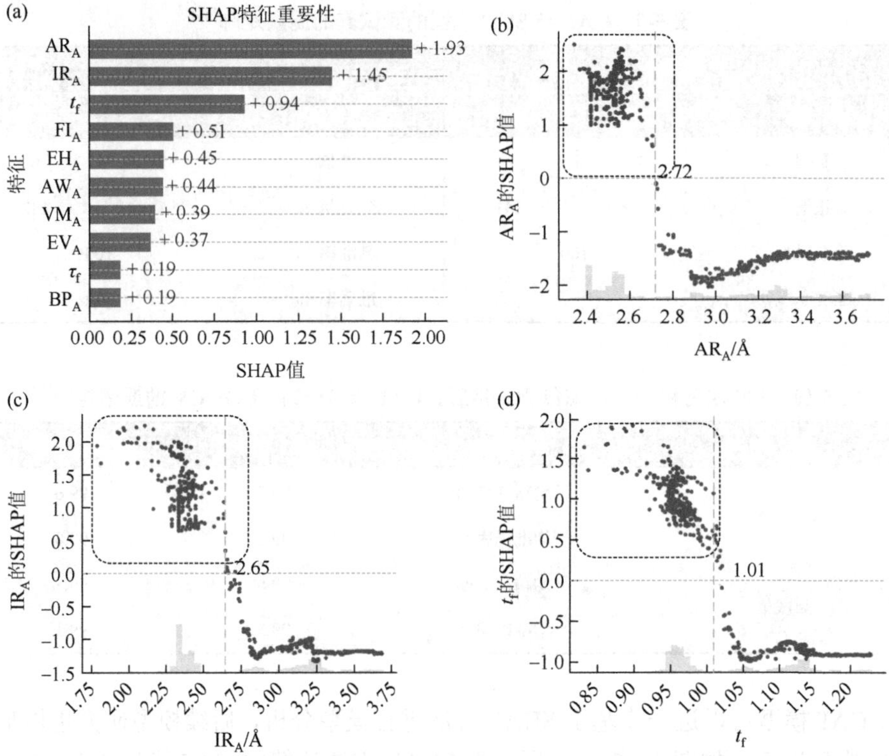

图 5-17 特征重要性分布与重要特征 SHAP 分布图[62]

（a）基于 SHAP 方法计算的 CAT 模型的前 10 个重要特征；（b）特征 AR_A 与对应的 SHAP 值的散点图；（c）特征 IR_A 与对应的 SHAP 值的散点图；（d）特征 t_f 与对应的 SHAP 值的散点图。散点图中线框表示正贡献样本

点坐标 2.72Å 十分接近，因此 A 位含有 GA 的样本分别存在正例样本 $GASnI_3$[73]以及负例样本 $GAPbI_3$[74]。往 GA 体系中掺杂其他半径较小的 A 位结构可以有助于钙钛矿结构的生成。例如，掺杂一定比例的 Cs 可以形成 $Cs_{0.7}GA_{0.3}PbI_3$[75]，其加权 AR_A 的特征值为 2.69Å；掺杂一定比例的 MA 可以形成 $GA_{0.25}MA_{0.75}PbI_3$[76]，其加权 AR_A 的特征值为 2.50Å。同时掺杂 FA 与 Cs 可以形成 $FA_{0.33}GA_{0.19}Cs_{0.47}PbI_{1.98}Br_{1.02}$[77]，其加权 AR_A 的特征值为 2.61Å。ED 也是常见的片段之一，但由于 AR_A 的特征值为 2.88Å，远大于 2.72Å，因此不掺杂的 ED 体系样本无法形成钙钛矿结构[78]。若考虑掺杂半径较小的有机结构，如 $ED_xMA_{1-x}PbI_3$（$x = 0.1$、0.2、0.3、0.4、0.5），相应的样本也可以生成钙钛矿结构[79]。

如图 5-17（c）所示，当 IR_A 的特征值增大时，其对应的 SHAP 呈现降低的趋势，表明较大的 IR_A 的特征值对形成性有负面的贡献。点坐标 2.65Å 可以决定 SHAP 值的正负。当 IR_A 的特征值大于 2.65Å 时，其对应的 SHAP 值为负，反之当 IR_A 的特征值小于 2.65Å 时，其对应的 SHAP 值为正。因而可进一步推出，当

IR_A 的特征值处于 1.75～2.65Å 时，样本更容易形成钙钛矿结构，当 IR_A 的特征值处于 2.65～3.75Å 时，样本更不容易形成钙钛矿结构。在典型的正样本中，如 $MAPbI_3$、$FAPbI_3$、$CsPbI_3$、$AAPbI_3$、$EAPbI_3$ 等，MA^+、FA^+、Cs^+、AA^+、EA^+的 IR_A 的特征值分别为 2.34Å、2.45Å、1.67Å、2.64Å、2.64Å，均小于 2.65Å，因此这些样本以及它们的相互掺杂的衍生样本都可以形成钙钛矿结构。GA^+的 IR_A 的特征值为 2.65Å，因此也难以判断纯 GA^+体系的样本能否形成钙钛矿结构。ED^+的 IR_A 的特征值为 2.78Å，高于 2.65Å，因此也判定纯 ED^+的体系无法形成该钙钛矿结构。

如图 5-17（d）所示为 t_f 与其对应 SHAP 值的散点图。当 t_f 的特征值增大时，其对应的 SHAP 值会逐渐减小。表明较大的 t_f 的特征值对形成性会产生负面影响。点坐标 1.01 可以用于决定 t_f 的 SHAP 值的正负情况。当 t_f 的特征值大于 1.01 时，对应的 SHAP 值为负，相反当 t_f 的特征值小于 1.01 时，对应的 SHAP 值为正。因而可以进一步精确 t_f 的范围，当 t_f 的特征值处于 0.85～1.01 时，对应的样本更容易形成钙钛矿结构，当 t_f 的特征值处于 1.01～1.25 时，对应的样本越难以形成钙钛矿结构。在典型的正例样本中，如 $MAPbI_3$、$FAPbI_3$、$AAPbI_3$、$EAPbI_3$ 等，其 t_f 的特征值分别为 0.95、0.97、1.01、1.01，均小于或等于 1.01。不过也有 t_f 特征值处于 1.14～1.29 的正例，如 Li 等报道的 $AWPbI_3$、$AYPbI_3$、$AZPbI_3$、$AUPbI_3$、$AVPbI_3$、$AQPbI_3$、$BDPbI_3$、$BEPbI_3$、$BCPbI_3$、$PYPbI_3$[78]。

其余重要特征大部分为 A 位描述符，其规律与 AR_A、IR_A 类似，因贡献度较小不再赘述。就结论而言，同时控制 AR_A 的特征值范围在 2.30～2.72Å、IR_A 的特征值范围在 1.75～2.65Å、t_f 的特征值范围在 0.85～1.01，有助于钙钛矿结构的形成，而若 AR_A 的特征值超过 2.72Å、IR_A 的特征值超过 2.65Å、t_f 的特征值超过 1.01 则会不利于钙钛矿结构的形成。

我们将 80 个有机结构作为 A 位候选，18 个金属阳离子作为 B 位候选，3 个卤素离子作为 X 位候选，最终形成了 4320 个 ABX_3 型样本组成，其中若排除已有实验样本，则剩余 4257 个 ABX_3 型样本尚未被探索，其形成性以及形成概率可以基于已构建的 CAT 模型进行高通量预测。

图 5-18（a）显示的是 CAT 模型对 4320 个 ABX_3 型样本预测的形成性概率分布图。可以看出，大部分的样本分布在形成性概率 0～50.0%以及 90.0%～100%。其中，有 773 个样本的形成性概率在 95.0%以上，占据了总样本数的 17.89%，而有 307 个样本的形成性概率在 99.0%以上，占据了总样本数的 7.1%。在 307 个样本中，分别有 40 与 39 个以 MA 或 AG 为 A 位阳离子的样本，占据了 307 个样本中的 25.7%。相比之下以 FA 为 A 位阳离子样本仅有 25 个，远少于前两者。另外，以 Pb 为 B 位金属离子的样本有 44 个，而以 Sn、Ba、Nd 为 B 位阳离子的样本分别有 30、30、27 个。307 个样本中含有 Cr、Zn、Fe 的样本最少，分别为 9、9、

8 个。另外，以 I 为 X 位阴离子的样本有 170 个，占据了 307 个样本的一大半，而剩下的为含 Br、Cl 的样本。

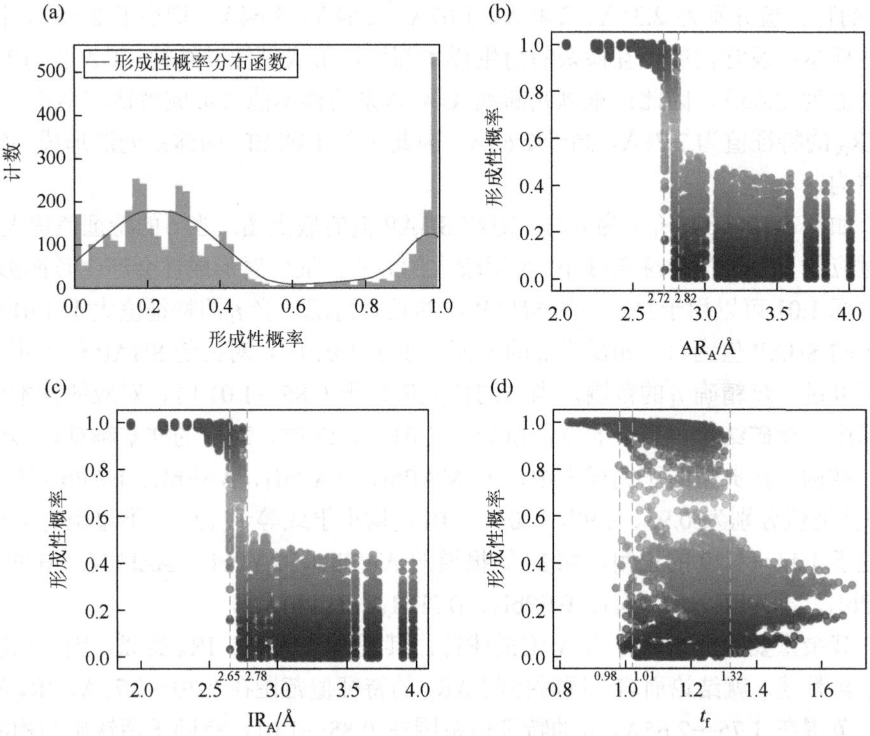

图 5-18 （a）形成性概率分布图；（b）AR_A 特征值与形成性概率的散点图；（c）IR_A 的特征值与形成性概率的散点图；（d）t_f 特征值与形成性概率的散点图[60]

图 5-18（b）和（c）显示的是 AR_A、IR_A 与形成性概率的散点图。当 AR_A 的特征值小于 2.72Å 或者 IR_A 的特征值小于 2.65Å 时，相应的样本的形成性概率超过 80.0%。而当 AR_A 的特征值大于 2.82Å 或者 IR_A 的特征值大于 2.78Å 时，相应的样本的形成性概率低于 60.0%。当 AR_A 的特征值为 2.72～2.82Å 或者 IR_A 的特征值为 2.65～2.78Å 时，相应的样本的形成性概率遍布 0～100%。已有实验报道的 A 位有机结构如 MA、FA、AA、EA 的 AR_A 以及 IR_A 的特征值分别为 2.42～2.71Å 以及 2.34～2.65Å，均小于 2.72Å 与 2.65Å，因此以这些为 A 位有机结构的样本有超过 80.0%的概率形成钙钛矿结构。而有机结构 GA 的 AR_A 以及 IR_A 的特征值分别为 2.72Å 以及 2.65Å，处于 2.72～2.82Å 以及 2.65～2.78Å 的范围，因此难以判定 GA 体系的样本的形成性概率。有机结构 ED 的 AR_A 以及 IR_A 的特征值分别为 2.88Å 以及 2.77Å，分别大于 2.82Å 以及接近 2.78Å，因此 ED 体系的样本

难以形成钙钛矿结构。

图 5-18（d）展示的是 t_f 的特征值与形成性概率的散点图。其散点分布规律与 4.2.2 节中的分布规律也基本一致。当 t_f 的特征值为 0.82～0.98 时，相应的样本的形成性概率接近 100%，而当 t_f 的特征值大于 1.32 时，相应的样本的形成性概率则不超过 60%。典型的案例可见于已报道的实验 HOIPs 中，如 $MAPbI_3$、$MAPbCl_3$、$MASnBr_3$、$FAPbI_3$、$FASnI_3$ 均为钙钛矿结构，且其 t_f 的特征值均处于 0.95～0.98。t_f 的标准可略微放宽至 1.01，此时相应的样本的形成性概率也都超过了 90.0%。当 t_f 的特征值处于 1.01～1.32 时，相应的样本的形成性概率就变得两极分化。例如，样本 $FAGeI_3$、$MAGeI_3$、$MAPdI_3$ 均可形成钙钛矿结构，且它们的 t_f 的特征值为 1.04～1.12。而样本 $GAPbI_3$ 与 $EDPbI_3$ 的 t_f 特征值虽然也接近 1.01，分别为 1.01 与 1.04，但它们无法形成钙钛矿结构。当 t_f 的特征值范围为 0.82～1.01 时，样本形成钙钛矿结构的概率接近 100%。当 t_f 的特征值为 1.01～1.32 时，样本也能形成钙钛矿结构。而当 t_f 的特征值超过 1.32 时，样本不可能形成钙钛矿结构。

从高通量预测的结果还可以发现具有潜力的新 A 位有机结构，如 AA、AE、AG、AM、AS、AT、XB 等，其 AR_A 的特征值为 2.24～2.71Å、IR_A 的特征值为 2.16～2.64Å、t_f 的特征值为 0.86～1.30，且其形成性概率为 98.0%～100.0%。有机结构 AR 也具有较大的潜力，基于 AR 的样本的形成性概率为 90.0%～99.0%，其中 $ARPbI_3$、$ARSnI_3$、$ARPbBr_3$、$ARBaI_3$、$ARPbCl_3$ 的形成性概率都超过了 98.0%。基于有机结构 AH 的样本的形成性概率为 66.0%～97.0%，其中只有 $AHPbBr_3$ 和 $AHPbCl_3$ 的形成性概率超过了 96.0%。另外还发现基于 XS、XR、XT 的样本的形成性概率分别为 95.6%～99.8%、91.5%～99.1%、88.1%～98.2%。与此同时，基于 AB、AC、AD、AI、AJ、AK、AL、AO、AP、AQ 的样本的形成性概率仅为 40.0%～46.0%，其 AR_A、IR_A、t_f 的特征值分别为 2.86～3.35Å、2.80～3.30Å、1.00～1.49。

为了验证模型的预测能力，我们设计了 5 个同体系的 HOIPs 样本 $MASn_xGe_{1-x}I_3$（$x = 1$、0.85、0.74、0.66、0），并利用实验验证其钙钛矿结构形成性，其中 $MASn_xGe_{1-x}I_3$（$x = 0.85$、0.74、0.66）尚未被实验工作报道过，$MASn_xGe_{1-x}I_3$（$x = 1$、0）作为参照样本。

合成 $MASn_xGe_{1-x}I_3$（$x = 1$、0.85、0.74、0.66、0）实验内容如下：试剂碘化甲胺（methylammonium，MAI）（99.8%）购买自 GreatCell，试剂 SnI_2（99.99%）购买自 Sigma-Aldrich。试剂 *N*, *N*-二甲基甲酰胺（DMF，99.8%）与二甲基亚砜（DMSO，99.9%）购买自 Admas-beta。锗固体粉末（99.999%）与碘丸（99.999%）分别购买自 Aladdin 和 Admas-beta。上述材料均以原样使用。在 600℃下将含有等摩尔量的锗粉和碘丸的密封石英管烧结 10h 来合成 GeI_2。将 15.9mg MAI、37.2mg

SnI_2 和 3.13mg SnF_2 添加剂溶解在 100μL DMF 和 25μL DMSO 的混合溶剂中，同时在 60℃下搅拌 2h，得到 $MASnI_3$ 前驱体溶液。将 15.9mg MAI 和 32.6mg GeI_2 溶解在 125μL DMF 溶剂中，同时在 60℃下搅拌 2h，制得 $MAGeI_3$ 前驱体溶液。将 15.9mg MAI 与不同摩尔比的 SnI_2 和 GeI_2 溶解在 100μL DMF 和 25μL DMSO 的混合溶剂中，同时在 60℃下搅拌 2h，制得 $MASn_xGe_{1-x}I_3$（$x = 0.85$、0.74、0.66）前驱体溶液。在手套箱中以 1000～4000r/min 的转速将前驱体溶液旋涂到玻璃基板上，沉积 45s 后，在 100℃下退火 10min，得到 $MASnI_3$、$MAGeI_3$、$MASn_xGe_{1-x}I_3$ 薄膜。钙钛矿薄膜的晶体结构由 Bruker 的 D2 相位衍射仪在 CuK_α 辐射条件下检测得到。

图 5-19 所示为合成的 $MASn_xGe_{1-x}I_3$（$x = 1.00$、0.85、0.74、0.66、0.00）的 XRD 图，图 5-20 展示的是纯相的 $MASnI_3$ 与 $MAGeI_3$ 的 XRD 图，图 5-21 所示为 $MAGeI_3$ 的 XRD 放大图，其衍射峰分别为 14.46°、29.20°。结合图 5-19（a）以及图 5-20、图 5-21 的纯相衍射峰可以发现，$MASnI_3$ 以及 Sn-Ge 掺杂样本的结晶情况要好于 $MAGeI_3$，可能是源自含 Sn 钙钛矿的快速结晶的特性[80]。通过掺杂 Ge，$MASn_xGe_{1-x}I_3$ 的 XRD 图中没有出现其他峰，表明生成的薄膜是纯钙钛矿，并且在前驱体溶液中引入 GeI_2 不会导致晶格的破坏。如图 5-19（b）与（c）所示，随着 GeI_2 前驱体溶液浓度的提升，14.30°与 28.70°处的衍射峰逐渐往大角度方向移动，这源自体积较大的 Sn 原子（半径 0.11nm）被体积较小的 Ge 原子（半径 0.073nm）部分替代而引起的晶体收缩[81]。这也表明了 Ge 元素成功引入掺杂。实验合成的结果与模型预测的结果一致（预测概率均超过 99.0%），表明了所构建模型的可靠与稳定性。

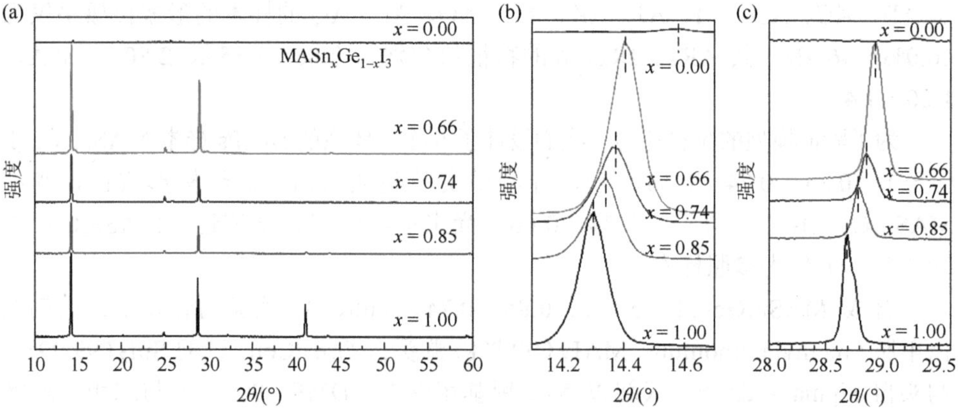

图 5-19 $MASn_xGe_{1-x}I_3$ 的 XRD 图[60]

（a）$MASn_xGe_{1-x}I_3$（$x = 1$、0.85、0.74、0.66、0）的 XRD 图；（b）14.30°处放大的 XRD 图；（c）28.70°处放大的 XRD 图

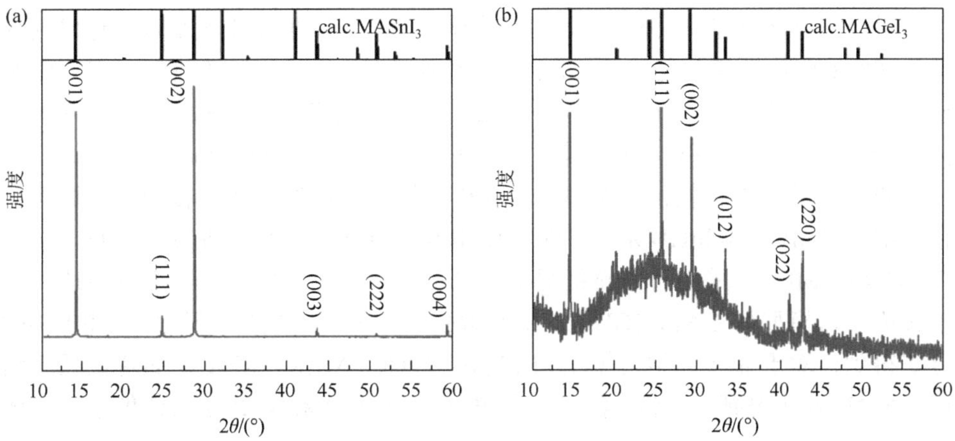

图 5-20　$MASnI_3$（a）和 $MAGeI_3$（b）的 XRD 图[60]

制备的 $MASnI_3$ 和 $MAGeI_3$ 的衍射峰与理论值一致，分别对应立方结构（空间群：*Pm*3*m*）和四方结构（空间群：*P*4*mm*）

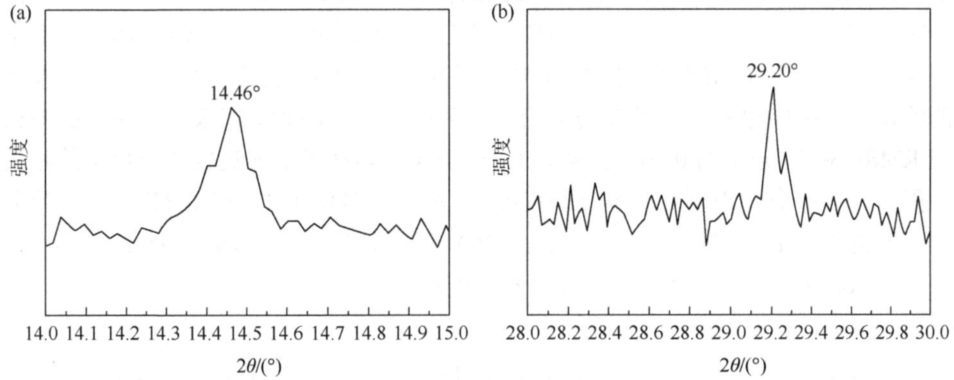

图 5-21　$MAGeI_3$ 在 14.46°（a）以及 29.20°（b）处的 XRD 放大图[60]

5.4.3　基于实验样本的 HOIPs 材料带隙设计

我们仍然利用在 Web of Science 上 2009～2021 年搜集到的 12512 个 HOIPs 材料数据。经整理得到 479 个非重复的实验带隙样本。利用我们课题组开发的 Python 包 fast-machine-learning 为 HOIPs 材料的每个位点生成 42 个加权描述符，以及额外 3 个结构因子描述符——八面体因子 μ 、容忍因子 t_f 和新容忍因子 τ_f，共计 129 个特征。

对 129 个变量进行分步预处理：①删除空值；②删除常数变量或近常数变量；③删除强线性相关变量。129 个变量经处理后，剩余 102 个变量。在 479 个样本中，根据年份手动划分出 2021 年的 42 个样本作为额外的验证集，再对剩余 437 个样本划分为训练集与测试集，划分的测试集比例为 18.05%。

我们使用了 7 种机器学习算法，并横向比较不同算法的建模效果，算法包括 CAT、XGB、LightGBM（简写为 LGB）、GBM、SVM、决策树回归（简写为 DTR）、MLR。采用递归特征添加法（RFA）对每个模型进行变量筛选。对于集成学习模型如 CAT、XGB、LGB、GBM 算法，RFA 中的特征顺序利用 SHAP 方法得到，对于非集成学习模型如 SVM、DTR、MLR，RFA 中的特征顺序利用 mRMR 方法得到，并将 LOOCV 的 RMSE 和决定系数 R^2 作为评价模型好坏的指标。

如图 5-22～图 5-25 所示为 7 个算法模型的 RFA 筛选结果。图 5-22 展示的是模型的 LOOCV RMSE 随着筛选特征数增多而变化的趋势。当特征数超过 13 以后，4 个集成学习模型的 LOOCV RMSE 在 0.08～0.12，而 3 个非集成学习模型的 LOOCV RMSE 始终大于 0.14。图 5-23 展示的是模型的 LOOCV R^2 的变化趋势，当特征数超过 13 后，4 个集成学习模型的 LOOCV R^2 均在 0.85 以上。而非集成学习模型中，只有 SVM 模型的 LOOCV R^2 最高值为 0.85。从图 5-24 和图 5-25 展示的测试集结果中也能得出类似的结论。当特征数超过 13 时，集成学习模型的测试集 RMSE 和 R^2 分别为 0.10～0.14 和 0.85～0.93，均远优于非集成学习模型的相关性能指标。考虑到模型性能与复杂程度，CAT、XGB、LGB 和 GBT 的特征数分别选择为 13、13、12、10，对应的 LOOCV R^2 分别为 0.94、0.92、0.90、0.93，对应的测试集 R^2 分别为 0.88、0.89、0.87、0.91。

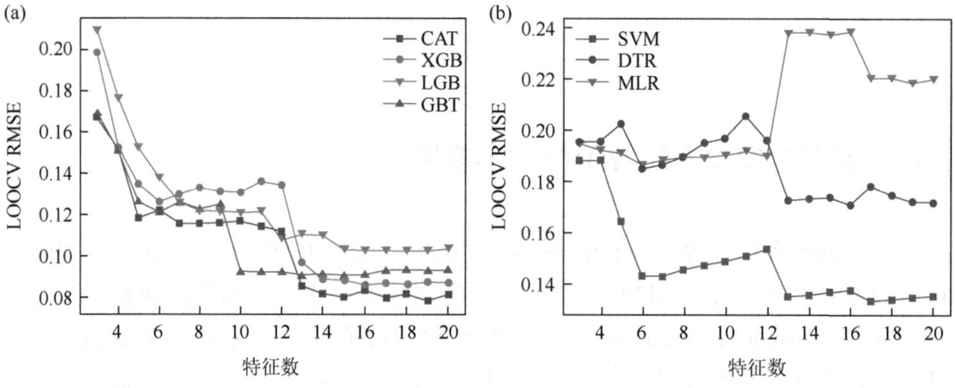

图 5-22　基于 RFA 方法，以 LOOCV RMSE 为指标时的变量筛选情况[61]

（a）集成学习模型；（b）非集成学习模型

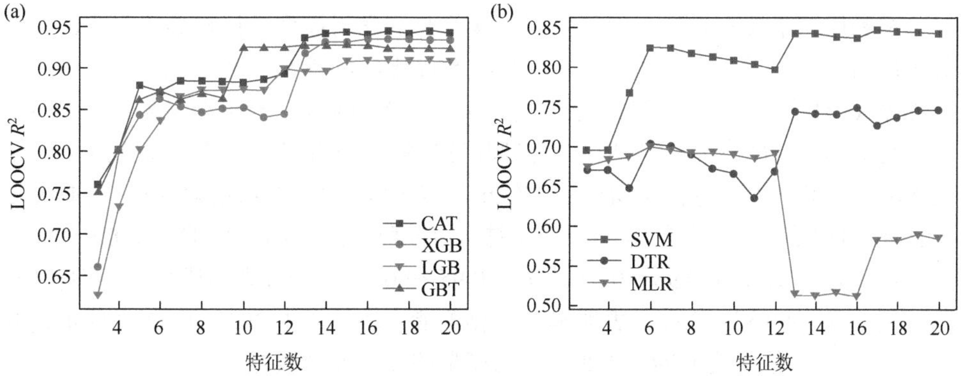

图 5-23　基于 RFA 方法，以 LOOCV R^2 为指标时的变量筛选情况[61]

（a）集成学习模型；（b）非集成学习模型

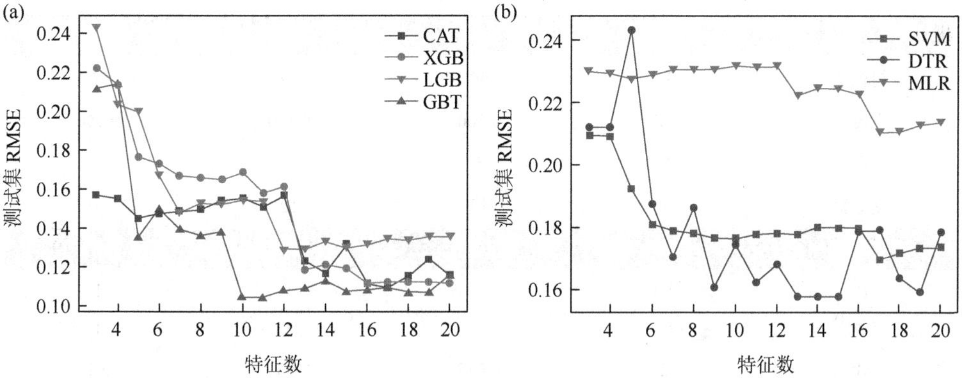

图 5-24　基于 RFA 方法，以测试集 RMSE 为指标时的变量筛选情况[61]

（a）集成学习模型；（b）非集成学习模型

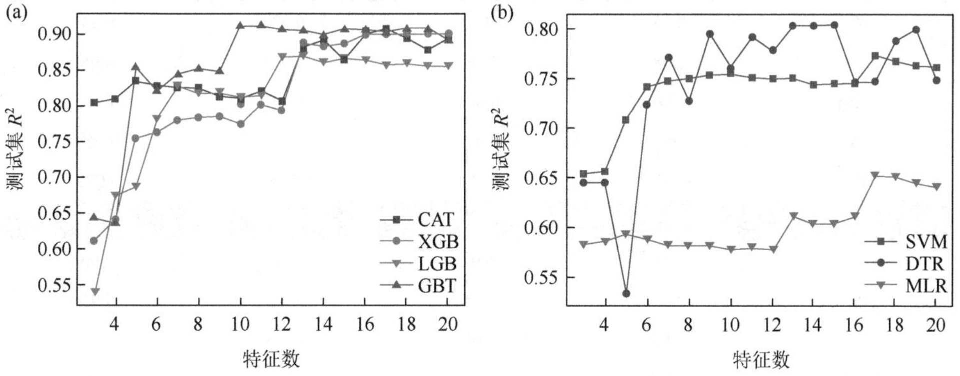

图 5-25　基于 RFA 方法，以测试集 R^2 为指标时的变量筛选情况[61]

（a）集成学习模型；（b）非集成学习模型

再利用网格搜索方法对性能较好的 4 个集成学习模型进行超参数优化，超参数选用树棵数、学习率和树深度。经超参数优化后，表 5-11 所示为 CAT、XGB、LGB 和 GBT 的模型性能参数，涵盖了训练集、LOOCV、五折交叉验证（CV5）、十折交叉验证（CV10）、测试集、外部验证集的验证内容。验证指标包括 R^2、相关系数 R、均方根误差（RMSE）、均方误差（MSE）、平均绝对误差（MAE）。4 个模型的训练集 R^2 均为 1，表明模型拟合程度较好。LOOCV 的 R^2、CV5 的 R^2 和 CV10 的 R^2 分别在 0.93～0.95、0.90～0.95 和 0.90～0.94，表明模型鲁棒性较好。测试集的 R^2 为 0.88～0.92，表明模型的预测能力较好。由 2021 年 42 个样本组成的外部验证集的 R^2 为 0.74～0.80，表明模型的推广能力较好。

表 5-11 超参数优化后的 CAT、XGB、LGB、GBT 模型建模结果。验证内容包括训练集、LOOCV、CV5、CV10、测试集和外部验证集的验证。验证指标包括 R^2、R、RMSE、MAE、MSE[62]

	CAT	XGB	LGB	GBT
树棵数	600	50	350	80
学习率	0.048	0.300	0.150	0.250
树深度	7	5	5	4
变量数	13	13	12	10
训练集	**CAT**	**XGB**	**LGB**	**GBT**
R^2	1	1	1	1
R	1	1	1	1
RMSE	0.025	0.017	0.031	0.013
MAE	0.018	0.012	0.020	0.010
MSE	0.001	0.000	0.001	0.000
LOOCV	**CAT**	**XGB**	**LGB**	**GBT**
R^2	0.95	0.93	0.93	0.93
R	0.98	0.967	0.97	0.96
RMSE	0.076	0.088	0.089	0.091
MAE	0.048	0.058	0.057	0.060
MSE	0.006	0.008	0.008	0.008
CV5	**CAT**	**XGB**	**LGB**	**GBT**
R^2	0.95	0.91	0.90	0.90
R	0.97	0.95	0.95	0.95
RMSE	0.079	0.105	0.106	0.106
MAE	0.051	0.066	0.067	0.066
MSE	0.006	0.011	0.011	0.011

续表

CV10	CAT	XGB	LGB	GBT
R^2	0.94	0.92	0.92	0.90
R	0.97	0.96	0.96	0.95
RMSE	0.086	0.096	0.096	0.106
MAE	0.053	0.063	0.061	0.068
MSE	0.007	0.009	0.009	0.011
测试集	CAT	XGB	LGB	GBT
R^2	0.91	0.89	0.88	0.92
R	0.95	0.95	0.94	0.96
RMSE	0.109	0.116	0.122	0.102
MAE	0.054	0.068	0.069	0.059
MSE	0.012	0.013	0.015	0.010
外部验证集	CAT	XGB	LGB	GBT
R^2	0.79	0.80	0.74	0.80
R	0.89	0.90	0.87	0.90
RMSE	0.068	0.066	0.076	0.066
MAE	0.040	0.045	0.044	0.047
MSE	0.005	0.004	0.006	0.004

为了充分利用上述 4 个集成学习模型，利用我们课题组提出的加权投票回归（WVR）算法，将 4 个集成学习模型集成为一个 WVR 模型。经权重优化，4 个子模型的权重参数分别为 0.38、0.05、0.05 和 0.52。表 5-12 所示为 WVR 模型的建模结果。训练集的 R^2 为 1，与 4 个子模型持平。RMSE 为 0.017，远低于子模型的均值 RMSE 0.0215。LOOCV 的 R^2 为 0.95，高于子模型的均值 0.935。CV5 与 CV10 的 R^2 均为 0.94，远高于子模型的 0.915 与 0.92。测试集和外部验证集的 R^2 分别为 0.91 与 0.84，远高于子模型的 0.90 和 0.78。因此 WVR 可以综合 4 个子模型的优缺点，提供更全面和更强的预测能力。

表 5-12　WVR 模型的建模结果[61]

参数	训练集	LOOCV	测试集	CV5	CV10	外部验证集
R^2	1	0.95	0.91	0.94	0.94	0.84
R	1	0.97	0.96	0.97	0.97	0.92
RMSE	0.017	0.079	0.106	0.084	0.086	0.060
MAE	0.012	0.052	0.056	0.056	0.056	0.041
MSE	0.000	0.006	0.011	0.007	0.007	0.004

利用 SHAP 方法与 WVR 模型对含有 437 个样本的实验数据集与含有 45000 个样本的虚拟数据集作特征分析。图 5-26（a）和（b）分别为实验样本数据集和虚拟样本数据集的前 10 个特征重要性排序，横坐标为 SHAP 方法计算的特征贡献度，可视为特征的重要性程度。两份数据集的前 10 个特征，除了重要性顺序略微不同，基本完全重叠。特别地，N_X（X 位的元素名称）与 t_f 都是两份数据集中最重要的前 2 个变量。B 位的 2 个描述符 TI_B（B 位元素的第三电离能）与 LS_B（B 位元素的单晶结构）在实验数据集中处于前第 3、4 位重要变量，而在虚拟数据集中的重要性略低，处于第 9、8 位。其余相同的变量还有 RPZ_X（X 位元素的由 Alex[82]定义的元素半径）、IM_X（X 位元素是否具有单一稳定同位素）、DP_A（A 位离子的偶极矩）、EN_X（X 位的由 Allred 和 Rochow[83]定义的电负性）、τ_f、DP_X（X 位离子的偶极矩）。

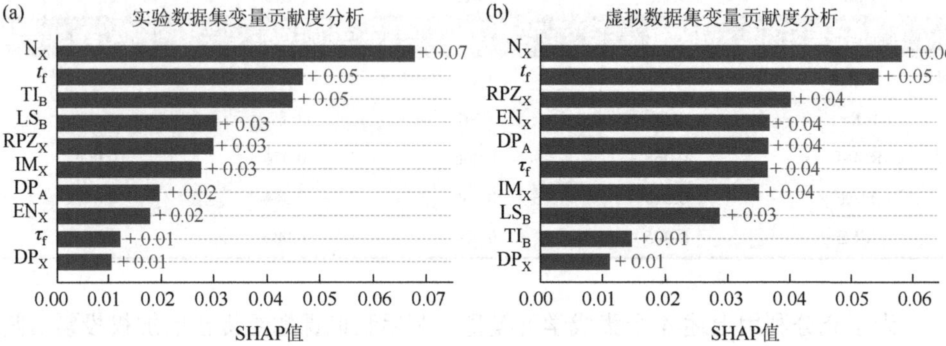

图 5-26　实验样本（a）与虚拟样本（b）数据集的特征重要性[62]

为了进一步分析每个变量与带隙之间的关系，还绘制了敏感性分析（partial dependence，PD）图、个体条件期望（individual conditional expectation，ICE）图。其中 ICE 图可以用于分析特征对预测值的边缘效应影响，PD 图可以分析特征取值对预测值的变化趋势影响。

以特征 N_X 为例，如图 5-27（a）和（b）所示，N_X 的 SHAP 值随着 N_X 的特征值增大而减小。N_X 的特征值较低的样本对应有着较高的 SHAP 值，并倾向于有较高的带隙值，反之 N_X 的特征值较高的样本对应有着较低的 SHAP 值，并倾向于有较低的带隙值。N_X 的原始值原本为 X 位卤素元素英文名，在填充描述符之前就已被转换为相应的数字。其中 Cl、Br、I 分别对应 20、13、46。因而，若追求较高或较低的带隙值，X 位的 I 元素的占比应当降低或提升，对应的 SHAP 值则会升高或降低，这与已有实验规律相一致[84-87]。图 5-27（a）与（b）分别展示了是实验数据集与虚拟数据集的 N_X 的 ICE 图，图 5-27（c）与（d）分别展示的是实验数据集与虚拟数据集的 N_X 的 PD 图，图中分别标记了能导致预测值发生显著变化的特征点坐标。实验数据集的点坐标为 25.00、27.80、30.20、34.50、37.66、41.50，虚拟数据集的点坐标为 18.90、25.00、27.80、30.20、32.00、36.70、41.50。其中 25.00、27.80、30.20、41.50 为两份数据集的共同点坐标。N_X 值为 25.00 对应可能的 X 位组成为 $Br_{1.915}I_{1.091}$ 或 $Cl_{2.423}I_{0.577}$，N_X 值为 27.80 对应可能的 X 位组成为 $Br_{1.655}I_{1.345}$ 或 $Cl_{2.100}I_{0.900}$，N_X 值为 30.20 对应可能的 X 位组成为 $Br_{1.455}I_{1.545}$ 或 $Cl_{1.846}I_{1.154}$，N_X 值为 41.50 对应可能的 X 位组成为 $Br_{0.409}I_{2.591}$ 或 $Cl_{0.519}I_{2.481}$。

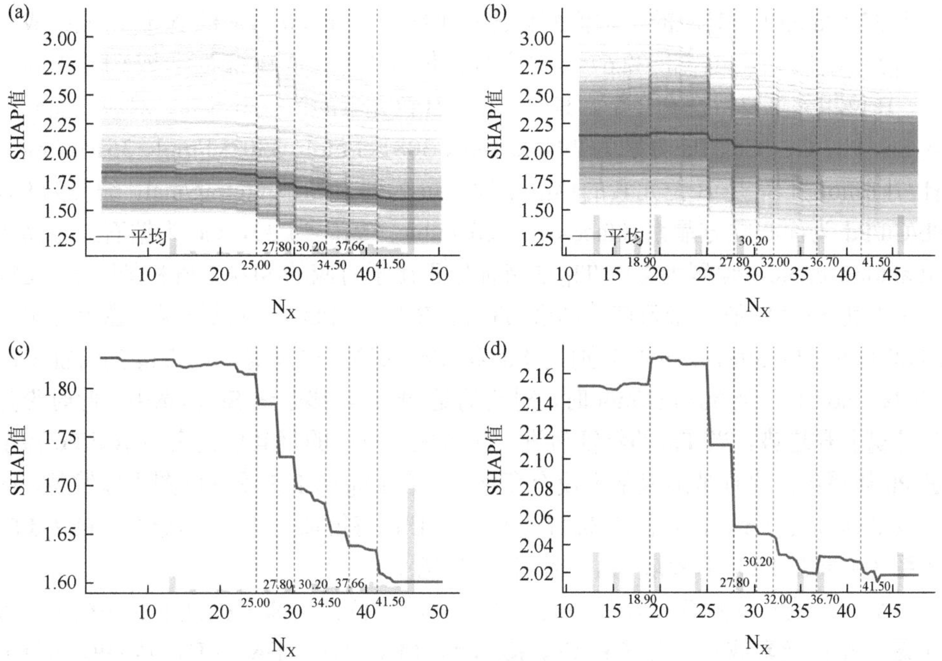

图 5-27　特征 N_X 的 ICE 图与 PD 图[62]

实验数据集（a）与虚拟数据集（b）的特征 N_X 的 ICE 图；实验数据集（c）与虚拟数据集（d）的特征 N_X 的 PD 图

在前 10 个重要特征中还有其他 4 个 X 位相关特征。RPZ_X 是 X 位上由 Alex 等定义的元素半径，对应于 Cl、Br、I 分别为 1.01a.u.、1.20a.u.、1.585a.u.。IM_X 是判定 X 位元素是否为单一稳定同位素元素，若是则给定 1，反之则给定 0，对应于 Cl、Br、I 分别为 1、1、0。EN_X 是 X 位上由 Allred 定义的元素电负性。对应于 Cl、Br、I 分别为 2.83、2.74、2.21。DP_X 代表的是 X 位元素的偶极矩，对应于 Cl、Br、I 分别为 14.60a.u.、21.00a.u.、32.90a.u.。较高或较低的 IM_X 与 EN_X 的特征值会导致较高或较低掺杂比例的 Cl/Br 以及较高或较低的带隙值，而 RPZ_X 和 DP_X 的情况则完全相反。它们各自的 ICE 图与 PD 图也说明了 IM_X 与 EN_X 的特征值与带隙值呈正比关系，而 RPZ_X 和 DP_X 的特征值与带隙呈反比关系。特别是当 RPZ_X 特征值在 1.18～1.33a.u.时，带隙值会出现一个陡峭的下降过程，而 RPZ_X 特征值大于 1.18a.u.或小于 1.33a.u.时，带隙值变化则比较平缓。点坐标 1.18a.u.对应的 X 位可能组成是 $Cl_{0.330}Br_{2.670}$ 或者 $Cl_{2.130}I_{0.870}$，而点坐标 1.33a.u.对应的 X 位可能组成是 $Br_{1.980}I_{1.020}$ 或者 $Cl_{1.350}I_{1.650}$。当 EN_X 的特征值小于 2.21（2.21 对应的是 I 的电负性）时，带隙值几乎没有变化。当 EN_X 的特征值大于 2.21 时，带隙值明显上升，此时对应实际情况的是 Cl/Br 开始掺杂到 I 中。当 DP_X 的特征值在 15.43～32.67a.u.时，对应的带隙值显著下降；当 DP_X 的特征值小于 15.43a.u.或者大于 32.67a.u.时，对应的带隙值变化比较平缓。15.43a.u.对应的 X 位可能组成是 $Cl_{2.610}Br_{0.390}$ 或 $Cl_{2.580}I_{0.150}$，32.67a.u.对应的 X 位可能组成是 $Br_{0.060}I_{2.940}$ 或 $Cl_{0.030}I_{2.970}$。

B 位相关重要特征有 2 个。其中 TI_B 是 B 位元素的第三电离能，对应到实际元素 Sn、Pb、Ge、Cd、Pd 分别为 2943kJ/mol、3081kJ/mol、3302kJ/mol、3616kJ/mol、3177kJ/mol。LS_B 是 B 位元素的单晶结构，Sn 为四方晶系（tetragonal，编码为 9），Pb/Cd/Pd 为面心立方晶系（face-centered cubic，编码为 3），Ge 为钻石立方晶系（diamond cubic，编码为 2）。TI_B 的特征值正比于对应的 SHAP 值和带隙值，LS_B 反比于其 SHAP 值与带隙值。结合 TI_B 的 ICE 和 PD 图可以发现，图上点坐标 2943kJ/mol 与 3081kJ/mol 分别是 Sn 和 Pb 的第三电离能。当 TI_B 的特征值从 2943kJ/mol 上升至 3081kJ/mol 时，对应的是 Pb 元素掺杂进 Sn 体系中，此时带隙值呈现上升趋势。当 TI_B 的特征值进一步增大，对应的是其他元素 Ge/Cd/Pd 掺杂进 Pb 体系中，此时带隙值基本没有变化。结合 LS_B 的 ICE 和 PD 图可以发现，图上点坐标 3 是 Pb/Cd/Pd 的 LS_B 特征值，当 LS_B 特征值增大时，代表着 Pb/Cd/Pd 体系（主要是 Pb）中掺杂 Sn，带隙值开始减少。

A 位相关的重要特征只有 DP_A，其含义为 A 位元素或有机分子的偶极矩。数据集中 A 位元素或有机分子有 Cs、K、FA、MA、GA、EA、ED，其 DP_A 的特征值分别为 400.90a.u.、289.70a.u.、1.07a.u.、0.51a.u.、1.13a.u.、0.52a.u.、0a.u.。显然，有机结构的 DP_A 的特征值要远小于无机元素的特征值，因而在 DP_A 散点图上可以看到，点坐标 0 附近有大量的含 A 位有机阳离子样本分布。其中 FA、MA 的 SHAP 值大多为负，对带隙值为负影响，而 GA、EA、ED 的 SHAP 值基本为正，对带隙值为正影响。例如 $EA_{0.25\sim1}MA_{0.75\sim0}PbBr_3$ 的带隙值为 2.56～2.94eV，$ED_{0.1\sim0.5}MA_{0.9\sim0.5}PbI_3$ 的带隙值为 1.58～2.10eV，远高于类似结构的 $MAPbBr_3$ 与 $MAPbI_3$ 的带隙（分别为 2.30eV 与 1.50eV）。随着 MA、FA 体系中无机元素离子的掺杂比例上升，DP_A 特征值也进而增加，SHAP 值从起初的负值开始转变为正值，带隙值也随之增加。

结构因子相关的重要特征包含 t_f 及 τ_f。当 t_f 特征值上升时，其对应的 SHAP 值总体也有上升的趋势。在实验数据集中，点坐标 0.971 为 SHAP 值正负边界值，

当 t_f 值大于 0.971 时，SHAP 值为大部分为负，反之为正。而在虚拟数据集中，t_f 特征值处于 0.850～0.861 时，其 SHAP 值全部为负；当 t_f 特征值处于 0.861～1.014 时，其 SHAP 值大部分为负；当 t_f 特征值处于 1.014～1.277 时，其 SHAP 值基本为正。因此，若考虑较高或者较低带隙，t_f 特征值应尽量小于 1.014 甚至小于 0.971，反之则最好大于 1.014，但应避免大于 1.20，否则难以形成钙钛矿结构。根据 t_f 的 ICE 图显示，随着 t_f 特征值的增加，样本带隙值范围从 1.21～2.95eV 缩小至 1.76～2.75eV。这说明虽然较小的 t_f 特征值有助于较低带隙值的生成，但处于上边界较高的带隙值也会在此时生成，而较大的 t_f 特征值则一定有助于较高带隙值的生成。根据 t_f 的 PD 图所示，带隙值关于 t_f 特征值的变化趋势呈现类 sigmoid 函数分布。当 t_f 特征值高于 1.086 或者低于 0.930 时，带隙值变化较为平缓。当 t_f 特征值处于 0.930～1.086 时，带隙值呈现显著上升的趋势。当 τ_f 特征值高于 4.78 或者低于 3.50 时，其 SHAP 值基本为正，而当其特征值处于 3.50～4.78 时，其 SHAP 值为负。τ_f 的 ICE 图表明，当 τ_f 特征值上升时，带隙值范围从 1.22～3.15 缩小为 1.24～2.83。从 τ_f 的 PD 图中可知，当 τ_f 特征值小于 3.46 或者处于 4.13～4.78 时，带隙值变化幅度较小。当 τ_f 特征值处于 3.46～4.13 时，带隙值呈现一个整体下降的趋势。综合考虑两个结构因子的范围，若我们寻求较低带隙的 HOIPs 材料，t_f 特征值应当小于 1.014（甚至小于 0.971），同时 τ_f 特征值应当处于 3.50～4.18（高于 4.18 可能无法形成钙钛矿结构[13]）。若我们寻求较高带隙的 HOIPs 材料，t_f 特征值应当处于 1.014～1.20，τ_f 特征值应当小于 3.5。

为了探索尽可能多的材料空间，我们采用了 80 个有机结构与 Cs、K、Rb 作为 A 位候选，Sn、Ge、Pd、Bi、Sr、Ca、Cr、La 作为 B 位候选，Cl、Br、I 作为 X 位候选。每位最多可掺杂 3 个离子。A、B 位的掺杂范围设为 0～1，X 位的掺杂范围设为 0～3，步长设为 0.001，因而搜索空间包含至少 8.20×10^{18} 种可能情况。

搜索方法采用我们课题组提出的主动渐近搜索（PSP）方法来从设计的搜索空间中快速搜索找到符合目标性质的 HOIPs 材料。其中，材料组分设定为元素或者片段与掺杂比例的组合，材料搜索性质设定为 HOIPs 的带隙，搜索阈值设定为 0.05。当搜索用于 PSCs 的 HOIPs 材料时，期望带隙设定为 1.34eV。当搜索用于 TSCs 的上层电池时，期望带隙设定为 1.70eV 与 1.75eV。当搜索用于 TSCs 的下层电池时，期望带隙设定为 1.20eV。为了便于直观理解，我们提供了一个在线 Demo 用于简单演示搜索过程：http://materials-data-mining.com/pspweb/。

经过 PSP 方法的反复搜索后，总共分别探索到 820782、22808、984938、960240 个带隙值分别为 1.34eV、1.20eV、1.70eV、1.75eV 的无铅候选 HOIPs 材料。

图 5-28 所示为 4 个重要特征在 4 份候选样本数据集中的统计分布情况。

图 5-28（a）所示为 t_f 的统计分布。低带隙 HOIPs（1.20eV 与 1.34eV）的 t_f 值呈现出较窄的分布，其特征值分别在 0.88～0.97 与 0.83～0.99，而高带隙 HOIPs（1.70eV 与 1.75eV）的 t_f 值整体分布范围较大，其特征值分别在 0.80～1.02 与 0.8～1.20。低带隙 HOIPs 的主要分布峰在 0.88～0.97，高带隙 HOIPs 的主要分布峰在 0.98～1.20。因此控制 t_f 值小于 0.97 有助于带隙值变小，控制 t_f 值高于 0.99 有助于带隙值增大，这与特征分析中的结论相一致。图 5-28（b）所示为 τ_f 的统计分布。与 t_f 的情况相反，τ_f 的分布峰随着 τ_f 的特征值减少而左移。低带隙 HOIPs 的 τ_f 主要集中在 3.73～4.09，并可以拓展至 3.51～4.18，而高带隙 HOIPs 的 τ_f 分布峰主要位于 3.60～3.90。因此，控制 τ_f 的特征值处于 3.73～4.09 有利于较低的带隙值，控制 τ_f 的特征值处于 3.51～3.90 有利于较高的带隙值，这也与变量分析中的结论一致。综合考虑两个结构因子，t_f 的特征值小于 0.97 以及 τ_f 的特征值处于 3.73～4.09 有助于低带隙值，t_f 的特征值大于 0.99 以及 τ_f 的特征值处于 3.51～3.90 或 4.09～4.18 有利于高带隙值。在实验数据集中，也有符合较多的例子符合上述规律。例如拥有相似结构的 $FAGeI_3$、$MAGeI_3$、$FASnBr_3$ 的带隙值由高到低分别为 2.30eV、2.00eV、1.90eV，而它们的 t_f 的特征值呈现相反趋势，分别为 1.12、1.10、1.00，同时 τ_f 的特征值呈现上升趋势，分别为 4.79、4.77、3.52。

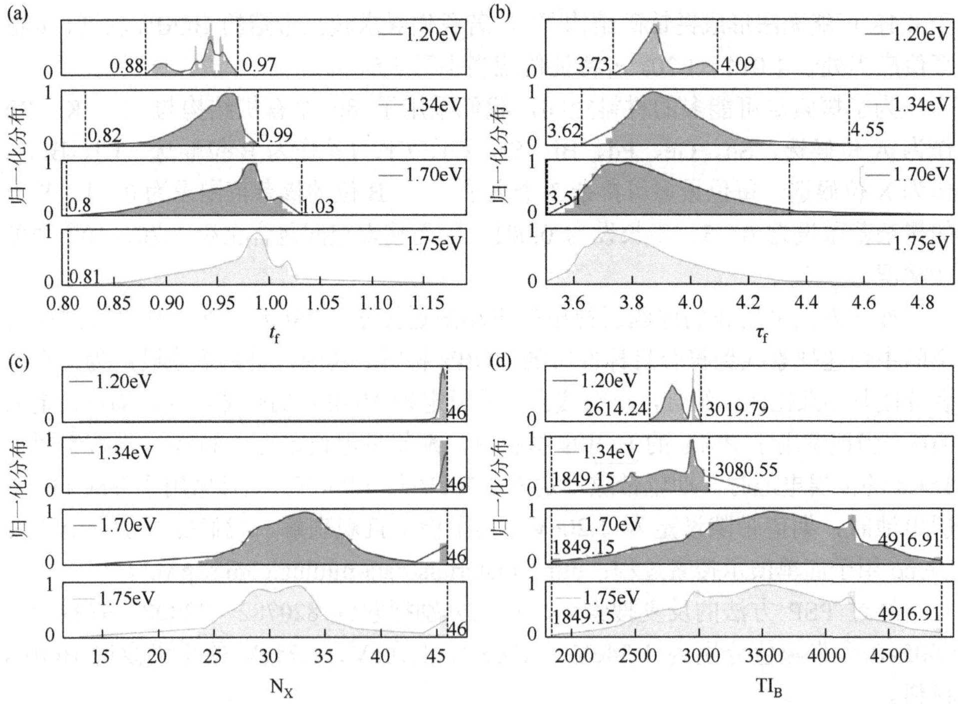

图 5-28 探索到的候选样本数据集中的 t_f（a）、τ_f（b）、N_X（c）、TI_B（d）的统计分布图[61]

另有一组结构相似的正面例子 $Cs_{0.3}FA_{0.7}SnI_3$、$MASnI_3$、$FA_{0.25}MA_{0.75}SnI_3$ 的带隙分别为 1.29eV、1.30eV、1.28eV，其 t_f 的特征值均小于 0.97，分别为 0.95、0.96、0.96，同时其 τ_f 的特征值均在 3.73～4.09，分别为 3.81、3.78、3.76。经过钙钛矿结构形成性的筛选，分别剩余有 22808、798967、896080、844071 个带隙值约为 1.20eV、1.34eV、1.70eV、1.75eV 的无铅候选 HOIPs 材料。

图 5-28（c）所示为 N_X 的统计分布。低带隙的 HOIPs 的 N_X 的特征值集中在 46 处，表明大绝大部分低带隙的 HOIPs 的 X 位都包含 I 元素。而高带隙的 HOIPs 的 X 位基本都是 Br 与 I 元素的掺杂组合。图 5-28（d）所示为 TI_B 的统计分布。低带隙的 HOIPs 的 TI_B 的特征值集中在 1849～3080kJ/mol，高带隙对应的 TI_B 的特征值散布于 1800～5000kJ/mol。其余变量分布与上述变量类似，不再赘述。4 份候选数据集可在以下网址 https://github.com/luktian/InverseDesignViaPSP/tree/main/code9 下载。

我们还利用已构建的实验样本对 5.4.2 小节中提及的 5 个样本 $MASn_xGe_{1-x}I_3$（$x = 1.00$、0.85、0.74、0.66、0.00）进行带隙预测，其预测带隙值分别为 1.28eV、1.41eV、1.51eV、1.59eV、2.01eV。实验带隙则通过使用 PerkinElmer 的 Lambda 750 UV/Vis/NIR 分光光度计与 Tauc 公式计算得到：

$$(\alpha h\nu)^{\gamma} = A(h\nu - E_g)$$

式中，α、h、ν 和 A 分别为吸收系数、普朗克常数、入射光子频率、比例常数；γ 代表的是电子跃迁性质，此处为 2，表示的是允许直接跃迁条件。如图 5-29 所示为样本 $MASn_xGe_{1-x}I_3$（$x = 1.00$、0.85、0.74、0.66、0.00）测得的实验吸收光谱图。其中，测得的 $MASnI_3$ 与 $MAGeI_3$ 的实验带隙值分别为 1.23eV 与 2.02eV，与已有文献报道的数值十分接近[88, 89]。在 $MASnI_3$ 体系中掺入一定量的 Ge 后（对应

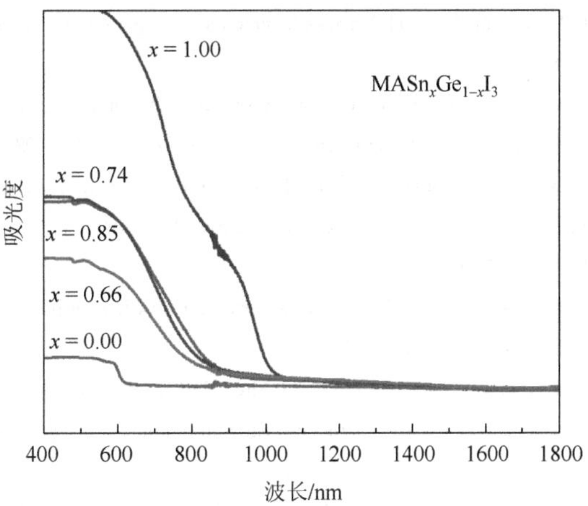

图 5-29　样本 $MASn_xGe_{1-x}I_3$（$x = 1.00$、0.85、0.74、0.66、0.00）的吸收光谱图[61]

$x = 0.85$），样本的带隙值相较于 $MASnI_3$ 突然有所提升，从 1.23eV 提升至 1.53eV。随着 Ge 的含量增大（对应 $x = 0.85$、0.74、0.66），样本的带隙边缘也随之逐渐小幅度红移，其带隙值分别为 1.53eV、1.55eV、1.54eV。这三个样本的实验结果与模型预测结果十分接近，其平均绝对误差为 0.07eV。

5.5 小　结

本章对无机钙钛矿材料的形成性、光催化活性，有机-无机杂化钙钛矿材料的形成性和带隙性质进行了深入的研究。

我们开发了一种多目标逐级设计策略，用于钙钛矿型 ABO_3 光催化材料的设计。基于 GBR、SVR、BP-ANN 和 MLR 算法构建的模型，我们开发了一个在线 Web 服务器，以使我们的机器学习工作反哺于实验研究，为探索高性能的光催化候选钙钛矿材料提供帮助。此外，我们还基于迁移学习技术，将单钙钛矿 ABX_3 的 RFC 模型迁移至 $A_2B'B''X_6$ 化合物，对其能否形成双钙钛矿结构进行了探索研究。

基于实验和计算数据，我们建立了 HOIPs 数据库用于探索更多的 HOIPs 材料。结合材料设计思想与模型序贯优化方法开发了材料快速搜索新方法，以用于在广阔无垠的材料组分空间中快速探索得到具有合适性质的 HOIPs 材料。此外，还将实验与不平衡机器学习技术结合，开展了有机-无机杂化钙钛矿材料形成性及带隙预测研究，提出并实验合成了具有合适带隙的无铅 HOIPs 新材料。

参 考 文 献

[1] Veldhuis S A，Boix P P，Yantara N，et al. Perovskite materials for light-emitting diodes and lasers. Adv Mater，2016，28（32）：6804-6834.

[2] Wang Y N，Tang Y，Jiang J Z，et al. Mixed-dimensional self-assembly organic-inorganic perovskite microcrystals for stable and efficient photodetectors. J Mater Chem C，2020，8（16）：5399-5408.

[3] Ekstrom E，le Febvrier A，Bourgeois F，et al. The effects of microstructure，Nb content and secondary Ruddlesden-Popper phase on thermoelectric properties in perovskite $CaMn_{1-x}Nb_xO_3$（$x = 0$-0.10）thin films. RSC Adv，2020，10（13）：7918-7926.

[4] Sydorchuk V，Lutsyuk I，Shved V，et al. $PrCo_{1-x}Fe_xO_3$ perovskite powders for possible photocatalytic applications. Res Chem Intermed，2020，46（3）：1909-1930.

[5] Li L，Tian G，Chang W X，et al. A novel double-perovskite $LiLaMgTeO_6$：Mn^{4+} far-red phosphor for indoor plant cultivation white LEDs：Crystal and electronic structure，and photoluminescence properties. J Alloys Compd，2020，832：154905.

[6] Zhao D D，Wang B Z，Liang C，et al. Facile deposition of high-quality $Cs_2AgBiBr_6$ films for efficient double perovskite solar cells. Sci China Mater，2020，63（8）：1518-1525.

[7] Tao Q L，Xu P C，Li M J，et al. Machine learning for perovskite materials design and discovery. NPJ Comput Mater，2021，7（1）：23.

[8] Li L，Tao Q L，Xu P C，et al. Studies on the regularity of perovskite formation via machine learning. Comp Mater Sci，2021，199：110712.

[9] 李龙. 基于数据挖掘的钙钛矿的形成性研究. 上海：上海大学，2021.

[10] Tao Q L，Chang D P，Lu T，et al. Multiobjective stepwise design strategy-assisted design of high-performance perovskite oxide photocatalysts. J Phys Chem C，2021，125（38）：21141-21150.

[11] 陶秋伶. 基于机器学习的钙钛矿光催化剂性能研究. 上海：上海大学，2021.

[12] Goldschmidt V M. The laws of crystal chemistry. Naturwissenschaften，1926，14（21）：477-485.

[13] Bartel C J，Sutton C，Goldsmith B R，et al. New tolerance factor to predict the stability of perovskite oxides and halides. Sci Adv，2019，5（2）：eaav0693.

[14] Sun Q D，Yin W J. Thermodynamic stability trend of cubic perovskites. J Am Chem Soc，2017，139（42）：4905-14908.

[15] Ouyang R H. Exploiting ionic radii for rational design of halide perovskites. Chem Mater，2020，32（1）：595-604.

[16] Zhang Q，Chang D P，Zhai X Y，et al. OCPMDM：Online computation platform for materials data mining. Chemom Intell Lab Syst，2018，177：26-34.

[17] Peng H C，Long F H，Ding C. Feature selection based on mutual information：Criteria of max-dependency，max-relevance，and min-redundancy. IEEE Trans Pattern Anal Machine Intell，2005，27（8）：1226-1238.

[18] Yusof M H M，Mokhtar M R，Zain A M，et al. Embedded feature selection method for a network-level behavioural analysis detection model. Int J Adv Comput Sc，2018，9（12）：509-517.

[19] Lundberg S M，Lee S I. A unified approach to interpreting model predictions. Adv Neural Inf Process Syst，2017，30：4765-4774.

[20] Lundberg S M，Erion G G，Lee S I. Consistent individualized feature attribution for tree ensembles. Mach Learn，2018，arXiv：1802.03888.

[21] Zhang P，Zhang J J，Gong J L. Tantalum-based semiconductors for solar water splitting. Chem Soc Rev，2014，43（13）：4395-4422.

[22] Chen N N，Li G Q，Zhang W F. Effect of synthesis atmosphere on photocatalytic hydrogen production of $NaNbO_3$. Physica B，2014，447：12-14.

[23] Jana R，Gupta A，Choudhary R，et al. Influence of cationic doping at different sites in $NaNbO_3$ on the photocatalytic degradation of methylene blue dye. J Sol-Gel Sci Technol，2020，96（2）：405-415.

[24] Wang Y，Zhang L N，Zhang X Y，et al. Openmouthed β-SiC hollow-sphere with highly photocatalytic activity for reduction of CO_2 with H_2O. Appl Catal B Environ，2017，206：158-167.

[25] Baeissa E S. Photocatalytic degradation of malachite green dye using Au/$NaNbO_3$ nanoparticles. J Alloys Compd，2016，672：564-570.

[26] Chen W，Hu Y，Ba M W. Surface interaction between cubic phase $NaNbO_3$ nanoflowers and Ru nanoparticles for enhancing visible-light driven photosensitized photocatalysis. Appl Surf Sci，2018，435：483-493.

[27] Yang B，Bian J H，Wang L，et al. Enhanced photocatalytic activity of perovskite $NaNbO_3$ by oxygen vacancy engineering. PCCP，2019，21（22）：11697-11704.

[28] Venkatesh G，Prabhu S，Geerthana M，et al. Facile synthesis of rGO/$CaSnO_3$ nanocomposite as an efficient photocatalyst for the degradation of organic dye. Optik，2020，212：164716.

[29] Sumithra S，Jaya N V. Structural，optical and magnetization studies of Fe-doped $CaSnO_3$ nanoparticles via hydrothermal route. J Mater Sci Mater El，2018，29（5）：4048-4057.

[30] Zhang N，Zhang Z C，Zhou J G. Synthesis of $CaSnO_3$ nanofibers by electrospinning combined with sol-gel. J Sol-Gel Sci Technol，2011，58（2）：355-359.

[31] Kujur V S，Singh S. Structural，magnetic，optical and photocatalytic properties of $GaFeO_3$ nanoparticles synthesized via non-aqueous solvent-based sol-gel route. J Mater Sci Mater El，2020，31（20）：17633-17646.

[32] Roy A，Mukherjee S，Sarkar S，et al. Effects of site disorder，off-stoichiometry and epitaxial strain on the optical properties of magnetoelectric gallium ferrite. J Phys Condens Mat，2012，24（43）：435501.

[33] Dhanalakshmi R，Muneeswaran M，Vanga P R，et al. Enhanced photocatalytic activity of hydrothermally grown $BiFeO_3$ nanostructures and role of catalyst recyclability in photocatalysis based on magnetic framework. Appl Phys A Mater，2016，122（1）：13.

[34] Tong T，Zhang H，Chen J G，et al. The photocatalysis of $BiFeO_3$ disks under visible light irradiation. Catal Commun，2016，87：23-26.

[35] Lam S M，Sin J C，Mohamed A R. A newly emerging visible light-responsive $BiFeO_3$ perovskite for photocatalytic applications：A mini review. Mater Res Bull，2017，90：15-30.

[36] Niu F，Chen D，Qin L S，et al. Facile synthesis of highly efficient p-n heterojunction $CuO/BiFeO_3$ composite photocatalysts with enhanced visible-light photocatalytic activity. Chemcatchem，2015，7（20）：3279-3289.

[37] Xu Y，Schoonen M A A. The absolute energy positions of conduction and valence bands of selected semiconducting minerals. Am Mineral，2000，85（3-4）：543-556.

[38] Pan C S，Takata T，Kumamoto K，et al. Band engineering of perovskite-type transition metal oxynitrides for photocatalytic overall water splitting. J Mater Chem A，2016，4（12）：4544-4552.

[39] Yang E H，Kim N Y，Noh Y S，et al. Steam CO_2 reforming of methane over $La_{1-x}Ce_xNiO_3$ perovskite catalysts. Int J Hydrogen Energy，2015，40（35）：11831-11839.

[40] Sulaeman U，Yin S，Sato T. Solvothermal synthesis and photocatalytic properties of chromium-doped $SrTiO_3$ nanoparticles. Appl Catal B Environ，2011，105（1-2）：206-210.

[41] Parida K M，Reddy K H，Martha S，et al. Fabrication of nanocrystalline $LaFeO_3$：An efficient sol-gel auto-combustion assisted visible light responsive photocatalyst for water decomposition. Int J Hydrogen Energy，2010，35（22）：12161-12168.

[42] Zhuang S X，Liu Y M，Zeng S W，et al. A modified sol-gel method for low-temperature synthesis of homogeneous nanoporous $La_{1-x}Sr_xMnO_3$ with large specific surface area. J Sol-Gel Sci Technol，2016，77（1）：109-118.

[43] Luo D Y，Su R，Zhang W，et al. Minimizing non-radiative recombination losses in perovskite solar cells. Nat Rev Mater，2020，5（1）：44-60.

[44] Luo Q，Wu R G，Ma L T，et al. Recentadvances on carbon nanotube utilizations in perovskite solar cells. Adv Funct Mater，2021，31（6）：2004765.

[45] Wang M H，Wang W，Ma B，et al. Lead-free perovskite materials for solar cells. Nano-Micro Lett，2021，13（1）：62.

[46] Wu T H，Liu X，Luo X H，et al. Lead-free tin perovskite solar cells. Joule，2021，5（4）：863-886.

[47] Kojima A，Teshima K，Shirai Y，et al. Organometal halide perovskites as visible-light sensitizers for photovoltaic cells. J Am Chem Soc，2009，131（17）：6050-6051.

[48] Green M A，Emery K，Hishikawa Y，et al. Solar cell efficiency tables（Version 45）. Prog Photovoltaics，2015，23（1）：1-9.

[49] NREL Best Research-Cell Efficiency Chart. https://www.nrel.gov/pv/cell-efficiency.html. 2021.

[50] Polman A，Knight M，Garnett E C，et al. Photovoltaic materials：Present efficiencies and future challenges. Science，2016，352（6283）：aad4424.

[51] Rühle S. Tabulated values of the Shockley-Queisser limit for single junction solar cells. Sol Energy，2016，130：139-147.

[52] Shockley W，Queisser H J. Detailed balance limit of efficiency of p-n junction solar cells. J Appl Phys，1961，32：510-519.

[53] Chen L，Pilania G，Batra R，et al. Polymer informatics：Current status and critical next steps. Mater Sci Eng R Rep，2021，144：100595.

[54] Haghighatlari M，Vishwakarma G，Altarawy D，et al. ChemML：A machine learning and informatics program package for the analysis，mining，and modeling of chemical and materials data. Wires Comput Mol Sci，2020，10（4）：e1458.

[55] Masood H，Toe C Y，Teoh W Y，et al. Machine learning for accelerated discovery of solar photocatalysts. ACS Catal，2019，9（12）：11774-11787.

[56] Moosavi S M，Jablonka K M，Smit B. The role of machine learning in the understanding and design of materials. J Am Chem Soc，2020，142（48）：20273-20287.

[57] Lu T，Li M J，Yao Z P，et al. Accelerated discovery of boron-dipyrromethene sensitizer for solar cells by integrating data mining and first principle. J Materiomics，2021，7（4）：790-801.

[58] Zhang S L，Lu T，Xu P C，et al. Predicting the formability of hybrid organic-inorganic perovskites via an interpretable machine learning strategy. J Phys Chem Lett，2021，12（31）：7423-7430.

[59] Lu T，Li M J，Lu W C，et al. Recent progress in the data-driven discovery of novel photovoltaic materials. J Mater Inform，2022，2：7.

[60] Lu T，Li H Y，Li M J，et al. Predicting experimental formability of hybrid organic-inorganicperovskites via imbalanced learning. J Phys Chem Lett，2022，13（13）：3032-3038.

[61] Lu T，Li H Y，Li M J，et al. Inverse design of hybrid organic-inorganic perovskites with suitable bandgaps via proactive searching progress. ACS Omega，2022，7（25）：21583-21594.

[62] 卢天. 基于机器学习的有机-无机杂化钙钛矿太阳能电池材料设计. 上海：上海大学，2022.

[63] Nakajima T，Sawada K. Discovery of Pb-free perovskite solar cells via high-throughput simulation on the k computer. J Phys Chem Lett，2017，8（19）：4826-4831.

[64] Lu T. https://pypi.org/manage/project/fast-machine-learning/releases/. 2022.

[65] Lu T. https://github.com/luktian/PhDPaper/blob/main/datasets. 2022.

[66] Chawla N V，Bowyer K W，Hall L O，et al. SMOTE：Synthetic minority over-sampling technique. J Artif Intell Res，2002，16：321-357.

[67] He H B，Bai Y，Garcia E A，et al. ADASYN：Adaptive synthetic sampling approach for imbalanced learning. IEEE Int Joint Conf Neural Netw，Hong Kong，2018，1322-1328.

[68] Wilson D L. Asymptotic properties of nearest neighbor rules using edited data. IEEE Trans Syst Man Cybern，1972，SMC-2：408-421.

[69] Hart P. The condensed nearest neighbor rule. IEEE Trans Inf Theory，1968，14：515-516.

[70] Smith M R，Martinez T，Christophe G C. An instance level analysis of data complexity. Mach Learn，2014，95（2）：225-256.

[71] Tomek I. Two modifications of CNN. IEEE Trans Syst Man Cybern，1976，SMC-6：769-772.

[72] Batista G，Prati R，Monard M A. Study of the behavior of several methods for balancing machine learning training data. SIGKDD Explorations Newsletter，2004，6：20-29.

[73] Jokar E，Chien C H，Tsai C M，et al. Robust tin-based perovskite solar cells with hybrid organic cations to attain efficiency approaching 10%. Adv Mater，2019，31（2）：1804835.

[74] Vega E，Mollar M，Mari B. Optoelectronic properties and the stability of mixed $MA_{1-x}IA_xPbI_3$ perovskites. Energy Technol，2020，8（4）：1900743.

[75] Huang Z，Chen B，Sagar L K，et al. Stable，bromine-free，tetragonal perovskites with 1.7eV bandgaps via A-site cation substitution. ACS Mater Lett，2020，2（7）：869-872.

[76] Prochowicz D，Tavakoli M M，Alanazi A Q，et al. Charge accumulation，recombination，and their associated time scale in efficient $(GUA)_x(MA)_{1-x}PbI_3$-based perovskite solar cells. ACS Omega，2019，4（16）：16840-16846.

[77] Stoddard R J，Rajagopal A，Palmer R L，et al. Enhancing defect tolerance and phase stability of high-bandgap perovskites via guanidinium alloying. ACS Energy Lett，2018，3（6）：1261-1268.

[78] Li Z，Najeeb M A，Alves L，et al. Robot-accelerated perovskite investigation and discovery. Chem Mater，2020，32（13）：5650-5663.

[79] Daub M，Hillebrecht H. Tailoring the band gap in 3D hybrid perovskites by substitution of the organic cations：$(CH_3NH_3)_{1-2y}(NH_3(CH_2)_2NH_3)_{2y}Pb_{1-y}I_3$（$0<=y<=0.25$）. Chem Eur J，2018，24（36）：9075-9082.

[80] Li M，Li F M，Gong J，et al. Advances in tin(Ⅱ)-based perovskite solar cells：from material physics to device performance. Small Struct，2022，3（1）：2100102.

[81] Liu M，Pasanen H，Ali-Loytty H，et al. B-Site Co-alloying with germanium improves the efficiency and stability of all-inorganic tin-based perovskite nanocrystal solar cells. Angew Chem Int Ed，2020，59（49）：22117-22125.

[82] Alex Z. Pseudopotential and all-electron atomic core size scales. J Chem Phys，1981，74（7）：4209-4211.

[83] Allred A L，Rochow E G. A scale of electronegativity based on electrostatic force. J Inorg Nucl Chem，1958，5（4）：264-268.

[84] Aharon S，El Cohen B，Etgar L. Hybrid lead halide iodide and lead halide bromide in efficient hole conductor free perovskite solar cell. J Phys Chem C，2014，118（30）：17160-17165.

[85] Kumawat N K，Dey A，Kumar A，et al. Band gap tuning of $CH_3NH_3Pb\ (Br_{1-x}Cl_x)_3$ hybrid perovskite for blue electroluminescence. ACS Appl Mater Inter，2015，7（24）：13119-13124.

[86] Kumawat N K，Tripathi M N，Waghmare U，et al. Structural，optical，and electronic properties of wide bandgap perovskites：Experimental and theoretical investigations. J Phys Chem A，2016，120（22）：3917-3923.

[87] Tu Y G，Wu J H，Lan Z，et al. Modulated $CH_3NH_3PbI_{3-x}Br_x$ film for efficient perovskite solar cells exceeding 18%. Sci Rep，2017，7：44603.

[88] Handa T，Yamada T，Kubota H，et al. Photocarrier recombination and injection dynamics in long-term stable lead-free $CH_3NH_3SnI_3$ perovskite thin films and solar cells. J Phys Chem C，2017，121（30）：16158-16165.

[89] Kanoun A A，Kanoun M B，Merad A E，et al. Toward development of high-performance perovskite solar cells based on $CH_3NH_3GeI_3$ using computational approach. Sol Energy，2019，182：237-244.

第 6 章

基于机器学习的太阳能电池有机小分子设计

随着科学技术和社会的飞速发展，解决能源消耗和环境污染等问题已经成为人类社会可持续发展的头等大事。太阳能由于储量丰富及环境友好等优点，逐渐彰显出巨大的优势。光伏发电是太阳能的重要用途之一，它通过太阳能电池实现光电直接转换。高性能的太阳能电池材料的开发和研究逐渐成为科研领域的研究重点[1-3]。作为光活性层材料的有机小分子的性能，对有机太阳能电池（organic solar cells，OSCs）和染料敏化太阳能电池（dye-sensitized solar cells，DSSCs）的功率转换效率（PCE）起着重要作用。本章主要介绍基于机器学习的太阳能电池有机小分子设计。

6.1 基于机器学习的太阳能电池材料设计概论

作为有机太阳能电池和染料敏化太阳能电池器件中的光活性层材料，有机小分子的性能对电池功率转换效率发挥关键作用。然而由于有机分子结构多样，潜在样本空间巨大，传统的实验试错法耗时费力，因此基于机器学习的太阳能电池材料的有机小分子设计研究引起关注。

6.1.1 有机太阳能电池给体/受体对分子设计

有机太阳能电池具有制作工艺简单、原材料丰富、可用于制备柔性设备等优点，因此在太阳能领域引起了极大的兴趣。光伏活性层中的电子给体和电子受体是 OSCs 中的重要组成部分，对光伏器件的 PCE 起着决定性作用。由于富勒烯衍生物（PCBM）和聚噻吩（P3HT）存在吸收范围窄、光吸收系数低、带隙难以调节等缺陷，限制了 OSCs 的 PCE 的提高。然而，高性能 n 型材料的成功运用于有机场效应晶体管中，使得新型非富勒烯（IDIC）受体材料引起了研究者的广泛关注。目前，传统的实验试错方法用于研究电子给体（D）和非富勒烯电子受体（A）的庞大组合空间已成为一项巨大的挑战。

近年来，机器学习技术被应用于研究 OSCs 给体/受体（D/A）对的定量结构-性质关系（quantitative structure-property relationship，QSPR），设计潜在 D/A 对，加速其在 OSCs 中的应用。目前，有一部分基于机器学习的相关研究聚焦的受体部分是富勒烯及其衍生物[4-6]。还有一些工作研究了非富勒烯及衍生物，例如 Zhao 等[7]研究了结构和物理特征对机器学习模型预测能力的影响，Kranthiraja 和 Saeki[8]描述了特征和 PCE 值之间的关系。Wu 等[9]开发了五个机器学习模型，使用不同的算法来预测 PCE。Kaka 等[9]和 Zhang 等[11]运用机器学习发现了高效非富勒烯受体的 D/A 对。然而，目前机器学习辅助高性能 OSCs 的研究仍然存在一些问题和挑战，例如使用的特征计算量大是高通量筛选（HTS）发现潜在 D/A 对的障碍。此外，这些研究缺乏对特征的物理意义的解释以及对结构的映射。

6.1.2 染料敏化太阳能电池敏化剂分子设计

染料敏化剂是 DSSCs 的核心部分，起着捕获太阳光的作用，还影响电子的注入及复合效率，直接决定 DSSCs 的 PCE。有机染料敏化剂由于具有高的摩尔吸收系数、环境友好、结构易于调控等优点，引起了广大科研工作者的广泛关注。实验上从大量的有机材料中筛选出适宜的光敏化剂，是一项异常艰辛的工作，不仅工作量大，而且耗费时间长；另外，受实验条件的限制，在实验上投入大量的资源，却往往很难获得理想的成果。

近年来，机器学习技术被用来构建定量的 QSPR，从而设计新型敏化剂，筛选出性能优异敏化剂，降低研发成本，有效加速高效敏化剂的研发。最近，Erten-Ela 等[12]报道，根据 QSPR 模型设计了基于吩噻嗪的新型染料，通过遗传算法（GA）进行了筛选，最后通过量化计算预测了光电特性。Li 等[13]建立了一个多级级联模型，通过将量子化学分子描述符与机器学习相结合的方法来预测所有有机染料作为敏化剂的 DSSCs 的 PCE 值。Kar 等[14]报道了采用分子描述符代替结构片段，通过 GA 结合多元线性回归（MLR）来构建 QSPR 模型，并验证了所设计染料的电子结构以及吸收光谱。这些研究对于指导合成新敏化剂分子具有重要的研究意义。

6.2 基于机器学习的有机太阳能电池 D/A 对分子设计

聚焦非富勒烯 D/A 对，我们提出了一种可解释性机器学习结合密度泛函理论（DFT）辅助筛选高性能 D/A 对的框架，以快速准确找到具有高 PCE 的 D/A 对（图 6-1）[15]。首先构建了包含 379 篇实验文献中的 717 对真实的非富勒烯有机太阳能电池 D/A 对的数据集。然后采用互信息过滤法和递归特征消除法对特征进行筛选，接着利用 SHAP 方法结合 XGBoost 算法、决策树算法、最近邻回归算法、随机森林算法确定最终特征。根据留一法交叉验证、独立外部测试等确定最佳模型，筛选出潜在的 D/A 对，并运用 DFT、含时密度泛函理论（TD-DFT）以及 Marcus 电荷转移理论进行验证。此外，通过 SHAP 方法分析了重要特征对目标变量的影响。

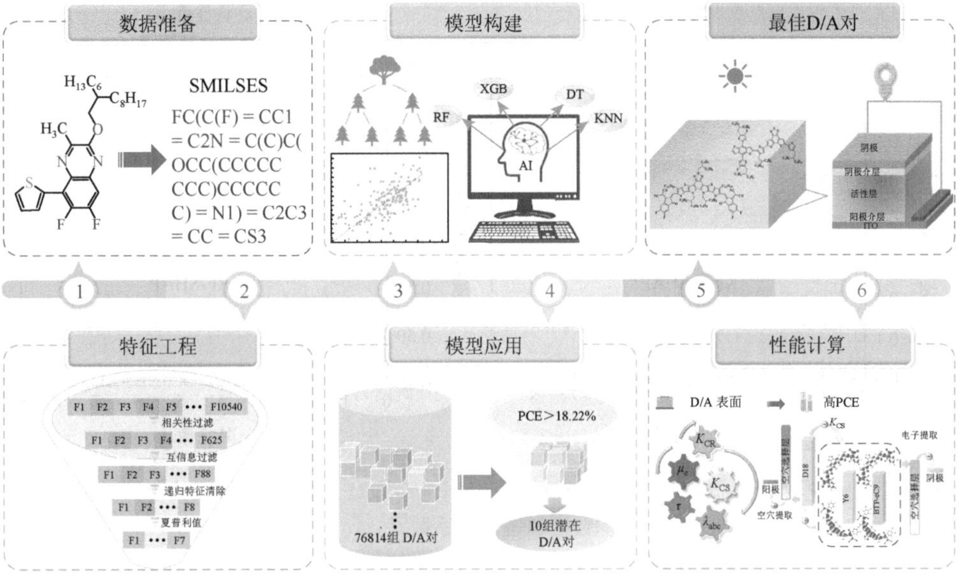

图 6-1　基于机器学习的非富勒烯 D/A 对的设计研究流程[15]

6.2.1　特征工程

机器学习模型的预测能力很大程度上依赖于所使用的特征。该工作通过 Dragon 得到 D 和 A 的 10540 个描述符，然后通过四步法进行特征筛选。首先在特征变量对的皮尔逊相关系数超过 0.95 的标准下进行修剪，将特征变量从 10540 个减少到 625 个。然后，采用互信息过滤法和递归特征消除法对变量进行进一步筛选得到 8 个特征。最后利用 SHAP 方法结合 XGBoost、DT、KNN、RF 确定最终特征，如图 6-2 所示，分别得到 7 个、6 个、5 个以及 7 个特征。

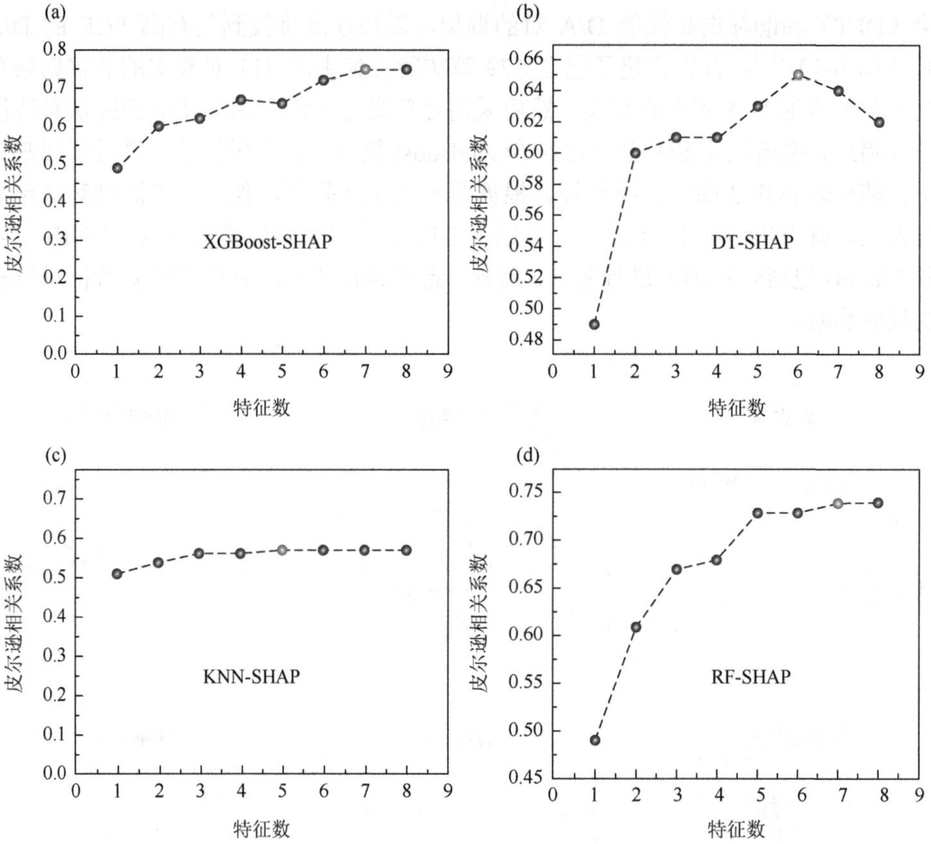

图 6-2　SHAP 结合 XGBoost（a）、DT（b）、KNN（c）、RF（d）筛选特征的留一法交叉验证皮尔逊相关系数[15]

6.2.2　模型构建

机器学习模型被用来映射目标属性和特征之间的关系。在数据库中，随机选取 75%的数据（537 组 D/A 对）训练 OSCs 的 PCE 与 D 和 A 结构的模型，另外 25%的数据用作测试集。采用 XGBoost、DT、KNN 和 RF 算法进行建模，其中每个模型所用的特征分别基于每种算法所筛选出的最佳特征集。为了评估模型的鲁棒性和可靠性，进行了留一法交叉验证和测试集验证。模型的性能由皮尔逊相关系数（r）评估，结果如图 6-3 和图 6-4 所示。四种模型中，XGBoost 模型 LOOCV 和测试集的皮尔逊相关系数均最大，分别为 0.75 和 0.79，说明 XGBoost 模型是最佳模型，具有最强预测能力。接着采用贝叶斯优化方法对模型的超参数进行了优化，模型的皮尔逊相关系数提高了 0.01。

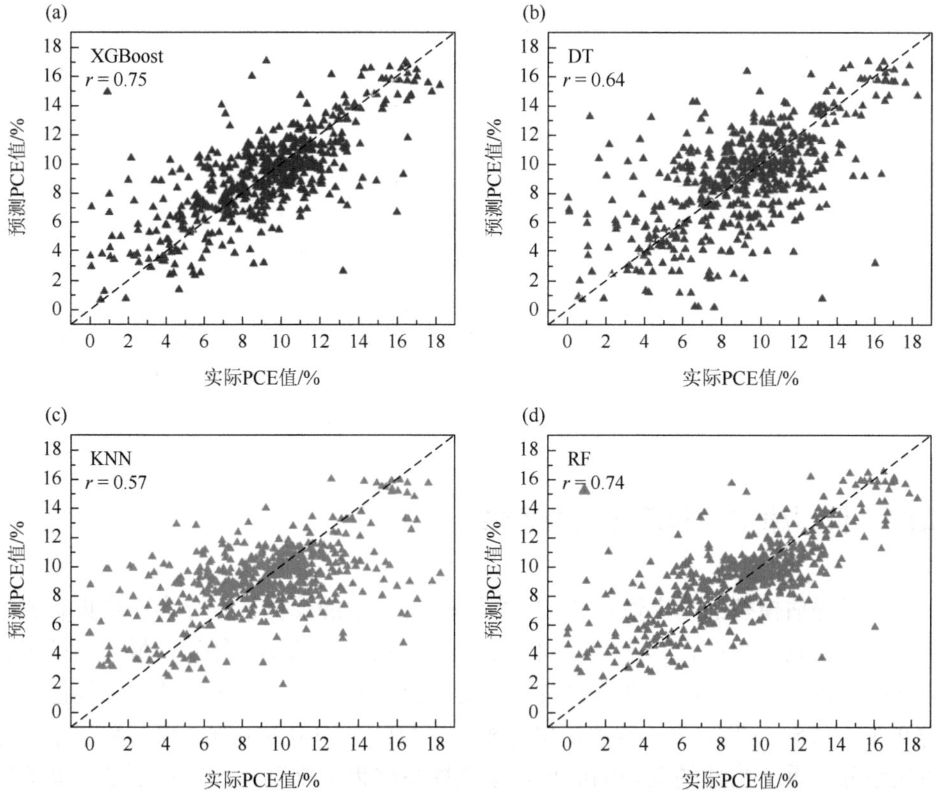

图 6-3　XGBoost（a）、DT（b）、KNN（c）、RF（d）留一法交叉验证的 PCE 预测结果[15]

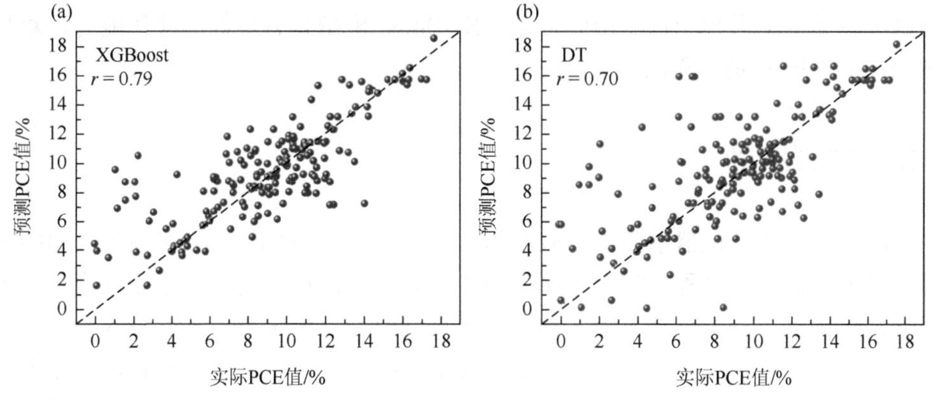

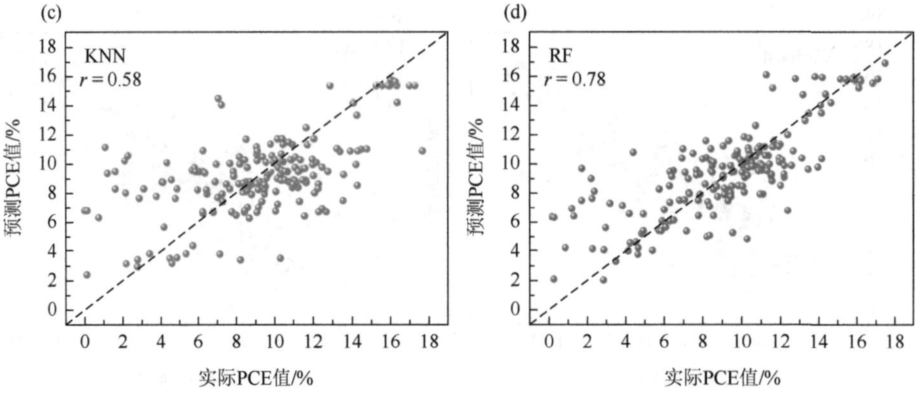

图 6-4 XGBoost（a）、DT（b）、KNN（c）、RF（d）对测试集的 PCE 预测结果[15]

6.2.3 模型稳定性和泛化能力评估

为了评估模型的稳定性，717 对数据集以 3∶1 的比例被划分为训练集和测试集，且随机划分 100 次，最终得到 100 组训练集和测试集，然后以最佳特征子集验证模型稳定性。100 次训练集留一法交叉验证的皮尔逊相关系数的平均值分别为 0.76、0.75、0.74。测试集的皮尔逊相关系数的平均值为 0.76。再对数据集进行多次划分，重新构建的模型的结果与本次模型结果非常贴近，这保证了模型的鲁棒性和泛化能力。

为了进一步评估所建立的最佳模型的泛化能力，还收集了 2021 年 1 月至 6 月所发表的文献的 18 个样本。这些样本独立于训练集之外，与模型本身无关，不参与模型的建立与训练过程。预测结果与实验结果的皮尔逊相关系数为 0.81，与之前测试集的预测结果相一致。由此可知，XGBoost 模型具有良好的泛化能力，对预测 OSCs 的 PCE 是可靠的。

6.2.4 模型应用

高通量筛选是机器学习模型应用的常见方法之一。图 6-5（a）是使用 XGBoost 模型高通量筛选的过程。将数据库中 193 个电子给体和 398 个电子受体进行排列组合，产生了 76814 组 D/A 对（193×398 = 76814）。在这 7 万多组 D/A 对中，去除现有的 717 对，共有 76097 组虚拟 D/A 对，图 6-5（b）是基于 XGBoost 模型预测的 7 万多虚拟 D/A 对的 PCE 的直方图。虚拟的 D/A 对的预测的 PCE 范围从 –0.95%到 19.09%，PCE 的平均值为 9.05%。根据 XGBoost 模型预测的结果可知，52.37%的 D/A 对的 PCE 可能超过 9.05%，其中 10 组 D/A 对的 PCE 大于 18.22%。

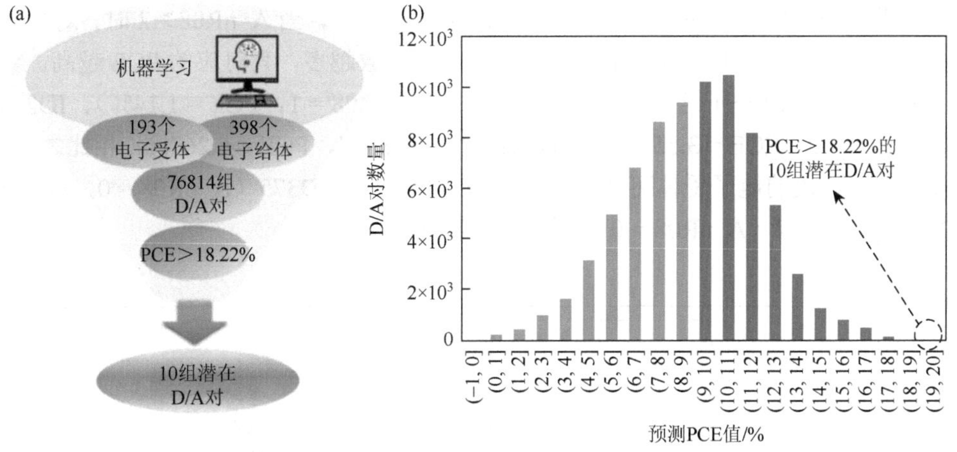

图 6-5　（a）XGBoost 模型实现高通量筛选过程；（b）预测虚拟的 D/A 对的 PCE 的分布图[15]

6.2.5　模型解释

为了更好地描述关键特征与 PCE 之间的关系，通过 SHAP 方法[16, 17]分析了重要特征的物理意义。SHAP 方法是 Lundberg 和 Lee[18]用于解释模型的一种创新方法，可以根据 SHAP 值从复杂的机器学习模型中解释特征的重要性，根据每个特征的 SHAP 值的平均绝对值对七个关键特征的重要性进行排序。其中，A_nR08 特征在预测有机太阳能电池的 PCE 中发挥了最重要的作用，其次是 D_D/Dtr12、D_NaasC、D_CATS2D_02_LL、A_SaaaC、A_D/Dtr09、A_SaasC。此外，根据 SHAP 值可以估计每个样本的每个特征对目标变量的影响，A_nR08 和 D_D/Dtr12 在预测 OSCs 的 PCE 时是两个最重要的特征。

1. A_nR08

A_nR08 属于环类描述符，环类描述符是编码分子中有关环的信息的数字量，代表分子中环的数量，称为最小环的最小集（SSSR）的独立环集的基数。A_nR08 是电子受体的八元环数。如图 6-6 所示，IDIC 受体的八元环为 2，即 A_nR08 = 2。

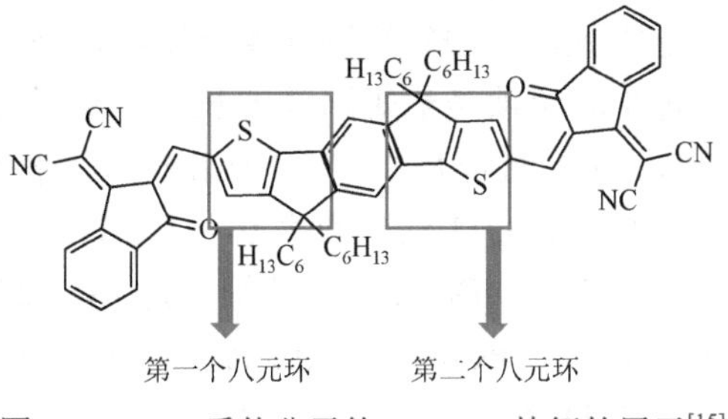

图 6-6　IDIC 受体分子的 A_nR08 特征的展示[15]

根据每个样本 A_nR08 特征的 SHAP 值（图 6-7），当 A_nR08＞2 时，对功率转换效率具有正影响。这表示电子受体的八元环数越多，其对应的 PCE 越高。数据库的数据也反映了这个结论，如 ID113（A_nR08 = 1，PCE = 1.14%）、ID214（A_nR08 = 2，PCE = 3.55%）和 ID122（A_nR08 = 4，PCE = 6.26%）。相比之下，没有这些片段的电子受体可能会导致 PCE 降低，如 ID375（A_nR08 = 0，PCE = 0.62%），ID552（A_nR08 = 0，PCE = 0.74%）。

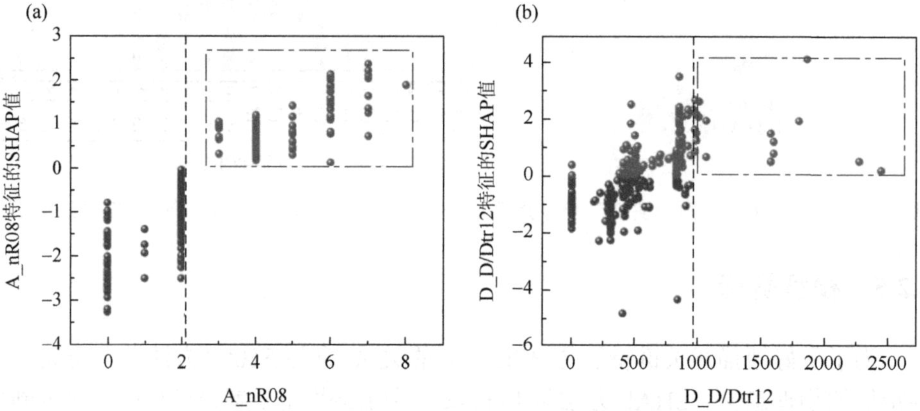

图 6-7　每个样本 A_nR08 特征（a）和 D_D/Dtr12 特征（b）的 SHAP 值
（红色代表正相关，蓝色代表负相关。扫描封底二维码可见彩图）[15]

事实上，A_nR08 特征与八元环的数量有关，其中噻吩并噻吩等单元的贡献最大，因此，A_nR08 特征与 π 共轭强度呈正相关。共轭强度的增加能够扩大吸收，增强堆积并且抑制电子无序，从而提高光捕获能力并减少了非辐射能量的损失，进而有助于功率转换效率的提高[19-22]。

2. D_D/Dtr12

属于环描述符之一。距离/绕道指数（D/Dt）是通过对分子中属于单个环的顶点的距离/迂回矩阵行求和计算得到的，为 3～12 个原子组成的环来提供距离/绕道指数。这些描述符可以被认为是反映复杂循环系统中局部几何环境的特殊子结构描述符。距离/绕道指数源自绕行矩阵和距离矩阵，是表示 H 原子耗尽分子图的方形对称矩阵，其非对角项是最短路径的长度与最长路径之间的任何一对顶点的比值[23]。D_D/Dtr12 的特征是 12 个原子组成的环来提供距离/绕道指数。如图 6-8 所示，12 个原子的 PTQ11 的环数为 0，D_D/Dtr12 的特征值也为 0；而 12 个原子的 D18 的环数为 2，D_D/Dtr12 的特征值为 1857.246。

当 D_D/Dtr12＞969 时，对 PCE 具有正影响，如 ID40（D_D/Dtr12 = 176.00，PCE = 2.50%），ID127（D_D/Dtr12 = 291.40，PCE = 6.40%），以及 ID326（D_D/

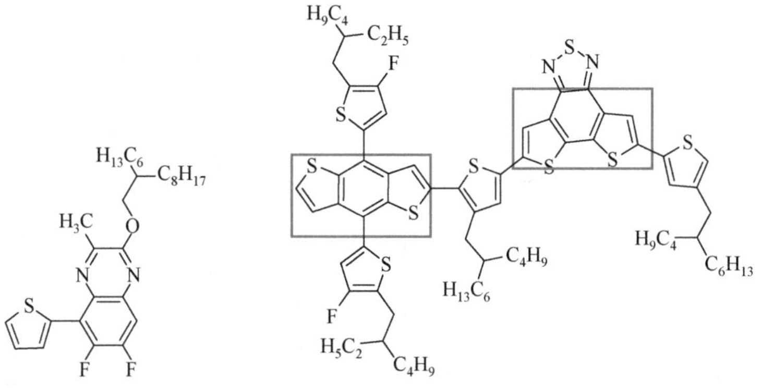

图 6-8　给体分子 PTQ11（a）和 D18（b）的 D_D/Dtr12 特征[15]

Dtr12 = 311.42，PCE = 8.59%），ID342（D_D/Dtr12 = 1006.52，PCE = 10.57%）。与之相应的几个化合物的特征值和 PCE 分别是 ID155 D_D/Dtr12 = 0，PCE = 1.00%；ID204 D_D/Dtr12 = 0，PCE = 1.25%；ID330 D_D/Dtr12 = 0，PCE = 2.10%。实际上具有高 D_D/Dtr12 值的分子，对应分子的化学结构是高度稠环的。高度稠环的结构通常具有更多的平面几何形状，这有助于电荷离域，降低重组能并增强分子堆积。此外，高度稠环的结构还具有更高的振子强度，可以促进光吸收性能[24]。因此，具有高度稠环结构的分子往往具有高电荷迁移率和高吸收系数，有利于光子捕获和电荷传输[25]。

6.2.6　量化验证

因计算资源有限，以数据集中 PCE 最高的 D18/Y6 对为参考，运用量化计算验证了高通量筛选出的前三组 D/A 对的光电性能。

1. 光学特性

D/A 活性层吸收光子被激发产生激子，性能优异的活性层应该具有宽且强的吸收光谱，从而增加 OSCs 的短路电流密度[26]。如图 6-9（a）所示，D18/BTP-eC9 和 D18/Y11 的吸收强度相似，而 D18/BTTPC-Br 有较强的吸收强度，最大吸收峰有轻微的红移。值得注意的是，由图 6-9（b）可知，BTP-eC9、Y11 和 BTTPC-Br 的最大吸收峰均大于 Y6。此外，非富勒烯的激发态寿命（τ）越长，其电荷转移越容易。BTP-eC9 和 Y11 的激发态寿命分别为 4.58ns 和 3.47ns，均高于 Y6（3.41ns），这可能是由于 BTP-eC9 受体分子在端基中引入了氯原子，Y11 受体分子在缺电子核中引入了苯并三唑（BTZ）基团，提高了 OSCs 的光吸收性能。

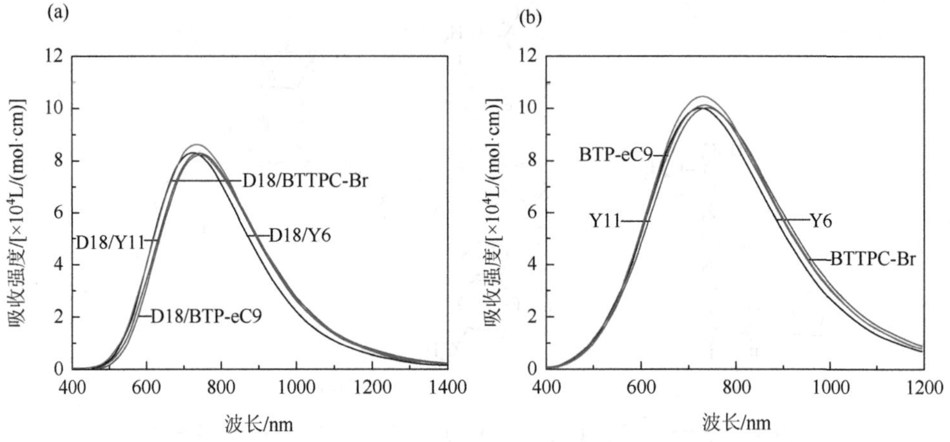

图 6-9 （a）D/A 对的吸收光谱；（b）Y6、BTP-eC9、Y11、BTTPC-Br 的吸收光谱[15]

2. 电荷分离/重组速率

活性层吸收太阳能后产生的激子迁移到 D/A 对并分离形成电子和空穴载流子，D/A 对的电荷分离速率（K_{CS}）和电荷重组速率（K_{CR}）是评估激子分离效率的关键参数。根据式(6-1)计算了前三组 D/A 对的 K_{CS} 和 K_{CR}，详细数据见表 6-1。

$$K=\sqrt{\frac{4\pi^3}{\hbar^2\lambda_{tol}k_BT}}\left|V_{DA}\right|^2\exp\left(\frac{-(\Delta G+\lambda)^2}{4\lambda_{tol}k_BT}\right) \tag{6-1}$$

式中，k_B 是玻尔兹曼常量；$\hbar$ 是普朗克常量；$T=300$K，室温；V_{DA} 是聚合物与非富勒烯间电子耦合的电荷转移积分；λ_{tol} 是总重组能，通常可以表示为分子内部和外部重组能的总和（分别为 λ_{in} 和 λ_s）；ΔG 是电荷分离和电荷重组过程中的吉布斯自由能变化，可以分为电荷分离过程中的 ΔG_{CS} 以及电荷重组过程中的 ΔG_{CR}。

表 6-1 D/A 对的总重组能（λ_{tol}）、电荷重组中的吉布斯自由能变化（ΔG_{CR}）、电荷分离中的吉布斯自由能变化（ΔG_{CS}）、电荷转移积分（V_{DA}）、电荷分离速率（K_{CS}）和电荷重组速率（K_{CR}）[15]

D/A	λ_{tol} /eV	ΔG_{CR} /eV	ΔG_{CS} /eV	V_{DA} /eV	K_{CR} /s^{-1}	K_{CS} /s^{-1}	K_{CS} / K_{CR}
D18/Y6	1.69	−3.84	−0.46	0.12	6.11×10^2	3.25×10^{10}	5.32×10^7
D18/BTP-eC9	1.68	−3.92	−0.38	0.12	6.28×10^1	1.00×10^{10}	1.59×10^8
D18/Y11	1.68	−3.74	−0.61	0.56	1.01×10^5	6.07×10^{12}	6.01×10^7
D18/BTTPC-Br	1.68	−3.89	−0.37	0.19	2.99×10^2	2.08×10^{10}	6.96×10^7

在 OSCs 中，较高的 K_{CS} 和较小的 K_{CR} 可以提高 D/A 的电荷分离效率，从而提高短路电流密度和外部量子效率。从式（6-1）可知，K_{CS} 和 K_{CR} 主要取决于三个参数，包括 λ_{tol}、V_{DA}、ΔG_{CS} 和 ΔG_{CR}。结果表明，给体/受体的 λ_{tol} 差异很小（表 6-1），因此 V_{DA} 和 ΔG 的参数对 K_{CS} 和 K_{CR} 起决定性作用。D/A 对的 V_{DA} 计算值按 D18/Y6＝D18/BTP-eC9＜D18/BTTPC-Br＜D18/Y11 的顺序递增，表明 D18/BTTPC-Br 和 D18/Y11 的 K_{CS} 可能比 D18/Y6 更好。根据式（6-1），较小的 ΔG_{CS} 更有利于激子的有效解离，而较小的 ΔG_{CR} 有利于较弱电荷重组的产生。与 D18/Y6 相比，具有较小 ΔG_{CS} 的 D18/Y11 可以获得更大的 K_{CS}，而 D18/BTP-eC9 和 D18/BTTPC-Br 的较小 ΔG_{CR} 有利于获得更小的 K_{CR}。K_{CS}/K_{CR} 比值的大小顺序为 D18/BTP-eC9＞D18/BTTPC-Br＞D18/Y11＞D18/Y6，与 D18/Y6 相比，K_{CS}/K_{CR} 的比值提高了 13.55%～201.31%。机器学习筛选出的 D/A 对具有更大的 K_{CS}/K_{CR} 比值，导致更有效的电荷分离，从而获得更高的短路电流密度。

3. 电子和空穴迁移率

给体/受体由激子分离形成的电子和空穴分别迁移到非富勒烯和聚合物相。根据 D18 给体和 Y6 受体形成的 OSCs 的实验结果，空穴迁移率（μ_h）高于共混膜中的电子迁移率（μ_e）[27]。因此，μ_e 的提高可以促进 μ_h/μ_e 的比例更加平衡，从而实现更高的短路电流密度和功率转换效率。根据式（6-2），非富勒烯的 μ_e 主要由电子迁移速率（K_e）和相邻非富勒烯间的跳跃距离（r）决定，K_e 越大，μ_e 越大。由式（6-3）所示，非富勒烯的 K_e 主要由电子重组能（λ_e）和转移积分（V_e）决定，而较小的 λ_e 和较大的 V_e 导致相对较大的 K_e。如表 6-2 所示，λ_e 和 V_e 的值依次为 Y11＜BTTPC-Br＜BTP-eC9＜Y6 和 BTTPC-Br＞Y11＞BTP-eC9＞Y6，其中机器学习方法筛选出的给体/受体与参比对相比，λ_e 更小，V_e 明显更大，从而获得更出色的 K_e。BTP-eC9、BTTPC-Br 和 Y11 的 V_e 增加的主要原因是末端基团引入了氯原子、溴原子以及缺电子核中的 BTZ，促进了分子间的 π-π 堆积，并增加了分子轨道的重叠度。

$$\mu_e = \frac{er^2}{2k_B T} K_e \tag{6-2}$$

$$K_e = \frac{V_e^2}{\hbar}\left(\frac{\pi}{\lambda_e k_B T}\right)^{\frac{1}{2}} \exp\left(-\frac{\lambda_e}{4k_B T}\right) \tag{6-3}$$

式中，k_B 是玻尔兹曼常量；T 是温度（为 300K）；r 是相邻非富勒烯间的跳跃距离；K_e 是电子迁移速率；λ_e 代表电子重组能；V_e 是转移积分；$\hbar$ 是普朗克常量。

表 6-2　与非富勒烯受体（NFAs）的 μ_e 相关的关键参数：电子转移积分（V_e）、电子重组能（λ_e）、跳跃距离（r）、电子迁移速率（K_e）和电子扩散系数（D_e）[15]

A	λ_e/eV	V_e/eV	r/Å	K_e/s^{-1}	μ_e/[cm^2/(V·s)]	D_e/(cm^2/s)
Y6	0.440	0.019	4.213	1.352×10^{11}	4.641×10^{-3}	1.199×10^{-4}
BTP-eC9	0.428	0.028	4.170	3.118×10^{11}	1.049×10^{-2}	2.711×10^{-4}
Y11	0.423	0.031	4.173	4.157×10^{11}	1.401×10^{-2}	3.621×10^{-4}
BTTPC-Br	0.425	0.040	4.041	6.728×10^{11}	2.125×10^{-2}	5.493×10^{-4}

根据 Marcus 理论，μ_e 值的顺序为 BTTPC-Br＞Y11＞BTP-eC9＞Y6。值得注意的是 BTP-eC9、Y11 和 BTTPC-Br 的 μ_e 均大于 Y6，增量为 126.03%～357.88%。Y11 具有更大的 μ_e 是由于在非富勒烯的核心基团中引入了 BTZ 基团，从而增加了电子分子间的自由运动。同时，BTP-eC9 和 BTTPC-Br 的分子内电荷转移效应的增强是由于氯原子和溴原子具有高电子亲和力、较大的偶极矩和有效的 π 电子离域，有利于电荷传输。因此，机器学习方法筛选出的 D18/Y11、D18/BTP-eC9 和 BTTPC-Br 具有优于 D18/Y6 的电荷转移性能，有利于获得更高的短路电流密度。

4. 开路电压

开路电压是评估有机太阳能电池性能的关键因素之一。D18/Y6 计算的开路电压（0.860V）与实验结果（0.859V）达到高度一致，说明计算的开路电压具有可靠性。D18/BTP-eC9、D18/Y11 和 D18/BTTPC-Br 的开路电压的计算值分别为 0.860V、0.943V 和 1.016V。开路电压的增加主要是由于非富勒烯的最低未占分子轨道的能量的上升，由图 6-10 可知，最低未占分子轨道能级顺序为 Y6～BTP-eC9＜Y11＜BTTPC-Br，这与实验结果一致。D18/Y11 和 D18/BTTPC-Br 的开路电压高于 0.860V，与 D18/Y6 相比增加了 9.65%～18.14%。

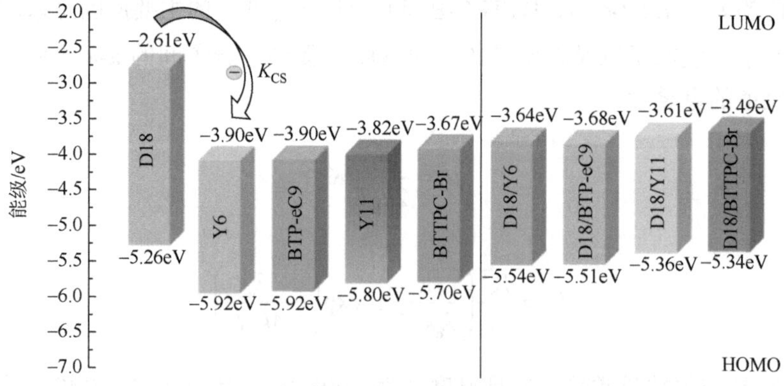

图 6-10　给体、受体和给体/受体对的前线分子轨道能级[15]

HOMO：最高占据分子轨道；LUMO：最低未占分子轨道

6.3　基于机器学习的染料敏化太阳能电池 BODIPY 类分子设计

硼二吡咯亚甲基类（BODIPY）染料是一类不含金属的有机敏化剂，具有高摩尔吸收系数和结构易修饰等优势[28]。Erten-Ela 等[12]首先将 BODIPY 染料作为敏化剂引入 DSSCs 中，其 PCE 值为 1.66%。从那时起，这种染料引起了相当大的关注。然而，该类染料存在光吸收带窄、电子注入效率低以及严重的分子堆积等缺点，导致目前已合成的染料的功率转换效率限制在 0.5%～7.5%[28]。

为了提高 BODIPY 类 DSSCs 的性能，科学家尝试了各种实验，来努力克服这类染料敏化剂的缺点。Galateia 等[29]通过引入两个互补的 BODIPY 核，来拓宽光吸收区域，PCE 值成功提高至 6.2%。考虑到有限的电子注入的驱动力，Yeh 等[30]引入了强吸电子基团以降低 LUMO 能级，得到的 PCE 值接近 6.4%。针对堆积问题，通过引入长链基团来减少堆积是一种普遍的策略。虽然实验工作为提高该类染料敏化太阳能电池性能已经做出了卓越的贡献，但是相对于其他高效的有机染料敏化剂来说，BODIPY 类染料敏化剂的效率还有很大的提升空间。同时，传统实验存在不可避免的时间消耗以及合成与表征的费用高等缺点。因此，为加速高 BODIPY 类染料敏化剂的研究，在实验合成之前从理论上设计敏化剂结构并验证其性能不仅可以缩小潜在的该类敏化剂的搜索范围，而且节省大量的实验成本。

我们提出一种将数据挖掘与量子化学相结合的目标驱动方法，设计高效太阳能电池的 BODIPY 类敏化剂[31]。首先在半导体 TiO_2 膜和碘化物/三碘化物电解质的相同的实验条件下，从 Web of Science 数据库搜索所有文献，共收集了 58 种 BODIPY 染料，根据结构分为垂直和水平两类染料。然后通过遗传方法-多元线性回归法（GA-MLR）从含有 5515 个变量的变量池中筛选出特征变量。通过内部和外部验证来确保 QSPR 模型的可靠性、鲁棒性和通用性。接着深度挖掘特征变量的结构意义，映射出结构片段，从而设计候选敏化剂，并通过 QSPR 模型预测功率转换效率。最后运用量化方法评估设计的敏化剂的光电性能和电子注入动力学，进一步保证模型的准确性和所设计敏化剂的高效性能。这种综合方法也将有助于加快其他先进能源材料的研发。

6.3.1　QSPR 模型和在线预报

两类染料分别构建了两个多元线性回归的 QSPR 模型，分别是：

$PCE = 0.99142(+/-0.96797) + 2.15768(+/-0.66765)\times F05[O\text{-}B] + 0.83712$

(+ /–1.12792)×TDB09u + 3.20666(+ /–1.18137)×nTB-7.0448(+ /–1.25568)×Mor14p + 2.4007(+ /–0.74652)×B08[C-B]

PCE = 2.61979(+ /–0.39395) + 2.80483(+ /–0.36939)×B10[O-S] + 2.70567 (+ /–1.04955)×Mor24m–2.82876(+ /–0.64626)×R2s-2.18167(+ /–0.44054)×F09 [C-B]–2.72274(+ /–0.59159)×CATS3D_18_AL

为了确保模型的可靠性、鲁棒性和可预测性，进行了内部和外部验证，计算了训练集、留一法交叉验证和测试集的相关系数。两类模型的训练集的相关系数 R_{train} 均在 0.950 左右，同时留一法交叉验证的相关系数 Q_{LOO} 在 0.890 以上，显示了模型具有良好的可靠性。水平和垂直模型的训练集的相关系数 R_{train} 分别为 0.817 和 0.891，说明模型预测性强。另外，采用 Y 随机化检测确保参数 Yrandom 都超过 0.5 的阈值时的模型的鲁棒性。

为了让有关的研究工作者可以方便使用模型预测新设计的 BODIPY 染料的性能，我们建设了这两个 QSPR 模型的网络服务器，可通过 http://materials-data-mining.com/bodipy/来访问。

为了验证模型的泛化性，我们运用在线服务器的模型对四个新合成的以 BODIPY 垂直染料作为敏化剂的太阳能电池的 PCE 值进行了预测，预测值和实验值一致。其中性能最优异的 T2′TP2A 的预测 PCE 值是 5.50%±0.65%，与实验 PCE 值 6.06%吻合。

6.3.2 水平模型分析

水平模型由五个描述符建立，其重要性顺序为 Mor14p＞nTB＞B08[C-B]＞F05[O-B]＞TDB09u［图 6-11（a)]。在这些描述符中，Mor14p 对 PCE 值具有负面影响，而其他的则具有正面影响。

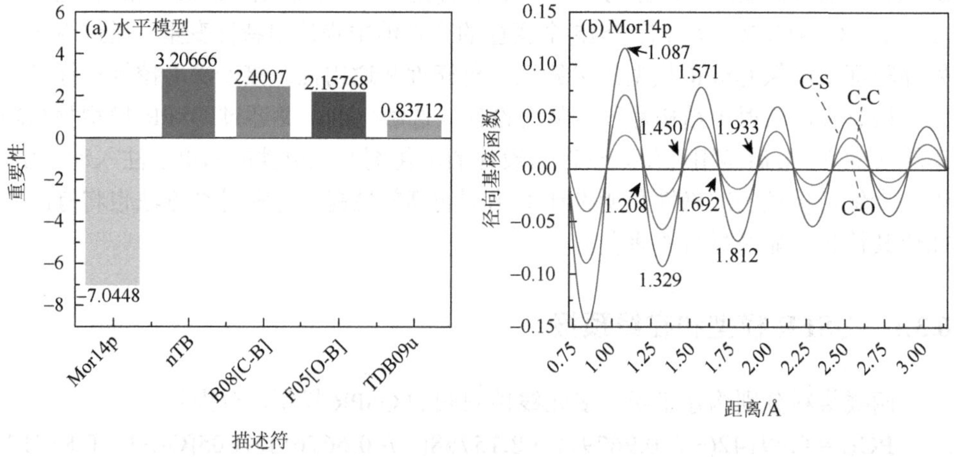

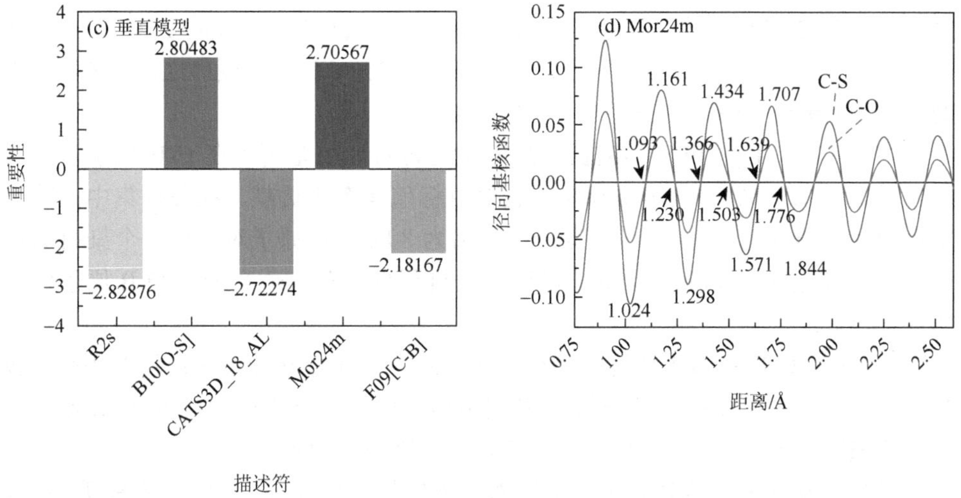

图 6-11 水平模型和垂直模型的描述符重要性（a，c）及描述符 Mor14p 和 Mor24m 的径向基核函数（b，d）[31]

（1）Mor14p：Mor14p 是唯一对 PCE 值具有负影响的描述符。对 Mor14p 的贡献可分为不同原子对的多个径向基核函数［图 6-11（b）］。函数值主要取决于原子对的距离，并且主要受 C-S、C-C 和 C-O 三个原子对的影响。从图上明显看出，原子间距离的合适区域为 1.208～1.450Å 和 1.692～1.933Å，Mor14p 的函数值为负，对 PCE 值产生正影响。最有利的原子对位置是 1.329Å，1.812Å，而最不利的原子对位置为 1.087Å，1.571Å。

对于 C-S 对，根据 CRC 手册[32]，C-S 对距离范围为 1.660～1.863Å。从图中可以看出，最有利的 CS 对是 C_{sp^3}—S(＝O)—C（1.809Å）和 C_{sp^3}—S—C（1.817Å）键。同时，从图 6-11（b）中可以看出，C-S 对的幅度远大于 C-O 对的幅度，这可以推断用 C-S 对代替 C-O 对对 PCE 值产生正影响。从数据集也可以反映该推断，由于 C-O 对被 C-S 对取代，化合物 **H1** 具有比 **H2** 更高的 PCE 值（表 6-3）。对于 CC 对，C_{sp}≡C（1.183Å）三键显示了对目标值贡献很少，而 C_{sp^2}＝C_{sp^2}（1.316Å）和 C_{ar}≃C_{ar}（1.397Å）可以安全引入，对目标值产生正影响。但是，C_{sp^3}—C_{sp^3} 键会因其距离在 1.500Å 附近，引起负影响。因此，多余的碳链可以被共轭基团取代。一个明显的例子是，带有—C_6H_5—OCH_3 的化合物 **H3** 具有较高的 PCE 值，而带有—C_8H_{17} 的 **H4** 具有较低的性能。因具有强共轭的吩噻嗪结构，三个化合物 **H5**～**H8** 具有较高的 PCE。

（2）nTB：描述符 nTB 表示三键的数量，与目标值成正比。所有的染料都具有一个 C≡N 键，对 nTB 的作用相同。该描述符的多样性主要体现在 C≡C 键的数目上。在 BODIPY 核心与受体基团之间的 C≡C 键可增加几何共轭，进一步促进有效的电子转移。数据集中可以看出，在 BODIPY 核心与受体之间有 C≡C 键的敏化剂 **H9** 和 **H10** 的 PCE 值明显高于 **H11**。

（3）B08[C-B]：B08[C-B]表示在拓扑距离为 8 处是否存在 C-B 原子对，其中 1 表示存在，而 0 表示不存在，它对目标值具有正贡献。在数据集中，除了染料 **H12** 和 **H13**，其他染料都有拓扑距离为 8 的 C-B 原子对。这两个染料 **H12** 和 **H13** PCE 值相对较低。因此，设计的染料至少要有一个 C 原子与 B 原子保持拓扑距离 8。

（4）F05[O-B]：该描述符是指在拓扑距离为 5 处 O-B 原子对出现的频率。较高的 F05[O-B]，可以得到较高的 PCE。例如，有两个拓扑距离为 5 的 O-B 原子对的染料 **H5**～**H8** 的 PCE 值在 3.41%～7.69%范围内，相对较高。

（5）TDB09u：此描述符可以描述为在拓扑距离 9 的原子对的局部密度，可以由以下公式得到。

$$\mathrm{TDB09u} = \frac{1}{\Delta_{09}} \sum_{i=1}^{\mathrm{nAT}-1} \sum_{j=i+1}^{\mathrm{nAT}} r_{ij} \ \ \delta(d_{ij};09)$$

其中，Δ_{09} 是位于拓扑距离原子对的距离 d_{ij} 为 9 的原子对数目；r_{ij} 是第 i 个原子和第 j 个原子之间的空间几何距离；nAT 是原子的总数；δ 是 Kronecker 符号，$d_{ij}=9$ 时 δ 为 1，否则为 0。TDB09u 的趋势在数据集中并不是很明显，但是可以肯定的是，染料的 TDB09u 值越高，越有益于目标值。

表 6-3　染料结构和 PCE

染料编号	结构	PCE/%	染料编号	结构	PCE/%
H1	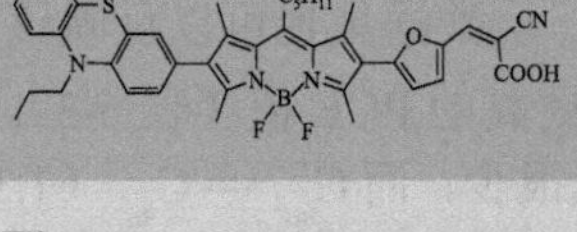	5.31	**H4**	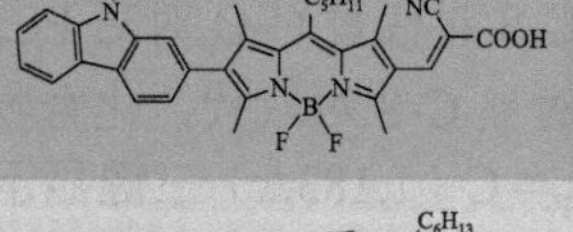	2.68
H2	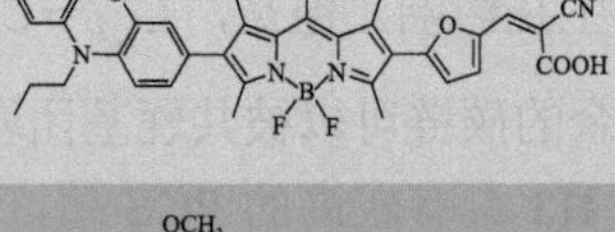	3.61	**H5**	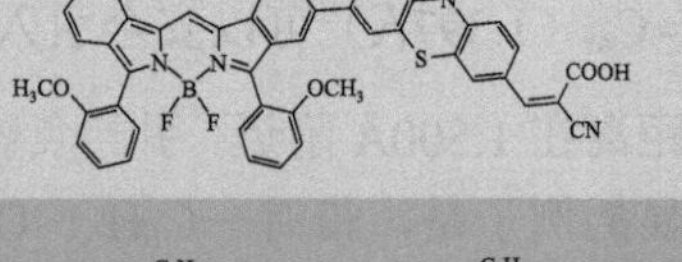	7.49
H3	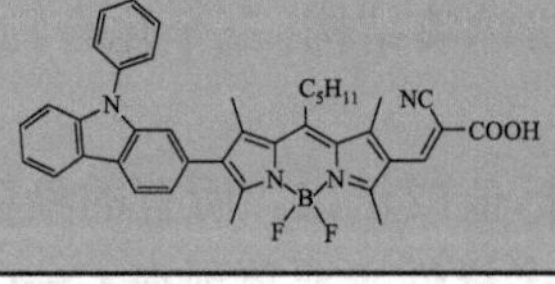	4.28	**H6**	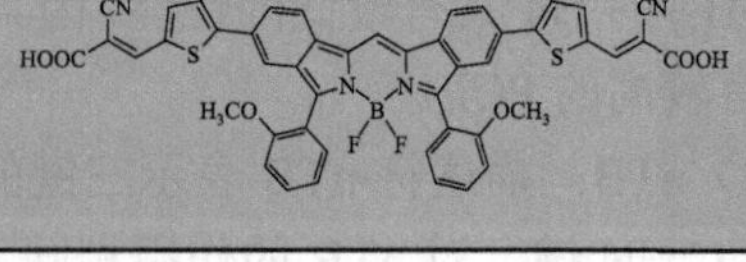	5.24

续表

染料编号	结构	PCE/%	染料编号	结构	PCE/%
H7	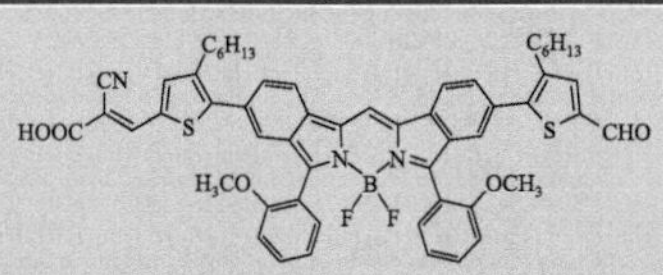	5.48	H13	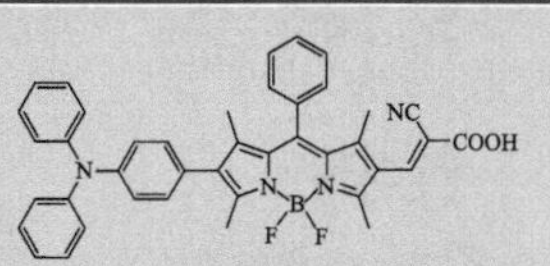	0.50
H8	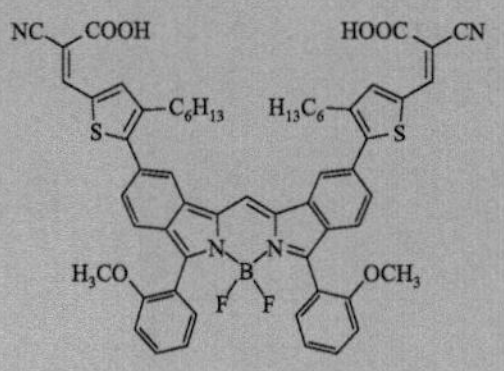	6.06	V1	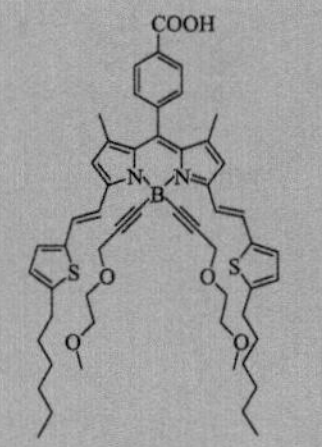	5.75
H9	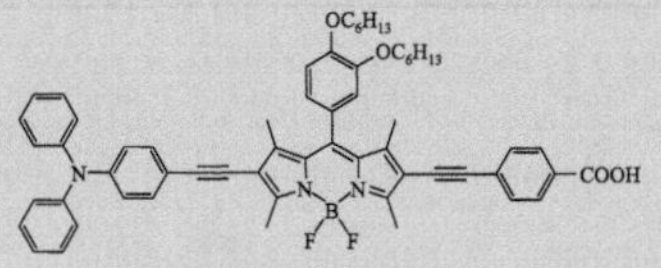	2.96	V2	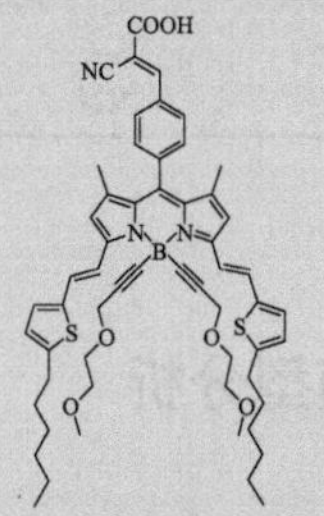	4.05
H10	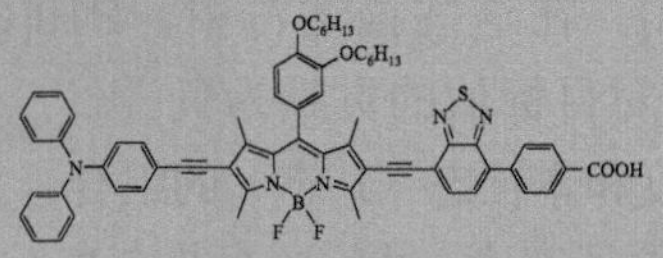	3.41	V3	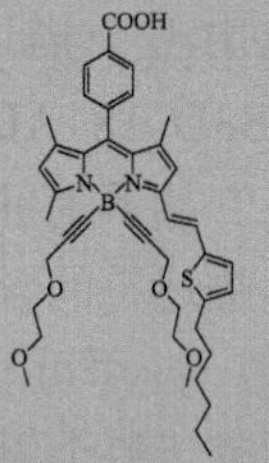	4.26
H11	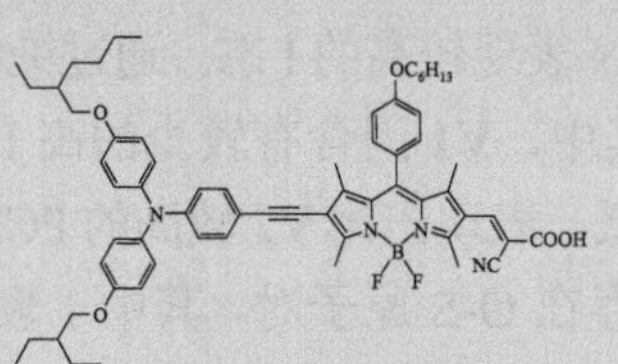	0.22	V4	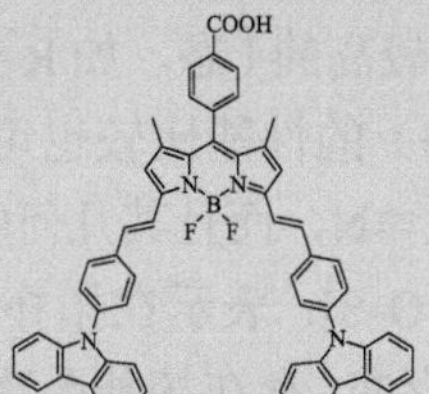	4.42
H12	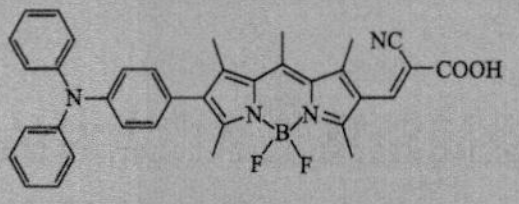	1.28	V5	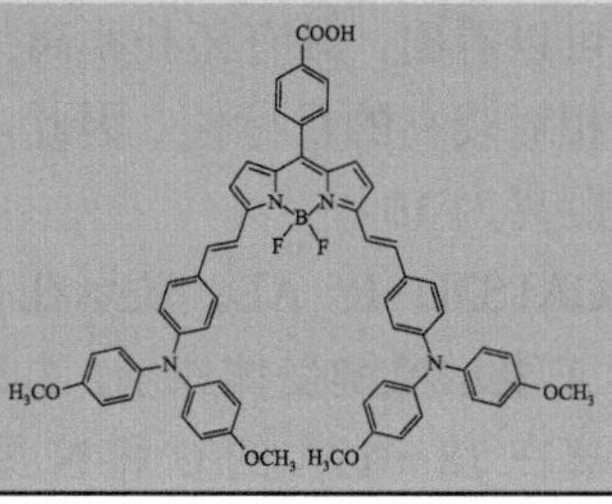	1.32

续表

染料编号	结构	PCE/%	染料编号	结构	PCE/%
V6	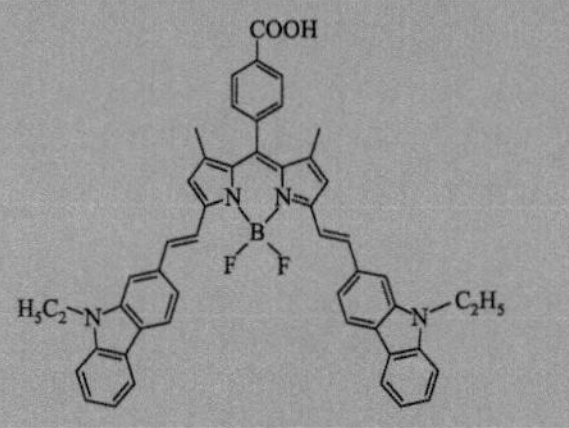	0.27	**V8**	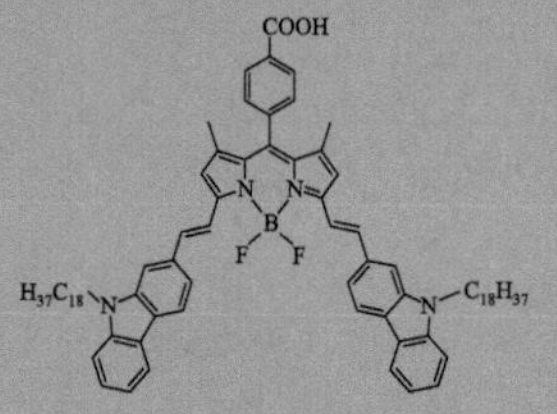	0.67
V7	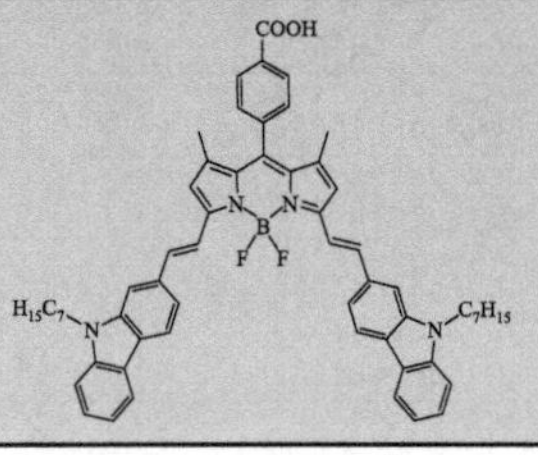	0.23			

6.3.3 垂直模型分析

垂直模型也由五个描述符构成，其重要性顺序［图 6-11（c）］是 R2s＞B10[O-S]＞CATS3D_18_AL＞Mor24m＞F09[C-B]。在这些描述符中，B10[O-S]和 Mor24m 对 PCE 值具有正贡献，而其他描述符对目标值的贡献为负。

（1）R2s：该描述符的含义可以认为是原子密度和本征态（I 态）的组合。为了避免较高的 R2s 值，应尽可能降低染料几何中心的原子密度，并应减少具有高 I 态的原子的比例。I 态表示每个原子的一种拓扑固有特性。具有更强电负性或更高键级的原子将表现出较高的 I 态，如 R＝O、R—F 和 R≡N 表现较高的 I 态。通过染料 **V1** 和 **V2**（表 6-3）的性能比较也可以发现该规律，其中，**V1** 因含有较少的高 I 态的原子，没有 R≡N，而且其几何中心的原子密度较低，表现出比 **V2** 较高的 PCE 值。

（2）B10[O-S]：表示在拓扑距离为 10 处是否存在 O-S 原子对，其中 1 表示存在，0 表示不存在。存在拓扑距离为 10 的 O-S 原子对的染料将具有较高的目标值。数据集中可以看出，具有拓扑距离为 10 的 O-S 原子对的化合物 **V1**～**V3**，在数据集中具有相对较高的目标值。因此，设计染料时需要保持至少一个 O 原子与 S 原子的拓扑距离为 10。

（3）CATS3D_18_AL：表示在 18～19Å 之间的空间距离上 AL 点对的出现次数，其中 A 表示氢键受体原子，L 表示亲脂性原子。该描述符在该数据集中主要是空间距离在 18～19Å 的 C 和 N 原子对的贡献。为避免 C-N 对在 18～19Å 空间距离内出现，一种方法是控制该对空间距离小于 18Å 或大于 19Å。此规律在含有较多该 C-N 对的化合物 **V4** 上可以反映出来，其 PCE 较低。该 C-N 对出现的次数较少的 **V5** 具有较高 PCE 值。另一个设计方法是避免使用含 N 原子的基团。化合物 **V1** 和 **V3** 由于噻吩替代了三苯基胺的取代基，具有较小 CATS3D_18_AL 和更高的 PCE 值。

（4）Mor24m：Mor24m 主要受到 C-O 和 C-S 原子对的影响［图 6-11（d）］。最有利的空间距离为 1.434Å、1.707Å，而最不利的空间距离为 1.571Å、1.844Å。在 1.707Å 的有利距离处，可采用的 C-S 对是噻吩中的 C＝CS—C＝C（1.712Å）键。因此，与 **V3** 相比，**V1** 因多一个噻吩基团而增强了其性能。对于 C-O 对，C_{sp^3}—O（1.434Å）键是最佳的，如 CO—H（1.432Å）和 CO—C（1.426Å）键，而其他键的贡献很小。

（5）F09[C-B]：指在拓扑距离 5 处的 O-B 原子对出现的频率。F09[C-B]的值越高，在某种程度上导致 PCE 值降低。例如，具有最高 F09[C-B]的化合物 **V6**～**V8** 具有相对较低的目标值。

6.3.4　潜在染料设计和 PCE 预测

根据对特征描述符的充分理解，我们设计了潜在的染料分子。在每个类别的新染料的设计中，结构修饰均基于每个类别中具有最高实验 PCE 值的 **H5** 和 **V1** 染料。

基于 **H5**，我们根据特征描述符映射的结构（图 6-12），设计了 6 个潜在的染料（表 6-4）。考虑到 C-S 对对描述符 Mor14p 的正影响，从而提高目标值，我们将 **H5** 中的吩噻嗪取代为苯并二噻吩，设计了 **NH1** 和 **NH4**；用吩并吡咯取代设计了 **NH2** 和 **NH5**；用二并噻吩取代设计了 **NH3** 和 **NH6**；同时在 NH1～NH3 的 BODIPY 一侧增加富电子基团 4-（对甲苯基）-1, 2, 3, 3α , 4, 8β -六氢环戊[*b*]吲哚（HHCI）；在 **NH4**～**NH6** 的 BODIPY 一侧增加三苯胺。另外，由于描述符 NTB 提出是 C≡C 键的数目正比于目标值，所以在 BODIPY 核心和 π 桥之间增加了 C≡C。此外，由于 F05[O-B]证明了 O-B 对在拓扑距离 5 处的频率与目标值呈正比关系，因此在 BODIPY 核的 B 原子附近补充了两个甲氧基。最后还检查了设计的染料，以满足 B08[C-B] 的要求。

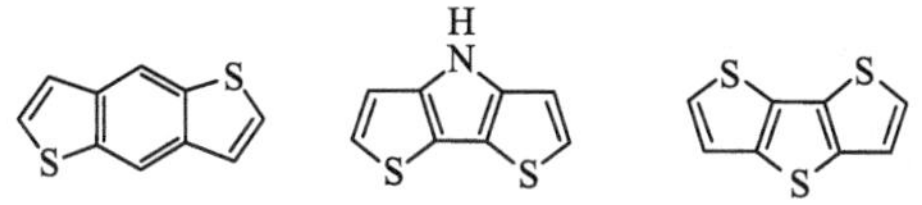

F1　　F2　　F3

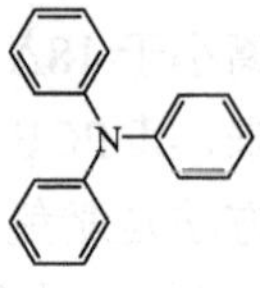

F4

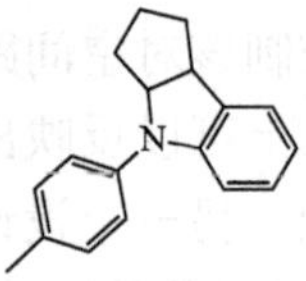

F5

图 6-12　水平染料描述符映射的片段[31]

F1～F5 分别是苯并二噻吩、二噻吩并吡咯、二噻吩并噻吩、4-（对甲苯基）-1, 2, 3, 3α, 4, 8β -六氢环戊[b]吲哚（HHCI）和三苯胺

表 6-4　参考染料和设计分子的结构和理论预测 PCE[31]

水平类染料			垂直类染料		
染料	结构	PCE/%	染料	结构	PCE/%
H5	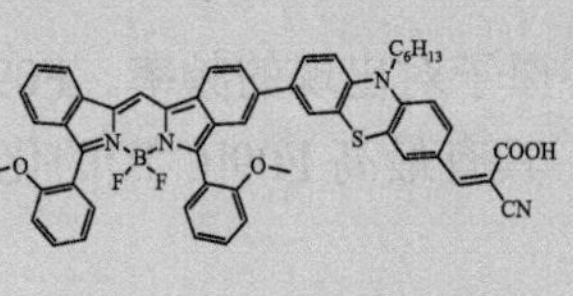	7.49 (7.69*)	**V1**	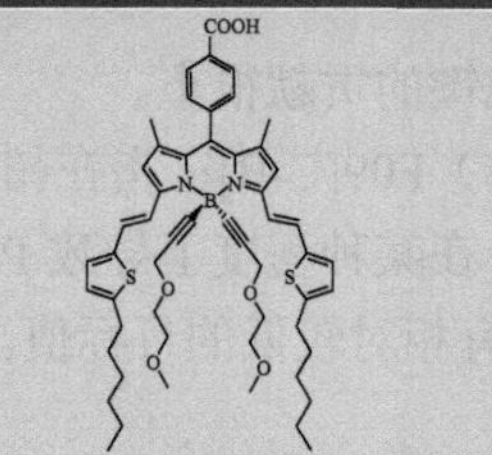	5.33 (5.75*)
NH1	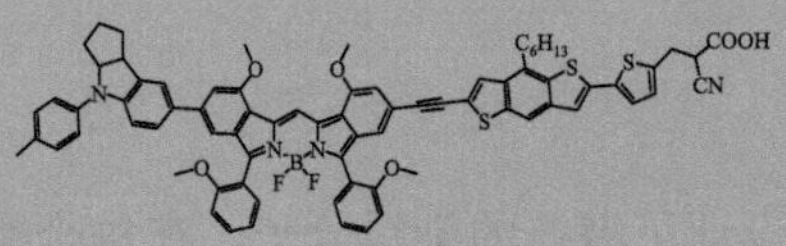	12.19	**NV1**	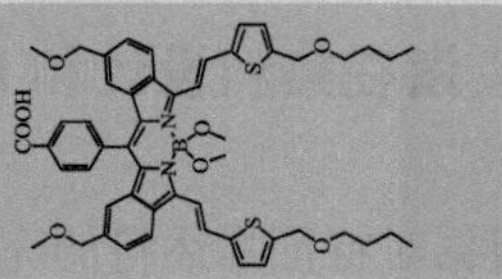	7.72
NH2	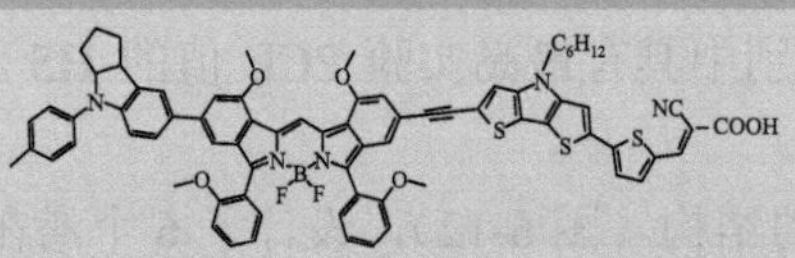	11.01	**NV2**	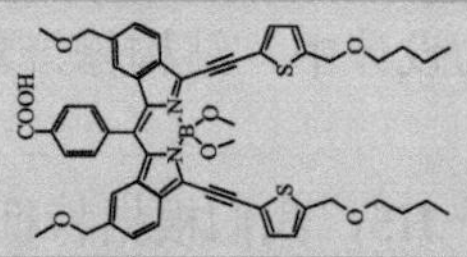	7.63
NH3	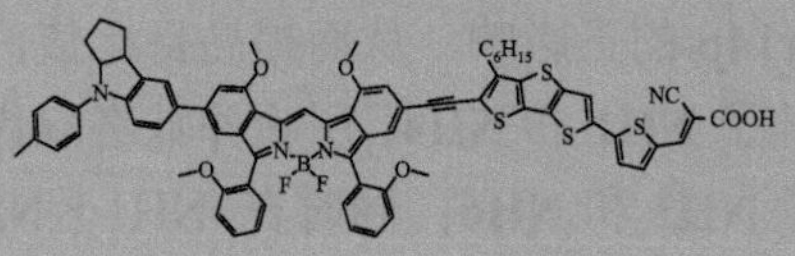	11.28	**NV3**	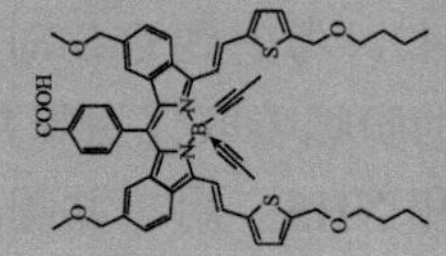	7.22
NH4	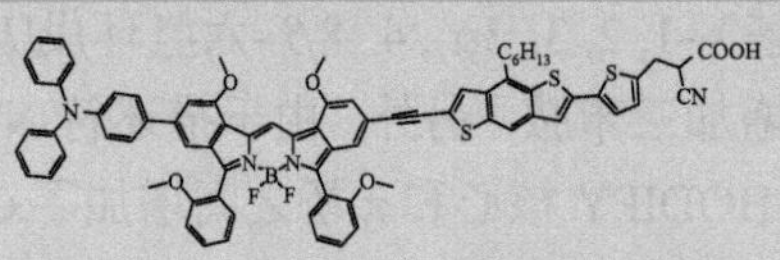	12.12	**NV4**	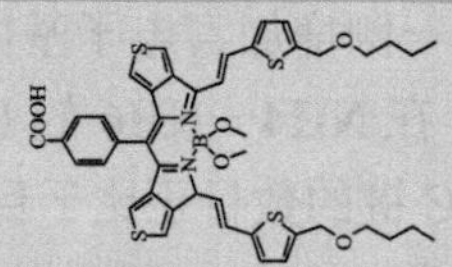	6.67
NH5	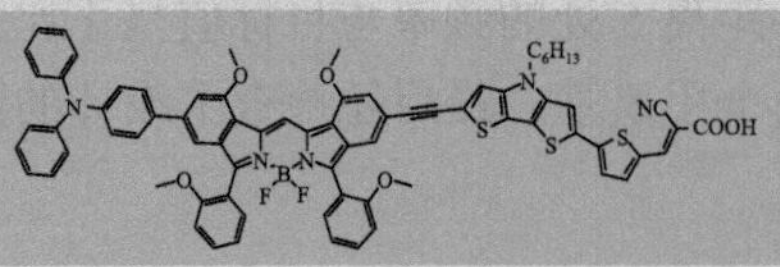	11.23			
NH6	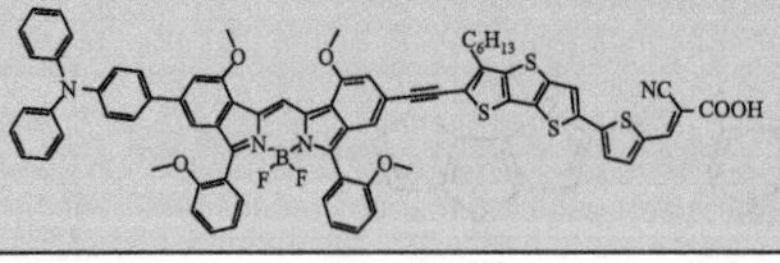	11.70			

*实验值。

基于 **V1**，我们设计了四种潜在的垂直染料（表 6-4）。考虑到 R2 对 PCE 值的负面影响，将 BODIPY 核与 B 原子相连接的脂肪链去掉，从而降低边缘原子密度。由于苯和噻吩对于 Mor24p 的正影响，苯和噻吩加入 BODIPY 核中形成 **NV1**～**NV4**。为了保证不存在 F09[C-B]，对于这四种染料，将 O 原子精确定位在与噻吩连接的碳链上。对于 **NV1**～**NV3**，甲氧基甲烷被加入，确保拓扑距离为 10 的 O-S 原子对的存在。同时考虑到 CATS3D_18_AL 对目标值的负影响，在设计的染料中尽量避免 N 原子的存在。

根据构建的模型，预测了设计染料的 PCE 值（表 6-4）。设计的水平模型的染料的功率转换效率范围为 11.01%～12.19%，相比于参考染料 **H5** 的效率 7.69%，水平染料的效率值增加了 43%～58%。设计的垂直染料的效率在 6.67%～7.72%范围内，与 **V1** 的效率 5.33%相比，垂直染料的 PCE 值提高了 25%～45%。因此，所设计的染料比参考染料均具有更好的性能。

6.3.5　量化评估

根据预测的 PCE 值，设计的水平模型的染料比垂直模型的染料具有更高的功率转换效率，因此我们运用量化方法评估设计的水平敏化剂 NH1～NH6 的光电参数。

1. 几何结构和电子结构

众所周知，敏化剂结构的高共面性有利于电子传输和光谱吸收。BODIPY 核心和 π 桥之间的二面角 *Φ*（图 6-13）结果表明设计的染料的二面角接近 0°，有很强的共轭性，而根据 **H5** 的二面角说明结构明显扭曲，这表明设计的 **NH** 染料比 **H5** 具有更加平面的结构，导致设计的染料将具有更有效的电子传输和更宽的吸收区域。同时设计的染料的 HOMO 电子云分布几乎位于电子给体部分，而 LUMO 主要位于 π 桥和受体部分；且 HOMO 和 LUMO 电子云在 C≡C 键上有重叠，电子云分布表明了设计的分子将有利于分子内的电子传输。然而，**H5** 的 HOMO 电子云主要分布在 BODIPY 部分中，LUMO 也分散在相同的部分，表明 **H5** 的电子分子内传输能力很弱。显然，设计的染料的电子云分布特性大大优于参考染料，这将有助于分子内电子转移过程。同时，所有的染料均具有比 TiO_2 的导带（–4.00eV[33]）更高的 LUMO 能量，比电解质 I^-/I_3^- 氧化还原电势（–4.60eV[34]）更低的 HOMO 能级，这确保了电子从染料到 TiO_2 的有效的注入和染料在电解质中的高效再生。与参考染料 **H5** 相比，设计的染料的 LUMO 能级因 π 桥的 LUMO 能级降低而全部显著下移，同时其他给体基团的引入使得 HOMO 能级上移。由于较低的 LUMO 能量和较高的 HOMO 能量，设计染料的带隙变得比 **H5** 窄得多，其显著差异为 10%～19%。NH 染料的窄带隙将导致其更有效的电子激发和更宽的吸收光谱。

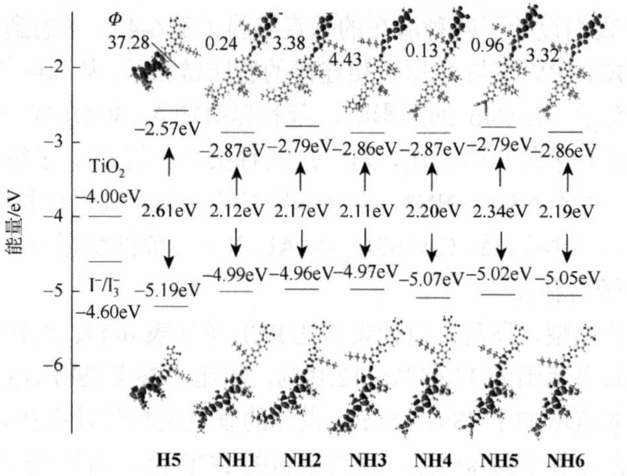

图 6-13　**NH** 系列染料和 **H5** 的电子结构图，以及 BODIPY 核心和 π 桥之间的二面角[31]

2. 吸收光谱

染料的吸收光谱见图 6-14（a）。所设计的染料具有 330～1400nm 的一个谱带，而 **H5** 在 300～460nm 和 460～1000nm 的区域中具有两个谱带。设计的染料的吸收区域不仅拓宽到近红外光谱区域，而且最大吸收波长红移了 64～93nm，还补偿了 **H5** 的两个波段之间的间隔。此外，吸收强度显著增加了 43%～120%。显著增强的光捕获能力使得设计的染料在 DSSC 中将具有更好的性能。

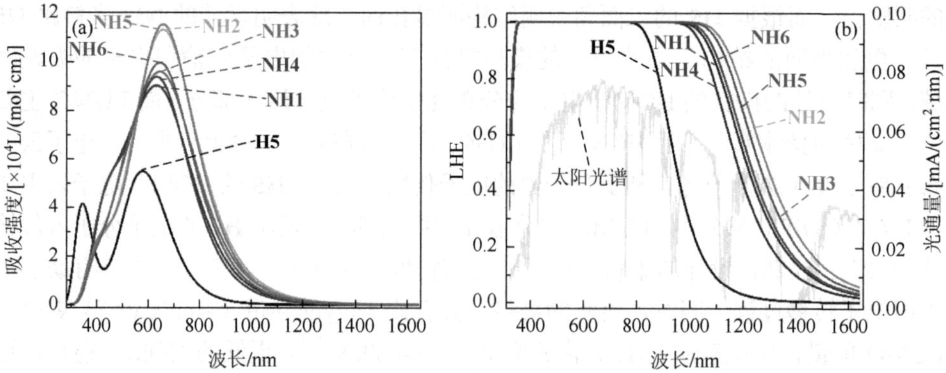

图 6-14　**NH** 系列染料和 **H5** 的吸收光谱（a）和光捕获效率（LHE）图（b）[31]

3. 染料和 TiO_2 体系

增敏剂和 TiO_2 半导体之间的相互作用决定了从染料到 TiO_2 的电子注入效率。

为了更深入地了解相互作用，使用最稳定的吸附模型之一的双齿桥接吸附类型模拟了染料-TiO_2系统的结构[35]，得到了两个 Ti—O 键的结合距离和吸附强度（E_{ad}），其中吸附能通过 $E_{ad} = E_{sys} - E_{dye} - E_{TiO_2}$ 计算得到（E_{sys}、E_{dye}和 E_{TiO_2} 分别是系统、染料和半导体的能量）。计算结果表明 E_{ad}在 15.56～17.99kcal/mol 范围内，而 Ti—O 键在 2.027～2.073Å 范围内，这表明染料在 TiO_2 上具有足够的吸附强度并保证了电子注入效率和功率转换效率。

4. 电子注入动力学

为了进一步了解电子注入过程，我们模拟了染料-TiO_2 体系中电子转移。200fs 内的电子残余概率与时间的关系见图 6-15（a），而时间相关的电子密度分布的演变见图 6-15（b）。从图中可以看出，随时间转移，染料中的电子逐渐注入 TiO_2。所设计的染料在 100fs 内电子残余概率小于 40%，200fs 内电子残余概率小于 20%。但是，**H5** 在 200fs 时的电子残余概率约为 60%，这与 200fs 时的瞬时电子密度分布图相对应。因此，所设计的染料显示出比参考染料更有效的电子注入，这将进一步提高器件的性能。

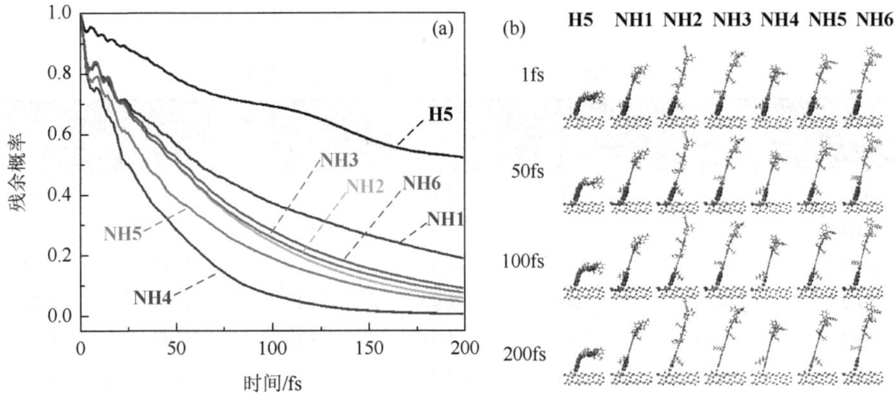

图 6-15　**NH** 系列染料和 **H5** 的电子残余概率（a）和电子密度分布（b）与时间关系图[31]

5. 综合效率

通常，DSSCs 的实验 PCE 值由 J_{sc}、V_{oc}，填充因子（ff）和入射太阳能功率（P）决定，通过 $PCE = ff \times \frac{J_{sc} \times V_{oc}}{P}$ 得到，填充因子和入射太阳能功率是通过实验来评估的，我们将专注于 J_{sc}和 V_{oc}的分析。

（1）短路电流密度：DSSCs 的短路电流密度（J_{sc}）是决定电池功率转换效率

的重要参数。理论短路电流密度（$J_{sc}^{Theor.}$）根据公式 $J_{sc}^{Theor.}=\eta\int_{\lambda}LHE(\lambda)I_s(\lambda)d\lambda$ 计算得到。其中光捕获效率 LHE(λ)可表示为 $LHE=1-10^{-\varepsilon(\lambda)\Gamma}$，$\Gamma$ 是敏化剂分子接到半导体上的表面负载量（mol/cm^2），这里采用 **H5** 的实验值 $2.27\times10^{-7}mol/cm^2$[12]；$\varepsilon(\lambda)$ 是单位吸收截面积，单位为 cm^2/mol。一般，染料分子的摩尔消光系数越大，它的光捕获效率就越高。模拟染料分子的 LHE 曲线图显示在图 6-14（b）中。相比较染料 **H5** 的 LHE 曲线来说，设计染料 **NH** 系列的 LHE 曲线发生了明显的红移，且明显比参考染料 **H5** 宽。由此可见，设计染料的吸收光谱与太阳光谱更匹配，这将会导致更高的短路电流密度。

η 是校正参数，代表的是 Φ_{in} 和 η_{coll} 的乘积。在与染料 **H5** 的实验条件相同的条件下，可以通过参考染料的实验短路电流密度来矫正 $\eta=\dfrac{J_{sc(\mathbf{H5})}^{Exp.}}{\int_{\lambda(\mathbf{H5})}LHE(\lambda)I_s(\lambda)d\lambda}$，其中 $J_{sc(\mathbf{H5})}^{Exp.}$ 是参考染料 **H5** 的实验短路电流密度参数。计算的染料 **NH** 系列的理论短路电流密度结果见表 6-5。设计染料的短路电流密度均大于 $23mA/cm^2$，与参考染料 **H5** 的 $19mA/cm^2$ 相比，设计染料的短路电流密度大大提高了，预计将获得更高的 PCE 值。

表 6-5　NH 系列染料和 H29 的光电性能参数[31]

染料	J_{sc}^{Pred} （mA/cm^2）	$E_{0\text{-}0}$/eV	E_{dye}/eV	$E_{dye^*}^{ox}$ /eV	μ/deb	ΔE_{CB}/eV
H5	19.09	2.08	−5.19	−3.11	9.01	0.44
NH1	23.72	1.84	−4.99	−3.15	16.03	0.65
NH2	24.54	1.81	−4.96	−3.15	15.47	0.72
NH3	24.30	1.80	−4.97	−3.17	16.29	0.71
NH4	23.23	1.88	−5.07	−3.19	13.61	0.63
NH5	24.18	1.84	−5.02	−3.18	17.13	0.66
NH6	23.83	1.84	−5.05	−3.21	14.81	0.66

（2）开路电压：V_{oc} 是需要认真考虑的影响目标值的另一个重要因素，可以通过公式 $V_{oc}=\dfrac{E_{CB}+\Delta E_{CB}}{q}+\dfrac{k_BT}{q}\ln\left(\dfrac{n_c}{N_{CB}}\right)-\dfrac{E_{redox}}{q}$ 获得。其中，E_{CB} 是染料吸附到 TiO_2 后导带的最小偏移量，染料吸附到半导体 TiO_2 后导带的移动量（ΔE_{CB}）可以衡量染料敏化太阳能电池的开路电压（V_{oc}）；E_{redox} 是电解质费米能级；k_B 是玻尔兹曼常量；n_c 为导带中的电子数。导带的移动量（ΔE_{CB}）是染料吸附到 TiO_2 的 E_{CB} 的位移。从公式可以看出，染料吸附到半导体 TiO_2 后导带的移动量可以衡量，染料

敏化太阳能电池的开路电压。为了得到染料 **NH** 系列的 ΔE_{CB} 值，我们分别计算了纯 TiO_2 的总态密度（TDOS）和染料/TiO_2 复合物的部分态密度（PDOS），再通过 TDOS 和 PDOS 的线性拟合获得了 ΔE_{CB} 值，DOS 和 PDOS 的线性拟合范围为最大高度的 10%～100%。所有染料分子的 ΔE_{CB}（表 6-5）值相比 **H5** 的值提高了 43%～64%。这意味着设计的 **NH** 系列染料可获得高的开路电压，从而得到较高 PCE 的染料敏化太阳能电池。

6. 候选染料

基于机器学习模型设计的染料 PCE 值均大于 11%，相比参考染料 **H5** 的 7.69% 提升了 43%～57%，是高效 DSSCs 的潜在候选染料（图 6-16）。候选染料具有更加共轭的平面结构和更窄的带隙，从而提高了电子转移能力并拓宽了吸收光谱，进一步使得设计的候选染料的分子内和分子间的电子转移效率、短路电流密度、导带移动量以及功率转换效率得到了大幅度提高。其中候选染料的短路电流密度提高了 169%～208%，导带移动量提高了 122%～129%，功率转换效率提高了 143%～157%。

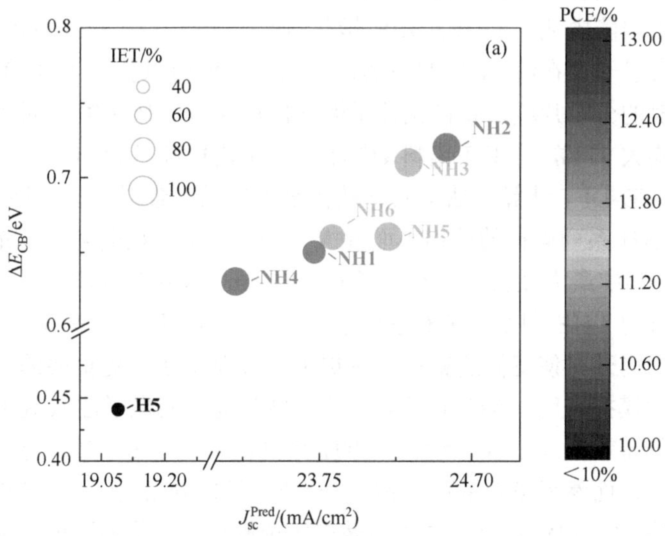

图 6-16 候选染料 **NH** 系列的功率转换效率、短路电流密度（J_{sc}^{Pred}）和导带移动量（ΔE_{CB}）图[31]

6.4 小 结

本章首先提出了一种可解释性机器学习结合密度泛函理论辅助筛选高性能 D/A 对的框架，设计光电性能优异的 D/A 对[15]。采用皮尔逊相关性过滤法、互信息筛选法、递归消除法以及 SHAP 结合 DT、KNN、RF、XGBoost 等算法，分别筛选出了 6、

5、8、7 个关键的特征。基于筛选出的关键特征建立了决策树回归、最近邻回归、随机森林回归、XGBoost 回归模型。交叉验证和独立外部测试结果表明，在 4 种不同的算法中，XGBoost 模型所预测的有机太阳能电池的功率转换效率的预测值与实验值的皮尔逊相关系数最高。此外，通过高通量筛选，从 76814 对虚拟的 D/A 对筛选出了大于原始数据集中最高功率转换效率（18.22%）的 10 组潜在的 D/A 对。并通过 SHAP 方法分析了重要特征对目标变量的影响。研究发现 A_nR08 与 π 共轭强度成正相关，D_D/Dtr12 值越高，表明给体分子具有稠环结构。通过量化计算机器学习模型预测 PCE 值排序前三的 D/A 对的光电性能，电荷分离速率与电荷重组速率的比值与 D18/Y6 相比提高了 13.55%～201.31%，说明被筛选出的 D/A 对具有成功分离激子的潜力，从而获得更高的短路电流密度。与 Y6 相比，BTP-eC9、Y11 和 BTTPC-Br 表现出非常大的迁移率，增量为 125.98%～357.89%。对于开路电压，D18/Y11 和 D18/BTTPC-Br 对比 D18/Y6 增加了 9.60%～18.30%。尽管 D18/BTP-eC9 的开路电压值与 D18/Y6 非常接近，但具有更大的迁移率、更大的电荷分离速率与电荷重组速率的比值，这有利于获得更高的短路电流密度，从而获得更高的 PCE 值。

本章其次提出了一种由机器学习和量子化学相结合的目标驱动方法，用于设计染料敏化太阳能电池中的 BODIPY 敏化剂[31]。基于 GA-MLR QSPR 构建的模型，我们开发了一个在线 Web 服务器，可以公共使用以获取 PCE 值。根据描述符的含义映射的分子片段，我们设计了潜在的敏化剂。候选敏化剂 **NH** 系列的功率转换效率均大 11%，与参考染料 **H5** 相比，平均提高了约 50%。我们又进一步运用 DFT 和 TD-DFT 计算评估了候选敏化剂 **NH** 系列染料的光电特性。结果表明相对于 **H5**，**NH** 系列染料的结构平面性大大增加、带隙显著降低；光吸收带拓宽到近红外区，其中最大吸收长度红移了 64～93nm、吸收强度增强了 43%～120%。根据显著红移的 LHE 曲线，**NH** 系列染料的短路电流密度提高了 69%～108%。导带移动量的提升将使得候选染料具有更大的开路电压。更重要的是，电子转移过程的动力学模拟表明，**NH** 系列染料具有显著提升的电子注入效率，可将电子从发色团部分高效注入 TiO_2。设计的 **NH** 系列染料在 200fs 时，电子残余概率下降到 20%以下，而参考染料的电子残余概率则超过 50%。因此，设计的 **NH** 系列染料是高效的 BODIPY 太阳能电池的潜在候选敏化剂，此外这种目标驱动方法也可以用于加速其他能源领域的材料设计。

参 考 文 献

[1] Janes P. Renewable energy sources and the realities of setting an energy agenda. Science，2007，315（5813）：810-811.

[2] Quirin S，Jeff T，Tony S，et al. Electricity without carbon. Nature，2008，454（7206）：816-823.

[3] O'regan B，Grätzel M. A low-cost，high-efficiency solar cell based on dye-sensitized colloidal TiO_2 films. Nature，

1991，353（6346）：737-740.

[4] Wang T，Kupgan G，Brédas J L. Organic photovoltaics：Relating chemical structure，local morphology，and electronic properties. Trends Chem，2020，2（6）：535-554.

[5] Häse F，Roch L M，Friederich P，et al. Designing and understanding light-harvesting devices with machine learning. Nat Commun，2020，11（1）：4587.

[6] Wen Y，Liu Y，Yan B，et al. Simultaneous optimization of donor/acceptor pairs and device specifications for nonfullerene organic solar cells using a QSPR model with morphological descriptors. J Phys Chem Lett，2021，12（20）：4980-4986.

[7] Zhao Z W，del Cueto M，Geng Y，et al. Effect of increasing the descriptor set on machine learning prediction of small molecule-based organic solar cells. Chem Mater，2020，32（18）：7777-7787.

[8] Kranthiraja K，Saeki A. Experiment-oriented machine learning of polymer：non-fullerene organic solar cells. Adv Funct Mater，2021，31（23）：2011168.

[9] Wu Y，Guo J，Sun R，et al. Machine learning for accelerating the discovery of high-performance donor/acceptor pairs in non-fullerene organic solar cells. NPJ Comput Mater，2020，6（1）：120.

[10] Kaka F，Keshav M，Ramamurthy P C. Optimising the photovoltaic parameters in donor-acceptor-acceptor ternary polymer solar cells using machine learning framework. Sol Energy，2022，231：447-457.

[11] Zhang Q，Zheng Y J，Sun W，et al. High-Efficiency Non-Fullerene acceptors developed by machine learning and quantum chemistry. Adv Sci，2022，9（6）：2104742.

[12] Erten-Ela S，Yilmaz M D，Icli B，et al. A panchromatic boradiazaindacene（BODIPY）sensitizer for dye-sensitized solar cells. Org Lett，2008，10：3299-3302.

[13] Li H，Zhong Z，Li L，et al. A cascaded QSAR model for efficient prediction of overall power conversion efficiency of all-organic dye-sensitized solar cells. J Compt Chem，2015，36（14）：1036-1046.

[14] Kar S，Roy J K，Leszczynski J. In silico designing of power conversion efficient organic lead dyes for solar cells using todays innovative approaches to assure renewable energy for future. NPJ Comput Mater，2017，3（1）：22.

[15] Liu X J，Shao Y Y，Lu T，et al. Accelerating the discovery of high-performance donor/acceptor pairs in photovoltaic materials via machine learning and density functional theory. Mater Design，2022，216：110561.

[16] Rodríguez-Pérez R，Bajorath J. Interpretation of machine learning models using shapley values：Application to compound potency and multi-target activity predictions. J Comput Aid Mol Des，2020，34：1013-1026.

[17] Hartono N T P，Thapa J，Tiihonen A，et al. How machine learning can help select capping layers to suppress perovskite degradation. Nat Commun，2020，11（1）：4172.

[18] Lundberg S M，Lee S I. A unified approach to interpreting model predictions. Adv Neural Inf Process Syst，2017，30：4765-4774.

[19] Zhang C J，Yuan J，Ho J K W，et al. Correlating the molecular structure of A-DA′D-A type non-fullerene acceptors to its heat transfer and charge transport properties in organic solar cells. Adv Funct Mater，2021，31（32）：2101627.

[20] Gao W，Fu H，Li Y，et al. Asymmetric acceptors enabling organic solar cells to achieve an over 17% efficiency：Conformation effects on regulating molecular properties and suppressing nonradiative energy loss. Adv Energy Mater，2021，11（4）：2003177.

[21] Lin Y Z，Li T F，Zhao F W，et al. Structure evolution of oligomer fused-ring electron acceptors toward high efficiency of as-cast polymer solar cells. Adv Energy Mater，2016，6（18）：1600854.

[22] Bai H，Wu Y，Wang Y，et al. Nonfullerene acceptors based on extended fused rings flanked with benzothiadiazolylmethylenemalononitrile for polymer solar cells. J Mater Chem A，2015，3（41）：20758-20766.

[23] Randić M. On characterization of cyclic structures. J Chem Inf Comput Sci，1997，37（6）：1063-1071.

[24] Vezie M S，Few S，Meager I，et al. Exploring the origin of high optical absorption in conjugated polymers. Nat Mater，2016，15（7）：746-753.

[25] Qiu N L，Zhang H J，Wan X J，et al. A new nonfullerene electron acceptor with a ladder type backbone for high-performance organic solar cells. Adv Mater，2017，29（6）：1604964.

[26] Mühlbacher D，Scharber M，Morana M，et al. High photovoltaic performance of a low-bandgap polymer. Adv Mater，2006，18（21）：2884-2889.

[27] Liu Q，Jiang Y，Jin K，et al. 18% Efficiency organic solar cells. Sci Bull，2020，65（4）：272-275.

[28] Klfout H，Stewart A，Elkhalifa M，et al. BODIPYs for dye-sensitized solar cells. ACS Appl Mater Inter，2017，9（46）：39873-39889.

[29] Galateia Z E，Agapi N，Vasilis N，et al. "Scorpion"-shaped mono(carboxy)porphyrin-(BODIPY)$_2$，a novel triazine bridged triad：synthesis，characterization and dye sensitized solar cell（DSSC）applications. J Mater Chem C，2015，3（22）：5652-5664.

[30] Yeh S C，Wang L J，Yang H M，et al. Structure-property relationship study of donor and acceptor 2, 6-disubstituted BODIPY derivatives for high performance dye-sensitized solar cells. Chem Eur J，2017，23（59）：14747-14759.

[31] Lu T，Li M J，Yao Z P，et al. Accelerated discovery of boron-dipyrromethene sensitizer for solar cells by integrating data mining and first principle. J Materiomics，2021，7（4）：790-801.

[32] Lide D R. CRC Handbook of Chemistry and Physics. Boca Raton：CRC Press，2005.

[33] Grätzel M. Photoelectrochemical cells. Nature，2001，414：338-344.

[34] Zhang G，Bai Y，Li R，et al. Employ a bisthienothiophene linker to construct an organic chromophore for efficient and stable dye-sensitized solar cells. Energ Environ Sci，2009，2（1）：92-95.

[35] Pastore M，de Angelis F. Computational modelling of TiO_2 surfaces sensitized by organic dyes with different anchoring groups：adsorption modes，electronic structure and implication for electron injection/recombination. Phys Chem Chem Phys，2012，14（2）：920-928.

附录 1

材料数据挖掘在线计算平台主要功能和示范应用

附录 1.1　材料数据挖掘在线计算平台技术简介

在过去的几十年中，量化计算等理论计算方法作为强大的计算工具被广泛应用于材料设计领域，但这类计算通常对计算机资源有较高的要求，因此计算成本相对较高。近年来，作为一种新技术，机器学习方法被应用于计算机视觉、医疗、金融、材料、化学等诸多领域，并取得了重大的进展。MGI 新理念的提出，在全球范围吹响了加快新材料研发的号角，材料研究者联合计算机有关专家为 MGI 计划搭建了许多行之有效的基础设施，建立了大量的材料数据库，并逐步实现数据共享。然而，随着材料数据库的搭建，如何从这些数量庞大的数据库中分析数据并总结规律，以加快新材料研发，则成为一个重要的研究方向。机器学习方法的应用试图解决这一问题，研究表明：在材料机理模型应用有局限的场合，机器学习（数据挖掘）技术是材料性质定性或定量预测的有力工具，可以在新材料探寻和性能优化过程中发挥重要作用。然而，机器学习方法的开发应用不仅需要一定的数据分析的专业知识，同时还需要一定的计算机编程方面的能力。这一点增加了材料研究者在使用机器学习方法辅助材料设计时的学习成本，也阻碍了机器学习在材料领域的推广。

尽管数据挖掘常用算法已有商品化软件（如 MATLAB）或开源软件（如 Weka），基于 Python 编程语言的 sklearn 机器学习工具包也在机器学习研究领域中获得广泛应用，但至今依然缺乏网络共享（在线的）的材料大数据挖掘和分析软件。因此，我们在国家科技部重点研发计划的资助下研发具有自主知识产权的、针对材料大数据的快速定性或定量建模技术及其应用软件共享平台，即材料数据挖掘在线计算平台（Online Computational Platform of Materials Data Mining，OCPMDM）。平台的地址为 http://materials-data-mining.com/ocpmdm/，具体的使用方法可以查看在线用户手册（地址为 http://materials-data-mining.com:8080/）。

材料研究者利用 OCPMDM 平台可以在线提交机器学习的数据文件。平台提供变量筛选、模型选择和超参数优化等功能，并支撑基于机器学习模型的候选材料的高通量筛选和性能优化，极大地降低了机器学习的学习成本，加快了基于数据挖掘的新材料设计和优化。

OCPMDM 平台使用 B/S 架构（Browser/Server Architecture），用户使用网页浏览器即可访问并使用材料数据挖掘在线平台。所有计算将会在我们所提供的计算服务器中进行，避免材料研究者购入额外的计算资源或由于计算资源不足导致计算耗时过长等问题。相比于客户端软件，采用 B/S 架构有如下优点：

（1）采用 B/S 架构可以使用户自由地通过任何计算机设备使用材料计算平台。不同于传统的软件可能会出现的无法跨平台的问题，用户可以在包括 Windows、Mac OS 或 Linux 的操作系统中通过浏览器使用材料计算平台，只要用户连接了互联网，就可以使用浏览器访问 OCPMDM 平台。除了现有的计算机设备，用户无须购入额外的设备，大大降低了使用 OCPMDM 平台的成本。

（2）采用 B/S 架构可以使软件的更新和维护更加方便。由于计算机技术的迅猛发展，软件更新变得非常频繁，传统的客户端式的软件具有极大的局限性。此外，软件对某些底层框架的依赖问题使得使用和维护传统客户端式软件非常烦琐。采用 B/S 架构能有效地防止此类问题的发生，此时所有计算均由平台提供的高性能服务器进行，相比于使用普通主机，不仅显著提升了计算效率，而且能及时更新和维护软件。不同于传统客户端软件，OCPMDM 平台的主要服务由服务器端提供，材料研究者在使用平台时，一旦出现错误，我们也可以在后台及时检查错误原因并修补相应的错误。同时，我们也会不断地针对用户反馈推出适合材料数据挖掘研究的新算法或功能，相比于客户端软件下载更新的方式，平台在后台更新后仅需刷新网页即可使用新功能。

由于材料研究任务复杂，为提供更好、更便利的服务，OCPMDM 平台并非一个服务由一台服务器组成，它是通过多个部署在不同服务器中的不同服务组成的一个计算平台。各个不同的节点分别用于存放用户注册信息与用户相应的资料信息，显示前端页面与任务提交，负责机器学习任务的计算以及材料数据的存放等。为方便进行各个服务的快速部署，针对各个服务进行了 Docker 容器化操作，可以快速地通过各个服务的镜像启动相应的服务。

当面对数据量大的材料机器学习任务时，分布式计算在数据量大的情况下具有明显优势。OCPMDM 在处理常规数据集时使用的是上传数据集文件的形式。对于大量数据分布式计算来说，数据集文件通常很大则不适合通过上传的方式进行载入。在线平台通过与数据库对接的方式，直接从数据库中将需要计算的数据导入分布式计算框架中。为便于管理，通常数据量较大的数据集都会将数据保存在数据库中，所以使用上述方式直接从数据库中导入数据至分布式平台具有较高的效率。具体步骤是用户通过前端视图节点访问材料数据库节点，选择需要计算的数据并导出至数据中心，进行数据的预处理，如定义目标变量、设置分类标准和填充描述符等。在设置机器学习任务时，通过视图节点选择需要计算的数据源，对分布式计算任务进行设置并提交于 Spark 主节点，主节点将任务分配至各计算节点中。计算节点直接从数据中心获取数据并进行计算，计算完毕后将结果直接写入数据中心。待计算完毕，用户可通过视图节点查看计算结果。

附录 1.2 材料数据挖掘在线计算平台功能介绍

平台为材料研究者提供了常用的多种功能，包括回归、分类、模式识别等在内的机器学习建模以及模型的超参数优化功能，此外平台也提供了对数据的特征筛选、合金材料的描述符填充、ABO_3 型钙钛矿材料的描述符填充与虚拟筛选、材料数据的智能化建模等功能。

平台提供了使用 Python 为编程语言自行编写实现的算法，同时部分算法也使用了开源机器学习算法包 Scikit-Learn 中所提供的机器学习算法。所提供的算法如附表 1.1 所示。

附表 1.1 OCPMDM 所提供的数据挖掘算法

超参数优化（hyper-parameter optimization）	
遗传算法（genetic algorithm，GA）	网格搜索（grid search，GS）
模式识别（pattern recognition）	
主成分分析（principal component analysis，PCA）	线性判别矢量（linear discriminant analysis，LDA 或 Fisher）
最佳投影（best projective）	偏最小二乘（partial least square，PLS）
回归（regression）	
随机森林回归（random forest regression，RFR）	套索算法（least absolute shrinkage and selection operator，LASSO）
支持向量回归（support vector regression，SVR）	线性回归（linear regression）
人工神经网络（artificial neural networks，ANN）	梯度提升回归（gradient boosting regression，GBR）
高斯过程回归（Gaussian process regression，GPR）	支持向量回归（support vector regression，SVR）
相关向量机（relevance vector machine，RVM）	

续表

分类（classification）	
朴素贝叶斯（naive Bayes）	梯度提升分类（gradient boosting classification，GBC）
高斯过程分类（Gaussian process classification，GPC）	决策树（decision tree，CART）
支持向量分类（support vector classification，SVC）	随机森林分类（random forest classification，RFC）
最近邻分类（*k*-nearest neighbor classification，KNC）	逻辑回归（logistic regression）
相关向量分类（support vector classification，SVC）	
特征筛选（feature selection）	
遗传算法（genetic algorithm，GA）	最大相关最小冗余法（max-relevance and min-redundancy，mRMR）

上述机器学习算法的使用方法可以参考平台的帮助文档。

材料研究者在数据的收集过程中，往往会得到仅含有材料化学式与目标变量的数据。为了建立数据挖掘模型，首先需要将收集的材料化学式转化为分子描述符，平台提供了对钙钛矿型数据集与合金数据集自动填充分子描述符的功能。将数据文件传入后，即可获得填充描述符后的数据文件，从而建立下一步的机器学习算法模型。平台提供了针对钙钛矿材料与合金材料的分子描述自动填充功能，这些参数出自 *Lange's Chemistry Handbook*（第 16 版）。在得到填充的数据后，平台会以目标值的均值作为参考，将数据集分为正负两个类别，均值以上的为正类，均值以下的为负类。这样就得到了包含目标值、类别标签和分子描述符的数据集。如果原数据包含工艺参数等其他自变量，平台也会将它们整合在填充后的数据集中。

用于机器学习的数据集，往往含有许多特征，然而并非所有特征都与目标值相关。特征筛选主要是为了将数据集中的噪声特征变量或冗余的不相关的特征变量去除，从而减少输入特征变量维数而不丢失建立模型的关键信息。OCPMDM 提供了基于遗传算法和最大相关最小冗余法的特征选择方法。其中基于最大相关最小冗余法的特征筛选考虑数据中变量之间的相关性，基于遗传算法的特征筛选与具体的机器学习算法相结合。通过特征筛选方法可以获得具有更为适合建模特征变量的新数据集。

在建立材料的数据挖掘模型时，算法的选择非常重要。比较多种不同算法的结果，就需要分别建立数据挖掘模型，再分别优化不同模型后进行比较，从而增加了模型选择的复杂度。因此，平台也提供了材料数据的智能化建模功能，只需按要求提交研究对象的数据集，平台会自动应用多种不同的特征筛选方法，进而结合不同的数据挖掘算法利用交叉验证比较不同算法的结果，最终返回结果最优的算法与对应的算法参数，这样就大大节省了平台使用者在前期对数据特征处理，比较不同机器学习算法和参数时的学习成本与时间成本。

在材料数据挖掘的研究过程中，高通量筛选能够有效应用所得模型。高通量筛选首先根据设定条件生成大量虚拟样本，随后使用所建立的模型对生成的大量虚拟样本进行预测，最终从中挑选出满足目标性质的候选钙钛矿材料作为高通量筛选结果。以筛选结果所得候选材料进行实验合成，相比于传统的试错法实验合成具有更好的指向性，可以大大节省优化材料时的成本和时间。在平台中高通量筛选采用的是网格搜索法，该方法可以按照使用者设计的元素范围和组成步长，生成所有可能的化学式。在前文提到的钙钛矿型材料数据挖掘研究中，为了获得行之有效的机器学习模型，通常采用钙钛矿型材料的分子描述符作为机器学习的特征变量，为此，平台也提供了分子描述符自动填充的功能，并使用已训练好的模型预测每个样本的目标值。根据使用者的设定，平台保留机器学习模型预测结果最好的若干条样本，由于得到的每条虚拟样本的预测值都是基于机器学习模型而来，所以该材料具有很高的概率能够获得媲美乃至优于当前数据集中最佳性能的钙钛矿材料。

以往在进行材料机器学习任务时，研究者需要耗费大量精力调优机器学习模型，以得到最终可用的预测模型。同时随着实验次数的增加，不断有新的样本被补充到训练集中，使得相应的模型效果得到进一步的提高。但是这样的模型往往只应用于自己课题组内，若需要将该模型分享给相应的材料研究者，则需要额外编写程序才能实现。而材料研究者在计算机开发方面的相应专业知识通常有所不足，将所建立的模型开发成网络服务分享给其他研究者使用通常也较为困难，同时也需要额外的开发成本。材料基因组工程计划的核心是推动数据和模型（蕴含规律和知识）的共享，以此为出发点，为解决模型共享的问题，平台提供了快速模型共享功能，模型建立者只需简单设置便可将模型通过平台提供的网络服务进行分享，大大减小了平台用户的模型分享的开发成本。用户通过 OCPMDM 平台建立的模型均可以通过简单的设置将模型设为共享状态。任何人都能通过唯一的 URL 访问该分享模型，用于候选材料性能的在线预测。

附录 1.3　材料数据挖掘在线计算平台应用案例

铁电材料在热释电和压电器件、铁电存储器技术和场效应器件的应用中一直发挥着重要作用。尤其是 ABO_3 型钙钛矿氧化物作为新型光电材料和催化剂而广为人知，在电容器、传感器和光催化等方面显示出巨大的潜力。本节以 ABO_3 型钙钛矿氧化物居里温度的数据挖掘研究为例，介绍 OCPMDM 平台的具体应用。

本案例收集了文献中提及的使用溶胶-凝胶法合成的钙钛矿数据，将此数据集作为本案例的研究样本集，其中包含 135 个样本。将上述数据进行整理，以居里温度 T_c 为目标值，使用 OCPMDM 进行描述符填充。

1. *数据描述符填充*

OCPMDM 平台提供了针对钙钛矿材料的分子描述符自动填充功能，附图 1.1 为填充描述符的相应界面。用户只需将对应的材料数据文件上传至 OCPMDM 中便可自动获得填充完毕后的数据集，从而进行下一步的数据挖掘流程。

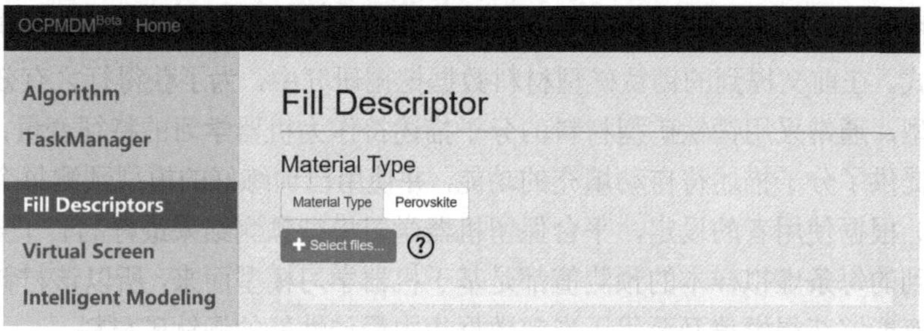

附图 1.1　OCPMDM 分子描述符填充页面

附图 1.2 为用户需要上传的材料数据文件格式，其中第一列为目标值列，第二列为对应目标值的钙钛矿材料分子式，OCPMDM 平台会自动读取用户上传的第二列并将其转换为 21 维的分子描述符。在材料研究中，除了材料的成分会对性能有所影响外，材料的制备工艺条件也会对材料最终的性能起到较大的影响，在上传的数据文件中，用户也可将对应材料的制备工艺条件填充在材料分子式之后，平台也会自动将其填充至分子描述符之后。附图 1.3 则为自动填充描述符后所获

Tc/K	Formula
355	La0.67Sr0.33MnO3
360	La0.67Sr0.23K0.1MnO3
365	La0.67Sr0.23Pb0.1MnO3
228	La0.7Ba0.15Sr0.15CoO3
351.15	Ba0.8Sr0.2TiO3
306.65	Ba0.7Sr0.3TiO3
269.65	Ba0.6Sr0.4TiO3
231.48	Ba0.5Sr0.5TiO3
189.15	Ba0.4Sr0.6TiO3
320	La0.8Ba0.05Sr0.15MnO3
335	La0.75K0.05Ba0.05Sr0.15MnO3
345	La0.7K0.1Ba0.05Sr0.15MnO3

附图 1.2　用户上传的原始数据

Number	Class	Tc/K	Radius_A
1	1	355	108.084
2	1	365	108.184
3	0	228	110.19
4	1	351.15	131.6
5	1	306.65	129.9
6	1	269.65	128.2
7	0	231.48	126.5
8	0	189.15	124.8
9	1	320	107.01
10	0	171	101.75
11	0	135	101.5
12	0	125	101.27
13	0	111	101.04

附图 1.3　自动填充描述符后所获得的数据文件

得的数据文件，该格式可以直接用于平台的后续计算，其中第一列为序号列；第二列为分类标签列，填充时采用均值作为评判标准，将均值以上分为一类，而均值以下分为另一类；第三列为目标值列；第四列则为平台按照对应材料的分子式填充的分子描述符。

2. 特征筛选

在得到经过描述符自动填充的数据集后，我们对所获得的数据文件进行变量筛选，旨在将噪声变量去除，降低数据集的维数，从而提高模型的预测效果。附图 1.4 为在线平台使用 GA 进行变量筛选的设置页面，可以使用合理的默认参数设置，通过简单的算法选择和数据文件上传，便可进行 GA 变量筛选。

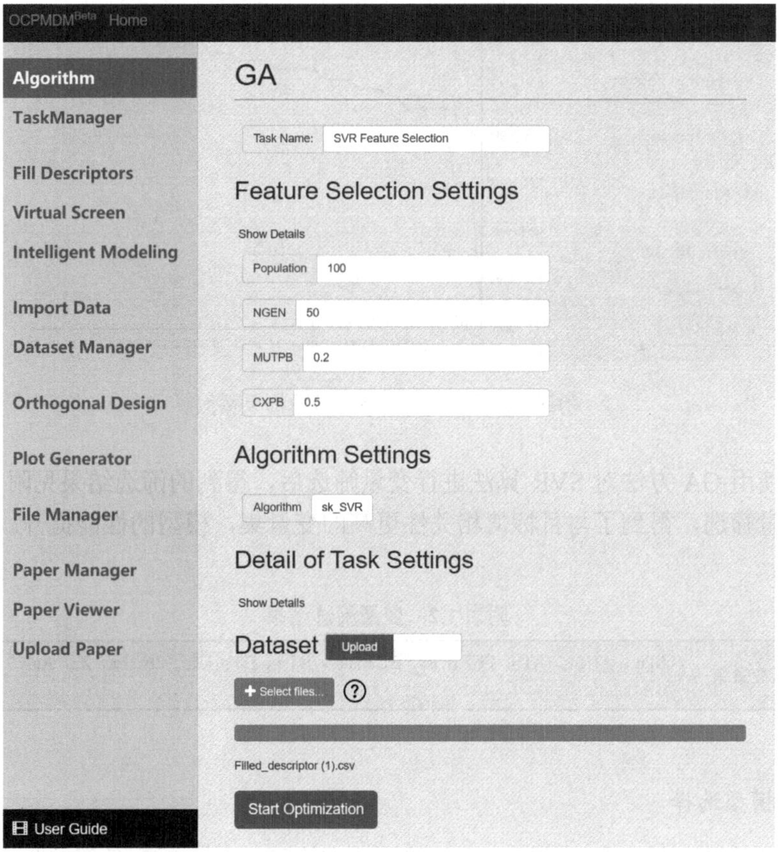

附图 1.4　在线平台 GA 变量筛选设置页面

附图 1.5 为变量筛选后的结果页面，从优化细节图中可以直观了解变量筛选的具体情况。另外，所筛选得到的变量名称和筛选后的模型效果可在“Show Details”中进行查看，为方便用户使用，平台提供了直接提取筛选后变量集的功能。

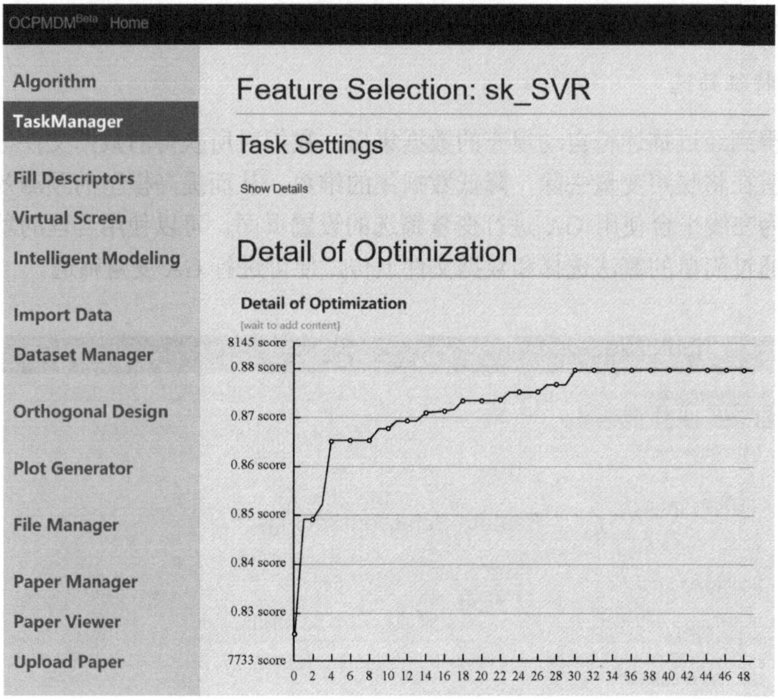

附图 1.5　平台变量筛选后的结果页面

在使用 GA 方法对 SVR 算法进行变量筛选后，得到的筛选结果见附表 1.2。通过变量筛选，得到了与目标值相关性更高的变量集，模型的性能提升。

附表 1.2　变量筛选结果

筛选后变量集	ATm，AHfus，ATb，Eb，mass，BDensity，BTm，BTb，Rc，Zb，Ea，Za，Aaff，ADensity，TF，Baff

3. 模型选择

在变量筛选后，我们使用不同的算法建立模型，分别得到各算法建立模型的性能表现，随后可以从中选出一个性能最佳的模型，并对相应的算法参数做进一步的优化。附表 1.3 为本案例所选的三种算法所建模型的结果，从表中可以看出，三种算法所建模型的性能相似，其中 SVR 获得了最佳的结果。

附表 1.3　各算法模型性能比较

算法	*R*（相关系数）	RMSE（均方根误差）
DTR	0.728	68.754
ANN	0.803	60.308
SVR	0.878	44.781

根据不同算法模型的综合表现，综合考虑后最终采用 SVR 算法作为建模算法。

4. *超参数优化*

在模型选择完毕后，为进一步提升模型的性能，SVR 算法的超参数仍需优化，我们通过 GA 搜索最适合的超参数。与变量筛选相类似，GA 超参数优化同样给定了较为适合的默认参数，用户无需过多的设置，只需简单填写需要修改的参数与范围并上传需要优化的数据文件即可进行相应的计算。附图 1.6 为超参数优化

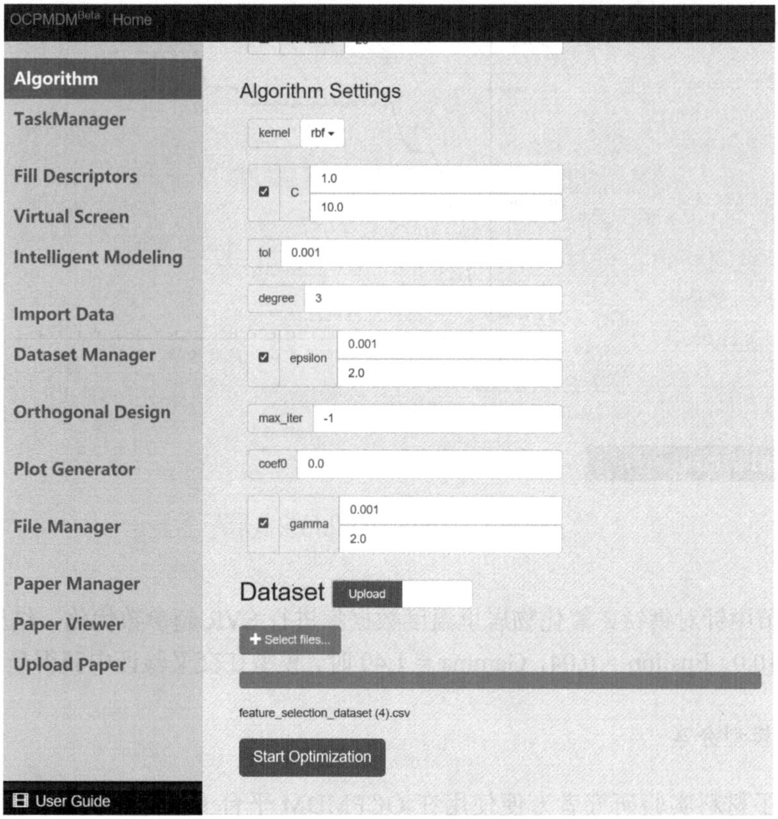

附图 1.6　超参数优化设置页面

设置时的页面，对于选定的 SVR 算法，其中主要优化的参数为惩罚因子 C、不敏感通道的 Epsilon 及径向基核函数的 Gamma 参数。用户可以通过勾选需要优化的超参数，随后给定优化范围便可进行相应的超参数优化任务。

附图 1.7 为超参数优化结果，同样可以通过优化细节图查看具体优化情况，优化后的超参数取值及模型效果可在“Show Details”中进行查看。

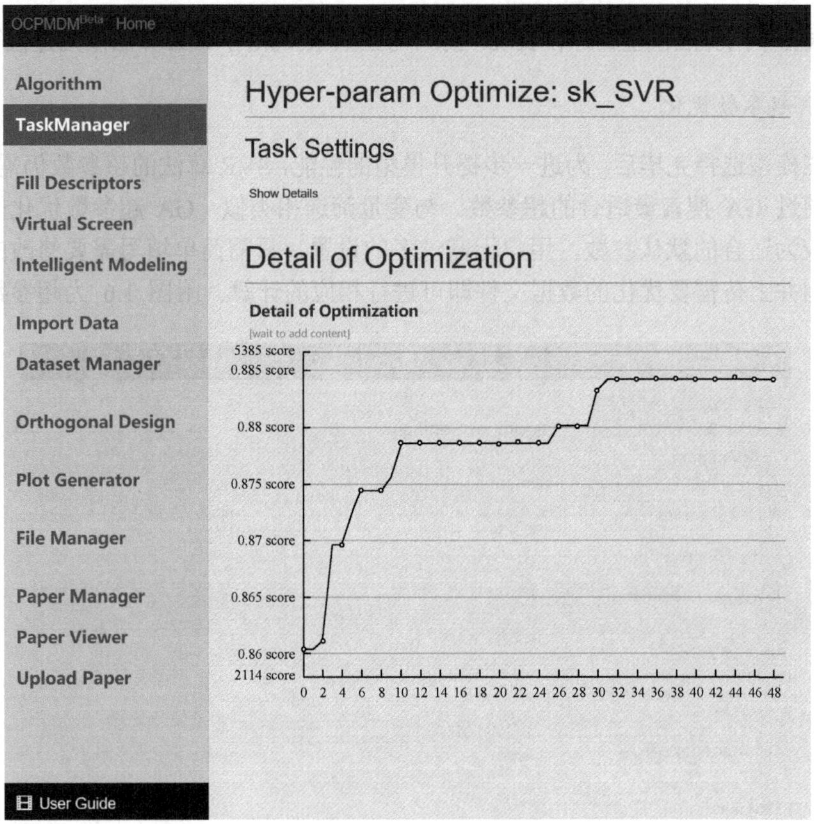

附图 1.7　超参数优化结果展示

本节中针对钙钛矿氧化物居里温度数据集进行 SVR 超参数优化，结果表明：当 $C = 10.0$，Epsilon = 0.04，Gamma = 1.40 时，模型在交叉验证中获得最佳效果。

5. 模型分享

为了材料实验研究者方便使用在 OCPMDM 平台上所建数据挖掘模型，有必要将所建模型开发成一个网络服务在 OCPMDM 平台上分享。这样的网络服务开发工作门槛较高，同时也需要额外的开发成本。本项功能针对这一点，提供了只需简单设置便可将数据挖掘模型分享的功能，大大减少了模型分享的开发成本。

模型分享是一种实用的模型应用方法。附图 1.8 为模型分享设置页面，通过填写模型的相应信息，材料研究者可快速建立在线预测服务。如本案例中通过设置后即可建立针对钙钛矿氧化物居里温度的在线预测服务。附图 1.9 为模型分享页面，用户只需输入材料的分子式便可获得该材料的预测值，以供材料研究者参考。模型的分享很大程度上有益于机器学习在材料领域应用的推广，知识的共享是推动学科的重要途径，该项功能具有非常广泛实用的应用前景。

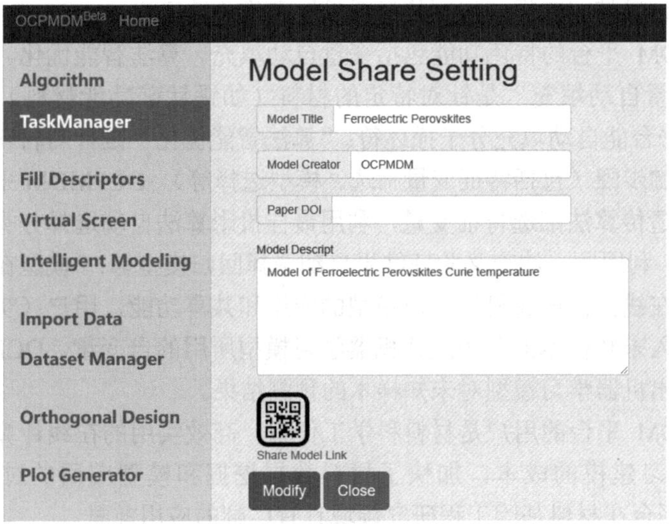

附图 1.8　模型分享设置页面

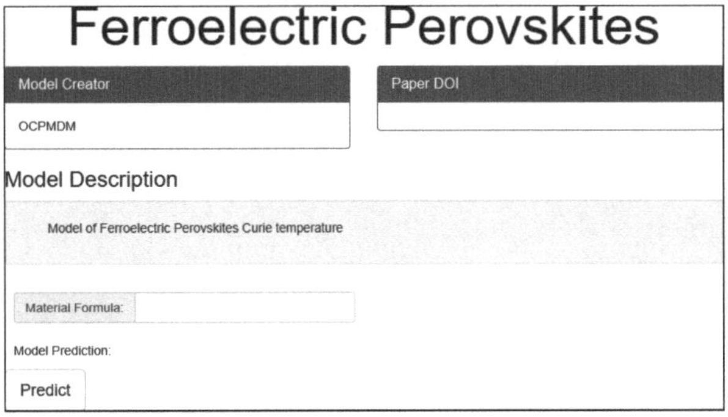

附图 1.9　模型分享页面

小结

OCPMDM 平台集成了材料数据挖掘任务中常用的机器学习算法，包括多元统计分析、偏最小二乘回归、聚类分析、关联分析、模式识别（最近邻法、主成分分析法、费希尔判别矢量法、最佳投影法等）、决策树、随机森林、人工神经网络、支持向量机、相关向量机、遗传算法等，建成了可扩充的材料数据挖掘算法库和智能化数据挖掘应用平台，用于解决材料数据挖掘有关分类、回归、聚类、降维等问题，提供了材料数据的特征变量筛选和机器学习模型的比较选择和超参数优化，以及候选样本的高通量筛选的功能，从而高效、方便、快速地支撑基于机器学习的材料基因工程（特别是材料设计和优化）研究。

OCPMDM 平台的特色功能包括变量自动填充、算法智能优化、模型在线应用等。“变量自动填充”是针对特定的材料（如钙钛矿功能材料）的分子式，OCPMDM 平台能自动填充分子描述符；“算法智能优化”是针对材料大数据挖掘和分析的关键步骤（包括特征变量筛选、模型选择等），OCPMDM 平台能自动利用算法库的遗传算法筛选特征变量，利用最佳投影算法自动选择分类最佳的模式识别投影图，利用留一法交叉验证结果自动选择回归模型等；“模型在线应用”是利用服务器在线提供所建机器学习模型的应用和共享功能，用户（实验工作者）只需在线输入未知样本的分子式或机器学习模型所用的自变量，OCPMDM 平台就能自动给出机器学习模型对未知样本的预测结果。

OCPMDM 平台的用户是材料科学工作者，高效实用的在线计算平台降低了材料机器学习建模的成本，加快了材料数据挖掘和模型应用的过程。因此，OCPMDM 平台在材料基因工程研究领域具有广阔的应用前景。

附录 2

机器学习代码示例

附录 2.1　机器学习环境安装

Python 是目前最流行的编程语言之一，拥有最活跃的机器学习社区。以 Python 作为开发语言的机器学习工具的数量非常多，且仍呈现每年递增的趋势。Python 的特点是开发效率高，上手容易，环境配置简单，应用广泛，第三方模块管理体系完善。虽然 Python 作为一门高级语言，代码运行效率较低，但可以通过胶合其他语言如 C ++ 等，可以有效地提升 Python 代码的运行效率。本章节借助 Python 语言以及相关第三方工具，旨在帮助读者构建基本的 Python 以及数据挖掘的入门知识体系。希望读者能在学习本章节代码后，可以根据自己的实际应用情况，搭建出较为完整的机器学习流程与相关 Python，从而形成自己的机器学习应用案例。

工欲善其事，必先利其器。在学习使用 Python 语言以及数据挖掘相关代码之前，我们首先需要配置 Python 语言环境。Python 语言对计算机硬件平台要求较低，目前主流配置的个人计算机均可满足，但若遇到特征筛选、参数优化、深度学习等计算量较大的任务需求仍然需要较高的 CPU 性能甚至较好的 GPU 显卡。目前有多种 Python 环境的配置方式，我们选择了 2 种入门较为简单的方式供读者参考。待读者对 Python 语言较为熟悉后，可以探索其他配置方式。

附录 2.1.1　Python 环境安装

Anaconda 是 Python 语言的一种机器学习的免费发行版，类似于 Ubuntu 与 Linux 的关系。Anaconda 集成了核心的 Python 语言解释器、Python 的模块管理工具以及常用的机器学习常用模块，旨在为用户打造一键式安装与使用的体验。我们可在 Anaconda 的官网（https://www.anaconda.com/）免费下载 Anaconda 安装文件，平台可选 Windows、Mac、Linux 客户端以及 32 或 64 位版本，读者可根据自己实际需求挑选使用。我们以 Windows 客户端为例，双击安装文件可进入安装过程。安装界面如附图 2.1 所示，根据指引完成安装即可。如附图 2.2 所示，安装完成后，在开始菜单中可看到已经安装完成的 Anaconda 软件包，其中包含

Jupyter Notebook 与 Spyder 两款预装的 Python 代码的集成开发环境（integrated development environment，IDE）。点开 Anaconda Prompt，即打开了 Anaconda 提供的默认 Conda 环境的命令行窗口，可以在该窗口中执行 Python 模块的安装、卸载与更新等操作。Anaconda 已经帮我们预装了 Scipy、NumPy、sklearn、Matplotlib 等模块，部分较新或者较小众的模块仍需要自行安装，这些将在后面一一提及。

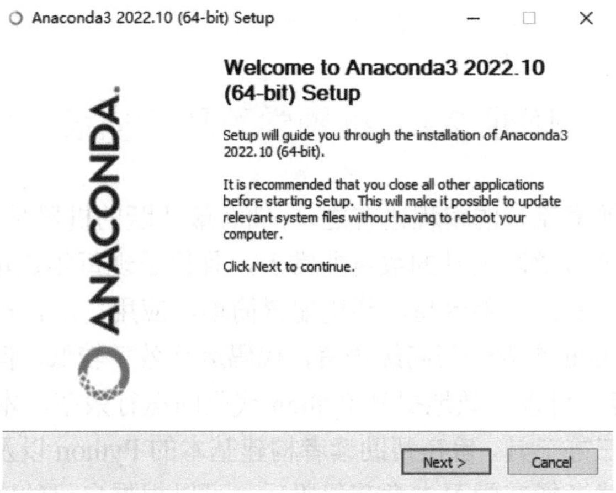

附图 2.1　Anaconda 安装界面

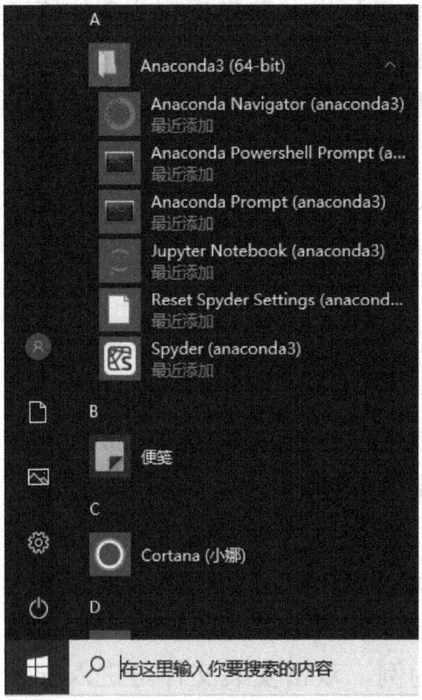

附图 2.2　Anaconda 安装完成后的开始菜单

相比于 Anaconda，Conda 是另一种体积小巧、自由化程度较高的 Python 发行版，仅包含了 Conda 模块管理功能以及 Python 的核心模块。我们借助 Conda 可完成高度自定义的 Python 环境配置以及不同的 Python 环境管理。Conda 可在其官网（https://docs.conda.io/en/latest/miniconda.html）免费获取，根据不同平台以及版本也有不同选择。与 Anaconda 类似，根据安装文件的指引直接完成软件安装即可。

在完成 Anaconda 与 Conda 安装后，在设置中搜索“编辑系统环境变量”，打开计算机属性，点开附图 2.3 中的“环境变量”后，在右图选中系统变量“Path”，并点击右下角“编辑”。在弹出的界面中新建环境变量，输入 Anaconda 或 Conda 的安装文件夹下的 condabin 的文件夹路径，如默认为“C:\Users\用户\miniconda3\

condabin\”。之后全部点击“确定”。打开 cmd 窗口输入 conda，若出现 conda 指令的提示信息，则环境变量添加成功。

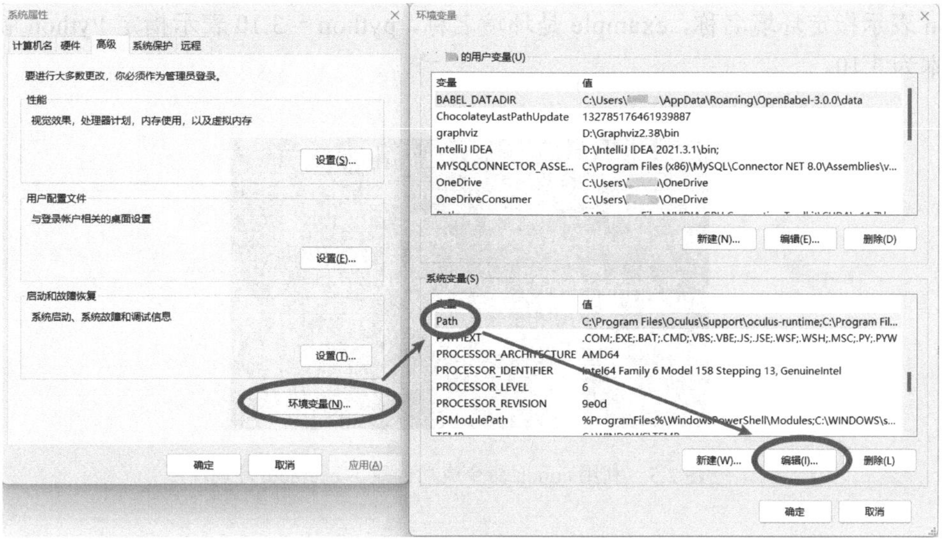

附图 2.3　添加 Conda 的环境变量

附录 2.1.2　机器学习环境配置

Anaconda 为用户创建了名为 base 的 conda 环境，内含常见的机器学习模块。Conda 则需要自定义创建新的 conda 环境。如附图 2.4 所示，打开 cmd 窗口，可以

```
The following NEW packages will be INSTALLED:

  bzip2              pkgs/main/win-64::bzip2-1.0.8-he774522_0
  ca-certificates    pkgs/main/win-64::ca-certificates-2023.01.10-haa95532_0
  certifi            pkgs/main/win-64::certifi-2022.12.7-py310haa95532_0
  libffi             pkgs/main/win-64::libffi-3.4.2-hd77b12b_6
  openssl            pkgs/main/win-64::openssl-1.1.1t-h2bbff1b_0
  pip                pkgs/main/win-64::pip-22.3.1-py310haa95532_0
  python             pkgs/main/win-64::python-3.10.9-h966fe2a_0
  setuptools         pkgs/main/win-64::setuptools-65.6.3-py310haa95532_0
  sqlite             pkgs/main/win-64::sqlite-3.40.1-h2bbff1b_0
  tk                 pkgs/main/win-64::tk-8.6.12-h2bbff1b_0
  tzdata             pkgs/main/noarch::tzdata-2022g-h04d1e81_0
  vc                 pkgs/main/win-64::vc-14.2-h21ff451_1
  vs2015_runtime     pkgs/main/win-64::vs2015_runtime-14.27.29016-h5e58377_2
  wheel              pkgs/main/win-64::wheel-0.38.4-py310haa95532_0
  wincertstore       pkgs/main/win-64::wincertstore-0.2-py310haa95532_2
  xz                 pkgs/main/win-64::xz-5.2.10-h8cc25b3_1
  zlib               pkgs/main/win-64::zlib-1.2.13-h8cc25b3_0


Proceed ([y]/n)?
```

附图 2.4　利用 conda 指令创建 example 环境

先利用 conda 指令创建新的 Python 环境，输入 conda create-n example python = 3.10，随后会弹出即将安装的 Python 模块，输入 y 确认继续。待所有模块下载并安装完成后，会出现附图 2.5 所示的创建成功的信息。输入的指令中，参数 -n 表示指定环境名称，example 是环境名称，python = 3.10 表示指定 Python 版本为 3.10。

```
Downloading and Extracting Packages

Preparing transaction: done
Verifying transaction: done
Executing transaction: done
#
# To activate this environment, use
#
#     $ conda activate example
#
# To deactivate an active environment, use
#
#     $ conda deactivate
```

附图 2.5　利用 conda 命令成功创建了 example 环境

继续输入指令：conda activate example，即可激活 example 环境。如附图 2.6 所示命令行前会出现(example)的提示，意味着目前处于 example 环境。在 example 环境下，继续输入 pip list，能查看到该环境下已经安装的 Python 模块。

```
C:\Users\luktian>conda activate example

(example) C:\Users\luktian>pip list
Package       Version
------------- ---------
certifi       2022.12.7
pip           22.3.1
setuptools    65.6.3
wheel         0.38.4
wincertstore  0.2

(example) C:\Users\luktian>
```

附图 2.6　激活并查看 example 环境

继续输入指令来安装其中一个 Python 模块：pip install scipy。如附图 2.7 所示，pip 模块会自行下载并安装 scipy 模块以及它的依赖模块 NumPy。类似地，我们可以用 pip 安装其他的机器学习模块，输入 pip install scikit-learn pandas matplotlib。其中，scipy 是科学计算的模块，numpy 是矩阵运算模型，pandas 是表格操作模型，scikit-learn 是最广泛使用的机器学习模块，matplotlib 是常用的绘图模块。

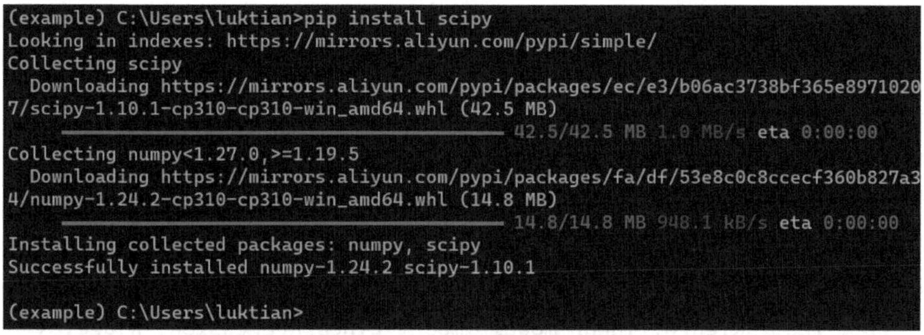

```
(example) C:\Users\luktian>pip install scipy
Looking in indexes: https://mirrors.aliyun.com/pypi/simple/
Collecting scipy
  Downloading https://mirrors.aliyun.com/pypi/packages/ec/e3/b06ac3738bf365e8971020
7/scipy-1.10.1-cp310-cp310-win_amd64.whl (42.5 MB)
     ---------------------------------------- 42.5/42.5 MB 1.0 MB/s eta 0:00:00
Collecting numpy<1.27.0,>=1.19.5
  Downloading https://mirrors.aliyun.com/pypi/packages/fa/df/53e8c0c8ccecf360b827a3
4/numpy-1.24.2-cp310-cp310-win_amd64.whl (14.8 MB)
     ---------------------------------------- 14.8/14.8 MB 948.1 kB/s eta 0:00:00
Installing collected packages: numpy, scipy
Successfully installed numpy-1.24.2 scipy-1.10.1

(example) C:\Users\luktian>
```

附图 2.7　安装 scipy 模块

其他常见的机器学习模块，包括但不限于：目前流行的树模型算法 XGBoost、CatBoost、LightGBM，深度学习 PyTorch，异常点检测 PyOD，参数优化 HyperOpt，遗传算法 Deap，不平衡学习 Imbalanced-Learn，模型解释方法 SHAP 等。读者可在后文需要时下载使用，直接输入指令：pip install＜上述包名＞即可。

如果读者要使用 Anaconda 中提供的 spyder 或 Jupyter Notebook 软件作为代码的 IDE，也可通过 pip 安装 spyder：pip install spyder jupyter。安装完成后，在 cmd 中输入 spyder 或者 jupyter notebook 即可启动对应的 IDE。读者也可使用其他常见的软件，并在这些软件中指定已安装的 conda 环境就可直接使用，如 Visual Studio Code（https://code.visualstudio.com/download）、Pycharm（https://www.jetbrains.com/pycharm/download）等。

Anaconda 默认为用户创建了 base 环境，其中预装了一部分机器学习常见的 Python 模块。读者可用相同的指令直接启动 base 环境并查看 base 环境内已安装的内容。另外，退出当前环境需要输入指令：conda deactivate。删除已安装的 conda 环境需要输入指令：conda remove-n example--all。

至此，机器学习所需的代码环境已配置完成，读者可选择一种常见的 IDE 进行 Python 代码编写。IDE 的相关操作较为简单，本文不再赘述。

附录 2.2　多元回归分析方法

多元回归分析方法的原理较为简单，均可以从 sklearn 子模块中获取得到。如附图 2.8 的代码 1～5 行所示，多元线性回归（包括一元线性回归）可以调用 sklearn 的 linear_model 模块的 LinearRegression 类、岭回归可以调用同模块下的 Ridge 类、套索算法可以调用同模块下的 Lasso 类、逻辑回归可以调用同模块下的 LogisticRegression 类、偏最小二乘法可以调用 sklearn 的 cross_decomposition 模块的 PLSRegression 类。前四种方法均调用自同一模块，因此也可像代码 7～8 行所示，将 4 个算法从 linear_model 模块一起导入，其中“\”表示换行符，表示 7～8 行是同一行代码。

```
1  from sklearn.linear_model import LinearRegression
2  from sklearn.linear_model import Ridge
3  from sklearn.linear_model import Lasso
4  from sklearn.linear_model import LogisticRegression
5  from sklearn.cross_decomposition import PLSRegression
6
7  from sklearn.linear_model import LinearRegression, Ridge, \
8      Lasso, LogisticRegression
```

附图 2.8　回归算法的导入代码

如附图 2.9 所示，利用 sklearn 下 datasets 模块的 make_regression 方法生成回归数据。代码 3～10 行调用 make_regression 函数，输入对应的函数参数，其中 n_samples = 100 表示生成 100 个样本数，n_features = 10 表示生成 10 个特征，n_informative = 10 表示生成的 10 个特征中含有 10 个非噪声特征，bias = 1 表示偏差为 1，n_targets = 1 表示生成 1 个目标值，random_state = 0 表示固定随机数种子为 0，能确保读者生成的数据与示例代码保持相同。生成大小为 100×10 的特征矩阵 ***X***，以及长度为 100 的目标向量 ***Y***。

```
1  from sklearn.datasets import make_regression
2
3  X, Y = make_regression(
4      n_samples=100, # 样本数
5      n_features=10, # 特征数
6      n_informative=10, # 非噪声特征数
7      bias=1, # 偏差
8      n_targets=1, # 目标值个数
9      random_state=0, # 随机数种子
10 )
```

附图 2.9　生成回归数据的代码

附图 2.10 中展示的是如何调用 LinearRegression 类创建线性回归模型。代码 1～4 行调用 LinearRegression 类创建线性模型，传入算法参数，并将未拟合模型保存至 model 变量中。其中，参数 fit_intercept = True 表示拟合的线性公式中保留常数项，positive = True 控制线性公式的斜率强制为正数。代码 1～4 行仅表示创建模型，还需要代码 5 行调用 model 模型的 fit 方法，传入特征矩阵 ***X*** 与目标向量 ***Y***，完成模型拟合。若读者想拟合一元线性回归，可将附图 2.9 中的 n_features 改为 1，构建大小为 100×1 的特征矩阵 ***X***，建模部分可以采用相同代码。

```
model = LinearRegression(
    fit_intercept=True, # 拟合线性公式时，是否保留常数项
    positive=False, # 拟合线性公式时，是否强制斜率为正数
)
model.fit(X, Y) # 拟合线性回归
```

附图 2.10 多元线性算法的建模代码

拟合后的多元线性模型的公式信息存储在模型变量 model 的属性中。其中 model 属性 coef_存储公式系数，model 属性 intercept_存储公式截距常数。我们可通过附图 2.11 代码 2～10 行所示的代码打印线性模型公式，打印的输出结果如代码 11～12 行所示，其中 a 代表自变量。

```
1  # 打印方程
2  equation = "拟合的线性方程为：\n y = "
3  for i, coef in enumerate(model.coef_):
4      if coef > 0 and i > 0:
5          equation += " +"
6      equation += f"{round(coef, 2)}a{i}"
7  if model.intercept_ > 0:
8      equation += " +"
9      equation += f"{round(model.intercept_, 2)} "
10 print(equation)
11 # 拟合的线性方程为：
12 # y = 77.47a0 +1.43a1 +34.21a2 +61.48a3 +82.19a4 +70.05a5 +88.31a6 +96.66a7
   +3.71a8 +99.42a9 +1.0
```

附图 2.11 多元线性方程的打印代码

岭回归、套索算法、偏最小二乘法的建模代码也与多元线性回归算法类似，区别仅在于参数有所差异。相关代码如附图 2.12 所示，代码 1～5 行调用 Ridge 类创建岭回归模型，代码 7～11 行调用 Lasso 类创建套索算法模型。由于岭回归与套索算法在多元线性回归基础上添加了 L2 与 L1 正则项，因此 Ridge 与 Lasso 类中多出来的 alpha 参数，实则分别是 L2 与 L1 正则项系数，默认值均为 1。代码 13～15 行调用 PLSRegression 类创建偏最小二乘法回归模型，关键参数为 n_components，代表降维后的成分个数，默认值为 2。岭回归、套索算法、偏最小二乘模型的拟合以及模型公式的打印均与多元线性回归模型相同。

逻辑回归算法名称中虽然带有“回归”，但它其实是分类算法。在演示构建逻辑回归模型之前，我们需要先将附图 2.9 中的回归数据修改成分类数据。代码如附图 2.13 所示，代码 1 行从 sklearn 的 datasets 模块中导入 make_classification 函数，代码 3～9 行调用 make_classification 函数，传入的参数与 make_regression 函数类似，但缺少 bias 参数，且 n_targets 改为 n_classes。同样地，生成大小为 100×10 的特征矩阵 $\boldsymbol{X}$，以及长度为 100 的目标向量 $\boldsymbol{Y}$。

```
model = Ridge(
    alpha=1.0, # L2 正则化系数，默认值为 1
    fit_intercept=True, # 拟合岭回归公式时，是否保留常数项
    positive=False, # 拟合岭回归公式时，是否强制斜率为正数
)

model = Lasso(
    alpha=1.0, # L1 正则化系数，默认值为 1
    fit_intercept=True, # 拟合套索算法公式时，是否保留常数项
    positive=False, # 拟合套索算法公式时，是否强制斜率为正数
)

model = PLSRegression(
    n_components=2, # 保留的降维成分个数，默认值为 2
)
```

附图 2.12　岭回归、套索算法的建模代码

```
from sklearn.datasets import make_classification

X, Y = make_classification(
    n_samples=100, # 样本数
    n_features=10, # 特征数
    n_informative=8, # 非噪声特征数
    n_classes=2, # 类别个数
    random_state=0, # 随机数种子
)
```

附图 2.13　生成分类数据的代码

如附图 2.14 所示，逻辑回归的建模代码的格式与前面三种算法类似，但主要参数有较大不同。其中仅有 fit_intercept = True 的含义与多元线性回归相同。参数 penalty 是指正则化系数类型，分别可以选择 None（不使用正则化）、l1（L1 正则化）、l2（L2 正则化）、elasticnet（同时使用 L1 与 L2 正则化），默认值为 l2。参数 C 是指正则化系数值的大小，与岭回归和套索算法的 alpha 参数含义相同，默认值为 1。逻辑回归的拟合以及模型公式的打印均与多元线性回归的代码相同。

```
model = LogisticRegression(
    penalty='l2', # 正则化系数类型，默认值为 l2
    C=1.0, # 正则化系数，默认值为 1
    fit_intercept=True, # 拟合逻辑回归公式时，是否保留常数项
)
```

附图 2.14　逻辑回归的建模代码

岭回归可以同时处理回归与分类数据，岭回归分类算法可以从 linear_model

模块中调用 RidgeClassifier 类，其模型构建以及拟合代码与逻辑回归类似。此外，岭回归还可以与核函数结合得到核岭回归方法，可以从 sklearn 的 kernel_ridge 模块调用 KernelRidge 类，但该方法无法得出模型的线性公式。多元线性回归、套索算法、偏最小二乘法只能处理回归数据，逻辑回归实则为多元线性回归的“分类版本”，只能处理分类数据。实际上，除了这几种简单算法外，后来发展的算法大部分都有回归以及分类的版本（除非特别说明没有回归或分类版本），读者可不必刻意去记哪些算法可以处理回归或分类数据。

最后以岭回归算法为例，对完整的一段代码进行说明。如附图 2.15 所示为岭回归算法处理回归数据的示例代码。代码 1～2 行分别导入 make_regression 方法以及 Ridge 类用于生成回归数据以及构建岭回归模型。代码 4～11 行用于生成回归数据，特征矩阵为 ***X***，目标向量为 ***Y***。代码 13～18 行用于创建并拟合岭回归模型。代码 20～29 行用于打印岭回归模型公式，代码 30～31 是本次运行的结果。

```
1  from sklearn.datasets import make_regression
2  from sklearn.linear_model import Ridge
3
4  X, Y = make_regression(
5      n_samples=100, # 样本数
6      n_features=10, # 特征数
7      n_informative=10, # 非噪声特征数
8      bias=1, # 偏差
9      n_targets=1, # 目标值个数
10     random_state=0, # 随机数种子
11 )
12
13 model = Ridge(
14     alpha=1.0, # L2 正则化系数
15     fit_intercept=True, # 拟合岭回归公式时，是否保留常数项
16     positive=False, # 拟合岭回归公式时，是否强制斜率为正数
17 )
18 model.fit(X, Y) # 拟合线性回归
19
20 # 打印方程
21 equation = "拟合的线性方程为：\n y = "
22 for i, coef in enumerate(model.coef_):
23     if coef > 0 and i > 0:
24         equation += " +"
25     equation += f"{round(coef, 2)}a{i}"
26 if model.intercept_ > 0:
27     equation += " +"
28     equation += f"{round(model.intercept_, 2)} "
29 print(equation)
30 # 拟合的线性方程为：
31 # y = 76.66a0 +1.51a1 +33.84a2 +60.75a3 +81.36a4 +69.51a5 +87.41a6 +95.92a7
   +3.52a8 +98.41a9 +0.68
```

附图 2.15　岭回归算法处理回归数据的示例代码

附录 2.3　统计模式识别方法

在本书 2.2 节中介绍了多种统计模式识别方法，其核心作用是将高维数据投影到二维或三维图上，通过分析低维投影图的趋势来总结规律。因而这一小节的代码思路是帮助读者完成：①调用统计模式识别方法完成降维；②利用 Python 的绘图库作出二维以及三维投影图。

如附图 2.16 所示，最近邻算法可以调用 sklearn 的 neighbors 模块下的 NeighborhoodComponentsAnalysis 类，考虑代码简洁性，用 as 方法创建别名 NCA，后续可直接使用 NCA。由于网上暂时找不到与第 2 章中费希尔判别矢量完全一样的方法，这里用较为类似的线性判别分析方法替代，可从 sklearn 的 discriminant_analysis 模块下的 LinearDiscriminantAnalysis 类获取，并创建别名 LDA。主成分分析方法可以直接调用 sklearn 的 decomposition 模块下的 PCA 类。

```
from sklearn.neighbors import NeighborhoodComponentsAnalysis as NCA
from sklearn.discriminant_analysis import LinearDiscriminantAnalysis as LDA
from sklearn.decomposition import PCA
```

附图 2.16　统计模式识别方法的导入代码

为突出统计模式识别的降维效果以及学习 sklearn 中不同示例数据集的用法，这里改用鸢尾花数据，调用方式如附图 2.17 所示，代码 1 行从 sklearn 的 datasets 模块中导入 load_iris 方法。代码 2 行调用 load_iris，传入参数 return_X_y = True，并返回大小为 150×4 的特征矩阵 ***X*** 以及包含 3 个分类标签（0、1、2）的目标向量 ***Y***。

```
1 from sklearn.datasets import load_iris
2 X, Y = load_iris(return_X_y=True)
```

附图 2.17　生成鸢尾花分类数据的代码

建模代码如附图 2.18 所示，代码 1～4 行调用 NCA 类创建最近邻模型，并传入建模参数。其中，n_components 代表降维成分个数，默认为 None 代表返回全部维度。若初始维度较高，为降低内存占用量，可以指定返回部分降维成分数据。由于最近邻算法涉及迭代算法，指定 random_state 可固定初始迭代状态，以保证模型结果的可重复性。代码 5 行拟合最近邻模型，代码 6 行调用最近邻模型的方法 transform，传入特征矩阵 ***X***，返回降维后的特征矩阵，并覆盖原始特征矩阵。开源工具 sklearn 中的算法类在创建模型实例（即类模板实例化）以及调用模型实例的 fit 方法时都会返回模型实例本身，因此创建模型与 fit 方法可以连用。代码 8～11 行即展示了同时调用 LDA 类创建并拟合线性判别分析模型，其中 LDA 类参数通常只需要考虑 n_components。当我们仅需要降维后的特征矩阵时，还可以调用模型实例的 fit_transform 方法，该方法会自动调用模型实例的 fit 方法拟合模型，再调用模型实例的 transform 方法，最后返回降维后特征矩阵。代码 13 行即展示了用一行代码完成先后调用 PCA 类、拟合主成分分析模型、返回降维后的特征矩阵，其中 PCA 类参数通常也只需要考虑 n_components。

```
1  model = NCA(
2      n_components=None, # 降维成分个数，默认值为 None
3      random_state=None, # 随机数种子，默认值为 None
4  )
5  model.fit(X, Y)
6  X = model.transform(X)
7  
8  model = LDA(
9      n_components=None, # 降维成分个数，默认值为 None
10 ).fit(X, Y)
11 X = model.transform(X)
12 
13 X = PCA(n_components=None).fit_transform(X, Y)
```

附图 2.18　统计模式识别的建模代码

基于降维后的特征矩阵，我们可以借助 Python 的绘图工具作出二维或三维的投影图。常见的绘图工具有 Matplotlib、Plotly 等。Matplotlib 可同时满足学习成本较低、符合科学作图规范、自定义程度较高等特点，同时也是较多机器学习工具的可视化模块前置工具之一。如附图 2.19 所示，使用 Matplotlib 时，首先需要导入 Matplotlib 的 pyplot 模块，习惯上简写为 plt。代码 2 行设置了图片的 dpi 为 300（默认为 150，但不符合科学作图的清晰度要求）。若读者需要在图中添加中文字符，需要补充代码 3～4 行，以免出现乱码的情况。

```
1  import matplotlib.pyplot as plt
2  plt.rcParams["figure.dpi"] = 300
3  plt.rcParams['font.sans-serif']=['SimHei']
4  plt.rcParams["axes.unicode_minus"] = False
```

附图 2.19　Matplotlib 库的导入代码与默认全局参数设置代码

Matplotlib 绘制二维投影图的代码如附图 2.20 所示，代码 1 行利用 plt 模块内的 subplots 方法创建画布背景 fig 以及坐标轴对象 ax。代码 2～4 行利用 for 循环迭代 $\boldsymbol{Y}$ 的三个标签（0，1，2），从特征矩阵中分别取出不同标签的数据，并利用坐标轴对象 ax 的 scatter 方法将这些数据分别作图。代码 5～8 行分别设置坐标轴对象 ax 的图注、标题、坐标轴标题，代码 9 行用于输出投影图到本地。绘制出的二维投影图如附图 2.22（a）所示。

```
fig, ax = plt.subplots(1)
for label in set(Y):
    lindex = label==Y
    ax.scatter(X[lindex, 0], X[lindex, 1], label=label)
ax.legend()
ax.set_title("最近邻投影")
ax.set_xlabel("降维成分 1")
ax.set_ylabel("降维成分 2")
fig.savefig("二维投影图.png", bbox_inches="tight")
```

附图 2.20　Matplotlib 绘制二维投影图代码

Matplotlib 绘制三维投影图的代码如附图 2.21 所示，代码 1 行仍然调用 plt 模块的 subplots 模块，但需要额外传入 subplot_kw，调用后台的三维绘图模块。代码 2～4 中，需要额外传入一个维度，用于绘制第三个维度的数据投影。其余代码与二维作图代码类似，绘制出的三维投影图如附图 2.22（b）所示。

```
1   fig, ax = plt.subplots(1, subplot_kw={"projection": "3d"})
2   for label in set(Y):
3       lindex = label==Y
4       ax.scatter(X[lindex, 0], X[lindex, 1], X[lindex, 2], label=label)
5   ax.legend()
6   ax.set_title("最近邻投影")
7   ax.set_xlabel("降维成分 1")
8   ax.set_ylabel("降维成分 2")
9   ax.set_zlabel("降维成分 3")
10  fig.savefig("三维投影图.png", bbox_inches="tight")
```

附图 2.21　Matplotlib 绘制三维投影图代码

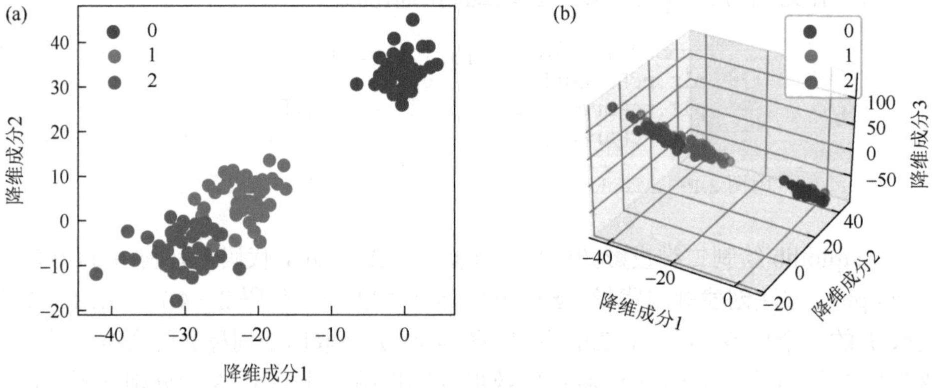

附图 2.22　Matplotlib 绘制二维（a）与三维（b）投影图结果

最后再以最近邻算法为例，用一个完整的例子进行说明。如附图 2.23 所示，代码 1～6 分别导入 NCA 类、load_iris 方法、Matplotlib 的 plt 模块。代码 8～9 行分别生成鸢尾花数据，创建最近邻算法模型并返回降维后的特征矩阵。代码 11～19 行绘制二维投影图，代码 21～30 行绘制三维投影图，并分别将投影图输出到本地。

```
1  from sklearn.neighbors import NeighborhoodComponentsAnalysis as NCA
2  from sklearn.datasets import load_iris
3  import matplotlib.pyplot as plt
4  plt.rcParams["figure.dpi"] = 300
5  plt.rcParams['font.sans-serif']=['SimHei']
6  plt.rcParams["axes.unicode_minus"] = False
7  
8  X, Y = load_iris(return_X_y=True)
9  X = NCA().fit_transform(X, Y)
10 
11 fig, ax = plt.subplots(1)
12 for label in set(Y):
13     lindex = label==Y
14     ax.scatter(X[lindex, 0], X[lindex, 1], label=label)
15 ax.legend()
16 ax.set_title("最近邻投影")
17 ax.set_xlabel("降维成分 1")
18 ax.set_ylabel("降维成分 2")
19 fig.savefig("二维投影图.png", bbox_inches="tight")
20 
21 fig, ax = plt.subplots(1, subplot_kw={"projection": "3d"})
22 for label in set(Y):
23     lindex = label==Y
24     ax.scatter(X[lindex, 0], X[lindex, 1], X[lindex, 2], label=label)
25 ax.legend()
26 ax.set_title("最近邻投影")
27 ax.set_xlabel("降维成分 1")
28 ax.set_ylabel("降维成分 2")
29 ax.set_zlabel("降维成分 3")
30 fig.savefig("三维投影图.png", bbox_inches="tight")
```

附图 2.23　最近邻算法处理鸢尾花分类数据的实例代码

附录 2.4　决策树与基于决策树的集成学习算法

附录 2.4.1　决策树以及随机决策树

决策树以及随机决策树均可从 sklearn 的 tree 子模块中调用得到，调用代码如附图 2.24 所示。处理分类问题可以导入 Classifier 为后缀的类，处理回归问题可以导入 Regressor 为后缀的类。

```
from sklearn.tree import DecisionTreeClassifier, DecisionTreeRegressor, \
    ExtraTreeClassifier, ExtraTreeRegressor
```

附图 2.24　决策树以及随机决策树的调用代码

本小节采用红酒分类数据集作为研究对象，调用代码如附图 2.25 所示，从 sklearn 的 datasets 子模块中导入 load_wine 方法，并获取到大小为 178×13 的特征矩阵以及包含 3 个标签（0，1，2）的目标向量。

```
from sklearn.datasets import load_wine
X, Y = load_wine(return_X_y=True)
```

附图 2.25　生成红酒分类数据集的代码

如附图 2.26 所示，代码 1～10 行调用 DecisionTreeClassifier 类创建决策树模型。其中，参数 criterion 用于指定衡量节点样本集合纯度的指标，可选 gini、entropy、log_loss，默认值为 gini。参数 splitter 是中间节点的分裂策略，可选 best 与 random，默认值为 best。参数 max_depth 用于指定最大深度，默认值为 None，即不限制决策树深度。参数 min_samples_split 指定每个中间节点最少的样本数，默认值为 2，即样本数小于 2 的节点不再分裂新节点。参数 min_samples_leaf 指定每个叶节点最少样本数，默认值为 1，即要保证每个叶节点样本个数最少为 1，否则该次分裂无效。参数 max_features 用于指定每次节点分裂时考虑的特征数，默认值为 None，即考虑全部样本数，该参数值可以为整数（代表特征个数），也可以为小数（代表特征百分比），也可以为 sqrt（代表特征数的开方数），也可以为 log2（代表特征数的对数）。参数 random_state 用于控制建模重复性。参数 max_leaf_nodes 是最大叶节点个数，默认为 None，即不控制叶节点个数。建模过程中，一般会尝试调整 criterion、max_depth 的取值来提升决策树模型性能。若决策树模型出现过拟合情况，可以适当限制 max_depth 与 max_leaf_nodes，即控制树的结构，降低最后模型的复杂度。

从决策树参数 splitter 与 max_features 其实能看出，通过分别改变这两个参数值就可以实现随机决策树的建模。附图 2.26 的代码 12～21 行即为随机决策树的建模代码，除了这两个参数值的默认值不同，其余均与决策树参数相同。

```
model = DecisionTreeClassifier(
    criterion="gini", # 用于衡量样本集纯度，可选 gini，entropy 等，默认为 gini
    splitter="best", # 中间节点分裂策略，可选 best 与 random，默认为 best
    max_depth=None, # 最大深度，默认为 None
    min_samples_split=2, # 每个中间节点最少的样本数，默认为 2
    min_samples_leaf=1, # 每个叶节点最少的样本数，默认为 1
    max_features=None, # 每次节点分裂时考虑的特征数，默认为 None
    random_state=None, # 用于控制建模重复性，默认为 None
    max_leaf_nodes=None, # 最大叶节点个数，默认为 None
).fit(X, Y)

model = ExtraTreeClassifier(
    criterion="gini", # 用于衡量样本集纯度，可选 gini，entropy 等，默认为 gini
    splitter="random", # 中间节点分裂策略，可选 best 与 random，默认为 random
    max_depth=None, # 最大深度，默认为 None
    min_samples_split=2, # 每个中间节点最少的样本数，默认为 2
    min_samples_leaf=1, # 每个叶节点最少的样本数，默认为 1
    max_features="sqrt", # 每次节点分裂时考虑的特征数，默认为特征数的开方数
    random_state=None, # 用于控制建模重复性，默认为 None
    max_leaf_nodes=None, # 最大叶节点个数，默认为 None
).fit(X, Y)
```

附图 2.26　决策树与极限决策树的建模代码

构建好的决策树模型具有优秀的可解释性，其内部的建模规则可以通过决策图的形式来说明。如附图 2.27 所示，出于演示的目的，代码 1 行在构建决策树模型时，控制了最大深度以及最大叶节点数分别为 3 和 4。代码 2～3 行分别导入 plot_tree、调用该方法并传入构建好的树模型。

```
1 model = DecisionTreeClassifier(max_depth=3, max_leaf_nodes=4).fit(X, Y)
2 from sklearn.tree import plot_tree
3 plot_tree(model, fontsize=8, filled=True, precision=2)
```

附图 2.27　决策树模型作图代码

作图结果如附图 2.28 所示，该树模型具有 3 层深度，1 个初始节点，2 个中间节点，以及 4 个叶节点。初始节点的样本数为 178 个，gini 指数为 0.66，最佳分裂条件是索引值为 12 的特征值是否大于 755，不满足条件的样本共 111 个被划分至左边，满足条件的样本共 67 个被划分至右边。左侧的中间节点的最佳分裂条件是索引值为 11 的特征值是否大于 2.11，右侧的中间节点的最佳分裂条件是索引值为 6 的特征值是否大于 2.17，并根据结果划分样本至下一节点，最后得到 4 个叶节点。在预测新样本时，会按照树模型的已有规则将新样本划分至已有的 4 个叶节点中。

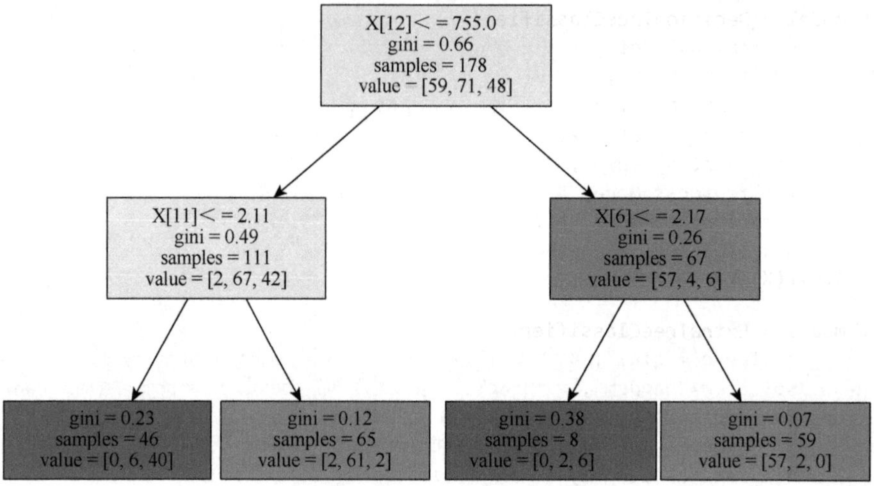

附图 2.28　决策树模型可视化结果

附录 2.4.2　基于决策树的集成学习算法

集成学习是一种将多个弱学习机结合起来的算法，经实践发现，基于决策树的集成学习模型综合性能较好，并衍生出多种较为实用的算法，目前较为流行的算法包括随机森林、梯度提升树、极限梯度提升、轻量梯度提升、类别特征提升等。算法导入代码如附图 2.29 所示，从 sklearn 中只能调用到随机森林、梯度提升树算法，后三者需要分别从 XGBoost、LightGBM、CatBoost 中获取。读者需要在使用前安装好这几个 Python 工具。

```
from sklearn.ensemble import RandomForestClassifier, RandomForestRegressor, \
    GradientBoostingClassifier, GradientBoostingRegressor
from xgboost import XGBClassifier, XGBRegressor
from lightgbm import LGBMClassifier, LGBMRegressor
from catboost import CatBoostClassifier, CatBoostRegressor
```

附图 2.29　集成学习算法的导入代码

基于决策树的集成学习算法的参数与决策树的参数重合度很大，所有决策树的参数都可以输入集成学习算法中，用来控制集成学习每一棵树的建模，但这些参数一般难以对整个集成学习模型的表现有明显提升。集成学习算法相对重要的参数是决策树个数以及学习率，其次会考虑控制决策树最大深度来避免模型过拟合。

虽然附图 2.29 中导入的都是集成学习算法，但随机森林属于 averaging 类型，将多个平行训练的决策树并联起来，通过投票法给出多个决策树的综合结果。因此，随机森林没有学习率参数，只有决策树个数以及其他决策树相关的参数。构建随机森林时，每个决策树使用的是采样后的样本与特征，即采用随机决策树作为随机森林的基础模型，以确保子模型的多样性与总体模型的鲁棒性，因此随机森林每次建模的结果都不同，但可以通过添加随机数种子确保其结果的可重复性。我们以 sklearn 中 RandomForestClassifier 为例构建随机森林分类模型，附图 2.30 代码 1～4 行构建了随机森林分类模型，传入参数 n_estimators 控制决策树个数，默认值为100，另外传入参数random_state控制模型结果可重复性，默认值为None。

随机森林以外的三个模型均属于 Boosting 类型，将多个模型串联起来，下一个模型的学习任务是拟合前面子模型的总体误差。因此 Boosting 类型算法有学习率与决策树个数两个主要参数以及其他决策树相关参数，但没有 random_state 的参数。我们以 XGBoost 的极限梯度提升分类为例，附图 2.30 代码 6～9 行构建了极限梯度提升分类模型，传入参数 n_estimators 控制决策树个数，默认值为 100，还传入参数 learning_rate 控制模型迭代速度，默认值为 0.3（其他 Boosting 算法的学习率的默认值会有差异）。

```
1 model = RandomForestClassifier(
2     n_estimators=100, # 决策树个数，默认值为 100
3     random_state=None, # 控制模型重复性，默认值为 None
4 ).fit(X, Y)
5
6 model = XGBClassifier(
7     n_estimators=100, # 决策树个数，默认值为 100
8     learning_rate=0.1, # 学习率，默认值为 0.3
9 ).fit(X, Y)
```

附图 2.30　随机森林与极限梯度提升算法的建模代码

附录 2.4.3　基于树模型的特征重要性

在构建决策树规则过程中，若一个特征起到作用的次数越多，它的重要性程度就越高。通常可以用信息熵等指数来衡量一个特征的重要性程度。基于树模型的集成学习则进一步利用了决策树这一特性，将每个决策树子模型的重要性加权输出，得到更具有参考意义的特征重要性指标。我们以决策树分类以及极限梯度提升分类为例子，用一段完整的代码来说明特征重要性的获取以及绘制过程。如附图 2.31 所示，代码 1～4 行分别导入决策树分类算法、极限梯度提升分类算法、load_wine 函数以及 Matplotlib 工具。代码 5 行导入 NumPy 工具用于处理矩阵数据。代码 10～13 行分别导入红酒分类数据集、构建并拟合决策树分类模型与极限梯度提升分类模型。

```
from sklearn.tree import DecisionTreeClassifier
from xgboost import XGBClassifier
from sklearn.datasets import load_wine
import matplotlib.pyplot as plt
import numpy as np
plt.rcParams["figure.dpi"] = 300
plt.rcParams['font.sans-serif']=['SimHei']
plt.rcParams["axes.unicode_minus"] = False

X, Y = load_wine(return_X_y=True)

dtc_model = DecisionTreeClassifier(random_state=0).fit(X, Y)
xgb_model = XGBClassifier().fit(X, Y)
```

附图 2.31　基于树模型的特征重要性可视化代码（1）

如附图 2.32 的代码 16 与 27 行所示，特征重要性可以从拟合好的树模型的属性 feature_importances_ 获取，得到与原始特征顺序相同的重要性向量数据。经过数据整理，我们可按照特征重要性从大到小的顺序，绘制如附图 2.33 所示的重要性特征排序图。图（a）与图（b）分别为决策树分类模型与极限梯度提升分类模型的结果。横坐标为重要性程度，纵坐标为原始特征索引值。

```
15 fig, (ax1, ax2) = plt.subplots(1, 2, figsize=(8, 3.5))
16 fi = dtc_model.feature_importances_.round(2)
17 fi = np.array(sorted(enumerate(fi), key=lambda x: x[1]))
18 ax1.barh(range(fi.shape[0]), fi[:, 1])
19 ax1.text(-0.15, 1.05, "a)", transform=ax1.transAxes)
20 ax1.text(1.1, 1.05, "b)", transform=ax1.transAxes)
21 ax1.set_yticks(range(fi.shape[0]))
22 ax1.set_yticklabels(fi[:, 0].astype(int))
23 ax1.set_ylim((2, 13))
24 ax1.set_xlabel("特征重要性")
25 ax1.set_title("决策树模型特征重要性")
26 
27 fi = xgb_model.feature_importances_.round(2)
28 fi = np.array(sorted(enumerate(fi), key=lambda x: x[1]))
29 ax2.barh(range(fi.shape[0]), fi[:, 1])
30 ax2.set_yticks(range(fi.shape[0]))
31 ax2.set_yticklabels(fi[:, 0].astype(int))
32 ax2.set_ylim((2, 13))
33 ax2.set_xlabel("特征重要性")
34 ax2.set_title("极限梯度提升模型特征重要性")
35 
36 fig.savefig("特征重要性", bbox_inches="tight")
```

附图 2.32　基于树模型的特征重要性可视化代码（2）

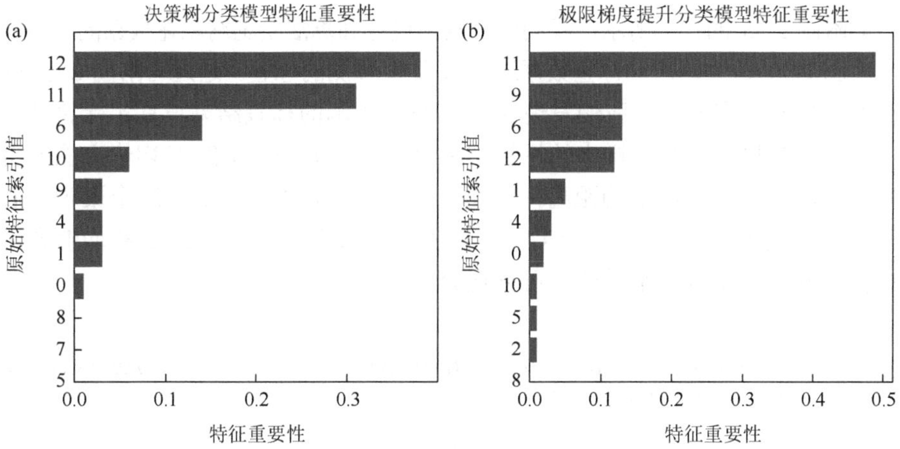

附图 2.33　基于决策树分类（a）和极限梯度提升分类模型（b）的特征重要性排序

附录 2.5　聚类方法

聚类方法是一种无监督学习，用于无目标值或无标签的数据分析，主要以 *K* 均值算法为主，其他聚类方法大多在 *K* 均值方法基础上作一定修改，以降低 *K* 均值方法的计算成本、提升其运算效率。我们以 *K* 均值方法为例，结合一整段代码来说明聚类方法的分析过程。

如附图 2.34 代码 1 行所示，我们可从 sklearn 的 cluster 子模块中导入 KMeans 类用于构建 *K* 均值模型。代码 2～4 行用于生成鸢尾花数据集用于演示。代码 6～9 行调用 KMeans 类，创建了 *K* 均值模型，同时传入特征矩阵 ***X*** 用于拟合模型。其中，n_clusters 是影响 *K* 均值方法的最主要参数，用于指定聚类中心个数，默认值为 8，这里由于已知目标值有 3 个标签，因而直接填 3。另外，random_state 参数用于控制 *K* 均值模型的可重复性。注意此处我们仅用到了特征矩阵拟合模型，聚类分析仅处理特征数据，无需标签数据。代码 10 行用 *K* 均值模型预测潜在标签，得到变量 labels。

```
1  from sklearn.cluster import KMeans
2  from sklearn.datasets import load_iris
3  
4  X, Y = load_iris(return_X_y=True)
5  
6  model = KMeans(
7      n_clusters=3, # 聚类中心个数，默认值为 8
8      random_state=0, # 用于控制模型可重复性，默认值为 None
9  ).fit(X)
10 labels = model.predict(X)
```

附图 2.34　*K* 均值方法的导入与建模代码

如附图 2.35 的代码所示，我们可以利用最近邻算法绘制鸢尾花数据的二维投影图（附图 2.36），但这次的标签数据选用 *K* 均值预测的标签。通过与附图 2.22（a）的真实标签投影图对比，我们发现 *K* 均值算法预测的标签结果与真实标签基本一致，仅有部分橙色与紫色样本的标签结果有差异。另外，虽然 *K* 均值方法能将原始特征值转变为聚类中心的距离，从而也可以实现降维的目的（2 个聚类中心可以得到 2 个降维成分），但降维效果一般不及模式识别算法，因此 *K* 均值方法通常会搭配模式识别方法来做数据可视化分析。

```python
from sklearn.neighbors import NeighborhoodComponentsAnalysis as NCA
X = NCA().fit_transform(X, Y)

import matplotlib.pyplot as plt
plt.rcParams["figure.dpi"] = 300
plt.rcParams['font.sans-serif']=['SimHei']
plt.rcParams["axes.unicode_minus"] = False

fig, ax = plt.subplots(1, figsize=(4, 3))
ax.scatter(X[:, 0], X[:, 1], c=labels)
ax.set_xlabel("降维成分 1")
ax.set_ylabel("降维成分 2")
ax.set_title("鸢尾花数据的最近邻投影（K 均值标签）")
fig.savefig("均值标签的最近邻投影.png", bbox_inches="tight")
```

附图 2.35　*K* 均值模型的预测结果展示代码

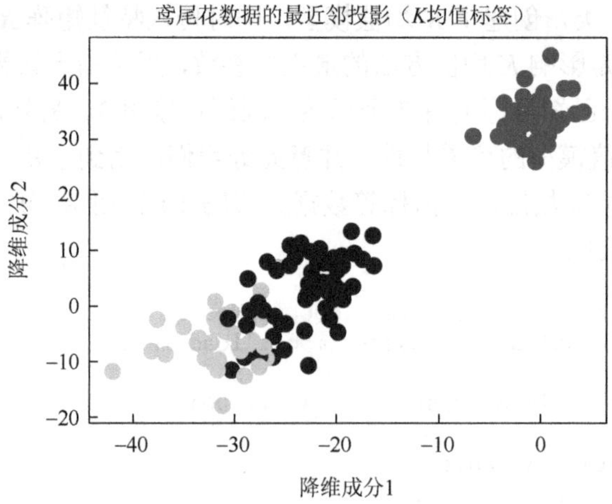

附图 2.36　*K* 均值模型的预测结果

除了通过投影图来评判聚类模型的结果，通常我们也会借助其他的量化指标来定性地判断聚类模型的好坏，如轮廓系数、兰德分数、完整性分数等。如附图 2.37 的代码 27～28 行所示，我们可以从 sklearn 的子模块 metrics 中分别导入 silhouette_score、adjusted_rand_score、completeness_score 依次计算这三个聚类指标。计算轮廓系数只需要传入特征矩阵以及聚类模型预测的标签，而兰德分数与完整性分数的计算需要预测标签与真实标签。在附图 2.34 中，我们根据已知的数据情况事先将聚类中心个数定为 3。在实际应用中，对于缺少真实标签的特征数据，我们可以根据轮廓系数的大小来确定最佳的聚类中心个数，计算内容如附图 2.37 代码 34～36 行所示，最后可以确定最佳的聚类中心个数为 3，此时轮廓系数值最高为 0.55。

```
27 from sklearn.metrics import silhouette_score, \
28     adjusted_rand_score, completeness_score
29 print(silhouette_score(X, labels)) # 0.58
30 print(adjusted_rand_score(labels, Y)) # 0.73
31 print(completeness_score(labels, Y)) # 0.75
32 
33 X, Y = load_iris(return_X_y=True)
34 for i in range(3, 10):
35     labels = KMeans(n_clusters=i, random_state=0).fit_predict(X)
36     print(f"{i}: {silhouette_score(X, labels)}") # 3: 0.55
```

附图 2.37　聚类指标的调用代码

附录 2.6　人工神经网络与深度学习网络

附录 2.6.1　人工神经网络

人工神经网络通常是指网络规模较小、层数较浅的多层感知机算法，sklearn 的 neural_networks 子模块提供了简单的人工神经网络算法用于处理小样本集数据。本节内容采用一段完整的代码为读者演示人工神经网络模型的构建与验证。

如附图 2.38 代码 1～2 行所示，我们导入 make_regression 方法，生成大小为 200×6 的特征矩阵 $\boldsymbol{X}$ 与目标向量 $\boldsymbol{Y}$。代码 4～6 行从 sklearn 的 model_selection 子模块中导入 train_test_split，借助该方法将数据集划分为训练集与测试集。其中函数参数 test_size 用于指定测试集比例为 15%，剩余 85%样本为训练集。训练集用于模型的训练，训练误差用于更新神经网络内部权重，从而提升模型准度。测试集不参与训练过程，作为未知样本用于模型的验证，从而判断模型训练的好坏。附图 2.38 代码 8～11 行还从 sklearn 的 preprocessing 子模块中导入了 StandardScaler 类，用于标准化数据，以消除不同维度的数据对建模带来的影响。

```
1  from sklearn.datasets import make_regression
2  X, Y = make_regression(n_samples=200, n_features=6, random_state=0)
3
4  from sklearn.model_selection import train_test_split
5  X_train, X_test, Y_train, Y_test \
6      = train_test_split(X, Y, test_size=0.15, random_state=0)
7
8  from sklearn.preprocessing import StandardScaler
9  scaler = StandardScaler().fit(X_train)
10 X_train = scaler.transform(X_train)
11 X_test = scaler.transform(X_test)
12
13 from sklearn.neural_network import MLPRegressor
14 from sklearn.metrics import r2_score as R2, mean_squared_error as MSE
15 model = MLPRegressor(
16     hidden_layer_sizes=150, # 隐藏层大小，默认值为 100
17     max_iter=10000, # 最大迭代步长，默认值为 200
18     learning_rate="adaptive", # 学习率，默认值为 constant
19     learning_rate_init=0.001, # 初始学习率，默认值为 0.001
20     activation="relu", # 激活函数，默认为 relu
21     solver="adam", # 权重更新器，默认值为 adam
22 ).fit(X_train, Y_train)
23 preds = model.predict(X_test)
24 print(f"决定系数：{R2(Y_test, preds)}")
25 print(f"均方误差：{MSE(Y_test, preds)}")
```

附图 2.38　人工神经网络模型示例代码

附图 2.38 代码 13 行从 sklearn 的 neural_network 子模块中导入 MLPRegressor 用于构建人工神经网络模型。代码 14 行从 sklearn 的 metrics 子模块中导入 r2_score 与 mean_squared_error 分别用于计算决定系数与均方误差，并简写为 R^2 与 MSE。代码 15～22 行调用 MLPRegressor 类，构建并拟合人工神经网络模型。其中，参数 hidden_layer_sizes 代表隐含层大小，默认值为 100。参数 max_iter 代表最大迭代步长，默认值为 200。参数 learning_rate 代表学习率，这里可以选择 constant（训练过程中保持常数）、invscaling（训练过程中逐渐减少）、adaptive（训练过程中动态调整），默认值为 constant。参数 learning_rate_init 代表初始学习率，默认值为 0.001。参数 activation 代表激活函数，默认值为 relu。参数 solver 是权重优化器，默认值为 adam。代码 23 行用已训练的人工神经网络模型预测测试集，得到测试集的预测值。代码 24～25 行打印测试集的决定系数与均方误差。

附录 2.6.2　深度人工神经网络

PyTorch 工具为神经网络算法提供了更多选择，我们不仅可以搭建出自由度更高、规模更大的网络模型，还可以借助 GPU 显卡更快速地训练神经网络模型，用于处理不限于矩阵、图像、音频、文本等多元化的数据。使用 PyTorch 前，请读者注意需要按照附录 2.1 的步骤正确安装 PyTorch。如果读者的硬件支持 GPU 显卡计算，则还应正确安装 cuda 等硬件驱动。如果读者的硬件仅支持 CPU 计算或者内存较低，则应注意控制搭建的网络体积大小以及数据集大小。另外，深度学习是一门难度较大、上手门槛较高的计算机学科，出于本书篇幅限制，我们很难为读者提供一个较为详尽且全面的教程，仅仅起到抛砖引玉的作用。读者可根据自己的需要，进一步查阅相关的专业书本，以获取更全面的信息。

我们来看一个由全连接层搭建的深度学习网络模型的例子，读者可以横向对比 sklearn 的人工神经网络与 PyTorch 的深度人工神经网路在代码使用上的差异。如附图 2.39 所示，数据集与附图 2.38 保持相同，也作同样的划分数据集以及标准化操作。

```python
from sklearn.datasets import make_regression
from sklearn.model_selection import train_test_split
from sklearn.preprocessing import StandardScaler
from sklearn.metrics import mean_absolute_error as MAE, r2_score as R2

X, Y = make_regression(n_samples=200, n_features=6, random_state=0)
X_train, X_test, Y_train, Y_test \
    = train_test_split(X, Y, test_size=0.15, random_state=0)
scaler = StandardScaler().fit(X_train)
X_train = scaler.transform(X_train)
X_test = scaler.transform(X_test)
```

附图 2.39　全连接层深度学习网络模型代码（1）

附图 2.40 代码 13～14 行导入了 torch 以及 torch 的 nn、optim、utils 等子模块。在创建全连接层深度学习网络模型前，我们需要先自定义模型结构。代码 16～31 行创建了一个 Model 类，用于自定义我们的网络模型，该模型继承自 nn 模块中的 Module 类。我们仅需要补充 forward 函数的具体内容，Model 类会自动调用 Module 类提供的正向传播、误差反向传播等功能。自定义的 forward 函数负责将传入的特征矩阵 $\boldsymbol{X}$ 传给我们定义好的神经网络层，而神经网络层可以在模型初始化时完成自定义。在这个例子中，我们添加了 3 个全连接层，每个连接层都配有 1 个 ReLU 激活函数，最后再添加 1 个输出层。

除了自定义网络，我们还需要定义能被 PyTorch 识别的数据集格式。附图 2.41 创建了 Dataset 类，该类继承自 PyTorch 的子模块中的同名类。类似地，我们需要自定义图中所示的三个函数方法，以便能被网络模型正常调用。

```python
import torch, numpy as np
from torch import nn, optim, utils

class Model(nn.Module):

    def __init__(self, dim) -> None:
        super().__init__()
        self.dense_layer = nn.Sequential(
            nn.Linear(dim, 128),
            nn.ReLU(),
            nn.Linear(128, 256),
            nn.ReLU(),
            nn.Linear(256, 64),
            nn.ReLU(),
            nn.Linear(64, 1),
        )

    def forward(self, X):
        return self.dense_layer(X)
```

附图 2.40　全连接层深度学习网络模型代码（2）

```python
class Dataset(utils.data.Dataset):

    def __init__(self, X, Y) -> None:
        super().__init__()
        self.X = X
        self.Y = Y.reshape(-1, 1)

    def __getitem__(self, index):
        X = torch.from_numpy(self.X[index]).type(torch.FloatTensor)
        Y = torch.from_numpy(self.Y[index]).type(torch.FloatTensor)
        return X, Y

    def __len__(self):
        return len(self.X)
```

附图 2.41　全连接层深度学习网络模型代码（3）

附图 2.42 代码 48～49 行将附图 2.39 中划分的训练集与测试集传入附图 2.41 自定义的 Dataset 类，得到训练集与测试集。代码 50 行创建了我们自定义的神经网络模型，代码 51～52 行将创建好的模型移动至 GPU 显卡或 CPU 处理器上。代码 53～54 定义了权重衰减系数以及训练样本批次。代码 55 行定义损失函数为均方误差。代码 56 行选用优化器为 adam 方法。代码 57～62 分别构建训练集样本迭代器与测试集样本迭代器，每一次迭代的样本数为代码 54 行定义的 64 个。

```python
train_dataset = Dataset(X_train, Y_train)
test_dataset = Dataset(X_test, Y_test)
net = Model(X.shape[1])
device = torch.device("cuda:0" if torch.cuda.is_available() else "cpu")
net.to(device)
weight_decay = 0.001
batch_size =64
loss_function = nn.MSELoss()
optimizer = optim.Adam(net.parameters(), lr=1e-4, weight_decay=weight_decay)
train_loader = utils.data.DataLoader(
    train_dataset, batch_size=batch_size, shuffle=True, num_workers=0,
)
test_loader = utils.data.DataLoader(
    test_dataset, batch_size=batch_size, shuffle=True, num_workers=0,
)
```

附图 2.42 全连接层深度学习网络模型代码（4）

附图 2.43 是训练深度学习网络模型的最简单的代码。代码 65 行表示该模型将做 2000 次循环训练，代码 66 行表示开启模型的训练状态，代码 67～73 表示按批次训练模型，每一个批次的训练样本不超过 64 个。代码 68 行获取一个批次的

```python
64 best_epoch, best_mae, best_r2 = 0, 9999, 0
65 for epoch in range(2000):
66     net.train()
67     for step, data in enumerate(train_loader):
68         x, y = data
69         optimizer.zero_grad()
70         outputs = net(x.to(device))
71         loss = loss_function(outputs, y.to(device))
72         loss.backward()
73         optimizer.step()
74 
75     net.eval()
76     predictions, observations = [], []
77     with torch.no_grad():
78         for val_data in test_loader:
79             x, y = val_data
80             outputs = net(x.to(device))
81             predictions.append(outputs.detach().cpu().numpy())
82             observations.append(y.numpy())
83         predictions = np.concatenate(predictions)
84         observations = np.concatenate(observations)
85         val_mae = MAE(observations, predictions)
86         val_r2 = R2(observations, predictions)
87         if val_mae < best_mae:
88             best_epoch = epoch
89             best_mae = val_mae
90             best_r2 = val_r2
91             torch.save(net.state_dict(), "best_model.pth")
92 print(f"best_epoch: {best_epoch}, best_MAE: {best_mae}, best_R2: {best_r2}")
```

附图 2.43 全连接层深度学习网络模型代码（5）

特征矩阵 ***X*** 以及目标向量 ***Y***。代码 69 行初始化优化器的梯度为 0。代码 70 行将该批次特征矩阵传递给网络模型，返回得到本次的预测值。代码 71 行计算预测值与观测值误差。代码 72 行令误差反向传播。代码 73 行更新权重。代码 75～91 行是模型验证阶段，该阶段模型权重不更新。代码 75 行表示关闭模型的训练状态。代码 77 行表示后续模型计算时，模型不自动计算梯度。代码 78～82 用模型预测测试集。代码 83～86 计算测试集的验证结果。代码 87～91 更新最佳训练轮数、最佳误差、最佳决定系数，并将最好的模型状态保存至本地。

附录 2.6.3 卷积神经网络

我们通常所说的深度学习，是指能够处理图像、语音、文本等非数值化数据，主要包括卷积神经网络、生成式对抗网络、变分自编码器、长短期记忆人工神经网络、图卷积网络等。这些网络对样本数量要求极大，通常也会与大数据、人工智能等用语绑定。在材料的机器学习方面，我们可以将深度学习应用在图像数据上构建二维卷积神经网络模型，如 X 射线衍射、吸收光谱图等。按照我们的经验，通常几十到几百个样本就可以训练出建模结果不错的卷积神经网络。这样的技术实际上已经在医疗、临床等其他领域有广泛且成熟的应用，我们也希望该技术能在材料领域内起到较好的应用效果。

我们接下来以 sklearn 提供的手写数字图像数据为例，简单介绍卷积神经网络的构建与训练。如附图 2.44 所示，我们首先导入基本的模块。代码 1 行导入的是 load_digits，可用于生成手写数字数据，该数据样本由 1797 张图片构成，每个图

```
1  from sklearn.datasets import load_digits
2  from sklearn.model_selection import train_test_split
3  from sklearn.preprocessing import StandardScaler
4  from sklearn.metrics import accuracy_score
5  import matplotlib.pyplot as plt
6  import torch, numpy as np
7  from torch import nn, optim, utils
8  plt.rcParams["figure.dpi"] = 300
9  
10 X, Y = load_digits(return_X_y=True)
11 X_train, X_test, Y_train, Y_test \
12     = train_test_split(X, Y, test_size=0.15, random_state=0)
13 scaler = StandardScaler().fit(X_train)
14 X_train = scaler.transform(X_train).reshape(-1, 8, 8)
15 X_test = scaler.transform(X_test).reshape(-1, 8, 8)
16 plt.imshow(X_train[1].reshape(8, 8))
```

附图 2.44　二维卷积神经网络模型代码（1）

片以长度 64 的向量储存，我们可以将其转换成 8×8 的二维矩阵，并借助代码 16 行呈现其图片形式。由于该数据集是分类问题，即通过图片数据预测图片上的数字，代码 4 行的评价指标改用分类准确率。代码 2～3 行与 5～8 行分别导入数据预处理以及 PyTorch 相关模块。代码 10～15 用于生成手写数字的数据并作预处理。

如附图 2.45 所示为常见的二维卷积神经网络模型的结构。相比于全连接层的深度学习模型，卷积神经网络模型添加了一个 conv_layer，用于放置卷积层，包括 4 个卷积层以及 1 个最大池化层。单张图片数据输入时的维度为 1×8×8，其中 1 就是通道数，经过前 2 层卷积层的计算，放大到 128 通道。图片数据经过最大池化层后，后两个维度会减半，变成 128×4×4，并继续通过后两层卷积层，保持维度不变。卷积过程中，图片数据维度的变化与卷积层、池化层的参数设置有关，若按照示例代码的参数设置，维度为 $a\times b\times c$ 的单张图片到最后会输出成 $d\times b/2\times c/2$，其中 d 就是最后一层卷积层的输出通道数。这一套设置的通用性较广，读者在入门时不妨先采用这一套，并根据实际情况修改卷积层的通道数。代码 33～41 行是与全连接层的深度学习模型类似的全连接层 dense_layer，其输入的

```
18 class Model(nn.Module):
19 
20     def __init__(self) -> None:
21         super().__init__()
22         self.conv_layer = nn.Sequential(
23             nn.Conv2d(1, 128, kernel_size=3, stride=1, padding=1),
24             nn.ReLU(),
25             nn.Conv2d(128, 128, kernel_size=3, stride=1, padding=1),
26             nn.ReLU(),
27             nn.MaxPool2d(kernel_size=2, stride=2),
28             nn.Conv2d(128, 128, kernel_size=3, stride=1, padding=1),
29             nn.ReLU(),
30             nn.Conv2d(128, 128, kernel_size=3, stride=1, padding=1),
31             nn.ReLU(),
32         )
33         self.dense_layer = nn.Sequential(
34             nn.Linear(128 * 4 * 4, 128),
35             nn.ReLU(),
36             nn.Linear(128, 256),
37             nn.ReLU(),
38             nn.Linear(256, 64),
39             nn.ReLU(),
40             nn.Linear(64, 10),
41         )
42 
43     def forward(self, X):
44         X = self.conv_layer(X)
45         X = torch.flatten(X, start_dim=1)
46         return self.dense_layer(X)
```

附图 2.45　二维卷积神经网络模型代码（2）

大小与卷积层的输出维度对应，一般直接取 $d \times b/2 \times c/2$ 的乘积值。由于目标值是 10 分类标签数据，dense_layer 的最后一层的输出值从 1 改为 10，用于输出长度为 10 的向量，该向量内最大数值所在的索引值即为该样本的分类标签。代码 43～46 行将输入的特征矩阵传给定义好的卷积神经网络层，再将输出值平铺，即把维度 $d \times b/2 \times c/2$ 的三维矩阵平铺成长度 $d \times b/2 \times c/2$ 的向量，再将该向量输入 dense_layer 中，返回输出标签。

如附图 2.46 所示，我们还需要修改数据集格式，保证输出的图片格式满足 batch×a×b×c，其中 batch 是一批数据的样本数，a 就是单张图片的通道数。

```
class Dataset(utils.data.Dataset):

    def __init__(self, X, Y) -> None:
        super().__init__()
        self.X = X
        self.Y = Y.reshape(-1, 1)

    def __getitem__(self, index):
        X = torch.from_numpy(self.X[index]).type(torch.FloatTensor)
        X = torch.unsqueeze(X, dim=0)
        Y = torch.from_numpy(self.Y[index]).type(torch.LongTensor)
        return X, Y.squeeze()

    def __len__(self):
        return len(self.X)
```

附图 2.46　二维卷积神经网络模型代码（3）

模型的相关参数设置如附图 2.47 所示，其内容与附图 2.42 比较接近，但代码 66 行的 Model 不需要传入参数，代码 70 行可以根据硬件水平适当提升批次数量。

```
64 train_dataset = Dataset(X_train, Y_train)
65 test_dataset = Dataset(X_test, Y_test)
66 net = Model()
67 device = torch.device("cuda:0" if torch.cuda.is_available() else "cpu")
68 net.to(device)
69 weight_decay = 0.001
70 batch_size = 256
71 loss_function = nn.CrossEntropyLoss()
72 optimizer = optim.Adam(net.parameters(), lr=1e-4, weight_decay=weight_decay)
73 train_loader = utils.data.DataLoader(
74     train_dataset, batch_size=batch_size, shuffle=True, num_workers=0,
75 )
76 test_loader = utils.data.DataLoader(
77     test_dataset, batch_size=batch_size, shuffle=True, num_workers=0,
78 )
```

附图 2.47　二维卷积神经网络模型代码（4）

如附图 2.48 所示，卷积神经网络模型训练的内容与附图 2.43 类似，仅针对分类问题做一些修改。代码 80 行，我们仅需要记录最佳训练迭代轮数以及最佳准确率。代码 81 行，我们将迭代轮数从 2000 修改至较小的数值。代码 97 行，将单个样本的长度为 10 的预测向量转为标量，其余内容基本不变。

```
80  best_epoch, best_accuracy_score = 0, 0
81  for epoch in range(200):
82      net.train()
83      for step, data in enumerate(train_loader):
84          x, y = data
85          optimizer.zero_grad()
86          outputs = net(x.to(device))
87          loss = loss_function(outputs, y.to(device))
88          loss.backward()
89          optimizer.step()
90  
91      net.eval()
92      predictions, observations = [], []
93      with torch.no_grad():
94          for val_data in test_loader:
95              x, y = val_data
96              outputs = net(x.to(device))
97              outputs = torch.max(outputs, dim=1)[1]
98              predictions.append(outputs.detach().cpu().numpy())
99              observations.append(y.numpy())
100         predictions = np.concatenate(predictions)
101         observations = np.concatenate(observations)
102         val_score = accuracy_score(observations, predictions)
103         if val_score > best_accuracy_score:
104             best_epoch = epoch
105             best_accuracy_score = val_score
106             torch.save(net.state_dict(), "best_model.pth")
107     print(f"{epoch}: {best_accuracy_score}")
108 print(f"best_epoch: {best_epoch}, best_score: {best_accuracy_score}")
```

附图 2.48　二维卷积神经网络模型代码（5）

对比两个神经网络模型的代码，其区分仅在于模型构建以及数据集结构设计，其余训练代码仅根据分类或回归问题有所区分，读者可以借助这两个代码示例对深度学习以及 PyTorch 工具有一定了解。

附录 2.7　支持向量机

支持向量机是经典且应用最广泛的机器学习算法之一，不仅可以处理分类、回归问题，还可以同时适用于小样本数据集、超高维度的数据集，甚至还可以用支持向量机做无监督学习用于检测异常样本，因此是一种非常全面的算法，十分推荐读者优先尝试。

在本节内容中，我们将引入训练集验证结果、交叉验证结果、测试集验证结果的概念。在神经网络模型中，我们强调的是单个模型在拟合迭代过程中的训练误差以及测试误差。而在非神经网络模型中，如支持向量机，我们往往强调的是已训练好的支持向量机模型的各种验证结果。其中，训练集验证就是用已拟合好的支持向量机模型预测用于建模的样本，将预测结果与观测值比对，得到误差、决定系数等。交叉验证就是在建模样本中先预留出一部分，用剩余样本建模，再用模型预测留出样本的预测值，反复该过程直到所有样本都被预留出一次，最后得到所有建模样本的预测值，并与观测值比对。交叉验证预留出 5 次样本，就称之为五折交叉验证，若每次预留出 1 个样本，则被称之为留一法交叉验证。测试集验证就是用拟合好的支持向量机模型预测测试集内的样本，得到测试集样本的误差、决定系数等。

我们仍然以一个完整的代码例子介绍支持向量机的建模以及验证过程。如附图 2.49 代码 1～11 行所示，分别导入所需要的算法、类以及函数。代码 13～18 生成了手写数字分类数据集，考虑样本较多，而 sklearn 的运算速度较慢，我们仅采用 200 个样本作为演示。

```
1   from sklearn.datasets import load_digits
2   from sklearn.preprocessing import StandardScaler
3   from sklearn.metrics import accuracy_score
4   from sklearn.svm import SVC
5   from sklearn.model_selection import train_test_split, LeaveOneOut
6   from sklearn.decomposition import PCA
7   import numpy as np
8   import matplotlib.pyplot as plt
9   plt.rcParams["figure.dpi"] = 300
10  plt.rcParams['font.sans-serif']=['SimHei']
11  plt.rcParams["axes.unicode_minus"] = False
12
13  X, Y = load_digits(return_X_y=True)
14  X, Y = X[:200], Y[:200]
15  X_train, X_test, Y_train, Y_test \
16      = train_test_split(X, Y, test_size=0.15, random_state=0)
17  scaler = StandardScaler().fit(X_train)
18  X_train, X_test = scaler.transform(X_train), scaler.transform(X_test)
19  decomposer = PCA().fit(X_train, Y_train)
20  X_train, X_test = decomposer.transform(X_train), decomposer.transform(X_test)
```

附图 2.49　支持向量机模型代码（1）

对于维度较高的数据集，如手写数字数据集具有 64 个特征，我们通常可以选用降维方法来减少特征数。代码 19～20 选用主成分分析方法，分别将训练集特征与测试集特征进行降维。

我们采用递归特征添加法，先后选择前 3～15 个降维成分用于构建并评估模型，以挑选出最佳的降维成分个数。评价指标选用留一法的准确率，其值越高越好。留一法准确率的计算代码如附图 2.50 代码 22～31 行所示，写成 LOO 函数的形式可方便后续调用。降维成分的筛选如附图 2.50 代码 33～36 所示，先选择前 *n* 个降维成分组成的特征矩阵，再将该特征矩阵与目标向量传给 LOO 函数，最后返回得到留一法准确率的值。筛选结果如附图 2.51 所示，当降维成分个数为 8 时，留一法准确率达到最高值。作图代码可参考附图 2.50 代码 38～44 行。

```
22  def LOO(algo, x, y, **params):
23      loo = LeaveOneOut()
24      predictions, observations = [], []
25      for itrain, itest in loo.split(x):
26          x_train, y_train = x[itrain], y[itrain]
27          x_test, y_test = x[itest], y[itest]
28          model = algo(**params).fit(x_train, y_train)
29          predictions.append(model.predict(x_test)[0])
30          observations.append(y_test[0])
31      return accuracy_score(observations, predictions)
32  
33  selection_results = []
34  for i in range(3, 16):
35      selection_results.append([i, LOO(SVC, X_train[:, :i], Y_train)])
36  selection_results = np.array(selection_results)
37  
38  fig, ax = plt.subplots(1, figsize=(4, 3))
39  ax.plot(selection_results[:, 0], selection_results[:, 1], marker="8")
40  ax.set_title("支持向量机特征选择")
41  ax.set_xlabel("前 n 个降维成分")
42  ax.set_ylabel("留一法准确率")
43  ax.axvline(8, color="#696969", lw=0.7, dashes=(4, 3), zorder=9999)
44  fig.savefig("支持向量机变量选择.png", bbox_inches="tight")
```

附图 2.50　支持向量机模型代码（2）

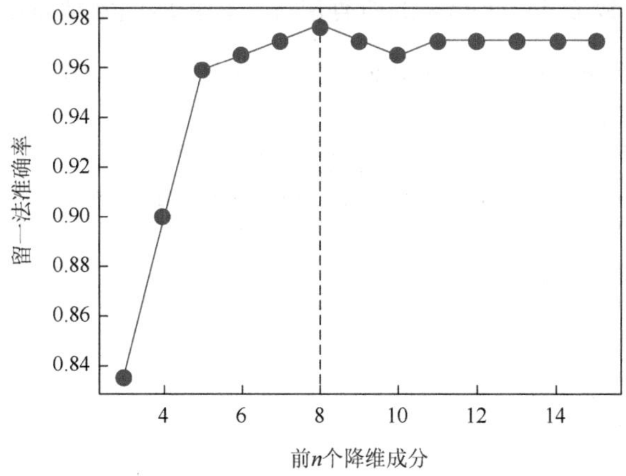

附图 2.51　支持向量机特征选择过程

从上文中可知，最佳降维成分个数为 8。我们也可按照附图 2.52 代码 46 行自动获取最佳降维成分个数。代码 47～48 分别从原始训练集特征矩阵与测试集特征矩阵中获取相应的前 8 个降维成分数据。代码 49～53 行调用 SVC 类创建并拟合支持向量机分类模型。其中，参数 *C* 是惩罚因子，默认值为 1。参数 kernel 为核函数类型，可选 linear、poly、rbf，默认值为 rbf，从经验上来看 rbf 效果最佳。参数 gamma 是核函数的常数项系数，默认值为 auto，即自动根据数据集计算，我们可以通过参数优化来调整 gamma 取值。

代码 54～55 行用支持向量机分类模型预测训练集样本以及测试集样本的标签，并在代码 56～57 行分别计算训练集与测试集的准确率，本次结果分别为 98% 与 90%。代码 58～59 行传入训练集与测试集，计算留一法的准确率结果为 97%。

```
46 feature_index = int(selection_results[selection_results[:, 1].argmax(), 0])
47 X_train = X_train[:, :feature_index]
48 X_test = X_test[:, :feature_index]
49 model = SVC(
50     C=1, # 惩罚因子，默认值为 1
51     kernel="rbf", # 核函数，默认值为 rbf
52     gamma="auto", # 核函数系数，默认值为 auto，也可为数值
53 ).fit(X_train, Y_train)
54 train_preds = model.predict(X_train)
55 test_preds = model.predict(X_test)
56 print(f"训练准确率：{accuracy_score(Y_train, train_preds)}") # 0.98
57 print(f"测试准确率：{accuracy_score(Y_test, test_preds)}") # 0.90
58 loo_accuracy = LOO(SVC, X_train, Y_train)
59 print(f"留一法准确率：{loo_accuracy}") # 0.97
```

附图 2.52　支持向量机模型代码（3）

我们可进一步利用网格搜索方法优化支持向量机的参数。如附图 2.53 代码 61 所示，以参数 *C* 与 gamma 为例，分别考虑优化范围 1～10 与 0.1～1.0。代码 62～66 迭代了所有参数 *C* 与 gamma 的所有情况，每轮迭代分别建模、计算留一法的

```
61 range_C, range_gamma = np.meshgrid(np.linspace(1, 10, 10), np.linspace(0.1, 1,
   10))
62 loo_accuracies = []
63 for C, gamma in zip(range_C.ravel(), range_gamma.ravel()):
64     model_p = dict(C=C, gamma=gamma)
65     loo_accuracies.append(LOO(SVC, X_train, Y_train, **model_p))
66 loo_accuracies = np.reshape(loo_accuracies, (len(range_C), len(range_C)))
67 
68 fig, ax = plt.subplots(1, figsize=(6, 4), subplot_kw={"projection": "3d"})
69 ax.plot_surface(range_gamma, range_C, loo_accuracies, cmap=plt.cm.coolwarm,
   linewidth=0, antialiased=False)
70 ax.set_title("支持向量机分类模型的参数优化")
71 ax.set_xlabel("gamma")
72 ax.set_ylabel("C")
73 ax.set_zlabel("准确率%")
74 fig.savefig("支持向量机分类模型的参数优化.png", bbox_inches="tight")
```

附图 2.53　支持向量机模型代码（4）

准确率，最后按照留一法准确率挑选最佳参数组合。参数优化结果如附图 2.54 所示，gamma 值越小，支持向量机分类模型准确率越高，而 C 值的变化在本次优化中没有起到作用。经过进一步的优化，C 与 gamma 的最佳参数值分别为 1 与 0.04，此时训练集、留一法、测试集的准确率分别为 99%、98%、90%。作图代码可参考附图 2.53 代码 68～74 行。

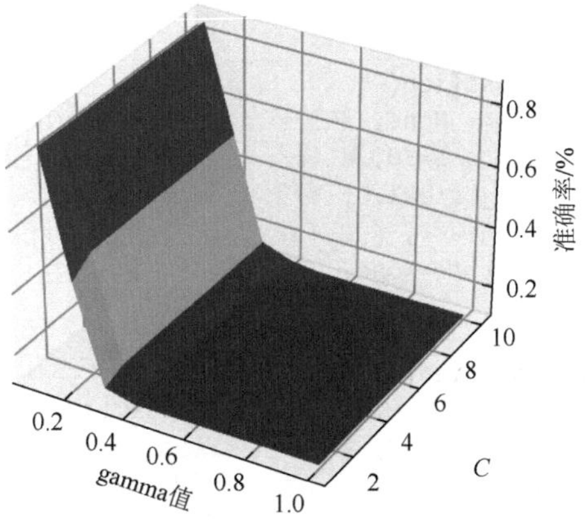

附图 2.54　支持向量机分类模型的参数优化结果

附录 2.8　集 成 学 习

在附录 2.4 中，我们已接触了基于决策树的集成学习算法。借助 sklearn 的 ensemble 模块，我们还可以调用自由度更高的其他集成学习算法，包括 AdaBoost、Bagging、Stacking、Voting 等，其相关导入代码如附图 2.55 所示。

```
from sklearn.ensemble import AdaBoostClassifier, AdaBoostRegressor, \
    BaggingClassifier, BaggingRegressor, \
    StackingClassifier, StackingRegressor, \
    VotingClassifier, VotingRegressor
```

附图 2.55　集成学习算法导入代码

我们以这 4 个集成学习的分类算法为例，分别介绍主要的算法参数，而模型的拟合与验证可参考前面 sklearn 算法的内容。如附图 2.56 所示，代码 1～7 行是 AdaBoost 算法参数，需要传入 estimator 作为基模型，该模型要满足 sklearn 的代码形式。参数 n_estimators 用于控制基模型的个数，默认值为 50，参数 learning_rate 是学习率，默认值为 1.0，参数 loss 是损失函数，默认值为 linear，参数 random_state 用于控制模型重复性，默认值为 None。代码 9～15 行是 Bagging 算法参数，

estimator、n_estimators、random_state 与 AdaBoost 相同。参数 max_samples 是基模型采用样本集的比例，默认值为 1.0，即 100%。参数 max_features 是基模型采用的特征集的比例，默认值为 1.0。代码 17～20 行是 Stacking 算法参数，参数 estimators 是一组基模型的列表，如放置 1 个支持向量机与 2 个多线性回归。参数 final_estimator 是最终输出的基模型。代码 22～24 行是 Voting 算法参数，参数 estimators 是一组基模型的列表，其他的参数相对地影响不是很大。

```
1  AdaBoostClassifier(
2      estimator= None, # 基模型，满足 sklearn 接口的算法即可
3      n_estimators=50, # 基模型的个数，默认值为 50
4      learning_rate=1.0, # 学习率，默认值为 1.0
5      loss="linear", # 损失函数，默认值为 linear
6      random_state=None, # 控制模型重复性，默认值为 None
7  )
8
9  BaggingClassifier(
10     estimator= None, # 基模型，满足 sklearn 接口的算法即可
11     n_estimators=50, # 基模型的个数，默认值为 10
12     max_samples=1.0, # 基模型采用样本集的比例，默认值为 1.0
13     max_features=1.0, # 基模型采用特征集的比例，默认值为 1.0
14     random_state=None, # 控制模型重复性，默认值为 None
15 )
16
17 StackingClassifier(
18     estimators=[], # 存有一组基模型的列表
19     final_estimator=None, # 最后输出的基模型
20 )
21
22 VotingClassifier(
23     estimators=[], # 存有一组基模型的列表
24 )
```

附图 2.56　集成学习算法参数

这一节介绍的集成学习通常使用频率并不是特别高。通常而言，基于决策树模型的几种集成学习算法比 AdaBoost 与 Bagging 算法效果更好，读者可以将这几种算法横向对比。当读者有几个性能不相上下的模型时，此时可以尝试使用 Stacking 与 Voting 将这几个模型集成起来，以达到更好的模型结果。

附录 2.9　特 征 选 择

附录 2.9.1　遗传算法

遗传算法是最常用的特征选择方法之一，我们可以凭借 Deap 模块实现基本

的遗传算法，该模块需要读者提前安装。以遗传算法-支持向量机为例，处理 sklearn 中的红酒数据集。如附图 2.57 所示，代码 1～6 行分别导入数据集、数据预处理等模块。代码 7 行从 Deap 导入所需基本子模块。代码 9～16 分别完成数据的导入与预处理，并指定算法 algo 为 SVC。

```
1  from sklearn.datasets import load_wine
2  from sklearn.preprocessing import StandardScaler
3  from sklearn.metrics import accuracy_score
4  from sklearn.model_selection import train_test_split, LeaveOneOut
5  from sklearn.svm import SVC
6  import numpy as np, random
7  from deap import base, tools, creator, algorithms
8
9  data = load_wine()
10 X, Y, fnames = data.data, data.target, np.array(data.feature_names)
11 X_train, X_test, Y_train, Y_test = \
12     train_test_split(X, Y, test_size=0.15, random_state=0)
13 scaler = StandardScaler().fit(X_train)
14 X_train = scaler.transform(X_train)
15 X_test = scaler.transform(X_test)
16 algo = SVC
```

附图 2.57　遗传算法-支持向量机处理红酒数据集代码（1）

附图 2.58 的代码 18～27 行定义留一法函数，代码 29～33 行用于指定拟合函数，该函数接收一个特征组合、原始训练集、测试集，再将该特征组合对应的特征矩阵传给 LOO 函数，最后返回该特征组合对应的留一法准确率。由于遗传算法的优化目标趋势是越小越好，返回值改成留一法准确率的倒数。倒数分母多加的 0.00001 仅用于避免分母为 0 的特殊情况。

```
18 def LOO(algo, x, y, **params):
19     loo = LeaveOneOut()
20     predictions, observations = [], []
21     for itrain, itest in loo.split(x):
22         x_train, y_train = x[itrain], y[itrain]
23         x_test, y_test = x[itest], y[itest]
24         model = algo(**params).fit(x_train, y_train)
25         predictions.append(model.predict(x_test)[0])
26         observations.append(y_test[0])
27     return accuracy_score(observations, predictions)
28
29 def fitness(individual, X_train, Y_train):
30     X_train_ = X_train[:, [bool(i) for i in individual]]
31     score = LOO(algo, x=X_train_, y=Y_train)
32     print(f"{X_train.shape[1]}, {score}")
33     return 1 / (score+0.00001),
```

附图 2.58　遗传算法-支持向量机处理红酒数据集代码（2）

附图 2.59 代码 35 行创建一个适应度类 FitnessMax，weights 代表适应度越小越好，即对应模型留一法准确率的倒数越小越好。代码 36 行创建遗传算法的染色体格式为 Individual，Individual 继承 list 变量类型，且具有的属性 fitness 为适应度类 FitnessMax。这两行代码即规定了染色体格式，并规定了每条染色体具有自己的适应度，该适应度用于评价该染色体的好坏程度，其值越小越好。

```
35 creator.create("FitnessMax", base.Fitness, weights=(-1.0,))
36 creator.create("Individual", list, fitness=creator.FitnessMax)
37 toolbox = base.Toolbox()
38 toolbox.register("evaluate", fitness, X_train=X_train, Y_train=Y_train)
39 toolbox.register("mate", tools.cxTwoPoint)
40 toolbox.register("mutate", tools.mutFlipBit, indpb=0.05)
41 toolbox.register("select", tools.selTournament, tournsize=10)
42 toolbox.register("gen_idx", random.randrange, 2)
43 toolbox.register("individual", tools.initRepeat, creator.Individual,
   toolbox.gen_idx, X.shape[1])
44 toolbox.register("population", tools.initRepeat, list, toolbox.individual, 20)
```

附图 2.59　遗传算法-支持向量机处理红酒数据集代码（3）

代码 37 行调用 Deap 的 Toolbox，即 toolbox 工具箱模块。代码 38 行调用 toolbox 的 register 函数，注册 evaluate 评价函数为附图 2.58 定义的 fitness 函数，其中首个参数位保留用于传递染色体，第二、三个参数传递原始的训练集的特征矩阵与目标向量。代码 39 行注册 mate 配对函数为 tools 模块内提供的 cxTwoPoint 函数。代码 40 行注册 mutate 变异函数为 tools 模块内提供的 mutFlipBit 函数，位点变异概率设为 0.05。代码 41 行注册染色体种群 select 选择方法为 tools 模块内提供的 selTournament，选择个数为 10，即选择适应度最好的 10 个染色体。代码 42 行注册 gen_idx 函数为 random 模块下的 randrange，传入参数 2，用于生成染色体的每个位点为 0 或 1。代码 43 行注册 individual 函数，定义染色体单体的格式为 Individual，Individual 内每个位点生成方式为 gen_idx 函数，长度与特征个数保持相同。代码 44 行注册 population 函数，用于生成染色体种群，种群内包含 20 条染色体。

附图 2.60 代码 46 行调用已定义的 population 函数，生成初始种群。代码 47 行调用 tools 模块的 HallOfFame 类，传入参数 1，用于遗传算法迭代过程中存储最佳染色体。代码 48 行设定迭代次数、交叉概率、配对概率分别为 40、0.5、0.7。代码 49 行调用 algorithms 模块的 eaSimple 函数，依次传入种群、toolbox、交叉概率、配对概率、迭代次数、halloffame 对象，并开始遗传算法搜索计算。

代码 51 行从 halloffame 对象中获取最佳染色体，即特征索引，1 表示特征存在，0 表示特征不存在。代码 52 行打印了选取的特征名称，本次遗传算法从初始 13 个特征中选取了共计 7 个特征。代码 56 行调用了 LOO 函数，传入 SVC 算法类、

```
46 population = toolbox.population()
47 halloffame = tools.HallOfFame(1)
48 ngen, cxpb, mutpb = 40, 0.5, 0.7
49 pop, log = algorithms.eaSimple(population, toolbox, cxpb, mutpb, ngen,
   halloffame=halloffame)
50
51 fmask = [bool(i) for i in halloffame[0]]
52 print(f"{fnames[fmask]}")
53 # ['alcohol' 'malic_acid' 'magnesium' 'flavanoids' 'nonflavanoid_phenols'
54 # 'hue' 'proline']
55
56 loo_accuracy = LOO(algo, X_train[:, fmask], Y_train)
57 print(f"{loo_accuracy}") # 0.993
58 model = algo().fit(X_train[:, fmask], Y_train)
59 print(f"{accuracy_score(Y_train, model.predict(X_train[:, fmask]))}") # 1.0
60 print(f"{accuracy_score(Y_test, model.predict(X_test[:, fmask]))}") # 1.0
61
62 print(f"{LOO(algo, X_train, Y_train)}") # 0.980
63 model_origin = algo().fit(X_train, Y_train)
64 print(f"{accuracy_score(Y_train, model_origin.predict(X_train))}") # 1.0
65 print(f"{accuracy_score(Y_test, model_origin.predict(X_test))}") # 1.0
```

附图 2.60　遗传算法-支持向量机处理红酒数据集代码（4）

按最佳特征索引划分的训练集以及训练集的目标向量。代码 57 行打印了留一法准确率为 0.993。代码 58～60 行基于筛选后的特征集建模，分别得到训练集与测试集准确率为 1.0 与 1.0。代码 62～65 行是原始数据集的建模情况，留一法、训练集、测试集准确率分别为 0.98、1.0、1.0。因此，7 个特征的建模结果反而优于 11 个特征的建模结果，且计算成本更低。另外需要注意，遗传算法具有较大的随机性，读者重复的结果可能会有一定的出入。

附录 2.9.2　SHAP 方法

SHAP 方法能够分析特征在建模中的贡献度大小，我们可以将特征贡献度视为特征重要性，并据此进行特征筛选。SHAP 的调用方式较为烦琐，我们主要以支持向量机分类与极限梯度提升分类算法为示例进行代码说明。

如附图 2.61 所示，我们仍然以红酒分类数据集为示例数据。首先导入所需的数据生成函数、数据预处理函数、算法类等，其逻辑与附图 2.57 相同。但需注意代码 8～9 行从 shap 模块中导入了算法类与子模块。其中，Tree、Linear、Permutation 分别用于解释树模型、线性模型、其他模型。在支持向量机分类的例子中，我们采用 Permutation 来解释模型。在极限梯度提升分类，我们会采用 Tree 解释模型。代码 9 行导入的 plots、summary_plot 是 shap 模块自带的绘图模块，在本例中将用于绘制特征重要性图。附图 2.62 用于生成数据集以及定义 LOO，其内容与附图 2.57、附图 2.58 的逻辑一致。

```
from sklearn.datasets import load_wine
from sklearn.preprocessing import StandardScaler
from sklearn.metrics import accuracy_score
from sklearn.model_selection import train_test_split, LeaveOneOut
from sklearn.svm import SVC
from xgboost import XGBClassifier
import numpy as np, random
from shap.explainers import Tree, Linear, Permutation
from shap import plots, summary_plot
import matplotlib.pyplot as plt
plt.rcParams["figure.dpi"] = 300
plt.rcParams['font.sans-serif']=['SimHei']
plt.rcParams["axes.unicode_minus"] = False
```

附图 2.61　SHAP-支持向量机/极限梯度提升处理红酒数据集代码（1）

```
data = load_wine()
X, Y, fnames = data.data, data.target, np.array(data.feature_names)
X_train, X_test, Y_train, Y_test = \
    train_test_split(X, Y, test_size=0.15, random_state=0)
scaler = StandardScaler().fit(X_train)
X_train = scaler.transform(X_train)
X_test = scaler.transform(X_test)

def LOO(algo, x, y, **params):
    loo = LeaveOneOut()
    predictions, observations = [], []
    for itrain, itest in loo.split(x):
        x_train, y_train = x[itrain], y[itrain]
        x_test, y_test = x[itest], y[itest]
        model = algo(**params).fit(x_train, y_train)
        predictions.append(model.predict(x_test)[0])
        observations.append(y_test[0])
    return accuracy_score(observations, predictions)
```

附图 2.62　SHAP-支持向量机/极限梯度提升处理红酒数据集代码（2）

支持向量机算法与 SHAP 方法结合较为复杂。如附图 2.63 的代码 34 行所示，首先要在 SVC 算法类中传入参数 probability = True，表示开启 SVC 的概率预测。代码 35 行调用 Permutation 类，创建 explainer 对象。这里也可调用 Exact 类、Kernel 类等，但 Permutation 计算速度较快。代码 36 行传入由 SVC 模型构成的 lambda 函数，代码 37 行传入训练集特征矩阵以及特征名称。代码 38 行调用 explainer 的__call__方法，传入训练集特征，计算得到 shap_values。

通过附图 2.64 代码 40～41 行可以用 SHAP 模块提供的绘图函数生成支持向量机分类模型的特征重要性排序图，结果如附图 2.65 所示。SHAP 模块的绘图函数会修改 Matplotlib 的默认绘图配置，进而影响我们自己的绘图结果，建议分开使用 SHAP 的绘图功能与我们自己的绘图代码。在附图 2.64 中，我们在输出特征重要性排序图后，注释代码 40～41 行，以免与后续绘图代码冲突。

```
svc_model = SVC(probability=True).fit(X_train, Y_train)
kernel_explainer = Permutation(
    lambda x: svc_model.predict_proba(x)[:,1],
    X_train, feature_names=fnames)
shap_values = kernel_explainer(X_train)
```

附图 2.63　SHAP-支持向量机/极限梯度提升处理红酒数据集代码（3）

```
40 # plots.bar(shap_values, show=False)
41 # plt.savefig("SVC SHAP 特征重要图.png", bbox_inches="tight")
42
43 feature_importance = shap_values.abs.mean(0).values
44 feature_importance = np.array(sorted(enumerate(feature_importance), key=lambda
   x: x[1], reverse=True))
45 selection_results = []
46 for i in range(3, X.shape[1]+1):
47     mask = feature_importance[:i, 0].astype(int)
48     selection_results.append(
49         [i, LOO(SVC, X_train[:, mask], Y_train)]
50     )
51 selection_results = np.array(selection_results)
52 fig, ax = plt.subplots(1, figsize=(4, 3))
53 ax.plot(selection_results[:, 0], selection_results[:, 1], marker="8")
54 ax.set_title("支持向量机特征选择")
55 ax.set_xlabel("前 n 个重要特征")
56 ax.set_ylabel("留一法准确率")
57 ax.axvline(8, color="#696969", lw=0.7, dashes=(4, 3), zorder=9999)
58 fig.savefig("支持向量机变量选择.png", bbox_inches="tight")
```

附图 2.64　SHAP-支持向量机/极限梯度提升处理红酒数据集代码（4）

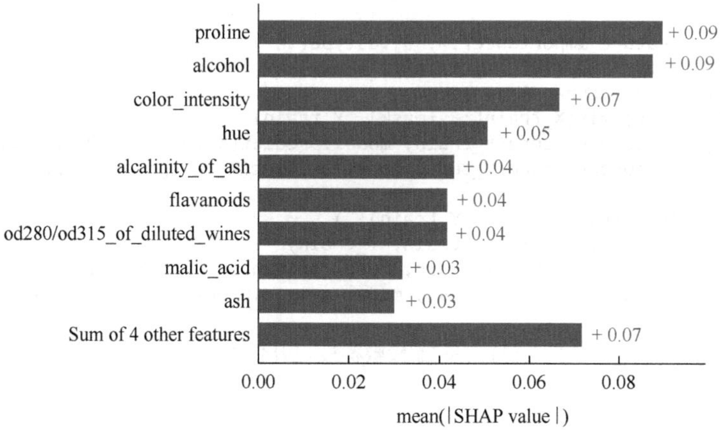

附图 2.65　SHAP 模块绘制的支持向量机分类模型的特征重要性排序图

代码 43～44 行生成排序后特征，代码 45～50 行利用递归特征添加法进行特征筛选，迭代不同特征个数，算出对应的留一法准确率，代码 51～58 行利用

Matplotlib 将迭代结果进行绘图。筛选结果如附图 2.66 所示，当重要特征数取到前 7 个时，留一法准确率最高为 0.987。

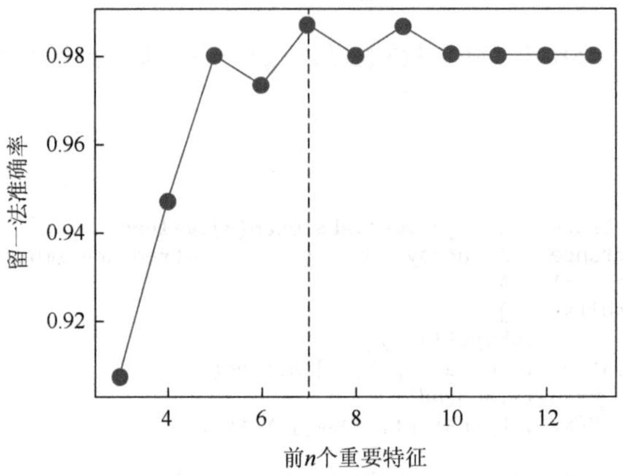

附图 2.66　SHAP-支持向量机特征筛选结果

附图 2.67 代码 60～65 行提取了前 7 个特征的数据集进行模型验证。留一法、训练集、测试集分别为 0.987、0.987、0.963，相比于全部特征的数据集，其准确率均有所下降，且结果不及遗传算法。从本例中可以看到，支持向量机与遗传算法的特征筛选结果会更好一些。

```
60 fmask = feature_importance[:7, 0].astype(int)
61 loo_accuracy = LOO(SVC, X_train[:, fmask], Y_train)
62 print(f"{loo_accuracy}") # 0.987
63 model = SVC().fit(X_train[:, fmask], Y_train)
64 print(f"{accuracy_score(Y_train, model.predict(X_train[:, fmask]))}") # 0.987
65 print(f"{accuracy_score(Y_test, model.predict(X_test[:, fmask]))}") # 0.963
66
67 print(f"{LOO(SVC, X_train, Y_train)}") # 0.980
68 model_origin = SVC().fit(X_train, Y_train)
69 print(f"{accuracy_score(Y_train, model_origin.predict(X_train))}") # 1.0
70 print(f"{accuracy_score(Y_test, model_origin.predict(X_test))}") # 1.0
```

附图 2.67　SHAP-支持向量机/极限梯度提升处理红酒数据集代码（5）

SHAP 方法解释树模型的代码较为简单，如附图 2.68 所示，代码 34 行构建并拟合极限梯度提升分类模型，代码 35 行调用 Tree 类，并传入模型、训练集特征矩阵、特征名称。代码 36 行调用 Tree 对象的 shap_values 方法，传入训练集特征矩阵，计算得到 shap_values 值。代码 38～39 行调用 SHAP 模块提供的 summary_plot

函数，传入 shap_values 值、绘图类型、特征名称、标签名称等可绘制如附图 2.69 所示的特征重要性排序图。同样地，在保存好图片后，注释掉这两行代码，以免影响后续绘图代码。

```
xgc_model = XGBClassifier().fit(X_train, Y_train)
tree_explainer = Tree(xgc_model, X_train, feature_names=fnames)
shap_values = tree_explainer.shap_values(X_train)

# summary_plot(shap_values, plot_type="bar", feature_names=fnames,
class_names=data.target_names, show=False)
# plt.savefig("XGC SHAP 特征重要图.png", bbox_inches="tight")
```

附图 2.68　SHAP-支持向量机/极限梯度提升处理红酒数据集代码（6）

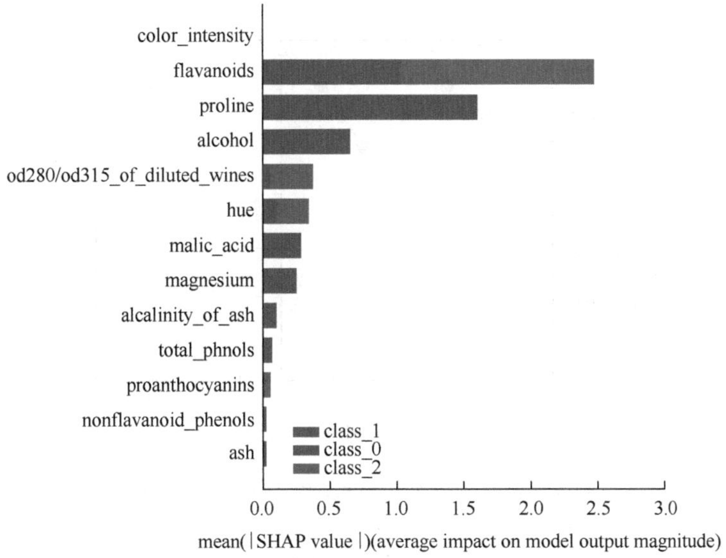

附图 2.69　SHAP 模块绘制的极限梯度提升分类模型的特征重要性排序图

附图 2.70 从 shap_values 中获取特征重要性，并用递归特征添加法进行特征筛选，结果如附图 2.71 所示。当特征选取到前 9 个重要特征时，留一法准确率达到最高为 0.974。附图 2.72 代码 58～63 行提取了前 9 个特征的数据集进行模型验证。极限梯度提升分类模型的留一法、训练集、测试集分别为 0.974、1.0、0.926，而代码 65～68 行用全部特征数据集建模的留一法、训练集、测试集分别为 0.967、1.0、0.926。特征筛选后的留一法准确率略有提升，而变量个数从 13 个减少至 9 个。

```
feature_importance = np.abs(shap_values[0]).mean(0)
feature_importance = np.array(sorted(enumerate(feature_importance), key=lambda
x: x[1], reverse=True))
selection_results = []
for i in range(3, X.shape[1]+1):
    mask = feature_importance[:i, 0].astype(int)
    selection_results.append(
        [i, LOO(XGBClassifier, X_train[:, mask], Y_train)]
    )
selection_results = np.array(selection_results)
fig, ax = plt.subplots(1, figsize=(4, 3))
ax.plot(selection_results[:, 0], selection_results[:, 1], marker="8")
ax.set_title("极限梯度提升特征选择")
ax.set_xlabel("前n个重要特征")
ax.set_ylabel("留一法准确率")
ax.axvline(9, color="#696969", lw=0.7, dashes=(4, 3), zorder=9999)
fig.savefig("极限梯度提升变量选择.png", bbox_inches="tight")
```

附图 2.70　SHAP-支持向量机/极限梯度提升处理红酒数据集代码（7）

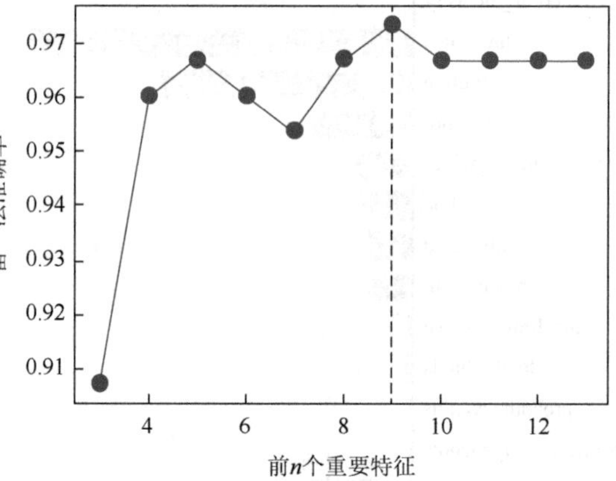

附图 2.71　SHAP-极限梯度提升特征筛选结果

```
fmask = feature_importance[:9, 0].astype(int)
loo_accuracy = LOO(XGBClassifier, X_train[:, fmask], Y_train)
print(f"{loo_accuracy}") # 0.974
model = XGBClassifier().fit(X_train[:, fmask], Y_train)
print(f"{accuracy_score(Y_train, model.predict(X_train[:, fmask]))}") # 1.0
print(f"{accuracy_score(Y_test, model.predict(X_test[:, fmask]))}") # 0.926

print(f"{LOO(XGBClassifier, X_train, Y_train)}") # 0.967
model_origin = XGBClassifier().fit(X_train, Y_train)
print(f"{accuracy_score(Y_train, model_origin.predict(X_train))}") # 1.0
print(f"{accuracy_score(Y_test, model_origin.predict(X_test))}") # 0.926
```

附图 2.72　SHAP-支持向量机/极限梯度提升处理红酒数据集代码（8）

限于篇幅，我们没有再另外比较遗传算法-极限梯度提升与 SHAP-极限梯度提升的建模结果。从附录 2.9 的例子来看，遗传算法-支持向量机的变量筛选效果最佳，且支持向量机的建模结果要优于极限梯度提升的建模结果，这也能说明老牌的支持向量机在建模上的优越性。但总体而言，建模与特征筛选方法没有绝对的好坏，不同的数据集要尝试不同的方法，经过方法比较后才能得出某个方法在某份数据集上是最好的结论。另外，不同的建模与特征筛选方法侧重点、优点、适用范围都有不同，例如极限梯度提升算法能处理缺失值数据，支持向量机算法不能；支持向量机算法的外推结果具有较好的参考价值，而树模型算法很难作外推等。故常言道，没有最好的方法，只有最适合的方法。

附录 2.10　超参数优化方法

附录 2.10.1　网格搜索方法

在实际问题中，模型的参数优化一般放在建模的最后步骤，用于进一步提升模型的性能。在实际应用中，参数优化对模型性能的提升可能比较有限，读者应综合考虑所有建模步骤来提升模型性能。

在附录 2.7 支持向量机中，我们已介绍过如何利用网格搜索方法优化支持向量机分类模型的参数。我们在这一章节来介绍如何利用网格搜索方法优化支持向量机回归模型的参数。如附图 2.73 所示，代码 1～10 行分别导入所需模块、函数与算法。代码 12～13 行读取波士顿房价数据，特征矩阵存储至 $\boldsymbol{X}$，目标值存储至 $\boldsymbol{Y}$。代码 14～18 行对数据作预处理，并划分训练集与测试集。

```
1  from sklearn.datasets import load_boston
2  from sklearn.preprocessing import StandardScaler
3  from sklearn.metrics import r2_score as R2, mean_squared_error as MSE
4  from sklearn.model_selection import train_test_split, LeaveOneOut
5  from sklearn.svm import SVR
6  import numpy as np
7  import matplotlib.pyplot as plt
8  plt.rcParams["figure.dpi"] = 300
9  plt.rcParams['font.sans-serif']=['SimHei']
10 plt.rcParams["axes.unicode_minus"] = False
11 
12 data = load_boston()
13 X, Y = data.data, data.target
14 X_train, X_test, Y_train, Y_test = \
15     train_test_split(X, Y, test_size=0.15, random_state=0)
16 scaler = StandardScaler().fit(X_train)
17 X_train = scaler.transform(X_train)
18 X_test = scaler.transform(X_test)
```

附图 2.73　网格搜索方法优化支持向量机回归模型参数代码（1）

附图 2.74 重新定义了 LOO 函数的返回值。代码 29～30 将原先的准确率 accuracy_score 改为决定系数与均方误差，并将输出值作四舍五入约数。

```
20 def LOO(algo, x, y, **params):
21     loo = LeaveOneOut()
22     predictions, observations = [], []
23     for itrain, itest in loo.split(x):
24         x_train, y_train = x[itrain], y[itrain]
25         x_test, y_test = x[itest], y[itest]
26         model = algo(**params).fit(x_train, y_train)
27         predictions.append(model.predict(x_test)[0])
28         observations.append(y_test[0])
29     return round(R2(observations, predictions), 2), \
30         round(MSE(observations, predictions), 2)
```

附图 2.74　网格搜索方法优化支持向量机回归模型参数代码（2）

附图 2.75 的代码展示了 SVR 参数优化前的建模结果，训练集、测试集、留一法的决定系数分别为 0.72、0.43、0.7，均方误差分别为 23.84、42.66、26.2。

```
model = SVR().fit(X_train, Y_train)
train_preds = model.predict(X_train)
test_preds = model.predict(X_test)
train_r2 = round(R2(Y_train, train_preds), 2)
train_mse = round(MSE(Y_train, train_preds), 2)
test_r2 = round(R2(Y_test, test_preds), 2)
test_mse = round(MSE(Y_test, test_preds), 2)
print(f"训练决定系数: {train_r2}, 训练均方误差: {train_mse}") # 0.72, 23.84
print(f"测试决定系数: {test_r2}, 测试均方误差: {test_mse}") # 0.43, 42.66
loo_result = LOO(SVR, X_train, Y_train)
print(f"留一法决定系数: {loo_result[0]}, 留一法均方误差: {loo_result[1]}") #
0.7, 26.2
```

附图 2.75　网格搜索方法优化支持向量机回归模型参数代码（3）

附图 2.76 为了参数优化部分。为简便起见，代码 44～45 行定义了优化参数 C 与 gamma，且定义优化范围分别为 1～101（步长 10）与 0.1～1（步长 0.1），共计 110 个参数组合。读者可根据实际情况细化参数范围和增加其他参数。代码 46～50 行分别迭代 110 个参数组合，并计算出相应留一法的决定系数、均方误差的结果。代码 51 行取出留一法的均方误差，用于绘制参数优化图，作图代码如附图 2.77 所示。参数优化图结果如附图 2.78 所示，参数 C 越大或者 gamma 越小时，模型留一法的均方误差越小。

```python
range_C, range_gamma = \
    np.meshgrid(np.linspace(1, 101, 11), np.linspace(0.1, 1, 10))
loo_results = []
for C, gamma in zip(range_C.ravel(), range_gamma.ravel()):
    model_p = dict(C=C, gamma=gamma)
    loo_results.append(LOO(SVR, X_train, Y_train, **model_p))
loo_results = np.array(loo_results)
loo_mse = np.reshape(loo_results[:, 1], range_C.shape)
```

附图 2.76　网格搜索方法优化支持向量机回归模型参数代码（4）

```python
fig, ax = plt.subplots(1, figsize=(6, 4), subplot_kw={"projection": "3d"})
ax.plot_surface(range_C, range_gamma, loo_mse,
    cmap=plt.cm.coolwarm, linewidth=0, antialiased=False)
ax.set_title("支持向量机分类模型的参数优化")
ax.set_xlabel("C")
ax.set_ylabel("gamma")
ax.set_zlabel("MSE", rotation=90)
fig.savefig("支持向量机分类模型的参数优化.png", bbox_inches="tight")
```

附图 2.77　网格搜索方法优化支持向量机回归模型参数代码（5）

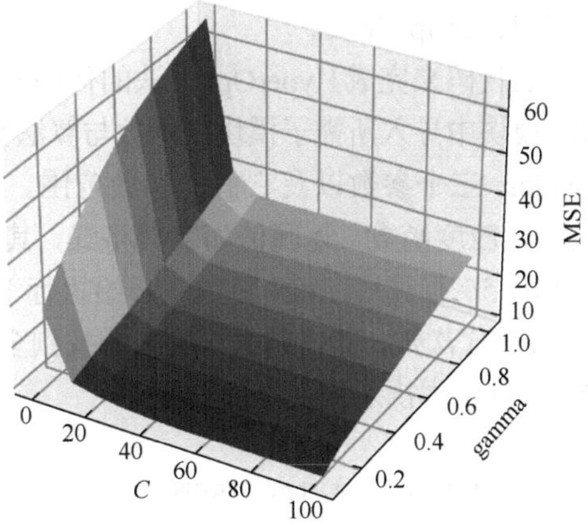

附图 2.78　支持向量机回归模型的参数优化结果

附图 2.79 的代码 62～63 行自动选择了留一法均方误差最小的参数组合。代码 68～78 行基于最佳参数组合构建并训练模型。参数优化后的支持向量机回归模型的训练集、测试集、留一法的决定系数分别达到了 0.98、0.72、0.89，均方误差分别为 1.95、20.66、9.57。经过参数优化，支持向量机回归模型性能的确有较大幅度提升。

```
max_index = loo_mse.argmin()
max_index = np.unravel_index(max_index, loo_mse.shape)
best_p = dict(
    C=int(range_C[max_index]),
    gamma=range_gamma[max_index],
)
model = SVR(**best_p).fit(X_train, Y_train)
train_preds = model.predict(X_train)
test_preds = model.predict(X_test)
train_r2 = round(R2(Y_train, train_preds), 2)
train_mse = round(MSE(Y_train, train_preds), 2)
test_r2 = round(R2(Y_test, test_preds), 2)
test_mse = round(MSE(Y_test, test_preds), 2)
print(f"训练决定系数：{train_r2}，训练均方误差：{train_mse}") # 0.98, 1.95
print(f"测试决定系数：{test_r2}，测试均方误差：{test_mse}") # 0.72, 20.66
loo_result = LOO(SVR, X_train, Y_train, **best_p)
print(f"留一法决定系数：{loo_result[0]}，留一法均方误差：{loo_result[1]}") # 0.89, 9.57
```

附图 2.79　网格搜索方法优化支持向量机回归模型参数代码（6）

附录 2.10.2　HyperOpt 方法

当我们需要同时优化较多参数时，网格搜索的计算成本就会呈几何倍地增加，此时我们可以选用其他的局部搜索方法，如 HyperOpt 方法。在使用 HyperOpt 方法前，读者需要先安装 HyperOpt 模块。

我们接着附图 2.75 的代码来完成 HyperOpt 方法的代码部分。如附图 2.80 所示，代码 44 行从 HyperOpt 模块中导入所需子模块、函数与算法类。代码 46～50 行定义了 C、gamma、Epsilon 三个参数以及它们的参数范围。代码 52～54 行按照 HyperOpt 的规范定义了适应度函数，返回值为字典格式，其中 loss 键的值设定为留一法的均方误差。代码 56 行调用 fmin 函数，开始执行 HyperOpt 搜索，其中 max_evals 用于指定最大迭代次数，其值越大，越容易找到全局最优解，本次示例中仅设为 20。代码 57 行打印本次示例的运行结果。

```
44 from hyperopt import fmin, tpe, hp, STATUS_OK
45 
46 param_space = {
47     "C": hp.randint("C", 1, 101),
48     "gamma": hp.uniform("gamma", 0, 1),
49     "epsilon": hp.uniform("epsilon", 0, 1),
50 }
51 
52 def f(params):
53     loo_result = LOO(SVR, X_train, Y_train, **params)
54     return { "loss": loo_result[1], "status": STATUS_OK }
55 
56 best_p = fmin(fn=f, space=param_space, algo=tpe.suggest, max_evals=20)
57 print(best_p)
58 # {'C': 32, 'epsilon': 0.7687316189875458, 'gamma': 0.07272664843099053}
```

附图 2.80　HyperOpt 方法优化支持向量机回归模型参数代码（1）

附图 2.81 对 HyperOpt 搜索到的参数组合进行验证。本次示例中的训练集、测试集、留一法的决定系数分别为 0.95、0.72、0.88，均方误差分别为 3.95、20.98、9.9。从网格搜索与 HyperOpt 的优化结果可以看出，HyperOpt 仅计算了 20 组参数，就找到了一组局部较优的参数组合，其模型性能已经与搜索了 110 组参数的网格搜索结果十分接近。

```
model = SVR(**best_p).fit(X_train, Y_train)
train_preds = model.predict(X_train)
test_preds = model.predict(X_test)
train_r2 = round(R2(Y_train, train_preds), 2)
train_mse = round(MSE(Y_train, train_preds), 2)
test_r2 = round(R2(Y_test, test_preds), 2)
test_mse = round(MSE(Y_test, test_preds), 2)
print(f"训练决定系数: {train_r2}, 训练均方误差: {train_mse}") # 0.95, 3.95
print(f"测试决定系数: {test_r2}, 测试均方误差: {test_mse}") # 0.72, 20.98
loo_result = LOO(SVR, X_train, Y_train, **best_p)
print(f"留一法决定系数: {loo_result[0]}, 留一法均方误差: {loo_result[1]}") # 0.88, 9.9
```

附图 2.81　HyperOpt 方法优化支持向量机回归模型参数代码（2）